WOWbooks
Mobile Series 04

iPhone
Programming

개정판

아이폰 프로그래밍
쉽게 따라 하기

ios8, Xcode 6.X 지원
앱 기초부터 활용법까지 예제를 따라 하면서 배울 수 있는 책!

장 해 인 저

WOWbooks
와우북스

아이폰 프로그래밍 쉽게 따라 하기(개정판)

- ios8, Xcode 6.X 지원 -

- •초 판   2015년 03월 10일 1쇄 발행

- •저 자   장 해 인
- •발 행   와우북스
- •출 판   와우북스
- •본문디자인   김 덕 중
- •표지디자인   포   인

- •등 록   2008년 3월 4일 제313-2008-000043호
- •주 소   서울 마포구 연남동 223-102호 유일빌딩 3층
- •전 화   02)334-3693   팩스 02)334-3694
- •e-mail   mumongin@wowbooks.kr
- •홈페이지   www.wowbooks.co.kr
- •ISBN   978-89-94405-24-7   93560

- •가 격   33,000원

국립중앙도서관 출판예정도서목록(CIP)

아이폰 프로그래밍 쉽게 따라 하기 : ios8, Xcode 6.X 지원 /
저자: 장해인. -- 개정판. -- 서울 : 와우북스, 2015
p. ;   cm

색인수록
권말부록: 애플리케이션 배포와 앱스토어 판매스토어에 올려
앱을 판매하는 방법 등에 대하여 다루어 본다.
ISBN 978-89-94405-24-7 93560 :   33000

어플리케이션[application]
모바일 프로그래밍[mobile programming]

005.58-KDC6
005.25-DDC23   CIP2015005606

새로운 개정판이 거의 1년 만에 나왔다. 책을 낼 때마다 느끼는 것이지만 책을 만드는 일은 즐거운 일이나, 그에 못지않게 항상 큰 부담을 느낀다. 좋은 책을 많은 독자에게 쉽게 이해시킨다는 것은 정말 참 어려울 뿐만 아니라 IT 관련 속도가 너무 빨라서 쫓아가기가 쉽지 않다. 특히, 아이폰을 처음 접하는 독자부터 실제로 앱을 개발하는 독자까지 만족시킨다는 것은 어떻게 보면 불가능해 보이는 일인지도 모른다.

한 권의 책으로 많은 독자를 만족시키고자 하는 욕심이 어쩌면 이 책을 쓰게 된 가장 큰 동기일 수도 있다. 아이폰 프로그래밍을 처음 접할 때 어떻게 해야 할지 몰라 이 책, 저 책을 보면서 많은 어려움을 겪었던 기억이 있었기에 최대한 초보자들의 어려운 점을 이 책에 반영하려고 노력하였고 그 뒤에 여러 앱을 개발하면서 겪었던 문제를 해결하면서 적어두었던 여러 지식 역시 이 책에 추가하여 초보자부터 전문 개발자까지 이 책을 활용할 수 있도록 하였다.

이 책은 〈아이폰 프로그래밍 쉽게 따라 하기〉의 개정판으로 총 9장으로 이루어져 있다. 아이폰 개발에 필요한 Xcode 설명부터 Objective-C에 대한 설명, 최신 iOS8에서 지원하는 스토리보드와 오토 레이아웃 기능을 사용하는 방법, 지도 프로그래밍, 이미지 처리 프로그래밍 등에 대하여 설명하고 있다. 1장과 2장은 아이폰 개발의 필요한 Xcode 사용과 프로그래밍에 필요한 기본적인 지식, Objective-C 기초 등에 대하여 다루었다. 3장은 이 전 책에 없던 부분으로 아이폰에서 사용되는 가장 기본적인 컨트롤들의 코드 예제와 작성 방법을 설명하였다. 4장은 iOS8에서 강조하고 있는 스토리보드 프로그래밍 방법에 대하여 설명하고 있고 또한 기존에 사용되었던 .xib 사용 방법도 소개하여 이 두 가지 방법에 대한 장단점을 설명하였다. 5장과 6장은 아이폰 프로그램의 가장 기초가 되는 여러 컨트롤러 즉, 탭 바 컨트롤러와 내비게이션 컨트롤러, 테이블 뷰 컨트롤러 등으로 구성되어 있다. 7장과 8장은 모든 사용자가 관심을 갖는 지도 프로그래밍과 이미지 처리 프로그램을 다루어보았다. 9장은 멋진 출력형식을 제공하는 컬렉션 뷰에 대하여 설명하였다.

물론 이 책 하나만으로 아이폰 프로그래밍 전체를 배울 수는 없지만, 이 책에서 제공하는 유용한 예제와 〈그대로 따라 하기〉를 통하여 단계별로 설명되어 있는 그림을 보면서 그대로 따라 하다 보면 자기도 모르게 쉽게 프로그램을 구현할 수 있도록 하였고, 〈원리 설명〉을 통하여 각 프로그램의 핵심 부분을 쉽게 배울 수 있도록 자세히 설명하였으므로 아이폰 초심자들도 큰 어려운 점 없이 접근할 수 있도록 한 것이 이 책의 가장 큰 특징이라고 할 수 있다.

마지막으로 이 책이 나올 수 있도록 도움을 주시고 까다로운 수정 작업을 처리해 주신 와우북스에 감사드리고 항상 옆에서 물심양면으로 도와주시는 부모님, 장모님, 좋아하는 공연 하나 보러 가지 못해 항상 미안한 아내 윤정, 우리 귀여운 딸 혜린, 항상 옆에서 호기심을 가지고 지켜보고 있는 우리 고양이 별이에게도 고맙다는 말을 전하고 싶다.

CHAPTER **Xcode** /11
01
XcXcode의 설치부터 개발에 필요한 메뉴와 그 기능, 반드시 알아야 할 Xcode 작업 환경을 사용한 아이폰의 일반적인 애플리케이션 즉, 싱글 뷰 컨트롤러 애플리케이션 동작 예제를 작성해보고 기존의 아이폰 4s/5/5s와 아이폰6, 6+ 모두 지원하는 앱 작성 방법 및 아이폰6/6+에서 제공하는 새로운 해상도를 처리하는 방법을 설명한다.

CHAPTER
02 Objective-C 기초 /95

기존 C 언어, C++ 언어와 비슷하면서도 다른 기능과 개념을 제공하는 Objective-C의 가장 기본적으로 필요한 부분과 아이폰 개발 시 필요한 개념을 중심으로 설명한다.

CHAPTER **03** **기본 클래스들** /211

지금까지 배운 Objective-C 프로그램을 바탕으로 아이폰 앱 제작 시 기본적인 컨트롤러 외에 꼭 필요한 클래스들을 소개하고 간단한 예제를 통하여 작성하는 방법을 배워 본다.

CHAPTER
04
스토리보드와 xib 파일 /361

앱 사용자 인터페이스 작성에 기본이 되는 스토리보드와 xib 파일의 기본 기능을 배워 본다.

CHAPTER
05
기본 컨트롤러 /409

아이폰에서 제공하는 탭 바 형식, 테이블 형식 등 기본 컨트롤러 기능들을 이전부터 제공되었던 .xib 파일로 구현해보고 또한, 스토리보드를 사용하여 구현해 본다.

CHAPTER
06
테이블 뷰 컨트롤러 /473

테이블 기능을 구현하는 여러 가지 방법에 대해서 알아보고 테이블 컨트롤러와 내비게이션 뷰 컨트롤러와 함께 사용하여 이미지 자료를 선택했을 때 그 이미지에 대한 부가적인 자료를 처리할 수 있는 간단한 예제를 만들어 본다.

CHAPTER

07 지도 프로그래밍 /529

애플에서 지도를 사용하기 위해 제공되는 Map Kit와 관련 클래스 MKMapView와 여러 가지 지도 검색 기능에 대한 예제를 중심으로 프로그래밍 방법에 대하여 알아본다.

CHAPTER

08 이미지 파일 처리 /587

UIImagePickerController와 Assets 라이브러리, 이 두 가지 방법 모두를 사용하여 사진 이미지의 앨범을 선택하고 원하는 이미지를 읽고 원하는 크기로 만들 수 있는 여러 가지 기능을 배워본다.

CHAPTER

09 컬렉션 뷰 /677

iOS6에서 이미지를 출력하는 테이블 뷰 클래스보다 더 멋진 기능을 제공하는 컬렉션 뷰를 사용하여 텍스트와 이미지를 처리하는 방법에 대하여 알아본다.

부록. 애플리케이션 배포와 앱스토어 판매 /727

iOS 개발자 프로그램 가입 방법, 애플리케이션 배포와 앱 스토어 판매 방법까지 자세히 설명한다.

애플이 아이폰과 아이패드를 발표하면서 많은 개발자가 아이폰과 아이패드 애플리케이션 개발에 뛰어들었다. Xcode는 이러한 기기들 상에서 동작될 수 있는 애플리케이션을 개발할 수 있는 유일하게 애플에서 제공되는 개발 툴이다.

이 장에서는 Xcode의 설치부터 개발에 필요한 여러 메뉴와 그 기능뿐만 아니라 반드시 알아야 할 Xcode 작업 환경에 대하여 알아볼 것이다. 또한, 이 Xcode를 사용하여 아이폰의 일반적인 애플리케이션 즉, 싱글 뷰 컨트롤러 애플리케이션이 어떻게 동작되는지 그 예제를 직접 작성해보고 전반적으로 어떤 과정을 거쳐 프로그램이 실행되는지를 살펴볼 것이다.

마지막으로 이 장의 마지막 부분에서는 기존의 아이폰 4s/5/5s뿐만 아니라 아이폰6, 6+ 모두 지원하는 앱 작성 방법에 설명하여 기존 앱뿐만 아니라 아이폰6/6+에서 제공하는 새로운 해상도를 처리하는 방법을 설명한다.

마이크로소프트사에서 제공되는 대표적인 개발 환경이 Visual Studio라 한다면 맥에서 제공되는 개발 환경이 바로 Xcode이다. Xcode는 이전 맥에서 지원되었던 MPW^Macinstosh Progrmmer's Workshop와 CodeWarroR을 계승한 툴로 NeXTStep 프로젝트의 일환으로 ProjectBuilder라는 이름으로 OS X와 함께 배포되었다. 그 뒤 OS X의 버전이 올라가면서 Xcode 1.0으로 이름이 변경되어 발표되었다.

그 뒤 다시 OS X 10.5 Leopard가 발표되면서 Xcode 3.0이 되었고 OS X 10.6 Snow Leopard와 함께 Xcode 3.2가 발표되어 현재 Xcode 6.x까지 나와 있다.

Xcode는 C/C++에서 변형된 Objective-C와 코코아 터치^Cocoa Touch 라이브러리를 지원하고 있다. 코코아 터치는 화면에 출력하는 사용자 인터페이스를 위한 일종의 프레임워크^framework이다. 그렇다고 전통 C와 C++를 사용하지 못하는 것은 아니다. 이러한 기본 언어를 그대로 지원하면서 OS X에서 동작되는 새로운 언어인 Objective-C를 제공하는 것이다.

Xcode는 다음과 같은 특징을 가지고 있다.

- 맥에서 동작되는 OS X뿐만 아니라 아이폰, 아이패드, 아이팟 등에서 동작되는 iOS 모두 지원
- 프로젝트 소스 파일, 이미지와 같은 리소스 파일을 관리하는 프로젝트 내비게이터 Project Navigator 제공
- 애플리케이션의 UI^User Interface 즉, 버튼, 텍스트상자, 대화상자 등을 디자인할 수 있는 내장 인터페이스 빌더^Interface Builder 제공
- 표현식^Expression과 조건 중단점 기능을 제공하는 디버거
- 맥에서 아이폰 구현을 도와주는 아이폰 시뮬레이터 지원
- 기본 화면 작성 레이아웃 크기가 600×600으로 지정되어 이전 버전부터 지원되던 오토 레이아웃^Auto Layout 기능 제공

- Objective-C뿐만 아니라 새로운 Swift라는 언어 지원. Swift는 강력하고 현대적이고 사용하기 쉬운 언어뿐만 아니라 속도도 빠르고 C와 Objective-C 모두 대체 가능함(Xcode 6.x 이상).
- 헤더 파일 위쪽에 IB_DESIGNABLE 지시자를 지정하는 방법으로 앱 디자인을 처리하는 인터페이스 빌더Interface Builder에서 디자인 제작 시 앱이 실행하는 것과 동일한 모습을 보여주는 라이브 렌더링Live rendering 기능 제공
- 2D 게임을 고효율적이고 높은 성능을 발휘할 수 있도록 하는 SpriteKit 프레임워크 외에 3D 애니메이션 배경을 만들 수 있는 고수준의 3D 그래픽 프레임워크인 SceneKit 프레임워크 지원

1-2 Xcode 설치와 삭제

Xcode 다운 혹은 앱 개발을 하기 위해 개발자가 반드시 알아두어야 할 페이지는 iOS Dev Center 홈페이지이다.

https://developer.apple.com/devcenter/ios/index.action

▶ 그림 1.1 iOS Dev Center 홈페이지

즉, 최신 Xcode는 위 홈페이지에서 받을 수 있다. Xcode 다운은 무료이지만, 다운
받기 위해서는 Apple ID가 있어야 한다. 만일 Apple ID가 없다면 다음 사이트에서
가입한다.

https://appleid.apple.com/kr/

최신 Xcode를 다운받기 위해서는 위 홈페이지 중간쯤에 있는 Downloads 항목의
Xcode 6을 클릭하면 다음 페이지로 이동한다.

https://developer.apple.com/xcode/downloads/

▶ 그림 1.2 Xcode 다운로드 페이지

위 사이트에서 View in Mac App Store를 선택하면 맥의 "App Store" 프로그램
이 실행되면서 Xcode를 다운로드할 수 있다.

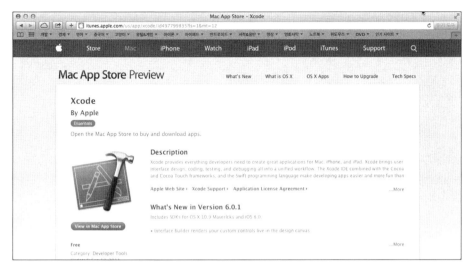

▶ 그림 1.3 최신 Xcode 다운로드

위 페이지에서 View in Mac App Store 버튼을 한 번 더 누르고 App Store 프로그램에서 Xcode 아이콘 아래쪽에 있는 Free를 클릭하면 자동으로 응용 프로그램에 설치된다. 응용 프로그램에 설치된 Xcode 아이콘을 아래쪽 독dock에 드래그-엔-드롭으로 끌어다 놓으면 편리하게 실행시킬 수 있다.

1-3 │ Xcode 메뉴

Xcode 6.x는 File, Edit, View, Find, Navigate, Editor, Product, Debug, Source Control, Window, Help 등의 메뉴들로 구성된다. 여기서는 각 메뉴의 중요 기능을 중점으로 설명한다.

다음 그림 1.4는 Xcode 메뉴를 보여준다.

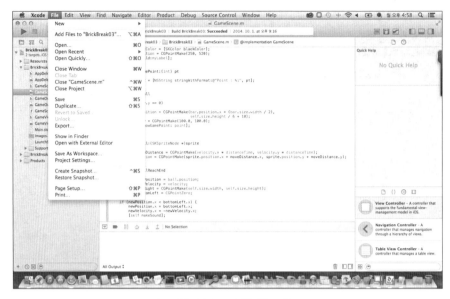

▶ 그림 1.4 Xcode의 File 메뉴

1.3.1 File 메뉴

File 메뉴의 주요 기능은 새로운 프로젝트project, 워크스페이스workspace, 그룹group 등을 생성하고 이전에 생성된 프로젝트, 워크스페이스 등을 다시 로드시키는 기능이다.

프로젝트는 지정된 앱 개발에 필요한 여러 소스 파일, 헤더 파일, 리소스 등 여러 파일을 마치 하나의 폴더 형태로 관리해주는 기능이다. Xcode의 프로젝트는 iOS, OS X별로 달라지고 iOS 내부에서도 앱의 모양이나 기능에 따라 사용되는 파일 등이 달라지는데 이 프로젝트를 사용하여 가장 원하는 형태의 앱의 가장 기본적인 형태를 쉽게 구성할 수 있다.

커다란 규모의 앱을 작성할 때에는 여러 개의 프로젝트를 사용해야만 하는 데 이때 사용할 수 있는 것이 워크스페이스workspace이다. 즉, 여러 개의 프로젝트를 한 번에 관리할 때 이 워크스페이스를 사용한다. Xcode 6에서는 새로운 언어 Swift를 간편하게 테스트할 수 있는 새로운 타입의 파일인 Playground도 지원한다.

또한, 그룹은 이미지와 같은 리소스를 관리할 때 사용되는 가상의 디렉토리이다. 앱에 필요한 이미지를 작성할 때 Resources라는 그룹을 생성하고 드래그-엔-드롭으로 이 그룹에 이미지들을 위치시켜 관리한다.

다음 표 1.1은 File 메뉴의 주요 기능을 보여준다.

▶ 표 1.1 : File 메뉴 주요 기능

File 메뉴 주요 기능	설명
New-File	새 파일 작성
New-Playground	Swift 언어를 테스트할 수 있는 새로운 타입 파일
New-Project	새 프로젝트 작성
New-Workspace	새 워크스페이스 작성
Open	작성된 파일, 프로젝트, 워크스페이스 열기

1.3.2 Edit 메뉴

두 번째 Edit 메뉴는 주로 Xcode의 편집기에서 입력된 자료를 선택, 복사, 삭제할 때 사용된다. 또한, 편집기에 있는 단어를 찾거나, 찾아서 대치시키는 기능도 제공하고 있다. 다른 유용한 기능으로는 리팩터Refactor 기능이 있는데 메소드 이름을 변경시키거나 기존의 클래스로부터 새로운 메소드를 생성하고자 할 때 아주 유용하다. 다음 표 1.2는 Edit 메뉴의 주요 기능이다.

▶ 표 1.2 : Edit 메뉴 주요 기능

Edit 메뉴 주요 기능	설명
Cut	선택 항목 자르기
Copy	선택 항목 복사
Paste	선택 항목 붙이기
Select All	모든 문서 선택
Find	원하는 문자열 선택 및 대치
Refactor	선택된 문자열 이름 변경, 메소드 생성, 클래스 생성

1.3.3 View 메뉴

Xcode에서 제공하는 편집기는 표준 편집기Standard Editor, 도움 편집기Assistant Editor, 버전 편집기Version Editor 등 3개이다. View 메뉴에서는 이러한 편집기 중 하나를 선택하는 기능을 제공하고 있고 왼쪽에 표시되는 탐색기 영역에 프로젝트 탐색기Project Navigator, 심벌 탐색기Symbol Navigator, 검색 탐색기Find Navigator, 문제 탐색기Issue Navigator, 테스트 탐색기Test Navigator, 디버그 탐색기Debug Navigator, 중단점Breakpoint Navigator, 리포트 탐색기Report Navigator 등을 선택할 수 있는 기능도 제공하고 있다. 이러한 탐색기는 뒤에서 자세히 설명할 것이다.

다음 표 1.3은 View 메뉴의 주요 기능이다.

▶ 표 1.3 : View 메뉴 주요 기능

View 메뉴 주요 기능	설명
Standard Editor	표준 편집기 선택
Assistant Editor	도움 편집기 선택
Version Editor	버전 편집기 선택
Navigators	프로젝트 탐색기, 심벌 탐색기 등 여러 탐색기 중 하나 선택
Utilities	원하는 인스펙터 혹은 라이브러리 표시
Hide Toolbar	툴 바 감추기

1.3.4 Find 메뉴

Find 메뉴에서는 프로젝트 혹은 그룹에 있는 파일 중 원하는 단어가 있는 파일만 검색 혹은 대치하고자 할 때 사용된다. 또한, 현재 열린 파일에서 원하는 단어를 검색 혹은 대치하는 기능도 제공하고 있다. 다음 표 1.4는 Find 메뉴를 보여준다.

▶ 표 1.4 : Find 메뉴 주요 기능

Find 메뉴 주요 기능	설명
Find in Project	프로젝트 전체에서 원하는 단어를 가진 파일 찾기
Find and Replace in Project	프로젝트 전체에서 원하는 단어를 가진 파일 찾고 대치

Find	현재 열린 파일에서 원하는 단어 찾기
Find and Replace	현재 열린 파일에서 원하는 단어 찾고 대치하기
Find Next	원하는 단어가 있는 다음 위치로 이동
Find Previous	원하는 단어가 있는 이전 위치로 이동

1.3.5 Navigate 메뉴

다섯 번째 Navigate 메뉴는 프로젝트 탐색기, 심벌 탐색기, 디버그 탐색기 등을 보여주는 기능을 제공한다. 또한, 선택된 문자열을 탐색하는 기능, 현재 선택된 메소드 혹은 클래스의 정의 부분을 보여주는 기능, 현재 소스에 대한 헤더 파일을 찾는 기능, 정의된 메소드 혹은 명령어로 이동하는 기능 등을 제공하고 있다.

다음 표 1.5는 Navigate 메뉴를 보여준다.

▣ 표 1.5 : Navigator 메뉴 주요 기능

Navigator 메뉴 주요 기능	설명
Reveal in Project Navigator	Xcode 왼쪽을 프로젝트 탐색기로 표시
Reveal in Symbol Navigator	Xcode 왼쪽을 심벌 탐색기로 표시
Reveal in Assistant Navigator	도움 편집기 표시
Jump to Selection	위치에 상관없이 선택된 문자열로 이동
Jump to Definition	선택된 문자열의 정의 파일로 이동
Jump to Next Counterpart	헤더(.h) 파일은 소스(.m) 파일로 이동하거나 소스(.m) 파일은 헤더(.h) 파일로 이동

1.3.6 Editor 메뉴

Editor 메뉴는 소스 코드를 사용하는 에디터에서 사용할 때 필요한 유용한 기능들을 제공하고 있다. 먼저 원하는 명령어 코드 자동 작성 기능, 원하는 범위 안에서 변수 혹은 클래스 이름을 모두 수정하는 기능, 선택된 코드를 아래쪽 이동, 선택된 코드를 위쪽 이동, 들여쓰기, 코드 오른쪽 이동, 코드 왼쪽 이동 등이 있다.

다음 표 1.6은 Editor 메뉴의 주요 기능이다.

Editor 메뉴 주요 기능	설명
Show Completions	명령어 코드 자동 작성 기능
Edit All in Scope	원하는 범위에서 변수 이름, 클래스 이름 수정
Structure	들여쓰기 기능, 선택 문장 왼쪽, 오른쪽, 위, 아래 이동
Code Folding	코드 문장 접기, 펼치기 기능
Syntax Coloring	원하는 언어에 해당하는 명령어 색깔 표현 기능

1.3.7 Product 메뉴

Product 메뉴는 작성된 코드를 컴파일하는 빌드, 실행하는 기능, 작성된 앱을 분석하는 프로파일 기능, 다른 에뮬레이터로 이동하는 기능 등이 있다. 다음 표 1.7은 Product 메뉴의 주요 기능이다.

■ 표 1.7 : Product 메뉴 주요 기능

Product 메뉴 주요 기능	설명
Run	코드 실행
Profile	메모리 점유, CPU 점유 등을 분석할 수 있는 프로파일 기능
Build	실행 코드로 만들어주는 빌드
Clean	빌드 코드를 초기화
Destination	현재 에뮬레이터를 다음, 이전, 특정 설정된 에뮬레이터로 이동

1.3.8 Debug 메뉴

이전 버전에서 Product 메뉴에 있었던 Debug 메뉴는 이번에 많은 기능이 보강되면서 별도의 메뉴를 갖게 되었다. 기본적인 기능으로는 디버거 상태에서 동작되는 Step Over, Step Into, Step Out 등이 있고 중단점을 설정하는 Breakpoints, 디버깅 정보를 알 수 있는 Debug Workflow 등이 있다.

다음 표 1.8은 Debug 메뉴의 주요 기능이다.

▶ 표 1.8 : Debug 메뉴 주요 기능

Debug 메뉴 주요 기능	설명
Step Over	디버깅 상태에서 무조건 다음 줄로 이동
Step Into	다음 줄로 이동하지만, 함수인 경우 그 함수로 이동
Step Out	함수를 빠져나와 함수 호출 다음으로 이동
Breakpoints	중단점 설정
Debug Workflow	메모리 보기 등 디버깅 정보 표시

1.3.9 Source Control 메뉴

Source Control 메뉴 역시 Debug 메뉴와 같이 기능이 보강되어 별도로 메뉴를 갖게 되었다. 이 메뉴는 Git 방식을 사용하여 현재 프로젝트에 저장된 소스를 버전별로 관리할 수 있다.

이 메뉴를 사용하여 Git 서버에 연결하고 원하는 소스 코드를 저장, 서버에 있는 코드 가져오기, 변경된 사항 취소하기 등을 처리할 수 있다.

다음 표 1.9는 Source Control 메뉴의 주요 기능이다.

▶ 표 1.9 : Source 메뉴 주요 기능

Source Control 메뉴 주요 기능	설명
Check Out	원하는 서버 선택
Commit	변경된 사항 확인 및 저장
Push	프로젝트를 서버에 저장
Discard All Chnage	수정된 모든 사항 취소

1.3.10 Window 메뉴

Window 메뉴는 Xcode 윈도우 크기를 조절하거나 최소화시키는 기능이 있다. 또한, 실제 기기와 연결시켜 실제 기기에서 등록 및 테스트할 수 있는 기능을 제공한다.

다음 표 1.10은 Window 메뉴의 주요 기능이다.

Window 메뉴 주요 기능	설명
Minimize	Xcode 최소화
Zoom	Xcode 윈도우 크기 조절
Welcome to Xcode	Xcode 환영 메시지 표시
Organizer	실제 기기 등록 및 테스트

1.3.11 Help 메뉴

마지막 Help 메뉴는 Xcode의 사용법뿐만 아니라 Objective-C와 API에 대한 자세한 도움말을 제공한다. 또한, 원하는 항목을 선택하여 간단하게 팝업 창에 띄워 볼 수 있을 뿐만 아니라 도움말 도큐먼트 전체에서 원하는 항목을 찾는 기능까지 제공하고 있다.

다음 표 1.11은 Help 메뉴의 주요 기능이다.

▶ 표 1.11 : Help 메뉴 주요 기능

Help 메뉴 주요 기능	설명
Documentation and API Reference	Xcode에 대한 자세한 도움말
Quick Help for Selected Item	선택된 항목에 대한 팝업 창이 나타나면서 그 항목에 대한 자세한 설명 제공
Search Documentation for Selected Text	도움말 도큐먼트에서 원하는 항목에 대한 모든 정보를 찾아서 리스트 항목으로 표시

1-4 반드시 알아야 할 Xcode 작업 환경

사실 앱을 개발하기 위해서 위에서 설명한 Xcode 모든 메뉴를 반드시 알아야 하는 것은 아니다. 우선 필요한 명령어만 알아두고 나머지는 천천히 익혀도 앱 개발에 크게 문제가 되지 않는다. 그러나 이 절에서 설명하는 Xcode 작업 환경은 반드시 알고 있어야만 앱을 쉽게 개발할 수 있다.

Xcode는 다음 그림 1.5와 같이 헤더 파일이나 소스 코드를 선택했을 때에는 탐색기 지역, 에디터 지역 그리고 유틸리티 지역으로 나눌 수 있다.

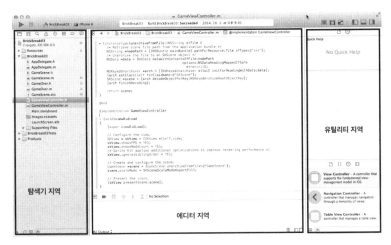

▶ 그림 1.5 Xcode 작업 영역 - 소스 파일

만일 화면을 담당하는 .storyboard을 선택했을 때에는 탐색기 지역, 도큐먼트 아웃라인Document Outline 창, 캔버스, 유틸리티 지역으로 나눌 수 있다.

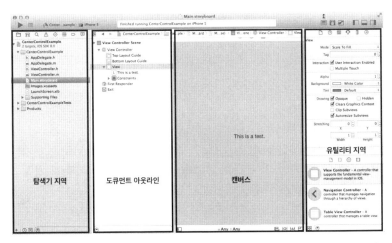

▶ 그림 1.6 Xcode 작업 영역 - 스토리보드 파일

1.4.1 탐색기 지역

일반적으로 탐색기 지역은 Xcode 왼쪽에 위치하고 선택에 따라 7개의 탐색기를 사용할 수 있다. 이 탐색기 지역은 다시 위쪽의 탐색기 "선택 바", 중앙의 "콘텐츠", 아래쪽의 "필터 바"로 나누어진다.

▶ 그림 1.7 탐색기 지역

기본적으로 첫 번째 탐색기인 프로젝트 탐색기가 표시되고 위쪽의 탐색기 선택 바를 사용하여 다음 표 1.12의 8가지 탐색기를 선택할 수 있다.

▶ 표 1.12 : Xcode 탐색기

탐색기 이름	설명
프로젝트(Project)	프로젝트에 원하는 파일을 추가, 삭제, 내용보기 등을 처리
심벌(Symbol)	프로젝트에 사용된 모든 심벌을 표시
검색(Search)	프로젝트에서 사용된 문자열 검색 및 필터링 처리
문제점(Issue)	개발 중 발생하는 에러, 경고 등을 표시
테스트(Test)	앱을 테스트하기 위한 테스트 관련 클래스를 관리

디버그(Debug)	프로그램 실행 중 지정된 위치에 멈추어 스택 정보 등을 확인
중단점(Breakpoint)	조건이나 횟수를 지정하여 원하는 위치에서 프로그램 중단 처리
리포트(Report)	빌드, 실행, 디버그와 같은 제어 처리 기록

또한, 아래쪽 툴 바를 사용하여 가장 최근에 사용한 파일, 소스 컨트롤 상태를 표시한 파일, 수정되었지만 저장하지 않은 파일들을 필터 기능으로 걸러낼 수 있다.

참고　**소스 컨트롤 상태(Source-Control status)**

Xcode에서는 소스의 모든 버전을 관리할 수 있는 SCM(Source Control Management)이라는 시스템을 제공하고 있다. 즉, 파일 레포지토리에 최신 업데이트 파일을 백업하고 이를 위해 프로젝트 탐색기 각각 파일 뒤쪽에 다음과 같은 파일 상태를 나타내는 문자 즉, 공백, U, M, A, R 등을 표시하고 있다. 이들 문자의 의미는 다음과 같다.

공백 : 최신 버전으로 업데이트되어 레포지토리에 저장할 필요 없음.
U : 현재 버전보다 레포지토리에 있는 것이 최신 파일임.
M : 수정되었으므로 레포지토리에 저장되어야 함.
A : 추가되었으므로 레포지토리에 추가되어야 함.
R : 삭제되었으므로 레포지토리에서 삭제되어야 함.

1.4.2 에디터 지역

에디터는 Xcode의 중앙에 위치하며 항상 나타난다. 에디터는 오른쪽 위 에디터 선택기 아이콘(그림 1.8 참조)을 사용하여 다음 표준 에디터, 도움 에디터, 버전 에디터를 사용할 수 있다. 다음 표는 에디터 종류에 대한 설명이다.

▶ 표 1.13 : 에디터 종류

에디터 종류	설명
표준 에디터	일반적으로 소스 코드를 편집할 수 있는 1개의 윈도우를 가진 에디터
도움 에디터	2개 윈도우를 가진 에디터. 서로 비교하거나 2개의 소스 코드를 동시에 작업할 수 있다. 혹은 스토리보드에서 자동으로 객체 변수를 생성할 수 있다.
버전 에디터	동일한 파일을 버전에 따라 2개의 윈도우에 각각 로드하여 이 파일이 어떻게 수정되었는지 알 수 있다.

▶ 그림 1.8 에디터 선택기 아이콘

1.4.3 유틸리티 지역

유틸리티 지역은 Xcode의 오른쪽에 위치하고 빠른 도움말Quick Help 혹은 여러 인스펙터와 라이브러리를 보여준다. 인스펙터는 오른쪽 위에서 나타나고 라이브러리는 오른쪽 아래에 나타난다. 인스펙터는 그 인스펙터 패인Inspector Pane 위에 있는 인스펙터 선택 바Inspector Selector Bar를 사용하여 원하는 인스펙터를 표시할 수 있고 라이브러리 역시 라이브러리 패인Library Pane 위쪽에 있는 라이브러리 선택 바Library Selector Bar를 사용하여 원하는 라이브러리를 선택할 수 있다.

▶ 그림 1.9 유틸리티 지역

Xcode에서는 소스 코드 외에 .storyboard라는 파일을 제공하는데 이 파일의 목적은 사용자 인터페이스를 쉽게 작성하기 위함이다. 앱을 작성할 때 의외로 힘들고 귀찮은 작업 중 하나가 사용자 인터페이스를 작성하는 일이다. 특히 화면이 복잡할수록 더 인터페이스 작업은 힘들어지고 이와 관련된 소스 처리 역시 힘들어진다. 이를 쉽게 처리하기 위해 Xcode에서는 .storyboard 파일을 제공하여 마우스를 사용하여 화면에 그대로 그릴 수 있도록 처리한다. 또한, 작성된 컨트롤들은 자동으로 클래스를 생성하는 코드를 만들어 주어 사용자가 직접 소스 코드를 작성해야 할 일을 줄일 수 있다. 참고로 위에서 표시되는 인스펙터 선택 바는 프로젝트 탐색기에서 .storyboard 파일을 선택해야 나타난다.

유틸리티 지역의 라이브러리 패인(오른쪽 아랫부분)에는 이러한 .storyboard 파일에 추가할 수 있는 여러 컨트롤을 제공하여 마우스를 사용하여 그대로 원하는 위치에 드래그-엔-드롭 처리해준다.

라이브러리는 파일 템플릿 라이브러리File Template Library, 코드 스니핏 라이브러리Code Snippet Library, 오브젝트 라이브러리Object Library, 미디어 라이브러리Media Library 등이 있다. 다음 표는 Xcode 라이브러리에 대한 설명이다.

▶ 표 1.14 : Xcode 라이브러리 주요 기능

Xcode 라이브러리	설명
파일 템플릿 라이브러리	Objective-C 클래스, C++ 클래스, 헤더 파일 등 원하는 파일 형태를 생성하고자 할 때 사용
코드 스니핏 라이브러리	인라인 블록, try/catch 문장 등 원하는 형태의 코드 블록을 자동으로 생성하고자 할 때 사용
오브젝트 라이브러리	버튼(Button), 라벨(Label), 텍스트 필드(Text Field) 등 사용자 화면을 작성하고자 할 때 사용
미디어 라이브러리	현재 프로젝트에서 사용되는 그림, 아이콘과 같은 리소스 파일을 관리

그림 1.10은 오브젝트 라이브러리를 보여준다.

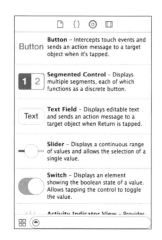

▶그림 1.10 오브젝트 라이브러리

위에서 소개한 라이브러리 중 가장 자주 사용되는 것은 화면을 작성할 때 사용되는 오브젝트 라이브러리이다. 이 라이브러리는 다음 표 1.15와 같이 앱을 구성하는 여러 가지 오브젝트 컨트롤로 구성된다. 이러한 컨트롤을 사용하기 위해서는 프로젝트 탐색기에서 .storyboard 파일을 선택하여 캔버스를 먼저 표시하고 이 캔버스 위에 원하는 오브젝트 라이브러리를 드래그-엔-드롭으로 떨어뜨리면 된다. 이 컨트롤들을 사용하는 방법은 3장에서 자세히 설명할 것이다.

▶ 표 1.15 : 오브젝트 라이브러리 컨트롤

오브젝트 라이브러리 컨트롤	설명
Label	글자를 출력할 때 주로 사용
Button	버튼 생성 컨트롤
Text Field	텍스트를 입력할 수 있는 상자 컨트롤
Slider	볼륨과 같이 정해진 크기 안에서 임의의 수만큼 지정할 때 사용되는 컨트롤
Switch	On/Off 처리할 수 있는 컨트롤
Progress View	시간이 걸리는 경우 현재 진행 상황을 표시할 수 있는 컨트롤

Page Control	마치 책의 페이지를 넘기듯이 다음 페이지 혹은 이전 페이지로 이동할 수 있는 컨트롤
Stepper	숫자를 증가시키거나 감소시킬 수 있는 컨트롤
Table View	많은 자료를 일렬로 표시하여 정리할 수 있는 컨트롤
Web View	웹 페이지를 표시할 수 있는 컨트롤
Map View	지도를 표시할 수 있는 컨트롤
Text View	텍스트 문자열을 표시할 수 있는 컨트롤
Image View	이미지 파일(jpg, png)을 표시할 수 있는 컨트롤
Scroll View	데이터양이 현재 뷰 크기보다 클 경우 스크롤 바를 사용하여 좌, 우 혹은 위, 아래로 이동할 수 있는 컨트롤
Picker View	날짜, 혹은 숫자를 선택할 때 사용되는 컨트롤

인스펙터Inspector는 주로 캔버스에 위치된 컨트롤과 실제 코드 사이를 연결시키는 기능을 하는데 왼쪽에서 오른쪽으로 File 인스펙터, Quick Help 인스펙터, Identity 인스펙터, Attributes 인스펙터, Size 인스펙터, Connection 인스펙터 등이 위치한다. 즉, 이러한 인스펙터는 다음 그림 1.11의 인스펙터 선택 아이콘을 사용하여 원하는 인스펙터를 선택할 수 있다.

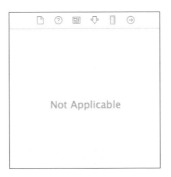

Not Applicable

▶그림 1.11 인스펙터 선택 아이콘

다음 표 1.16은 인스펙터의 주요 기능을 보여준다.

▶ 표 1.16 : 6개의 인스펙터 기능

인스펙터	설명
File 인스펙터	프로젝트에서 사용 중인 파일에 대한 이름, 타입, 위치, 인코딩 방법 등을 가지고 있는 메타 파일을 관리한다.
Quick Help 인스펙터	현재 소스 안에서 선택된 변수 혹은 메소드에 대한 설명 혹은 그 변수, 메소드가 있는 파일 정보를 보여준다.
Identity 인스펙터	클래스 이름, 참조 정보, 런타임 속성, 라벨 등에 대한 메타 정보를 보여주거나 관리해준다. 기존 클래스 대신 별도의 클래스로 대치시킬 때 사용된다.
Attributes 인스펙터	선택된 객체에 대한 속성 즉, 특성화된 기능을 보여주거나 설정할 수 있다.
Size 인스펙터	선택된 객체에 대한 초기 크기, 위치, 최소 크기, 최대 크기에 대한 정보를 보여주거나 설정할 수 있다.
Connections 인스펙터	선택된 객체와 실제 코드 사이를 연결하여 객체 초기화를 자동으로 처리해준다.

다음 그림은 일반적으로 사용되는 Identity 인스펙터를 처리하는 예를 보여준다. 캔버스에 새로운 뷰 컨트롤러를 추가시키고 Identity 인스펙터를 이용하여 자동으로 생성된 ViewController 클래스를 연결시키는 것을 보여준다. Identity 인스펙터는 이러한 방법으로 추가된 컨트롤과 소스 코드를 연결시켜줄 때 사용된다.

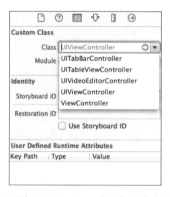

▶그림 1.12 Identity 인스펙터 처리 예

다음 그림은 Attributes 인스펙터를 처리하는 예를 보여준다. 캔버스 뷰에 라벨 컨트롤 하나를 지정하고 Attributes 인스펙터를 사용하여 이 라벨 컨트롤의 Text 속성을 "Page1"로 변경했을 뿐만 아니라 그 폰트 크기도 36.0포인트로 변경한 것을 보여준다.

▶그림 1.13 Attributes 인스펙터 처리 예

다음 그림은 Size 인스펙터를 처리하는 예를 보여준다. 위 예제에 이어서 캔버스에 있는 라벨 컨트롤을 선택하고 Size 인스펙터를 사용하여 그 위치를 X, Y 좌표(236, 122)으로 지정하고 너비 194픽셀, 높이 134픽셀로 지정한다.

▶그림 1.14 Size 인스펙터 처리 예

다음 그림은 Connections 인스펙터를 처리하는 예를 보여준다. 이번에는 캔버스에 버튼 컨트롤을 추가하고 Connections 인스펙터를 사용하여 그 버튼을 눌렀을 때 clickedCompleted라는 이름의 메소드가 실행될 수 있도록 지정하는 것을 보여준다. 이 처럼 컨트롤 버튼과 소스 코드 함수 clickedCompleted를 연결시키는 기능을 처리할 때 이 Connections 인스펙터가 사용된다. 기본적으로 스토리보드에서는 자동 연결 기능을 지원하지만, 별도로 연결하고자 할 때에는 Connections 인스펙터를 사용한다.

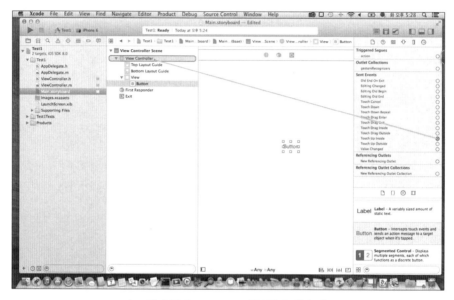

▶그림 1.15 Connections 인스펙터 처리 예

1.4.4 도큐먼트 아웃라인(Document Outline) 창

도큐먼트 아웃라인 창은 .storyboard 파일을 선택했을 때 나타나는 창이다. 이 창은 현재 스토리보드가 구성된 컨트롤 구조를 계층화 형태로 보여주고 현재 어떤 컨트롤을 작업하는지 알 수 있도록 표시해준다. 또한, 이 창은 뒤에서 설명할 제약조 건에 대한 코드를 포함하고 있어 디자인 작성 시 반드시 참조해야 할 아주 중요한 부분이다.

▶그림 1.16 도큐먼트 아웃라인 창

1.4.5 캔버스

캔버스 역시 .storyboard 파일을 선택했을 때 나타나는 창이다. 이 창의 뷰 위에 여러 컨트롤을 위치하여 화면을 디자인하게 된다. 그 오른쪽 아래에 있는 Object 라이브러리에 화면 제작에 필요한 여러 컨트롤이 있는데 이 컨트롤 중 하나를 마우스로 선택하여 드래그-엔-드롭으로 뷰 위에 위치시키면 된다.

▶그림 1.17 캔버스와 Obejct 라이브러리

아이폰 프로그래밍에서 가장 기본은 Objective-C 언어이다. 기본적인 객체 생성을 처리하기 위해서는 Objective-C에 대하여 알아야만 하는데 Objective-C에 대해서는 다음 장에서 자세히 설명할 것이므로 우선 객체 생성 방법과 ARC 개념에 대해서 간단히 알아보자.

Obejctive-C에서 제공하는 모든 객체는 다음과 같은 방식으로 객체를 생성한다.

```
MyObject *myobject = [MyObject alloc];
...
```

즉, MyObject라는 클래스에 alloc이라는 클래스 함수를 호출해서 새로운 인스턴트 객체를 만든 후 그 객체의 주소를 myobject 객체 변수에 저장한다. Objective-C의 모든 클래스는 NSObject 클래스로부터 계승을 받는데 이 클래스에서 제공하는 alloc 메소드를 이용하여 객체를 생성하게 된다.

생성된 객체 변수를 이용하여 이 MyObject 클래스의 여러 메소드를 호출할 수 있다. 예를 들이 MyObejct 클래스 안에 init라고 불리는 메소드가 있다면 다음과 같이 호출할 수 있다.

```
myobject = [myobject init];
...
```

혹은 다음과 같이 한 번에 위 객체를 생성하면서 동시에 init 메소드까지 호출할 수도 있다. 즉, 이 코드가 모든 객체를 생성할 때 기본으로 사용된다.

```
MyObject *myobject = [[MyObject alloc] init];
...
```

이제 위 클래스가 실제로 어떻게 선언되어 있는지 살펴보자. 위 클래스는 NSObject 클래스로부터 계승 받도록 다음과 같이 선언된다. 즉, 객체 이름 다음에 콜론(:)을 사용하고 계승 받고자 하는 부모 클래스 이름을 지정한다.

```
@interface MyObject:NSObject {
}
```

만일 MyObject 객체 내부에 NSString 객체 *str을 사용하고자 한다면 다음과 같이 선언할 수 있다.

```
@interface MyObject:NSObject {
  NSString *str;
}
```

또한, NSString 객체 변수에 세터 메소드setter method와 겟터 메소드getter methord를 자동으로 생성하는 객체 변수를 만들고자 한다면 다음과 같이 @property 지시자를 사용하여 선언한다.

```
@interface MyObject:NSObject {
  NSString *str;
}
@property(nonatomic, retain) NSString *str;
```

@propery 지시자에는 readwrite, assign, retain, readonly, copy 등의 속성을 사용할 수 있다. 이러한 속성에 대해서는 다음 장 "Objective-C 기초"에서 자세히 설명한다.

이제 위에서 생성한 객체를 해제시켜보자. 생성된 객체는 다음과 같이 release를 사용하여 반드시 객체를 해제시켜야 한다.

```
[myobject release];
```

Objective-C에서는 이러한 작업을 리테인 카운트retain count를 사용하여 객체를 생성했는지 혹은 해제시켰는지를 체크한다. 즉, alloc를 사용하여 객체를 생성하면 리테인 카운트는 1이 되고 release를 시키면 0이 된다. 이러한 방법으로 리테인 카운트가 0이 되면 사용된 객체 변수는 메모리에서 자동으로 제거된다.

위 코드를 실행시켰을 때 실제 리테인 카운트는 다음과 같이 변화된다.

```
MyObject *myobject = [[MyObject alloc] init]; // 리테인 카운트 --> 1
[myobject release];                           // 리테인 카운트 --> 0
                                              // myobject 메모리에서 제거
```

그러나 실제 코딩에서 이러한 방법으로 release 메소드를 사용하는 것은 개발자 입장에서는 상당히 귀찮고 무엇보다 자주 잊어버리는 일이 발생한다. 그래서 이런 문제를 해결하기 위해 Xcode에서는 다음과 같이 autorelease 메소드를 제공하여 동일한 기능을 처리하도록 하였다.

```
MyObject *myobject = [[[MyObject alloc] init] autorelease];
...
                       // 자동으로 myobject 제거
```

그러나 이렇게 사용되는 autorelease 방식 역시 불편하여 iOS5부터는 새로운 개념인 ARC Automatic Reference Counting 기능을 제공하게 된다(물론 iOS4에서도 ARC의 일부 기능은 사용할 수 있었다).

ARC는 컴파일하는 동안 아예 컴파일러에서 자동으로 dealloc, release, autorelase 등의 코드를 추가시키는 기능이다. 즉, 사용자는 더는 위 명령을 사용할 필요가 없다. 그렇다고 해서 아무 조건 없이 ARC를 사용할 수 있는 것은 아니다. ARC를 사용하기 위해서는 다음과 같은 규칙을 따라야만 한다.

- 객체 생성할 때에는 이전과 같이 alloc를 사용하지만, dealloc, release, autorelease 같은 명령을 사용할 필요가 없다.
- 위에서 언급했듯이 직접 dealloc, release, autorelease를 호출할 수 없다. 자동으로 코드에 추가되기 때문이다.
- 더는 NSAutorelease 객체를 사용할 수 없고 대신 @autoleasepool 블록을 사용한다.
- id와 void*를 암시적으로 형 변환해주지 않는다.
- @property 지시자에 사용되는 retain 대신 strong, weak 지시자를 사용한다.
- __strong, __weak, __unsafe_unretained와 같은 새로운 변수 퀄리파이어 variable qualifier를 제공한다.

ARC에서 사용 가능한 주요 지시자는 다음 표 1.17과 같다.

▶ 표 1.17 : ARC에서 사용 가능한 주요 지시자

ARC 지시자	설명
strong	이전 retain 지시자 대신 사용한다.
weak	자동 해제된다는 점을 제외하고 이전 객체에서 사용하는 assign과 같다. 더 이상 사용되지 않으면 nil 값으로 지정된다.
unsafe_unretained	이전 assign 지시자 대신 사용한다.
assign	객체에 대해서는 더는 사용되지 않지만 int, float, BOOL과 같은 타입에서 사용 가능하다.

이러한 ARC를 사용하기 위해서는 Xcode 이전 버전에서는 프로젝트를 생성할 때 ARC를 사용하겠다는 항목에 체크했지만, Xcode 6 이상에서는 자동으로 추가되므로 별도로 설정할 필요가 없다.

첫 번째 애플리케이션 - 싱글 뷰 컨트롤러(Single View Controller)

아이폰 앱 제작에 있어서 가장 기본이 되는 화면은 하나의 뷰를 표시하는 싱글 뷰 컨트롤러이다. 그렇게 복잡하지 않고 간단한 대부분의 앱 제작을 할 때 사용된다. 여기서는 간단하게 텍스트 필드 컨트롤과 버튼을 만들고 버튼을 눌렀을 때 버튼을 눌렀다는 메시지를 출력하는 간단한 앱을 한 번 만들어볼 것이다.

▌그대로 따라 하기

❶ Xcode에서 File-New-Project를 선택한다. 계속해서 왼쪽에서 iOS-Application을 선택하고 오른쪽에서 Single View Application을 선택한다. 이어서 Next 버튼을 누르고 Product Name에 "SingleViewExample"이라고 지정한다.

그 아래 Organization Name 항목에는 자신이 속한 조직(학교, 회사) 이름을 입력한다. 또한, 그 아래 Organization Identifier 항목에는 자신의 앱을 앱 스토어에 올렸을 때 다른 사람들과 구별할 수 있는 식별자를 입력하는데 주로 자신과 관계된 웹 페이지 주소를 거꾸로 입력한다. 예를 들어, 자신의 홈페이지가 www.bluenote88.com이라고 한다면 com.bluenote88로 입력한다.

아래쪽에 있는 Language 항목은 Objective-C, Devices 항목은 iPhone으로 설정하고 Next 버튼을 누른다.

▶그림 1.18 SingleViewExample 프로젝트에 정보 입력

❷ 이제 이 프로젝트를 저장하는 폴더를 선택하는 화면이 나타나는데 왼쪽에서 원하는 곳의 디바이스를 선택하고 오른쪽에서 원하는 폴더 이름을 선택한다. 프로젝트를 생성하기 전에 저장할 폴더 이름을 미리 생성하는 것이 좋다. 여기서는 MyHome이라는 폴더 아래쪽에 프로젝트가 생성된다. 폴더를 지정한 뒤에 오른쪽 아래에 있는 Create 버튼을 눌러 프로젝트를 생성한다.

▶그림 1.19 SingleViewExample 프로젝트를 저장할 폴더 이름 선택

❸ 왼쪽 프로젝트 탐색기에서 Main.storyboard 파일을 클릭한다.

▶그림 1.20 Main.storyboard 파일 클릭

❹ 이제 화면 왼쪽에 컨트롤들을 보여주는 도큐먼트 아웃라인Document Outline 창이 표시되고 그 오른쪽에는 캔버스가 표시된다. 또한, Xcode 오른쪽 아래는 라이브러리 창이 나타나는데 이 중 세 번째 있는 Object 라이브러리(작은 사각형을 가진 동그란 원 아이콘)를 선택한다. 보여주는 여러 컨트롤 중에서 TextField 컨트롤 하나와 Button 컨트롤 하나를 다음 그림을 참조하여 캔버스 위쪽에 알맞게 위치시킨다.

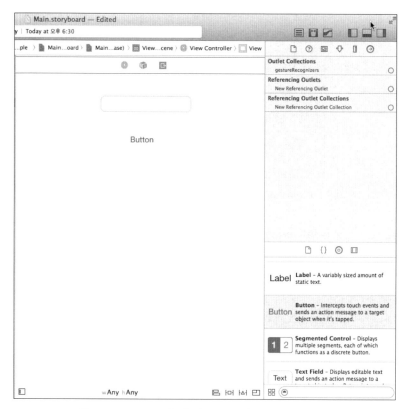

▶그림 1.21 TextField 컨트롤과 Button 컨트롤을 캔버스에 위치

❺ 그다음, TextField 컨트롤을 선택한 상태에서 캔버스 아래쪽에 있는 레이아웃 툴 바layout toolbar에서 Align 버튼을 선택한다.

▶그림 1.22 레이아웃 툴 바의 Align 버튼

❻ 이때 정렬 제약Alignment Constraints조건을 지정하는 창이 나타나는데 "Horizontal
Center in Constraints" 항목에 체크하고 아래쪽 "Add 1 Constraint" 버튼을
클릭한다.

▶그림 1.23 "Horizontal Center in Constraints" 항목에 체크

❼ Button 역시 TextField 컨트롤과 동일한 방법으로 Align 버튼을 선택하고 정렬 제약Alignment Constraints조건을 지정하는 창에서 "Horizontal Center in Constraints" 항목에 체크하고 아래쪽 "Add 1 Constraint" 버튼을 클릭한다 (앞의 그림과 동일).

❽ 이제 이 컨트롤에 해당하는 코드를 작성하고 코드에 연결해야 하는데 이것을 도움 에디터Assistant Editor를 사용하여 쉽게 처리할 수 있다. 도움 에디터를 실행하기 위해서 Xcode 오른쪽 위에 있는 나비넥타이 모양의 아이콘을 클릭한다.

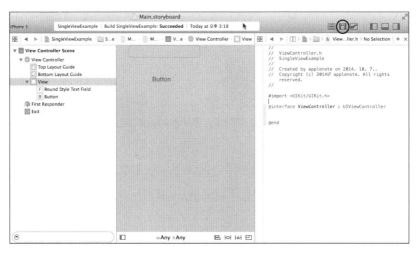

▶그림 1.24 도움 에디터(Assistant Editor) 실행

❾ 도움 에디터가 나타나면 기본적으로 현재 스토리보드에 해당하는 소스 파일(.m)을 보여주는데 여기서는 ViewController.m 파일이 나타난다. 도움 에디터 위쪽에 있는 검은색 화살표를 눌러 헤더 파일인 ViewController.h 파일로 변경한다.

이제 위에서 생성한 Text Field 컨트롤을 Ctrl 키와 함께 마우스로 선택하고 드래그-엔-드롭으로 도움 에디터의 @interface ViewController 아래쪽에 위치시킨다.

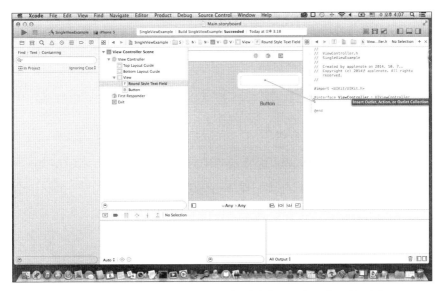

▶그림 1.25 Text Field 컨트롤을 도움 에디터로 드래그-엔-드롭 처리

⑩ 이제 다음과 같이 도움 에디터 연결 패널이 나타나면 Name 항목에 textField라
고 입력하고 Connect 버튼을 누른다.

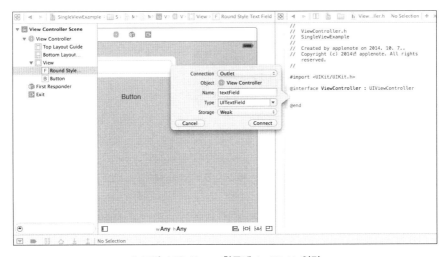

▶그림 1.26 Name 항목에 textField 입력

⓫ 이때 도움 에디터에 다음 그림과 같이 @property 속성 문자열이 추가된 것을 알 수 있다.

```
@property (weak, nonatomic) IBOutlet UITextField *textField;
```

⓬ 이번에는 버튼을 오른쪽 마우스로 선택하면 버튼 이벤트 옵션 상자가 나타난다. 이벤트 창의 Sent Events 항목 중 아래에서 세 번째인 Touch Up Inside의 오른쪽 작은 원을 선택하고 드래그–엔–드롭으로 도움 에디터의 @interface ViewController 아래쪽에 위치시킨다.

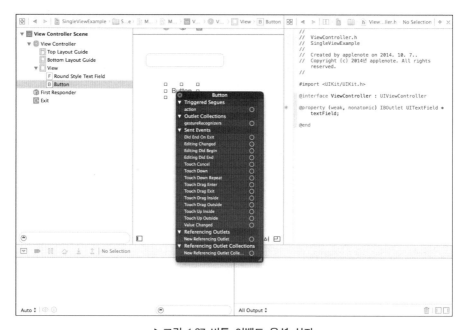

▶그림 1.27 버튼 이벤트 옵션 상자

⓭ 이때 다음과 같이 도움 에디터 연결 패널이 나타나면 Name 항목에 clicked Completed라고 입력하고 Connect 버튼을 누른다.

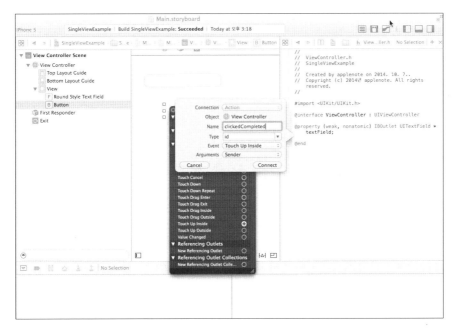

▶그림 1.28 Name 항목에 clickedCompleted 입력

⑭ 이제 다음과 같이 코드가 ViewController.h 파일에 추가된 것을 알 수 있다.

```
- (IBAction)clickedCompleted:(id)sender;
```

⑮ 이제 다시 표준 에디터 아이콘을 선택하여 표준 에디터를 표시하고 프로젝트 탐색기에서 ViewController.m 파일을 선택하고 다음과 같이 입력한다.

```
#import "ViewController.h"

@interface ViewController ()

@end

@implementation ViewController
```

```
@synthesize textField;

- (void)viewDidLoad {
    [super viewDidLoad];
    // Do any additional setup after loading the view, typically from a nib.
}

- (void)didReceiveMemoryWarning {
    [super didReceiveMemoryWarning];
    // Dispose of any resources that can be recreated.
}

- (IBAction)clickedCompleted:(id)sender
{
    if ([textField.text isEqualToString:@""])
        textField.text = @"Button is clicked!";
    else
        textField.text = @"";
}

@end
```

⑯ 이제 왼쪽에 있는 Run 버튼 혹은 Commad-R 버튼을 눌러 실행시키면 다음 그림 1.29와 같은 ViewController가 실행된다. 이때 Button을 누르면 버튼이 눌러졌다는 메시지인 "Button is clicked!"가 텍스트 필드에 출력되고 다시 한 번 더 Button을 누르면 그 메시지가 사라진다. 그리고 실행 도중 몇 가지 경고가 발생하는데 지금은 넘어가도록 한다.

만일 실제 기기에서 실행하고자 한다면 이 책 뒤에 있는 부록 "애플리케이션 배포와 앱 스토어 판매" 부분의 "앱을 기기에 등록하여 실행하는 방법" 절을 참조하기 바란다.

▶그림 1.29 SingleViewExample의 실행

▌원리 설명

이제 아이폰의 가장 기본이 되는 단일 뷰 애플리케이션Single View Application에 대하여 알아보자. 일반적으로 가장 많이 사용되고 사용하기 편리한 것이 바로 이 단일 뷰 애플리케이션이다.

대부분 모든 애플리케이션의 화면 UIUser Interface 부분은 작성하기가 쉽지 않다. 특히, UI 부분은 개발자보다는 그래픽 디자이너가 더욱더 관여를 많이 하는 부분이기도 하다. 그렇다고 해서 개발자가 완전히 손을 놓고 디자이너에게 맡길 수 있는 부분도 아니다.

이렇게 복잡한 부분이기에 Xcode를 포함한 대부분의 개발 툴에서는 화면 디자인이 가능한 별도의 툴을 제공해서 쉽게 UI 부분을 만들 수 있도록 하고 있다.

아이폰에서는 순수한 코드만 가지고 화면 UI^User Interface^를 구성할 수 있지만, 더 효율적으로 빨리 화면을 구성하기 위해서 인터페이스 빌더^Interface Builder^를 지원한다. Xcode 4.x 이후부터는 별도로 제공하던 이 인터페이스 빌더는 처음에는 .xib 파일부터 시작하여 나중에 .storyboard 파일 형태로 프로젝트에 포함되어 더욱 손쉽게 사용할 수 있게 되었다.

즉, .storyboard 파일로 화면을 구성하고 .m 파일에 소스를 구성하는 형태를 제공한다. 또한, 위에서 보여주었듯이 도움 에디터에서 제공되는 연결 패널을 이용하여 스토리보드의 컨트롤과 소스 코드의 객체 변수 혹은 메소드와 연결시킬 수 있다.

일반적으로 아이폰 어플케이션은 항상 프로젝트의 Supporting Files 폴더에서 자동으로 생성되는 main.m 파일에서 시작한다.

```
int main(int argc, char *argv[])
{
    @autoreleasepool {
        return UIApplicationMain(argc, argv, nil,
    NSStringFromClass([AppDelegate class]));
    }
}
```

위 코드에서는 main.m 파일에서는 UIApplicationMain 함수를 호출하는데 이 함수는 다시 내부적으로 UIApplication 객체를 생성하고 AppDelegate 클래스 즉, AppDelegate.m을 호출한다.

이 클래스에서는 다음과 같은 application:didFinishLaunchingWithOptions 메소드를 자동으로 호출하는데 이전 Xcode에서는 이 메소드에서 화면을 구성하는 ViewController 클래스를 호출하였다. 하지만 Xcode 6.x부터는 단지 "return YES;"라는 코드가 있을 뿐 다른 아무런 코드가 존재하지 않는다. 그렇다면 어떻게 스토리보드 파일의 화면을 호출할 수 있을까?

```
- (BOOL)application:(UIApplication *)application
didFinishLaunchingWithOptions:(NSDictionary *)launchOptions
{
    // Override point for customization after application launch.

    return YES;
}
```

프로그램 탐색기의 Supporting Files 폴더 아래쪽에 보면 Info.plist 파일을 열어 "Main storyboard file base name" 키를 보면 바로 "Main"이라는 값이 지정되어있다. 여기서 "Main"은 Main.storyboard 파일을 의미한다. 즉, 위 didFinish Launching WithOptions 메소드에 별다른 코드가 없다면 바로 Info.plist의 "Main storyboard file base name" 키를 참조하여 관련된 스토리보드를 실행시키는 것이다. 물론 didFinishLaunchingWithOptions 메소드에 코드를 사용하여 스토리보드를 실행시키면 Info.plist 파일에 지정된 스토리파일은 사용되지 않는다.

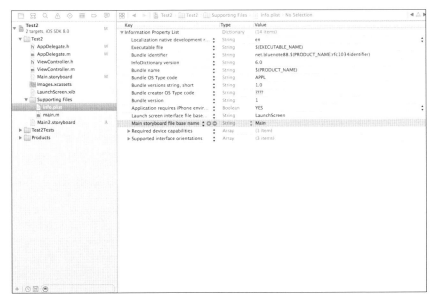

▶그림 1.30 Info.plist 파일

프로그램 탐색기의 스토리보드 파일 Main.storyboard를 선택하고 도큐먼트 아웃라인 창에서 View Controller를 선택한 상태에서 오른쪽 위 Identity 인스펙터를 선택하면 Custom Class 항목에 ViewController 클래스가 지정된 것을 알 수 있다. 즉, Main.storyboard 파일이 실행되면서 자동으로 ViewController.m 파일의 ViewController 객체가 실행되는 것을 알 수 있다.

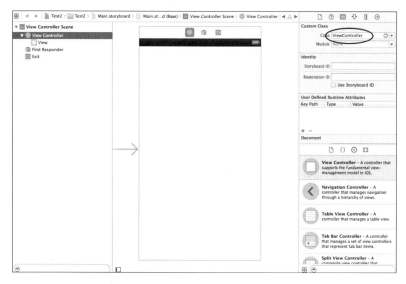

▶그림 1.31 Identity 인스펙터의 Custom Class 항목

이제 실제 모든 기능을 처리하는 ViewController 객체에 대하여 알아보자. 먼저 ViewControler.h 헤더 파일부터 살펴보자. 먼저 모든 컨트롤을 선언한 헤더 파일 UIKit.h를 지정하고 @interface를 사용하여 ViewController 클래스를 선언한다. Objective-C에 대한 것은 2장에서 자세히 설명할 것이다.

```
#import <UIKit/UIKit.h>

@interface ViewController : UIViewController
...
```

그다음, 자료를 표시할 텍스트 필드 컨트롤을 제어할 수 있는 UITextField 객체 변수 textField를 선언한다. 이 변수는 사용자가 입력한 것이 아니라 도움 에디터의 연결 패널을 이용하여 캔버스의 텍스트 필드 컨트롤과 연결되어 자동 생성된 코드이 다(그림 1.26 참조). 서로 연결되어 있으므로 이 변수에 지정된 값은 바로 텍스트 필 드 컨트롤에 반영이 된다. 또한, 위에서 설명했듯이 Connections 인스펙터를 사용하 여 사용자가 직접 연결할 수도 있다.

이 선언에 사용된 @propery는 멤버 변수를 생성할 때 속성 형식을 컴파일러에 알려주는 Objective-C 코드이다.

```
@property (weak, nonatomic) IBOutlet UITextField *textField;
...
```

위 코드에서 속성을 선언할 때 이전 assign 명령과 동일한 weak 키워드를 선언했 는데 이것은 객체 변수를 계속 참조할 필요가 없을 때 지정하는 명령이다. 컨트롤 변수에서는 항상 weak를 지정한다.

그다음, 그 옆에 보면 nonatomic이라는 키워드를 사용하였다. 하나의 스레드에서 사 용된 변수를 보호하기 위해 다른 스레드로부터 접근하지 못하도록 하는 것이 atomic인 데 스레드를 사용하지 않는 경우에는 이러한 atomic을 사용할 필요가 없으므로 nonatomic으로 지정한다. 이러한 키워드를 속성 지정할 때 반드시 지정해야만 한다.

그다음, 버튼을 클릭했을 때 실행되는 clickedCompleted 메소드를 다음과 같이 선언한다.

역시 사용자가 직접 입력한 코드가 아니라 도움 에디터의 연결 패널을 이용하여 스토리보드의 버튼 컨트롤과 연결되어 자동 생성된 코드이다(그림 1.28 참조). 서로 연결되어 있으므로 버튼을 누르면 바로 이 메소드가 자동으로 실행된다.

```
- (IBAction) clickedCompleted: (id)sender;

@end
```

이제 버튼을 클릭하면 다음과 같이 clickedCompleted 메소드가 실행되는데 키보드로 입력한 값은 스토리보드 텍스트 필드 컨트롤과 연결된 UITextField 객체 변수인 textField.text로 넘어오게 된다. 이때 Objective-C에서 제공되는 isEqualToString 스트링 메소드를 사용하여 @"" 값이 입력되지 않았는지를 확인한다. Obejctive-C에서 사용되는 문자열 값 앞에는 반드시 "@"를 붙이도록 한다.

```
- (IBAction) clickedCompleted: (id)sender
{
    if ([textField.text isEqualToString:@""])
    ...
```

아무런 값이 입력되지 않았다면 @"Button is clicked!" 값을 지정한다.

```
        textField.text = @"Button is clicked!";
    ..
```

만일 어떤 값이 지정되어 있다면 다시 @""를 지정하여 값을 초기화한다.

```
    else
        textField.text = @"";
}
```

isEqualToString:@"" 메소드는 현재 문자열 값이 "" 값과 동일한 것인지를 체크하는 Objective-C에서 제공하는 함수이다.

아이폰6/6+가 발표되면서 기존의 해상도에 새로운 크기의 해상도가 추가되어 개발자로서는 새로운 해상도에 대한 화면을 추가로 작성하는 것이 필요하다.

참고로 각 아이폰의 해상도는 다음과 같다.

▶ 표 1.18 : 아이폰 화면 해상도

아이폰	해상도
아이폰 3gs	320 × 480 pixels
아이폰 4/4s	640 × 960 pixels
아이폰5/5c/5s	640 × 1136 pixels
아이폰6	750 × 1334 pixels
아이폰6+	1242 × 2208 pixels (1080 × 1920 다운 샘플링 처리)

이전 예제를 통하여 눈치 빠른 사람을 알 수 있었겠지만, Xcode 6.x의 기본 아이폰 뷰의 크기는 600x600을 사용하고 있다. 이 크기는 위의 어떤 기기의 해상도에도 맞지 않는 기본 해상도이다. 그렇다면 Xcode 6.x에서는 어떤 방식으로 이 화면 해상도 문제를 해결할 수 있을까? 다행히도 애플에서는 어뎁티브 사용자 인터페이스Adaptive User Interface 기능을 제공하여 이러한 어려운 문제의 해결 방식을 제시하였다.

어뎁티브 사용자 인터페이스에는 향상된 ViewController 기능, 스토리보드, 오토 레이아웃Auto Layout 기능, 동적 텍스트Dyanamic Text 기능, 사이즈 클래스Size Classes 등이 있는데 그 중 오토 레이아웃 기능은 반드시 알아두어야 할 중요한 기능이다.

특히, 오토 레이아웃 기능을 사용하여 각 컨트롤 사이에 제한조건을 지정하면 쉽게 멀티 해상도 문제를 해결할 수 있다. 이전 버전에서는 이 오토 레이아웃 기능을 사용하지 않아도 상관이 없었지만, 이번 iOS8부터는 아이폰6/6+의 새로운 해상도 추가로 인하여 오토 레이아웃 기능을 사용하지 않고 앱을 만들 수 없게 되었다. 이 오토 레이아웃 기능은 다음 그림과 같이 File 인스펙터에서 Use Auto Layout 체크상자에 체크되어 있어야 사용할 수 있다.

▶그림 1.32 File 인스펙터의 Use Auto Layout 체크상자

위 Use Auto Layout 체크상자에 체크되어 있으면, 뷰 아래쪽에 오토 레이아웃 메뉴가 표시되는데 오토 레이아웃 메뉴는 다음 그림 1.33과 같이 4개로 구성된다. 표 1.19는 이 4개의 메뉴에 대한 설명이다.

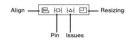

▶그림 1.33 오토 레이아웃 메뉴

▶ 표 1.19 : 4가지 오토 레이아웃 메뉴

오토 레이아웃 메뉴	설명
Align	왼쪽, 중앙, 오른쪽에 위치시키는 것과 같은 제약조건 생성
Pin	뷰의 높이, 상호 간의 거리 등의 제약조건 생성
Issues	제약조건을 설정하거나 초기화할 때 발생하는 문제점 해결
Resizing	크기조절이 제약조건에 얼마만큼 영향을 줄지 지정

오토 레이아웃은 제약조건Constraint을 설정하여 화면을 구성하는 방법이다. 즉, 컨트롤을 가로 방향으로 중앙에 위치시킨다든지 혹은 컨트롤을 위 컨트롤에서 10픽셀 아래에 위치시킨다든지 하는 것들이 모두 제약조건이라고 할 수 있다.

이제 직접 프로젝트를 작성하면서 각 메뉴의 명령을 배워보도록 하자.

1.7.1 컨트롤을 중앙에 위치하는 폼 작성

첫 번째로 컨트롤을 중앙에 위치시키는 명령을 사용해보자.

▌그대로 따라 하기

❶ Xcode에서 File-New-Project를 선택한다. 계속해서 왼쪽에서 iOS-Application을 선택하고 오른쪽에서 Single View Application을 선택한다. 이어서 Next 버튼을 누르고 Product Name에 "CenterControlExample"이라고 지정한다. 아래쪽에 있는 Language 항목은 Objective-C, Devices 항목은 iPhone으로 설정하고 Next 버튼을 눌러 프로젝트를 생성한다.

▶그림 1.34 CenterControlExample 프로젝트 생성

❷ 왼쪽 프로젝트 탐색기에서 Main.storyboard 파일을 클릭하고 오른쪽 아래 Object 라이브러리에서 Label 하나를 캔버스 임의의 위치에 떨어뜨리고 그 너비를 적당하게 늘려준다.

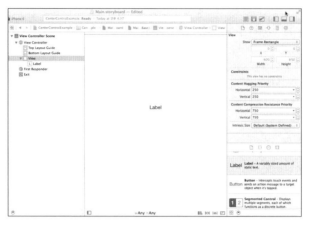

▶그림 1.35 캔버스에 Label 컨트롤 위치

❸ 캔버스에서 Label 컨트롤을 선택한 상태에서 오른쪽 위 Attributes 인스펙터를 선택하고 Text 속성에 "This is a test."라고 입력한다. 또한, Alignment 역시 중앙으로 위치시킨다.

▶그림 1.36 Label 컨트롤 속성 값 변경

❹ 계속 Label 컨트롤을 선택한 상태에서 캔버스 아래 오토 레이아웃 메뉴에서 첫 번째 Align을 선택하고 "배열 제약조건 설정" 창이 나타나면 다음과 같이 "Horizontal Center in Container"와 "Vertical Center in Container" 항목에 체크하고 아래쪽 "Add 2 Contstraints" 버튼을 누른다.

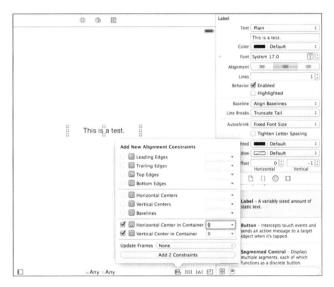

▶그림 1.37 수평과 수직 중앙에 위치 항목 체크

❺ 이제 캔버스 아래 오토 레이아웃 메뉴에서 세 번째인 Issues를 선택하고 "All Views in View Controller"의 "Update Frames" 항목을 선택한다.

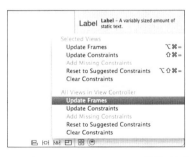

▶그림 1.38 Update Frames 항목 선택

❻ 이제 왼쪽에 있는 Run 버튼 혹은 Commad-R 버튼을 눌러 실행시키면 다음 그림 1.39와 같은 메시지가 중앙에 위치하는 ViewController가 실행된다. 다른 해상도의 에뮬레이터에서도 테스트해본다.

▶그림 1.39 CenterControlExample의 실행

▌원리 설명

여기서는 오토 레이아웃의 첫 번째 메뉴의 가장 기본적인 기능인 "Horizontal Center in Container"와 "Vertical Center in Container" 항목을 사용해보았다.

제목에서도 알 수 있듯이 "Horizontal Center in Container" 항목은 컨트롤을 수평으로 중앙에 위치시키는 명령이고 "Vertical Center in Container" 항목은 수직으로 중앙에 위치시키는 명령이다. 이러한 명령을 선택한 뒤에 마지막으로 "Update Frames"라는 항목을 실행하여 현재 위치를 새로 지정된 위치로 이동시켜준다. 다음 표는 여기서 사용된 오토 레이아웃 명령이다.

컨트롤	사용된 오토 레이아웃 명령	설명
Label	Horizontal Center in Container	수평 방향으로 중앙에 위치
	Vertical Center in Container	수직 방향으로 중앙에 위치

1.7.2 컨트롤을 위와 아래로 위치하는 폼 작성

이번에는 두 개의 컨트롤을 위와 아래쪽에 위치시키는 방법을 알아보자.

▌그대로 따라 하기

❶ Xcode에서 File-New-Project를 선택한다. 계속해서 왼쪽에서 iOS-Application
을 선택하고 오른쪽에서 Single View Application을 선택한다. 이어서 Next
버튼을 누르고 Product Name에 "TwoControlsExample"이라고 지정한다.

아래쪽에 있는 Language 항목은 Objective-C, Devices 항목은 iPhone으로
설정하고 Next 버튼을 눌러 프로젝트를 생성한다.

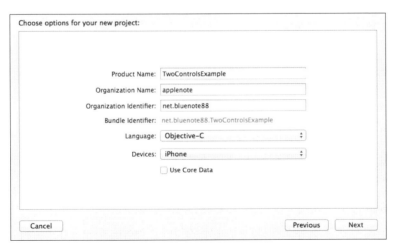

▶그림 1.40 TwoControlsExample 프로젝트 생성

❷ 왼쪽 프로젝트 탐색기에서 Main.storyboard 파일을 클릭하고 오른쪽 아래 Object 라이브러리에서 Text Field 하나와 Button 하나를 캔버스 위와 아래쪽에 떨어뜨린다. Text Field의 너비는 적당하게 늘려준다.

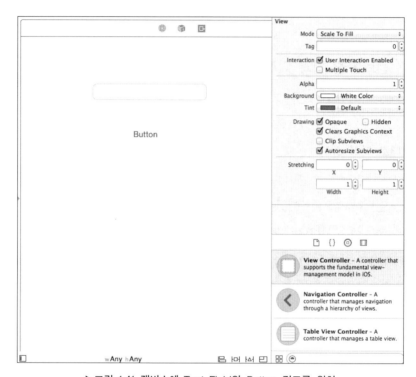

▶그림 1.41 캔버스에 Text Field와 Button 컨트롤 위치

❸ 먼저 Text Field 컨트롤을 선택한 상태에서 캔버스 아래 오토 레이아웃 메뉴에서 두 번째 Pin을 선택하고 "제약조건 설정" 창이 나타나면 다음 그림과 같이 북쪽 위치상자에 25를 입력하고 I 빔에 체크한다. 또한, 그 아래 Width와 Height 항목에 체크한 다음 "Add 3 Constraints" 버튼을 클릭한다. 이는 Text Field 컨트롤을 뷰 가장 윗부분에서 25픽셀 아래쪽에 위치시키고 너비, 높이를 고정한 초기 화면이다.

▶그림 1.42 Text Field 컨트롤 제약조건 설정

❹ 혹시 원하지 않은 숫자가 입력되었다고 걱정할 필요는 없다. 다음과 같이 도큐
먼트 아웃라인 창에서 Constraints 아래에 정의된 항목을 선택하고 오른쪽
Attributes 인스펙터를 선택하여 Constant 항목에 원하는 항목을 다시 입력해
주면 된다. 여기서는 다시 30으로 변경해보자.

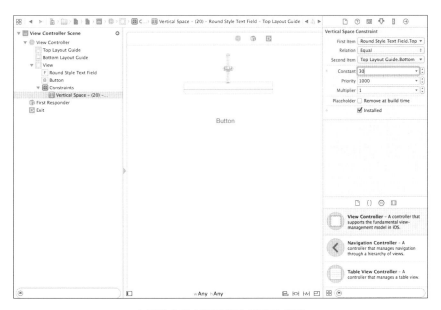

▶그림 1.43 제약조건을 30으로 변경

❺ 동일한 방법으로 Button을 선택한 상태에서 캔버스 아래 오토 레이아웃 메뉴에서 두 번째 Pin을 선택하고 "제약조건 설정" 창이 나타나면 다음 그림과 같이 북쪽 위치상자에 25를 입력하고 I 빔에 체크한다. 또한, 그 아래 Width와 Height 항목에 체크한 다음 "Add 3 Constraints" 버튼을 클릭한다. 이는 Button 컨트롤을 Text Field에서 25픽셀 아래쪽에 위치시키고 너비, 높이를 고정초기 화면이다.

▶그림 1.44 Button 컨트롤 제약조건 설정

❻ 다시 Text Field 컨트롤을 선택한 상태에서 캔버스 아래 오토 레이아웃 메뉴에서 첫 번째 Align을 선택하고 "배열 제약조건 설정" 창이 나타나면 다음과 같이 "Horizontal Center in Container"를 선택하고 아래쪽 "Add 1 Constraint" 버튼을 클릭한다.

▶그림 1.45 Horizontal Center in Container 항목 선택

❼ 동일한 방법으로 Button 컨트롤을 선택한 상태에서 캔버스 아래 오토 레이아웃 메뉴에서 첫 번째 Align을 선택하고 "배열 제약조건 설정" 창이 나타나면 다음과 같이 "Horizontal Center in Container"를 선택하고 아래쪽 "Add 1 Constraint" 버튼을 클릭한다(그림 1.45와 동일).

❽ 이제 캔버스 아래 오토 레이아웃 메뉴에서 세 번째인 Issues를 선택하고 "All Views in View Controller"의 "Update Frames" 항목을 선택한다.

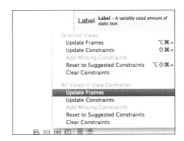

▶ 그림 1.46 Update Frames 항목 선택

❾ 이제 왼쪽에 있는 Run 버튼 혹은 Commad-R 버튼을 눌러 실행시키면 다음 그림 1.47과 같은 Text Field와 Button이 중앙에 위치하는 ViewController가 실행된다. 다른 해상도의 에뮬레이터에서도 테스트해본다.

▶ 그림 1.47 TwoControlsExample의 실행

▌원리 설명

이번에는 중앙에 위치시키는 "Horizontal Center in Container" 항목과 함께 Pin 메뉴의 Vertical Space 기능과 Width 기능을 사용해 보았다. Text Field 컨트롤은 위쪽으로 원하는 크기만큼 유지하고 너비를 고정하였다. 그 아래에 위치하는 버튼 역시 위쪽으로 원하는 크기만큼 유지시키는 기능을 지정했다. 마지막으로 두 컨트롤 모두 수평으로 중앙에 위치시켜 고정하였다. 다음 표는 여기서 사용된 오토 레이아웃 명령이다.

▶ 표 1.21 : 사용된 오토 레이아웃 명령

컨트롤	사용된 오토 레이아웃 명령	설명
Text Field	Vertical Space	위쪽으로 원하는 크기만큼 유지
	Width	너비 고정
	Height	높이 고정
	Horizontal Center	수평 방향으로 중앙에 위치
Button	Vertical Space	위쪽으로 원하는 크기만큼 유지
	Horizontal Center	수평 방향으로 중앙에 위치

1.7.3 이름 입력 폼 작성

이번에는 자료 입력할 때 많이 사용되는 입력 폼 형태를 만들어보자. 첫 번째 줄에 "이름 :"이라는 Label 컨트롤과 Text Field 컨트롤을 생성하고 그다음 줄에 버튼을 위치시키는 형태의 폼을 작성해 볼 것이다.

▌그대로 따라 하기

❶ Xcode에서 File-New-Project를 선택한다. 이어서 왼쪽에서 iOS-Application을 선택하고 오른쪽에서 Single View Application을 선택한다. 이어서 Next 버튼을 누르고 Product Name에 "NameInputExample"이라고 지정한다. 아래쪽에 있는 Language 항목은 Objective-C, Devices 항목은 iPhone으로 설정하고 Next 버튼을 눌러 프로젝트를 생성한다.

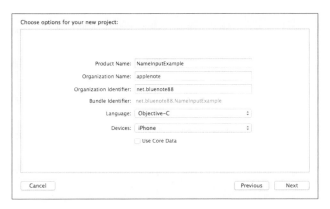

▶그림 1.48 NameInputExample 프로젝트 생성

❷ 왼쪽 프로젝트 탐색기에서 Main.storyboard 파일을 클릭하고 오른쪽 아래
Object 라이브러리에서 Label과 Text Field 컨트롤 하나씩과 Button 하나를
캔버스 위와 아래쪽에 떨어뜨린다. Text Field의 너비는 적당하게 늘려준다.

▶그림 1.49 캔버스에 Label, Text Field와 Button 컨트롤 위치

❸ Label 컨트롤을 선택한 상태에서 오른쪽 위 Size 인스펙터를 선택한다. 그 아래 Height 속성 값을 30으로 변경한다. 그리고 Label 컨트롤을 다시 선택하고 키보드에서 위쪽 화살표 키를 눌러 Y 좌표를 Text Field와 동일하게 맞춘다. 높이가 동일하게 맞는 순간 두 컨트롤 사이에 연결 줄이 나타난다.

▶ 그림 1.50 Label 컨트롤의 Height 속성 값 변경

❹ 이어서 Label 컨트롤을 선택한 상태에서 캔버스 아래 오토 레이아웃 메뉴에서 두 번째 Pin을 선택하고 "제약조건 설정" 창이 나타나면 다음 그림과 같이 북쪽에서 25, 서쪽 위치상자에 25를 입력하고 각각 I 빔에 체크한다. 또한, 그 아래 Width, Height 항목에 체크한 다음 "Add 4 Constraints" 버튼을 클릭한다. 이는 Label 컨트롤 왼쪽을 왼쪽 위를 기준으로 (25, 25)에 위치시키고 너비와 높이를 고정한다는 의미이다.

▶ 그림 1.51 Label 컨트롤 제약조건 설정

❺ 이번에는 오른쪽 Text Field 컨트롤을 선택한 상태에서 캔버스 아래 오토 레이아웃 메뉴에서 두 번째 Pin을 선택하고 "제약조건 설정" 창이 나타나면 다음 그림과 같이 북쪽에서 25, 동쪽 위치상자에 25를 입력하고 I 빔에 각각 체크한다. 그다음 Height에 체크한 뒤, "Add 3 Constraints" 버튼을 클릭한다. 이는 Text Field 컨트롤 오른쪽을 오른쪽 위를 기준으로 (25, 25)에 위치시키고 높이를 고정한다는 의미이다.

▶그림 1.52 Text Field 컨트롤 제약조건 설정

❻ 이번에는 Label 컨트롤을 Ctrl 버튼과 함께 마우스로 선택하고 드래그-엔-드롭으로 Text Field에 떨어뜨린다.

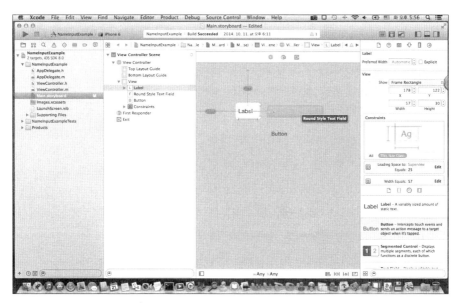

▶그림 1.53 Label 컨트롤에서 Text Field 컨트롤 위로 드래그-엔-드롭

❼ 이때 다음과 같이 설정 창이 나타나는데 가장 위에 있는 Horizontal Spacing을 선택한다.

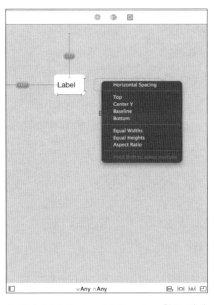

▶그림 1.54 Horizontal Spacing 항목 선택

❽ 이번에는 Button을 선택한 상태에서 캔버스 아래 오토 레이아웃 메뉴에서 두 번째 Pin을 선택하고 "제약조건 설정" 창이 나타나면 다음 그림과 같이 북쪽 위치상자에 25를 입력하고 I 빔에 체크한다. 또한, 그 아래 Width와 Height 항목에 체크한 다음 "Add 3 Constraints" 버튼을 클릭한다. 이는 Button 컨트롤을 Text Field에서 25픽셀 아래쪽에 위치시키고 버튼의 높이와 너비를 고정한 초기 화면이다.

▶그림 1.55 Button 컨트롤 제약조건 설정

❾ 다시 Button 컨트롤을 선택한 상태에서 캔버스 아래 오토 레이아웃 메뉴에서 첫 번째 Align을 선택하고 "배열 제약조건 설정" 창이 나타나면 다음과 같이 "Horizontal Center in Container"를 선택하고 아래쪽 "Add 1 Constraint" 버튼을 클릭한다.

▶그림 1.56 Horizontal Center in Container 항목 선택

❿ 이제 캔버스 아래 오토 레이아웃 메뉴에서 세 번째인 Issues를 선택하고 "All Views in View Controller"의 "Update Frames" 항목을 선택한다.

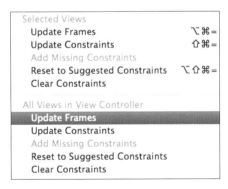

▶그림 1.57 Update Frames 항목 선택

❶ 이제 왼쪽에 있는 Run 버튼 혹은 Commad-R 버튼을 눌러 실행시키면 다음 그림 1.58과 같은 Label, Text Field, Button이 위치하는 ViewController가 실행된다. 다른 해상도의 에뮬레이터에서도 테스트해본다.

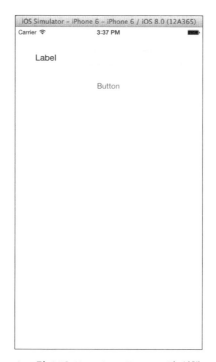

▶그림 1.58 NameInputExample의 실행

▌원리 설명

이번에는 가장 일반적인 자주 사용되는 자료 입력 형식의 폼을 작성해보았다. 먼저 Label 컨트롤은 왼쪽, 위쪽, 너비, 높이를 고정하였다. Text Field 컨트롤은 위쪽, 오른쪽, 높이를 고정하였다. 또한, Label과 Text Field 컨트롤은 그 사이를 일정하게 유지하도록 지정하였다. 그 아래 위치하는 버튼 컨트롤은 위쪽, 너비, 높이를 고정하였고 중앙에 위치하도록 지정하였다. 다음 표는 여기서 사용된 오토 레이아웃 명령을 보여준다.

▶ 표 1.22 : 사용된 오토 레이아웃 명령

컨트롤	사용된 오토 레이아웃 명령	설명
Label	Vertical Space	위쪽으로 원하는 크기만큼 유지
	Horizontal Space	왼쪽으로 원하는 크기만큼 유지
	Width	너비 고정
	Height	높이 고정
Text Field	Vertical Space	위쪽으로 원하는 크기만큼 유지
	Horizontal Space	오른쪽으로 원하는 크기만큼 유지
	Height	높이 고정
Label – Text Field	Horizontal Space	두 컨트롤 사이에 원하는 크기 유지
Button	Vertical Space	위쪽으로 원하는 크기만큼 유지
	Width	너비 고정
	Height	높이 고정
	Horizontal Center	가로 방향으로 중앙에 위치

1.7.4 이름 입력 폼과 이미지 작성

이번에는 위의 이름 입력 폼 아래쪽에 이미지를 보여주는 Image View 컨트롤을 위치시켜 버튼 아래쪽을 이미지 뷰로 채우는 폼을 작성해 볼 것이다.

▌그대로 따라 하기

❶ Xcode에서 File-New-Project를 선택한다. 계속해서 왼쪽에서 iOS-Application 을 선택하고 오른쪽에서 Single View Application을 선택한다. 이어서 Next 버튼을 누르고 Product Name에 "NameInputImage"라고 지정한다.
아래쪽에 있는 Language 항목은 Objective-C, Devices 항목은 iPhone으로 설정하고 Next 버튼을 눌러 프로젝트를 생성한다.

▶그림 1.59 NameInputImage 프로젝트 생성

❷ 이전 NameInputExample 프로젝트를 참조하여 Label, Text Field, Button
을 캔버스에 위치시키고 제약조건을 동일하게 설정한다.

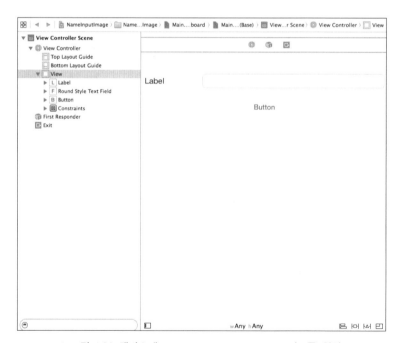

▶그림 1.60 캔버스에 Label, Text Field, Button 컨트롤 위치

❸ 오른쪽 아래 Object 라이브러리에서 Image View 컨트롤을 선택하고 캔버스 버튼 아래쪽에 떨어뜨린다.

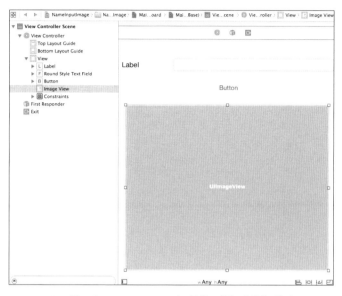

▶그림 1.61 Image View 컨트롤을 버튼 아래에 위치

❹ 프로젝트 탐색기에서 Images.xcassets 파일을 선택하고 AppIcon 아래쪽에 있는 "+" 버튼을 클릭하여 "New Image Set" 항목을 선택한다.

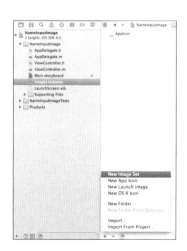

▶그림 1.62 New Image Set 항목 선택

❺ 이제 Image 지정 상자가 나타나는데 1x 상자 안에 원하는 그림을 드래그-엔-드롭으로 떨어뜨린다.

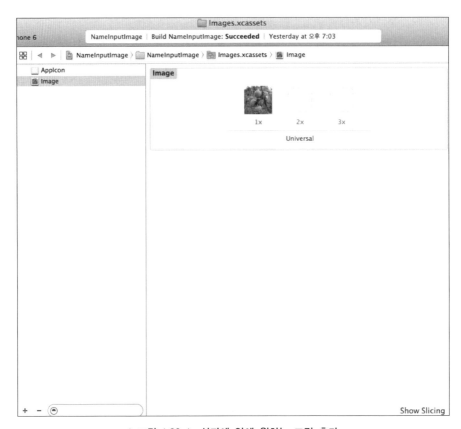

▶그림 1.63 1x 상자에 안에 원하는 그림 추가

❻ 다시 프로젝트 탐색기에서 Main.storyboard를 선택하고 캔버스에서 Image View 컨트롤을 선택한다. 오른쪽 위 Attributes 인스펙터에서 Image View 항목의 Image에서 "Image"를 선택하고 View 항목의 Mode를 "Aspect Fill"로 지정한다.

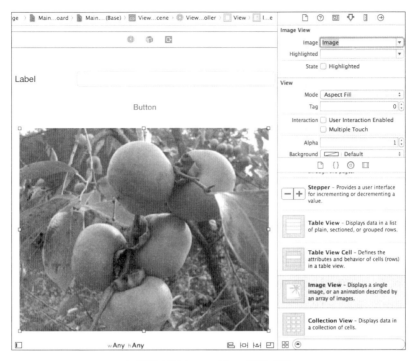

▶그림 1.64 Image View 항목 설정

❼ 이제 도큐먼트 아웃라인 창에서 Image를 선택
한 상태에서 캔버스 아래 오토 레이아웃 메뉴
에서 두 번째 Pin을 선택하고 "제약조건 설정"
창이 나타나면 다음 그림과 같이 동, 서, 남,
북 모든 위치상자에 25를 입력하고 각각의 I
빔에 체크한다. 설정이 끝나면 아래쪽 "Add 4
Constraints" 버튼을 클릭한다.

▶그림 1.65 Image View 제약조
건 설정

❽ 이제 캔버스 아래 오토 레이아웃 메뉴에서 세 번째인 Issues를 선택하고 "All Views in View Controller"의 "Update Frames" 항목을 선택한다.

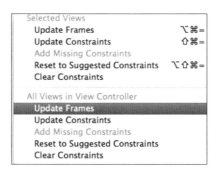

▶그림 1.66 Update Frames 항목 선택

❾ 이제 왼쪽에 있는 Run 버튼 혹은 Commad-R 버튼을 눌러 실행시키면 다음 그림 1.67과 같은 Label, Text Field, Button, Image View 등이 위치하는 ViewController가 실행된다. 다른 해상도의 에뮬레이터에서도 테스트해본다.

▶그림 1.67 NameInputImage의 실행

▌원리 설명

이번에는 가장 일반적인 자주 사용되는 자료 입력 형식의 폼을 작성해보았다.

마지막으로 이전 폼에 이미지를 출력하는 Image View 컨트롤을 추가하여 보았다. 이미지는 프로젝트 탐색기에서 Images.xcassets를 이용하여 등록시킨다. 등록된 이미지는 Image View 컨트롤을 선택한 상태에서 Attributes 인스펙터를 사용하여 이미지 뷰에 불러낼 수 있다. 이미지를 지정할 때 Mode 옵션을 사용하는데 여기서는 Aspect Fill이라는 것을 사용하여 이미지가 잘리더라도 현재 가로와 세로 크기의 비율이 맞도록 지정하였다.

Image View는 위, 아래, 왼쪽, 오른쪽 모두 일정한 간격으로 지정하는 제약조건을 사용하였다. 다음 표는 여기서 사용된 오토 레이아웃 명령을 보여준다.

▶ 표 1.23 : 사용된 오토 레이아웃 명령

컨트롤	사용된 오토 레이아웃 명령	설명
Label	Vertical Space	위쪽으로 원하는 크기만큼 유지
	Horizontal Space	왼쪽으로 원하는 크기만큼 유지
	Width	너비 고정
	Height	높이 고정
Text Field	Vertical Space	위쪽으로 원하는 크기만큼 유지
	Horizontal Space	오른쪽으로 원하는 크기만큼 유지
	Height	높이 고정
Label – Text Field	Horizontal Space	두 컨트롤 사이에 원하는 크기 유지
Button	Vertical Space	위쪽으로 원하는 크기만큼 유지
	Width	너비 고정
	Height	높이 고정
	Horizontal Center	가로 방향으로 중앙에 위치
Image View	Vertical Space	위쪽으로 원하는 크기만큼 유지
	Vertical Space	아래쪽으로 원하는 크기만큼 유지
	Horizontal Space	왼쪽으로 원하는 크기만큼 유지
	Horizontal Space	오른쪽으로 원하는 크기만큼 유지

아이폰에서 이미지는 프로젝트의 Images.xcassets 파일에 등록시킨다. 이 파일은 일반 앱에서 사용되는 이미지뿐만 아니라 아이콘, 실행 화면 이미지launch image 등을 등록시켜 프로그램에서 사용할 수 있다. 여기서는 자동으로 만들어주는 Image라는 이름을 Image View에 등록하였다.

등록된 이미지는 Image View와 같은 이미지 관련 컨트롤에서 사용할 수 있는데 컨트롤 크기가 원래 이미지의 가로와 세로 비율과 다를 때 다음 표에서 보여주듯이 이미지 모드를 지정해서 원하는 형태를 결정할 수 있다.

▶ 표 1.24 : Image View 컨트롤에서 이미지 모드

Image Mode	설명
Scale To Fill	이미지의 가로와 세로 비율이 맞지 않더라도 모든 이미지 내용을 출력
Aspect Fit	이미지의 가로 세로 중 길이가 긴 부분이 화면 전체에 출력될 수 있도록 가로와 세로 비율을 조정
Aspect Fill	이미지의 가로 세로 중 길이가 짧은 부분이 화면 전체에 출력될 수 있도록 가로와 세로 비율을 조정(이미지가 잘릴 수 있음.)
Center	이미지를 중앙 부분으로 이동시켜 출력(이미지가 잘릴 수 있음.)
Top	이미지를 위쪽 부분으로 이동시켜 출력(이미지가 잘릴 수 있음.)
Bottom	이미지를 아래쪽 부분으로 이동시켜 출력(이미지가 잘릴 수 있음.)
Left	이미지를 왼쪽 부분으로 이동시켜 출력(이미지가 잘릴 수 있음.)
Right	이미지를 오른쪽 부분으로 이동시켜 출력(이미지가 잘릴 수 있음.)

1.7.5 오토 레이아웃을 사용하지 않는 경우

Xcode 6.x에서 강력한 기능을 제공하는 오토 레이아웃 기능이지만, 한 가지 단점이 있다. 오토 레이아웃은 iOS7부터 지원했기 때문에 그 이전 버전들(iOS7 아래 버전)을 사용하는 아이폰은 지원하지 않는다. 이러한 경우에는 어쩔 수 없이 Xcode 6.x 이전 버전 형태로 처리할 수밖에 없다. 다음 예제를 통하여 이전 버전 형태로 만들수 있다.

┃그대로 따라 하기

❶ Xcode에서 File–New–Project를 선택한다. 계속해서 왼쪽에서 iOS–Application
을 선택하고 오른쪽에서 Single View Application을 선택한다. 이어서 Next 버튼
을 누르고 Product Name에 "NoAutoLayoutExample"이라고 지정한다.

아래쪽에 있는 Language 항목은 Objective–C, Devices 항목은 iPhone으로
설정하고 Next 버튼을 눌러 프로젝트를 생성한다.

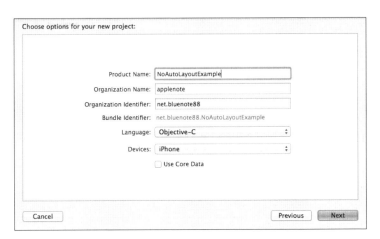

▶그림 1.68 NoAutoLayoutExample 프로젝트 생성

❷ 프로젝트 탐색기에서 Main.storyboard 파일을 선택하고 오른쪽 위 File 인스
펙터를 선택한다. 그 아래쪽 Interface Builder Document 항목에는 Auto
Layout 체크상자의 체크를 해제한다. 이때 "Using Size Classes Requires
Auto Layout" 창이 나타나는데 "Disable Size Classes" 버튼을 눌러주면
"Use Size Classes" 체크상자에서도 체크가 풀린다.

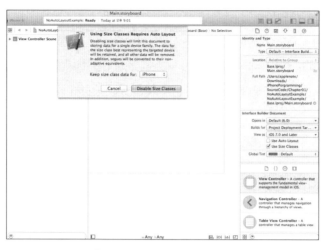

▶그림 1.69 Auto Layout 체크상자 해제

❸ 이제 그 위에 있는 Builds for 상자를 "iOS 5.1 and later" 항목으로 선택한다. 이때 캔버스의 ViewController의 크기는 320x568로 변경된다. 이제 오토 레이아웃 기능을 사용할 필요 없이 원하는 위치에 원하는 컨트롤을 그대로 위치시키면 된다.

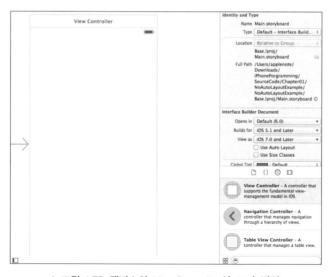

▶그림 1.70 캔버스의 ViewController의 크기 변경

❹ 만일 아이폰6 크기에서 작업하길 원한다면 도큐먼트 아웃라인 창에서 View Controller를 선택하고 오른쪽 위 Attributes 인스펙터를 선택한다. 이때 Simulated Metrics 항목의 Size 항목에서 iPhone 4.7-inch를 선택한다. 동일한 방법으로 iPhone 5.5-inch를 선택하여 아이폰6+ 크기의 View Controller 크기로 변경시킬 수 있다.

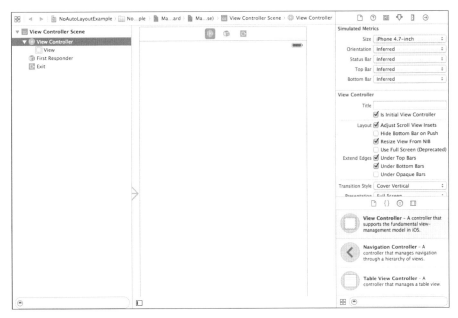

▶그림 1.71 아이폰6 크기에서 작업

| 1-8 | iOS 7 이전 버전에서 모든 아이폰 해상도를 지원하는 방법 |

사실 대부분 아이폰에서는 iOS7 이상을 사용하고 있어서 반드시 그 아래 버전을 지원해줄 필요는 없다. 하지만 그 아래 버전을 사용하는 사용자들의 숫자는 비록 적을지 모르지만, 지금까지의 관례로 볼 때 무시해버리기가 쉽지 않다.

위에서도 잠깐 언급했듯이 iOS7 이전 버전을 사용하는 기기에서는 오토 레이아웃을 사용할 수 없으므로 이전 버전 사용자들을 위해서는 오토 레이아웃이 아닌 다른 방법을 생각해야만 한다. 여기서는 이 문제를 해결하는 방법에 대하여 알아볼 것이다. 여기서는 iOS5 이상을 지원하는 아이폰5와 아이폰6 화면을 구성해 볼 것이다.

▌그대로 따라 하기

❶ Xcode에서 File-New-Project를 선택한다. 계속해서 왼쪽에서 iOS-Application을 선택하고 오른쪽에서 Single View Application을 선택한다. 이어서 Next 버튼을 누르고 Product Name에 "AllResolutionsiOS5"라고 지정한다.

아래쪽에 있는 Language 항목은 Objective-C, Devices 항목은 iPhone으로 설정하고 Next 버튼을 눌러 프로젝트를 생성한다.

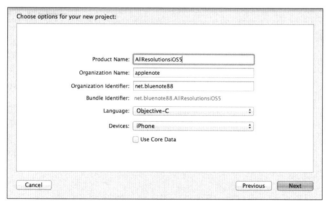

▶그림 1.72 AllResolutionsiOS5 프로젝트 생성

❷ 프로젝트 탐색기에서 Main.storyboard를 선택하고 오른쪽 위 파일 인스펙터를 선택한다. 이어서 Interface Builder Document 아래에 있는 Build for 항목을 "iOS 5.1 and Later"라고 설정하고 "Use Auto Layout"과 "Use Size Classes" 항목의 체크를 해제시킨다.

▶그림 1.73 iOS5 이상 지정 및 오토 레이아웃과 사이즈 클래스 기능 해제

❸ 프로젝트 탐색기의 프로젝트 이름을 선택하고 오른쪽 마우스 버튼을 누르고 New File을 선택하면 템플릿 선택 대화상자가 나타난다. 템플릿 선택 대화상자 왼쪽에서 iOS-User Interface를 선택한 다음 오른쪽에서 Storyboard를 선택한 뒤 Next 버튼을 눌러 "Main6.storyboard"라는 이름으로 저장한다.

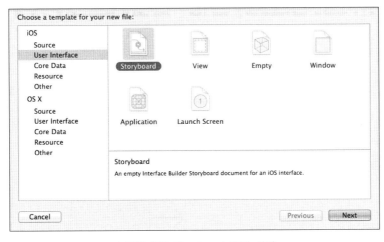

▶그림 1.74 Storyboard 파일 선택

❹ 이제 프로젝트 탐색기에서 새로 생성된 Main6.storyboard를 선택하고 오른쪽 아래 Object 라이브러리에서 View Controller 컨트롤을 선택하고 드래그-엔-드롭으로 캔버스에 위치시킨다.

▶그림 1.75 View Controller 컨트롤 추가

❺ 계속해서 Main6.storyboard를 선택한 상태에서 오른쪽 위 Identity 인스펙터를 선택한다. Custom Class 항목의 Class에 "ViewController"를 지정한다.

▶그림 1.76 ViewController 클래스 지정

❻ 이어서 오른쪽 옆에 있는 Attributes 인스펙터를 선택하고 Simulated Metrics 항목의 Size 항목을 "iPhone 5.7-inch"로 선택한다. 또한, 그 아래 View Controller 항목의 "Is Initial View Controller"에 체크한다.

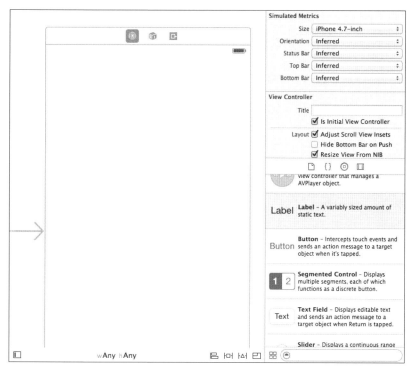

▶그림 1.77 아이폰6 화면 생성과 "Is initial View Controller" 항목 체크

❼ 프로젝트 탐색기에서 AppDelegate.m 파일을 선택하고 다음 코드를 입력한다.

```
#import "AppDelegate.h"

@interface AppDelegate ()

@end
```

```
@implementation AppDelegate

- (BOOL)application:(UIApplication *)application
        didFinishLaunchingWithOptions:(NSDictionary *)launchOptions {
    // Override point for customization after application launch.

    CGSize iOSScreenSize = [[UIScreen mainScreen] bounds].size;
    if (iOSScreenSize.height == 568)
    {
        UIStoryboard *storyBoard5 = [UIStoryboard storyboardWithName:@"Main"
bundle:nil];
        UIViewController *initViewController =
                [storyBoard5 instantiateInitialViewController];
        self.window = [[UIWindow alloc] initWithFrame:[[UIScreen mainScreen]
bounds]];
        self.window.rootViewController = initViewController;
        [self.window makeKeyAndVisible];
    }
    else
    {
        UIStoryboard *storyBoard6 = [UIStoryboard storyboardWithName:@"Main6"
bundle:nil];
        UIViewController *initViewController =
                [storyBoard6 instantiateInitialViewController];
        self.window = [[UIWindow alloc] initWithFrame:[[UIScreen mainScreen]
bounds]];
        self.window.rootViewController = initViewController;
        [self.window makeKeyAndVisible];
    }
    return YES;
}
```

아이폰 프로그래밍 비법 전수하는 아이프로

❽ 프로젝트 탐색기에서 Main.storyoboard를 선택하고 View Controller 위에
Label 컨트롤 하나를 위치시킨다. Label의 Text 속성을 "iPhone 5", Font 속
성을 "35.0", Alignment를 중앙으로 지정한다.

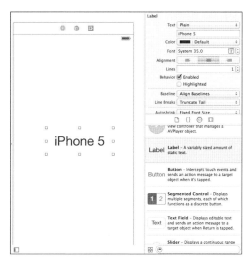

▶그림 1.78 Main.storyboard의 캔버스에 라벨 속성 추가

❾ 이번에는 프로젝트 탐색기에서 Main6.storyoboard를 선택하고 View Controller 위에 Label 컨트롤 하나를 위치시킨다. Label의 Text 속성을 "iPhone 6", Font 속성을 "35.0", Alignment를 중앙으로 지정한다.

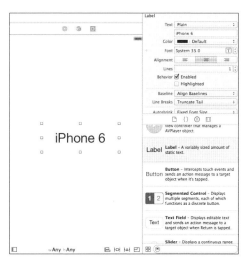

▶그림 1.79 Main6.storyboard의 캔버스에 라벨 속성 추가

❿ 이제 먼저 도큐먼트 아웃라인 창 바로 위에 있는 아이콘을 눌러 iPhone 5 시뮬레이터로 변경하고 Run 버튼 혹은 Command-R 버튼을 눌러 실행시켜본다. 다음에는 iPhone 6 시뮬레이터로 다시 변경하여 실행시켜본다.

▶그림 1.80 AllResolutionsiOS5의 iPhone 5 시뮬레이터에서 실행

▶그림 1.81 AllResolutionsiOS5의 iPhone 6 시뮬레이터에서 실행

프로젝트 경고(Warning)가 발생되는 경우

위 프로젝트를 실행시키면 "Interface Builder Storyboard Compiler Warning Internationalizaion of (null) is not available..."이라는 경고가 하나 발생되는데 이것은 타겟을 iOS6 혹은 그 이전으로 지정했을 때 Localization 파일을 만들지 않아 발생된다. 프로젝트 탐색기에서 Main.stroyboard를 선택하고 오른쪽 위 File 인스펙터를 선택한다. 가운데 정도에 Localization 항목이 있는데 Base 항목의 체크를 삭제하고 English 항목에 체크한 뒤 다시 컴파일하면 경고가 사라진다.

▶그림 1.82 Localization 항목의 English 항목에 체크

▌원리 설명

iOS5에서는 오토 레이아웃 기능을 사용하지 못하므로 먼저 오토 레이아웃과 사이즈 클래스 기능을 중지시켜야만 한다. 이때 기본적으로 View Controller의 크기는 320x568의 아이폰5/5s용 크기로 자동으로 변경된다. 또한, 아이폰6 크기를 처리하기 위해서는 Main.storyboard 파일과는 별도로 Main6.storyboard라는 파일을 작성한다. 즉, 아이폰5에서는 Main.storyboard를 사용하여 화면을 제작하고 아이폰6

에서는 Main6.storyboard라는 파일로 화면을 제작하는 것이다.

Main6.storyboard 파일을 작성한 뒤에는 다음과 같이 Attributes 인스펙트를 사용하여 Simulated Metrics 항목의 Size에 원하는 크기를 지정하면 원하는 크기에 맞는 ViewController가 생성된다. 여기서는 아이폰6 크기인 "iPhone 4.7-inch"를 지정하였다. 그리고 그 아래쪽 "Is Initial View Controller" 체크상자에 체크를 해야 초기 뷰 컨트롤로 동작이 되므로 반드시 체크하도록 한다.

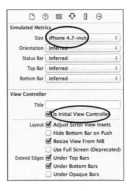

▶그림 1.83 Main6.storyboard 파일의 초기 설정

만일 다른 해상도를 지원하고자 한다면, 그 해상도에 해당하는 storyboard 파일을 작성하면 되는 것이다. 그렇다면 어떻게 아이폰5 디자인을 처리하는 Main.storyboard 파일과 아이폰6 디자인을 처리하는 Main6.storyboard 파일을 구분하여 실행시킬 수 있을까?

아이폰 앱의 실행은 main.m으로부터 시작하여 바로 AppDelegate.m의 didFinish LaunchingWithOptions 메소드가 실행된다고 위에서 설명하였다. 그러나 대부분의 일반적인 앱에서는 이 메소드에 코드가 필요하지 않으므로 바로 Info.plist 파일의 "Main Storyboard file base name" 항목에 지정된 스토리보드 파일이 자동으로 실행된다. 그러나 위와 같이 여러 개의 스토리보드 파일을 해상도별로 구분하여 처리하고자 할 때 이 메소드 안에 스토리보드 파일을 구분하여 실행하는 코드를 입력하면 원하는 기능을 처리할 수 있다. 이 메소드에 코드를 입력하는 경우에는 Info.plist 파일의

"Main Storyboard file base name"에 지정된 스토리보드 파일은 실행되지 않는다.

Info.plist 파일에 지정된 스토리보드 파일을 실행되지 않으므로 AppDelegate.m
의 didFinishLaunchingWithOptions 메소드에서 스토리보드에서 처리하는 몇 가
지 과정을 직접 코딩으로 처리해야만 한다. 물론 그 과정이 어렵기도 하고 귀찮기도
하지만, 그 내부 처리 과정을 이해할 수 있는 장점이 있다.

우선 다음과 같이 UIScreen 객체의 mainScreen을 이용하여 현재 기기의 크기를
얻을 수 있다. 그 값을 CGSize 구조체 값으로 넘어오는데 .width와 .height 값으로
너비와 높이를 알아낼 수 있다.

```
- (BOOL)application:(UIApplication *)application
      didFinishLaunchingWithOptions:(NSDictionary *)launchOptions {
  CGSize iOSScreenSize = [[UIScreen mainScreen] bounds].size;
  ...
```

만일 .height 값이 아이폰5/5s의 높이인 568인 경우, UIStoryboard 객체의
storyboardWithName 메소드을 사용하여 아이폰5 크기에 맞는 스토리보드 파일
즉, Main.storyboard 파일에 대한 스토리보드 객체를 생성하고 돌려준다.

```
    if (iOSScreenSize.height == 568)
    {
        UIStoryboard *storyBoard5 = [UIStoryboard storyboardWithName:@"Main"
bundle:nil];
        ...
```

그다음, instantiateInitialViewController 메소드를 호출하여 생성된 스토리보
드 객체를 참조하는 UIViewController 객체를 생성한다.

```
        UIViewController *initViewController =
              [storyBoard5 instantiateInitialViewController];
        ....
```

아이폰 화면에 보이는 부분은 ViewController이지만 그 내부에는 UIWindow 객체
가 숨겨져 있다. 즉, 뷰를 관리하고 조정하는 UIWindow 객체를 다음과 같이 생성한다.

```
    self.window = [[UIWindow alloc] initWithFrame:[[UIScreen mainScreen]
bounds]];
    ...
```

UIWindow 객체가 생성된 뒤, 다음과 같이 rootViewController 안에 위에서 생성
한 UIViewController 객체 변수인 initViewController를 기본 컨트롤러로 지정한다.

```
    self.window.rootViewController = initViewController;
    ...
```

마지막으로 UIWindow 객체의 makeKeyAndVisible 메소드를 호출하여 키 이벤
트를 이 원도우에서 받도록 지정하고 ViewController를 표시한다.

```
    [self.window makeKeyAndVisible];
}
```

기기 화면의 높이 크기가 568픽셀이 아닌 경우에는 아이폰6 화면이므로 다음과 같이
Main6.storyboard 파일에 대한 스토리보드 객체를 생성하고 돌려주는 storyBoard6
을 생성한다. 나머지는 아이폰5 화면 처리와 동일하다.

```
  else
  {
      UIStoryboard *storyBoard6 = [UIStoryboard storyboardWithName:@"Main6"
bundle:nil];
      UIViewController *initViewController =
              [storyBoard6 instantiateInitialViewController];
      self.window = [[UIWindow alloc] initWithFrame:[[UIScreen mainScreen]
bounds]];
```

```
        self.window.rootViewController = initViewController;
        [self.window makeKeyAndVisible];
    }
    return YES;
}
```

아이폰에서 화면 처리

아이폰의 화면 처리의 가장 중요한 요소는 바로 윈도우(window)이다. 그런데 이 윈도우는 일반 데스크톱에서 사용되는 윈도우와는 상당히 다른 개념을 가지고 있다. 먼저 윈도우는 화면에 직접 표시되는 컨트롤을 제공하지 않는다. 즉, 타이틀 바, 스크롤 바 등은 윈도우에서 제공하는 뷰 컨트롤러에서 제공하는 것이지 윈도우에서는 이러한 컨트롤을 직접 제공하지 않는다. 또한, 뷰 컨트롤러를 지정하여 내부적으로 관리한다. 또한, 터치 이벤트를 지원하면 화면 기능을 표시할지를 지정한다. 이를 위해 반드시 윈도우 객체를 생성한 뒤에는 표시하고자 하는 뷰 컨트롤러 생성하고 윈도우 객체의 rootViewCotnroller 속성에 지정한다. 또한, makeKeyAndVisible 메소드를 호출하여 모든 키 이벤트를 처리할 수 있도록 지정하고 화면에 표시하도록 지정한다.

정리

이 장에서는 Xcode의 역사와 특징, Xcode 설치방법에 대하여 알아보았다. 또한, Xcode 메뉴 즉, File, Edit, View, Find, Navigate, Editor, Product, Debug, Window, Help에 대해서도 공부해 보았다. 그리고 반드시 알아야 할 Xcode 작업 환경으로 탐색기 지역, 에디터 지역 그리고 유틸리티 지역의 여러 기능에 대하여 설명하였다. 또한, 예제 프로그램으로 싱글 뷰 컨트롤러(Single View Controller)를 작성해보고 아이폰의 실행 순서에 대하여 설명하였다.

아이폰의 실행은 먼저 main.m에서 시작하고 AppDelegate의 클래스의 application: didFinishLaunchingWithOptions 메소드를 거쳐 Info.plist 파일의 "Main Storyboard file base name" 항목에 지정된 스토리보드 파일이 자동으로 실행되면서 ViewController가 실행된다. 또한, 새로운 아이폰6/6+의 등장으로 화면 작성이 꼭 필요한 오토 레이아웃 기능에 대하여 설명하였다. 마지막으로 오토 레이아웃 기능을 지원하는 않는 iOS7 이전 버전에서 여러 아이폰 화면을 모두 지원하는 방법에 대하여 알아보았다.

Objective-C 기초

아이폰 혹은 아이패드에서는 Objective-C라고 불리는 프로그래밍 언어가 사용된다. Objective-C
는 기존 C 언어, C++ 언어와 비슷하면서도 다른 기능과 개념을 제공하고 있으므로 C 언어
혹은 C++ 언어를 알고 있는 개발자라 할지라도 반드시 별도로 Objective-C를 공부하는
것이 좋을 것이다. 이 장에서 Objective-C의 모든 부분을 다루었으면 좋겠지만, 지면으로
인하여 모든 내용을 다룰 수는 없고 가장 기본적으로 필요한 부분과 아이폰 개발 시 필요한
개념을 중심으로 설명할 것이다.

Xcode에서는 프로그램을 쉽게 개발할 수 있도록 유용한 클래스 등을 모아 놓은 프레임워크를 지원하고 있는데 그중에서 프로그램 개발에 꼭 필요하고 기본이 되는 프레임워크가 바로 Foundation 프레임워크이다.

프레임워크에는 문자, 스트링, 숫자와 같은 기본 객체, 컬렉션인 배열, 딕셔너리 Dictionary, 세트, 날짜, 시간, 메모리 관리 등 프로그래밍 시 사용되는 기본 기능은 모두 포함되어있다. 그러므로 거의 모든 앱에서 사용된다고 해도 무방하다. 때때로 아이폰 프로그래밍을 코코아 터치 프로그래밍이라고도 하는데, 이때 코코아 터치는 이 Foundation 프레임워크와 유저 인터페이스를 담당하는 UIKit 프레임워크를 의미한다. 뒤에서 자세히 설명하겠지만 Command Line Tool 템플릿에서는 기본적으로 Foundation 프레임워크가 설정되어지고 소스 코드 앞쪽에 다음과 같은 import 문장을 자동으로 지정해준다.

```
#import <Foundation/Foundation.h>
```

이 헤더 파일에는 다른 Foundation 헤더 파일을 포함하고 있으므로 별도로 추가해야 할 import 문장은 거의 없다.

이제 Objective-C 예제를 처리하기 위하여 Xcode에서 Objective-C 프로젝트를 어떻게 생성하고 그 결과를 출력하는지 다음 예제를 통하여 그 방법을 알아보자.

▌그대로 따라 하기

❶ Xcode에서 File-New-Project를 실행시키고 템플릿 선택 대화상자가 나타나면 다음 그림과 같이 OS X 아래쪽에 있는 Application을 선택하고 오른쪽 항목에서는 Command Line Tool을 선택한다.

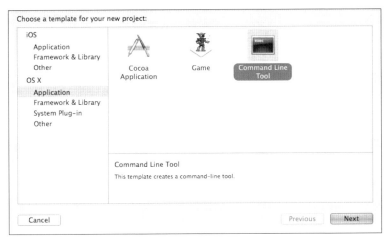

▶그림 2.1 Command Line Tool 항목 선택

❷ 그다음, Next 버튼을 눌러 프로젝트 이름을 입력하는 대화상자가 나타나면 Product Name 항목에 "HelloWorld"라고 입력한다. 또한, 그 아래 Language 항목에 Objective-C가 지정되어 있는지 확인한다. 이상이 없으면 Next 버튼을 누르고 Create 버튼을 눌러 프로젝트를 원하는 위치에 생성한다.

▶그림 2.2 HelloWorld 프로젝트 생성

❸ 이제 왼쪽 프로젝트 탐색기에서 main.m을 선택해보자. 오른쪽에 다음과 같이 소스 코드가 자동으로 생성된 것을 알 수 있다.

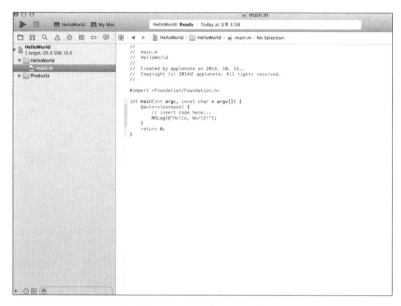

▶그림 2.3 HelloWorld의 main.m 소스 코드

❹ 다음과 같이 코드를 수정하고 Product 메뉴-Run 혹은 Run 버튼을 눌러 실행 시킨다.

```
#import <Foundation/Foundation.h>

int main(int argc, const char * argv[])
{

    @autoreleasepool {

        // insert code here...
        NSLog(@"Hello, World! Objective-C.");

    }
```

```
    return 0;
}
```

❺ 이때 소스 코드 창 아래쪽 결과 창에 다음과 같이 결과가 나타난다.

▶그림 2.4 HelloWorld 결과

▌원리 설명

소스 코드의 첫 번째 줄에 있는 #import 〈Foundation/Foundation.h〉 문장은 프레임워크의 Foundation.h 헤더 파일을 참조하라는 명령이다. 위에서 언급했듯이 이 헤더 파일에는 문자, 스트링, 숫자와 같은 기본 객체, 컬렉션인 배열, 딕셔너리, 세트, 날짜, 시간, 메모리 관리 등 프로그래밍 시 사용되는 모든 기본 기능이 포함되어 있고 자동으로 이 줄이 첨가된다.

또한, C 언어처럼 모든 프로그램은 main() 함수를 한 라인씩 실행시킨다. main() 함수는 argc라는 변수로 아규먼트의 개수이고 argv[]는 전달되는 아규먼트 값들이다. 또한, main에서는 기본적으로 return 값을 받는데 여기서는 0 값을 리턴한다.

일반적으로 프로그램 대부분의 코드는 @autoreleasepool이라는 디렉티브 안쪽에 위치하는데 이 문장의 { } 안에 원하는 코드를 입력한다.

Objective-C에서는 이처럼 C 명령어와 별도로 구별되는 "@"로 시작하는 디렉티브directive 혹은 키워드를 사용하여 클래스, 인터페이스, 구현, 클래스 참조 기능 등의 명령어를 선언할 수 있다. 이외 Objective-C에서 자주 사용되는 디렉티브는 다음과 같다.

```
@class
@interface
@implementation
@pubic
@private
@protected
@try
@catch
@throw
@finally
@protocol
@selector
@synchronize
@encode
```

Objective C에서는 객체를 생성할 때 참조 카운팅referencing counting이라는 것을 사용한다. 즉, 객체를 생성하여 할당alloc이 발생할 때마다 이 참조 카운팅은 하나씩 증가한다. 이 증가된 카운팅은 종료 전에 반드시 사용자가 직접 해제release 처리해 주어야만한다. 이러한 처리는 속도와 프로그램 효율 면에서는 좋지만, 개발자 입장에서는 무척 성가신 작업이 되었다. 애플사에서는 이를 쉽게 처리하기 위해 직접 해제 처리할 필요가 없이 자동으로 해제시켜주는 ARC^Automatic Referencing Counting 기능을 제공하고 있다.

즉, ARC를 사용하는 동안 @autoreleasepool 블록을 설정하면 그 블록 마지막 부분에 사용된 객체를 모두 자동으로 해제^release 처리할 수 있다.

특히, 다음과 같이 반복문을 사용하여 메모리를 계속 할당하고자 하는 경우에는 ARC를 사용하더라도 반복 문장이 완전히 끝나야 해제되므로 실행되는 동안 메모리 부족 에러가 발생할 수 있다. 이러한 경우, 반복 문장 안에 이 @autoreleasepool 디렉티브를 설정하면 각 반복 문장을 처리하자마자 바로바로 메모리를 해제 처리하므로 메모리를 효율적으로 관리해줄 수 있다.

```
for (NSString *fileName in fileList){
    @autoreleasepool {
        NSString *localPathName = [localPath stringByAppendingPathComponent:
fileName];
        // 메모리 할당 처리
        // 여기서 자동 해제
    }
}
```

@autoreleasepool 안에 있는 NSLog() 함수는 () 안에 있는 내용을 콘솔에 출력하는 명령어이다. 즉, "Hello World!"라는 내용이 콘솔에 출력된다. 이때 "Hello World!" 앞에 @ 문자를 붙이는 것을 잊지 않도록 한다. Objective-C에서 문자열을 사용할 때에는 반드시 앞쪽에 @를 붙이도록 한다.

NSLog() 함수 역시 C 언어의 printf() 함수에서 사용하듯이 여러 가지 형식 지시자(%s, %d, %f)를 사용할 수 있다. NSLog() 함수 앞쪽에 붙는 접두어 NS는 애플에서 만든 NextSTEP을 의미하는 것으로 사용자 함수가 아닌 애플사에서 제공되는 함수임을 쉽게 알 수 있다.

Objective-C에서 설명문

Objective-C에서도 명령을 실행시키지 않고 어떤 문자에 대해 설명할 수가 있는데 이러한 설명문은 C 혹은 C++ 언어의 설명문과 동일하다. 즉, 한 줄만 설명문으로 지정하고자 한다면 "//"로 지정하면 되고 만일 여러 줄을 설명문장으로 지정하고자 한다면 원하는 설명문 앞에 "/*"을 지정하여 시작하고 끝나기 원하는 문장 다음에 "*/"을 사용하여 설명문을 끝낸다.

이제 다음과 같은 코드를 실행시키면 "Hello, World!"라는 문자열이 Xcode 아래쪽 출력 윈도우에 출력되는 것을 알 수 있다. main ()의 마지막 코드는 항상 0을 리턴시킨다.

```
@autoreleasepool {
    // insert code here...
    NSLog(@"Hello, World!");
}
return 0;
```

2-2 Objective-C 기본 데이터형

Objective-C에서 제공되는 기본 데이터형은 int, float, double, char 등이 있다. C 언어와 마찬가지로 이러한 데이터형을 사용하는 이유는 속도를 빠르게 하고 효율적으로 메모리를 관리하기 위함이다. 즉, 작은 크기의 데이터를 사용하는 경우에는 char를 사용하여 작은 메모리와 빠른 속도로 처리하고 큰 용량의 데이터를 사용하는 경우에는 double 타입을 사용하여 느리지만 원하는 크기를 표현할 수 있다.

▌그대로 따라 하기

❶ Xcode에서 File-New-Project를 선택한다. 템플릿 선택 대화상자가 나타나면 OS X 아래쪽에 있는 Application을 선택하고 오른쪽 항목에서는 Command Line Tool을 선택한다. 이어서 Next 버튼을 눌러 다음 화면이 나타나면

Product Name 항목에 "DataTypeExample"이라고 입력한다. 또한, 그 아래 Language 항목에 Objective-C가 지정되어 있는지 확인한다. 이상이 없으면 Next 버튼을 누르고 Create 버튼을 눌러 프로젝트를 원하는 위치에 생성한다.

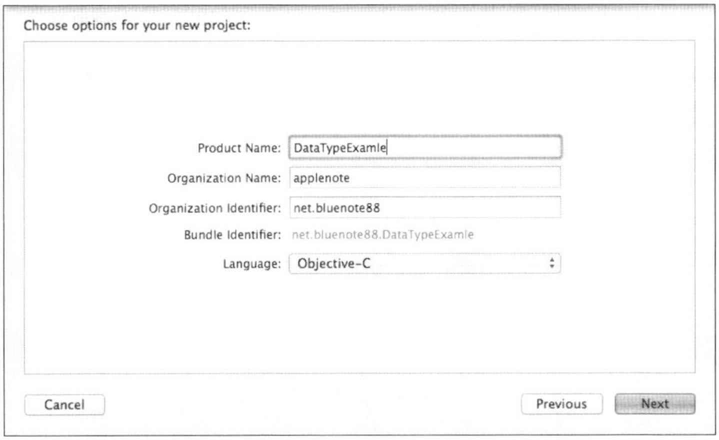

▶그림 2.5 DataTypeExample 프로젝트 생성

❷ 이제 DataTypeExample 프로젝트가 만들어지고 왼쪽 프로젝트 탐색기에서 main.m을 선택하고 다음과 같이 소스 코드를 입력한다.

```objc
#import <Foundation/Foundation.h>

int main(int argc, const char * argv[])
{

    @autoreleasepool {
        int integerVar = 100;
        float floatingVar = 344.33;
        double doubleVar = 8.44e+11;
        char charVar = 'W';

        NSLog(@"integerVar = %i", integerVar);
        NSLog(@"floatingVar = %f", floatingVar);
```

```
        NSLog(@"doubleVar = %e", doubleVar);
        NSLog(@"doubleVar = %g", doubleVar);
        NSLog(@"charVar = %c", charVar);
    }
}
```

❸ 마지막으로 Product 메뉴-Run 혹은 Run 버튼을 눌러 실행시킨다.

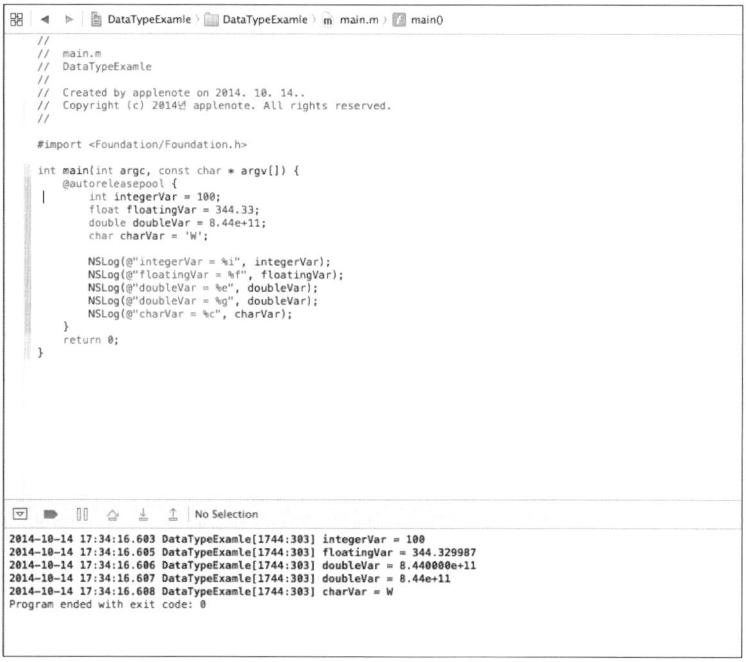

DataTypeExamle 〉 DataTypeExamle 〉 main.m 〉 main()
//
// main.m
// DataTypeExamle
//
// Created by applenote on 2014. 10. 14..
// Copyright (c) 2014년 applenote. All rights reserved.
//
#import <Foundation/Foundation.h>
int main(int argc, const char * argv[]) {
@autoreleasepool {
int integerVar = 100;
float floatingVar = 344.33;
double doubleVar = 8.44e+11;
char charVar = 'W';
NSLog(@"integerVar = %i", integerVar);
NSLog(@"floatingVar = %f", floatingVar);
NSLog(@"doubleVar = %e", doubleVar);
NSLog(@"doubleVar = %g", doubleVar);
NSLog(@"charVar = %c", charVar);
}
return 0;
}
No Selection
2014-10-14 17:34:16.603 DataTypeExamle[1744:303] integerVar = 100
2014-10-14 17:34:16.605 DataTypeExamle[1744:303] floatingVar = 344.329987
2014-10-14 17:34:16.606 DataTypeExamle[1744:303] doubleVar = 8.440000e+11
2014-10-14 17:34:16.607 DataTypeExamle[1744:303] doubleVar = 8.44e+11
2014-10-14 17:34:16.608 DataTypeExamle[1744:303] charVar = W
Program ended with exit code: 0

▶그림 2.6 DataTypeExample 실행 결과

▎원리 설명

Objective-C에서는 C 혹은 C++에서 제공하고 있는 여러 가지 기본 데이터형을 제공하고 있다. 위에서 설명했듯이 이 기본 데이터형은 NSLog에서 데이터형에 맞는 형식 지시자를 사용해서 원하는 값을 출력할 수 있다. 다음 표는 Objective-C에서 제공되는 기본 데이터형과 NSLog에서 사용될 수 있는 형식 지시자를 보여준다.

▣ 표 2.1 : Objective-C 기본 데이터형과 형식 지시자

기본 데이터형	NSLog 형식 지시자
char	%c
short int	%hi
unsigned short int	%hu
int	%i
unsigned int	%u
long int	%li
unsigned long int	%lu
long long int	%lli
unsigned long long int	%llu
float	%f
double	%f
long double	%lf
id	%p

NSLog()에서 원하는 숫자 형식을 출력하는 방법은 C 언어의 printf() 함수와 거의 동일하다. 즉, NSLog() 함수의 괄호 안에 먼저 표 2.1의 데이터형에 맞는 형식 지시자를 사용하여 출력하고자 하는 문자열을 만들어주고 그 오른쪽 부분에 형식 지시자 개수에 맞게 그 변숫값을 지정해주면 된다.

예를 들어, 다음과 같이 정숫값을 NSLog() 함수를 사용하여 출력하고자 한다면 정수에 해당하는 형식 지시자 "%i"를 포함하는 문자열 @"integerVar = %i"를 지정하고 그 옆에 %i에 해당하는 출력 변숫값 interVar을 써주면 된다. 이때 문자열 앞에 @ 값이 지정되는 것을 잊지 않도록 한다.

```
int integerVar = 100;
NSLog(@"integerVar = %i", integerVar);
NSLog(@"floatingVar = %f", floatingVar);
NSLog(@"doubleVar = %e", doubleVar);
NSLog(@"doubleVar = %g", doubleVar);
NSLog(@"charVar = %c", charVar);
```

id 타입은 모든 타입의 객체를 모두 사용할 수 있다. Visual Basic의 Variant 타입과 비슷하다고 볼 수 있다.

기본 타입은 아니지만, 또 많이 사용되는 타입 중 하나는 NSString이 있다. 이 타입은 문자열을 지정하거나 출력할 때 사용된다. NSLog 함수에서 NSString 타입은 NSLog()에서 다음과 같이 지시자를 "%@"로 사용하여 출력할 수 있다.

```
NSString *str = @"예제입니다.";
NSLog("%@", str);
```

2-3 | 사칙 연산 처리

이제 위에서 배운 기본 연산자를 사용하여 사칙 연산을 처리해보자. 즉, 특정 숫자를 변수에 지정한 뒤에, 이 변수를 사용하여 덧셈, 뺄셈, 곱셈, 나눗셈을 처리해 볼 것이다.

▌그대로 따라 하기

❶ Xcode에서 File-New-Project를 선택한다. 템플릿 선택 대화상자가 나타나면 OS X 아래쪽에 있는 Application을 선택하고 오른쪽 항목에서는 Command Line Tool을 선택한다. 이어서 Next 버튼을 눌러 다음 화면이 나타나면 Product Name 항목에 "FourOperExample"이라고 입력한다. 또한, 그 아래 Language 항목에 Objective-C가 지정되어 있는지 확인한다. 이상이 없으면 Next 버튼을 누르고 Create 버튼을 눌러 프로젝트를 원하는 위치에 생성한다.

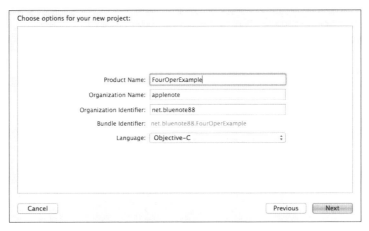

▶그림 2.7 FourOperExample 프로젝트 생성

❷ 이제 FourOperExample 프로젝트가 만들어지고 왼쪽 프로젝트 탐색기에서
main.m을 선택하고 다음과 같이 소스 코드를 입력한다.

```
#import <Foundation/Foundation.h>

int main(int argc, const char * argv[])
{

    @autoreleasepool {

        // insert code here...
        int x, y;
        int sum;
        int subtract;
        int mutiply;
        float x1, y1;
        float devide;

        x = 50;
        y = 25;
        sum = x + y;
        NSLog(@"%i과 %i의 합은 %i 입니다.", x, y, sum);
```

```
        subtract = x - y;
        NSLog(@"%i과 %i의 차는 %i 입니다.", x, y, subtract);
        mutiply = x * y;
        NSLog(@"%i과 %i의 곱은 %i 입니다.", x, y, mutiply);
        x1 = 47.0;
        y1 = 27.0;
        devide = x1 / y1;
        NSLog(@"%f를 %f로 나눈 몫은 %f 입니다.", x1, y1, devide);
    }
    return 0;
}
```

❸ 마지막으로 Product 메뉴-Run 혹은 Run 버튼을 눌러 실행시킨다.

▶그림 2.8 FourOperExample 실행 결과

▌원리 설명

NSLog()에서 원하는 숫자 형식을 출력하는 방법은 C 언어의 printf() 함수와 동일하다. 즉, NSLog() 함수의 괄호 안에 표 2.1의 데이터형에 맞는 형식 지시자를 사용하여 출력하고자 하는 문자열을 만들어주고 형식 지시자 개수에 맞게 그 변숫값을 지정해주면 된다. 이전 예제에서는 형식 지시자를 1개만 사용하였으나 2개 이상의 형식 지시자를 사용할 수도 있다. 주의해야 할 점은 왼쪽 문자열 안에 사용된 형식 지시자 개수와 변수의 개수는 반드시 동일해야만 한다는 것이다.

예를 들어, 정숫값 x, y, sum을 출력하고자 할 때, "%i와 %i의 합은 %i입니다."라는 문자열을 먼저 왼쪽에 만들어주고 첫 번째 %i, 두 번째 %i, 세 번째 %i에 해당하는 정숫값 x, y, sum 3개를 반드시 오른쪽에 이어서 지정해주어야 한다는 의미이다.

```
x = 50;
y = 25;
sum = x + y;
NSLog(@"%i과 %i의 합은 %i입니다.", x, y, sum);
```

2-4 ▌ 비트 연산 처리

C 언어와 마찬가지로 Objective-C에서도 비트 연산을 지원한다. 이번 절에서는 Objective-C에서 비트 연산이 무엇인지 알아보고 또 비트 연산을 어떻게 처리하는지에 대하여 배워볼 것이다.

▌그대로 따라 하기

❶ Xcode에서 File-New-Project를 선택한다. 템플릿 선택 대화상자가 나타나면 OS X 아래쪽에 있는 Application을 선택하고 오른쪽 항목에서는 Command

Line Tool을 선택한다. 이어서 Next 버튼을 눌러 다음 화면이 나타나면 Product Name 항목에 "BitOperExample"이라고 입력한다. 또한, 그 아래 Language 항목에 Objective-C가 지정되어 있는지 확인한다. 이상이 없으면 Next 버튼을 누르고 Create 버튼을 눌러 프로젝트를 원하는 위치에 생성한다.

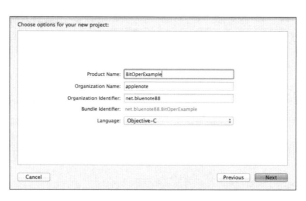

▶그림 2.9 BitOperExample 프로젝트 생성

❷ 이제 BitOperExample 프로젝트가 만들어지고 왼쪽 프로젝트 탐색기에서 main.m 을 선택하고 다음과 같이 소스 코드를 입력한다.

```objc
#import <Foundation/Foundation.h>

int main(int argc, const char * argv[])
{

    @autoreleasepool {
        unsigned int w1 = 0x01; // 0000 0001
        unsigned int w2 = 0x05; // 0000 0101
        NSLog(@"%x & %x = %x", w1, w2, w1 & w2);
        NSLog(@"%x ^ %x = %x", w1, w2, w1 ^ w2);
        NSLog(@"%x | %x = %x", w1, w2, w1 | w2);
        NSLog(@"~%x = %x", w1, ~w1);
    }
    return 0;
}
```

❸ 마지막으로 Product 메뉴-Run 혹은 Run 버튼을 눌러 실행시킨다.

```
// ◀ ▶ | 📄 BitOperExample 〉📁 BitOperExample 〉 📄 main.m 〉 No Selection
//
//  main.m
//  BitOperExample
//
//  Created by applenote on 2014. 10. 14..
//  Copyright (c) 2014년 applenote. All rights reserved.
//

#import <Foundation/Foundation.h>

int main(int argc, const char * argv[]) {
    @autoreleasepool {

        unsigned int w1 = 0x01; // 0000 0001
        unsigned int w2 = 0x05; // 0000 0101
        NSLog(@"%x & %x = %x", w1, w2, w1 & w2);
        NSLog(@"%x ^ %x = %x", w1, w2, w1 ^ w2);
        NSLog(@"%x | %x = %x", w1, w2, w1 | w2);
        NSLog(@"~%x = %x", w1, ~w1);
    }
    return 0;
}
```

```
2014-10-14 18:27:08.280 BitOperExample[2091:303] 1 & 5 = 1
2014-10-14 18:27:08.281 BitOperExample[2091:303] 1 ^ 5 = 4
2014-10-14 18:27:08.282 BitOperExample[2091:303] 1 | 5 = 5
2014-10-14 18:27:08.283 BitOperExample[2091:303] ~1 = fffffffe
Program ended with exit code: 0
```

All Output ⬍

▶그림 2.10 BitOperExample 실행 결과

▌원리 설명

비트 연산이란 말 그대로 지정된 값을 2진수로 변경하여 두 수의 비트끼리 연산하는 것을 의미한다. 사용 가능한 비트 연산자는 다음 표 2.2와 같다.

▶ 표 2.2 : 비트 연산자

연산자	설명
&	AND 연산자
|	OR 연산자
^	배타적 OR 연산자

연산자	설명
~	NOT 연산자
《	좌로 이동 연산자
》	우로 이동 연산자

일반적으로 비트 연산 처리는 2진수에서 처리하는 것이 편리하지만, 십진수에서 2진수로 변경하여 표시하는 것은 그 자릿수로 인하여 표현하기 쉽지 않다. 이를 읽기 쉽게 만들기 위해 2진수가 아닌 16진수로 표기한다. 16진수는 2진수 여러 개를 결합시킨 형태라서 계산 처리가 쉽고 자릿수가 많지 않아서 상당히 편리하다.

AND 연산은 두 비트 중 하나만 0이면 0이 되고 두 비트 모두 1인 경우에만 1이 된다. Objective-C에서 AND 연산 표기는 &으로 한다. 다음 표 2.3은 비트들의 AND 연산을 보여준다.

■ 표 2.3 : AND 연산

bit1	bit2	bit1 & bit2
0	0	0
0	1	0
1	0	0
1	1	1

위 표에 따라 0x01과 0x05를 AND 연산 처리하면 다음과 같은 결과가 나타난다.

```
unsigned int w1 = 0x01; // 0000 0001
unsigned int w2 = 0x05; // 0000 0101
NSLog(@"%x & %x = %x", w1, w2, w1 & w2); // 0000 0001
```

OR 연산은 두 비트 중 하나만 1이면 1이 되고 두 비트 0인 경우에만 0이 된다. Objective-C에서 OR 연산 표기는 |으로 한다. 다음 표 2.4는 비트들의 OR 연산을 보여준다.

▶ 표 2.4 : OR 연산

bit1	bit2	bit1 & bit2
0	0	0
0	1	1
1	0	1
1	1	1

위 표에 따라 0x01과 0x05를 OR 연산 처리하면 다음과 같은 결과가 나타난다.

```
unsigned int w1 = 0x01; // 0000 0001
unsigned int w2 = 0x05; // 0000 0101
NSLog(@"%x | %x = %x", w1, w2, w1 | w2); // 0000 0101
```

배타적 OR 연산은 비트 연산의 덧셈이라고 생각하면 쉽다. 즉, 두 비트가 동일하면 0이 되고 두 비트가 서로 다르면 1이 된다. Objective-C에서 배타적 OR 연산 표기는 ^로 한다. 다음 표 2.5은 비트들의 배타적 OR 연산을 보여준다.

▶ 표 2.5 : 배타적 OR 연산

bit1	bit2	bit1 & bit2
0	0	0
0	1	1
1	0	1
1	1	0

위 표에 따라 0x01과 0x05를 배타적 OR 연산 처리하면 다음과 같은 결과가 나타난다.

```
unsigned int w1 = 0x01; // 0000 0001
unsigned int w2 = 0x05; // 0000 0101
NSLog(@"%x ^ %x = %x", w1, w2, w1 ^ w2); // 0000 0100
```

NOT 연산은 0비트는 1, 1비트는 0으로 표기한다. Objective-C에서 NOT 연산 표기는 ~으로 한다. 다음 표 2.6은 비트들의 NOT 연산을 보여준다.

▶ 표 2.6 : NOT 연산

bit1	bit2
0	1
1	0

앞 표에 따라 0x01을 NOT 연산 처리하면 다음과 같은 결과가 나타난다.

```
unsigned int w1 = 0x01; // 0000 0001
NSLog(@"~%x = %x", w1, ~w1); // 1111 1110
```

2-5 반복문 – while 문장

Objective-C의 반복문인 while 문장은 C 언어의 while 문장과 동일하다. Objective-C에서 반복문 while 문장 사용법을 알아본다. 이 절의 예제는 원하는 수를 입력받고 0부터 입력한 수까지 더하여 그 합을 구하는 예제이다.

▌그대로 따라 하기

❶ Xcode에서 File-New-Project를 선택한다. 템플릿 선택 대화상자가 나타나면 OS X 아래쪽에 있는 Application을 선택하고 오른쪽 항목에서는 Command Line Tool을 선택한다. 이어서 Next 버튼을 눌러 다음 화면이 나타나면 Product Name 항목에 "WhileExample"이라고 입력한다. 또한, 그 아래 Language 항목에 Objective-C가 지정되어 있는지 확인한다. 이상이 없으면 Next 버튼을 누르고 Create 버튼을 눌러 프로젝트를 원하는 위치에 생성한다.

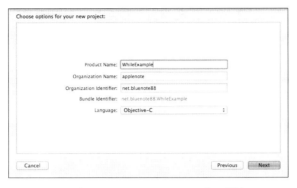

▶그림 2.11 WhileExample 프로젝트 생성

❷ 이제 WhileExample 프로젝트가 만들어지고 왼쪽 프로젝트 탐색기에서 main.m
을 선택하고 다음과 같이 소스 코드를 입력한다.

```objc
#import <Foundation/Foundation.h>

int main(int argc, const char * argv[])
{

    @autoreleasepool {

        // insert code here...
        int sum = 0;
        int i = 0;
        int num = 0;

        NSLog(@"원하는 수를 입력하세요.");
        scanf("%i", &num);
        while (i <=num) {
            sum = sum + i;
            i = i + 1;
        }
        NSLog(@"%i", sum);
    }
    return 0;
}
```

❸ 마지막으로 Product 메뉴–Run 혹은 Run 버튼을 눌러 실행시킨 뒤 출력 창에 원하는 수를 입력하고 합계가 출력되는지 확인해본다.

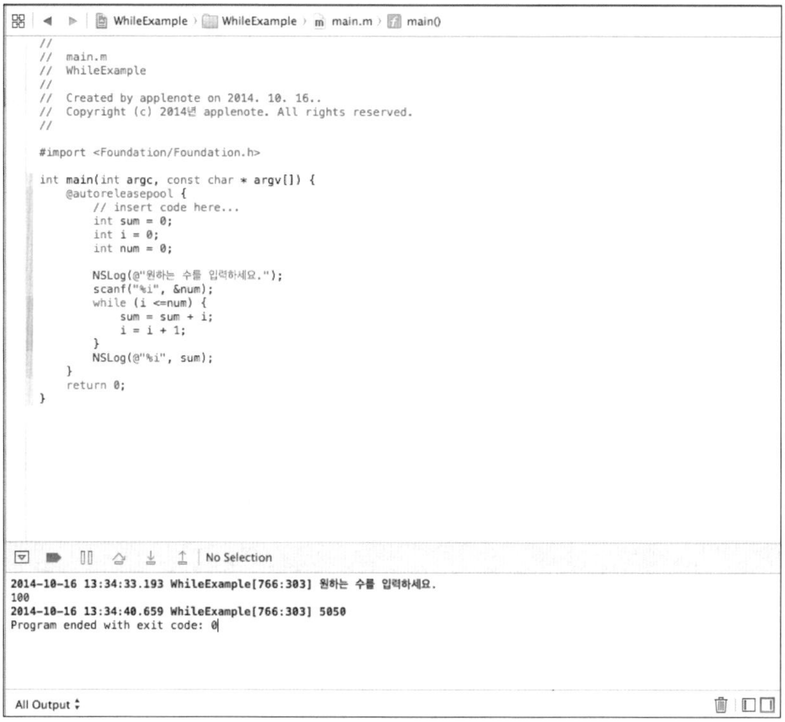

WhileExample › WhileExample › main.m › main()
//
// main.m
// WhileExample
//
// Created by applenote on 2014. 10. 16..
// Copyright (c) 2014년 applenote. All rights reserved.
//
#import <Foundation/Foundation.h>
int main(int argc, const char * argv[]) {
@autoreleasepool {
// insert code here...
int sum = 0;
int i = 0;
int num = 0;
NSLog(@"원하는 수를 입력하세요.");
scanf("%i", &num);
while (i <=num) {
sum = sum + i;
i = i + 1;
}
NSLog(@"%i", sum);
}
return 0;
}
No Selection
2014-10-16 13:34:33.193 WhileExample[766:303] 원하는 수를 입력하세요.
100
2014-10-16 13:34:40.659 WhileExample[766:303] 5050
Program ended with exit code: 0
All Output

▶그림 2.12 WhileExample 실행 결과

❙ 원리 설명

while 문장은 동일한 코드를 원하는 수만큼 반복하고자 할 때 사용된다. 일반적으로 다음과 같이 초깃값, 조건, 증가 값으로 이루어진다. 즉, while 문장을 사용하기 위해서는 반복을 시작할 때 지정되는 초깃값을 while 위쪽에 지정하고 반복되는 조건을 지정하는 조건 값을 while 문장 옆에 지정하고 반복되면서 수행되는 증가 값을 while 반복 구문 안에 넣는다.

```
초깃값
while(조건)
{
    증가 값
}
```

혹은 다음과 같이 do...while 문장을 사용할 수도 있다.

```
초깃값
do
{
    증가 값
}
while (조건)
```

while 문장과 do...while 문장의 차이는 while 문장은 조건에 따라 반복을 1번도 하지 않고 종료될 수 있지만, do...while 문장은 최소한 1번은 반복되는 문장을 수행한다는 점이다. 이러한 반복문은 { }을 사용하지 않는 경우에는 1줄만 반복되므로 만일 2줄 이상을 반복 처리하고자 한다면 반드시 { }를 사용해야만 한다.

또한, 반복 문장 안에 break 혹은 continue를 사용할 수 있는데 break 명령은 현재 반복되는 것을 중지하고 반복되는 문장 밖으로 완전히 빠져나가는 명령이고 continue는 현재 처리되는 반복을 중단하고 다음 반복 처리를 실행하는 명령어이다.

이제 위 예제 프로그램을 살펴보자. 위 예제에서는 먼저 NSLog() 함수를 사용하여 원하는 수를 입력하라는 메시지를 출력한다. 그다음, scanf() 함수를 사용하여 원하는 숫자를 입력받는다. scanf() 함수 역시 C 언어의 scanf() 함수와 동일하다. 이 scanf() 함수에도 NSLog() 함수에 사용했던 표 2.1의 형식 지시자를 사용하여 원하는 타입을 지정할 수 있다. 이때 주의해야 할 점은 scanf 형식 지시자에 해당하는 변수는 주소 타입으로 지정해야 하므로 정수일 때는 변수 앞쪽에 주소 형식 &를 붙여야 한다는 점이다.

```
int i = 0;
NSLog(@"원하는 수를 입력하세요.");
scanf("%i", &num);
...
```

NSLog를 사용하여 "하는 수를 입력하세요."문자열이 출력되고 그다음 줄에 임의의 숫자를 입력하면 이 입력된 수는 num 변수에 지정되므로 i 값이 입력된 수만큼될 때까지 반복 처리한다. 이때 sum = sum + i 명령은 현재 합계 sum에 새로 지정된 i 값을 누적시키는 것이고 i = i + 1 명령어는 i의 값이 하나씩 증가시키는 명령이다. 이러한 명령어로 0 + 1 + 2 + ... 원하는 값까지 합산해준다.

```
while (i <=num) {
    sum = sum + i;
    i = i + 1;
}
```

반복이 끝나면 다음과 같이 NSLog 함수를 사용하여 합산된 sum 값을 출력해 준다.

```
    NSLog(@"%i", sum);
}
```

2-6 반복문 – for 문장

Objective-C의 반복문인 for 문장은 C 언어의 while 문장과 동일하다. Objective-C에서 반복문 for 문장 사용법을 알아본다. 이 절의 예제는 원하는 수를 입력받고 그 수만큼 "*" 문자를 출력하는 예제이다.

그대로 따라 하기

❶ Xcode에서 File–New–Project를 선택한다. 템플릿 선택 대화상자가 나타나면 OS X 아래쪽에 있는 Application을 선택하고 오른쪽 항목에서는 Command Line Tool을 선택한다. 이어서 Next 버튼을 눌러 다음 화면이 나타나면 Product Name 항목에 "ForExample"이라고 입력한다. 또한, 그 아래 Language 항목에 Objective-C가 지정되어 있는지 확인한다. 이상이 없으면 Next 버튼을 누르고 Create 버튼을 눌러 프로젝트를 원하는 위치에 생성한다.

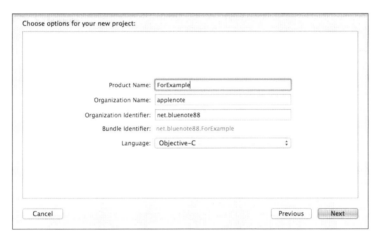

▶그림 2.13 ForExample 프로젝트 생성

❷ 이제 ForExample 프로젝트가 만들어지고 왼쪽 프로젝트 탐색기에서 main.m 을 선택하고 다음과 같이 소스 코드를 입력한다.

```
#import <Foundation/Foundation.h>
int main(int argc, const char * argv[])
{

    @autoreleasepool {
        NSLog(@" 출력하고자 하는 숫자 입력?");
        int number = 0;
```

```
    NSString *str = @"";
    scanf("%i", &number);
    for (int i=0;i<number;i++)
        str = [str stringByAppendingString:@"*"];
    NSLog(@"%@", str);
    }
    return 0;
}
```

❸ 마지막으로 Product 메뉴–Run 혹은 Run 버튼을 눌러 실행시킨다. 이전과 마찬
가지로 원하는 숫자를 입력시키고 그 숫자만큼 "*" 문자가 출력되는지 확인해본다.

▶그림 2.14 ForExample 실행 결과

▌원리 설명

for 문장 역시 동일한 코드를 원하는 수만큼 반복하고자 할 때 사용된다. for 문장 역시 다음과 같이 while 문장과 동일한 구조를 가진다. 다만 초깃값, 조건 값, 증가 값이 for 문장 내부에 위치한다는 점이 while 문장과 다른 점이다.

```
for(초깃값;조건 값;증가 값)
    반복문장;
```

for 문장은 초깃값에서 조건 값이 만족될 때까지 반복 처리한다. 이때 반복 문장을 처리하면서 증가 값의 지정된 만큼 증가 처리한다. 반복문장은 기본적으로 한 줄이며 2줄 이상 반복하기 위해서는 { }를 사용한다.

위 예제에서는 먼저 NSLog() 함수를 사용하여 출력할 "*" 문자 개수를 입력받는다. 원하는 숫자를 입력받기 위해서는 역시 scanf 함수를 사용한다. 이때 입력받고자하는 숫자가 정수이므로 scanf 함수 안에는 "%i"를 지정하고 해당하는 변수 앞에 &를 잊지 않도록 한다.

```
NSLog(@" 출력하고자 하는 숫자 입력?");
int number = 0;
NSString *str = @"";
scanf("%i", &number);
```

원하는 수를 입력받아 number에 지정하였다면, for 문장을 사용하여 입력받은 수 만큼 "*"를 생성해준다. 이때 NSString 문자열 메소드 stringByAppendingString을 사용하여 현재 문자열 변수 str에 지정된 개수만큼 "*"를 추가한다. 즉, string ByAppendingString는 현재 문자열에 다른 문자열을 추가하는 메소드이다. 반복이 종료되면 NSLog() 함수를 사용하여 문자열 변수 str을 출력해준다.

```
for (int i=0;i<number;i++)
    str = [str stringByAppendingString:@"*"];
NSLog(@"%@", str);
```

2-7 배열 처리

배열은 위에서 배운 반복문과 함께 사용되는 명령어 중 하나이다. 배열은 동일한 이름으로 숫자만 변경해서 많은 변수를 사용할 수 있는 유용한 기능이다. 비록 요즘에는 이 배열보다 컬렉션이 더 많이 사용되지만, 그래도 상당히 자주 사용되는 기능 중 하나이다.

이번 예제에서는 points라는 이름의 배열을 생성하고 10명 학생의 점수를 지정한 뒤에 합계와 평균을 구하는 예제를 작성해 볼 것이다.

▌그대로 따라 하기

❶ Xcode에서 File-New-Project를 선택한다. 템플릿 선택 대화상자가 나타나면 OS X 아래쪽에 있는 Application을 선택하고 오른쪽 항목에서는 Command Line Tool을 선택한다. 이어서 Next 버튼을 눌러 다음 화면이 나타나면 Product Name 항목에 "ArraysExample"이라고 입력한다. 또한, 그 아래 Language 항목에 Objective-C가 지정되어 있는지 확인한다. 이상이 없으면 Next 버튼을 누르고 Create 버튼을 눌러 프로젝트를 원하는 위치에 생성한다.

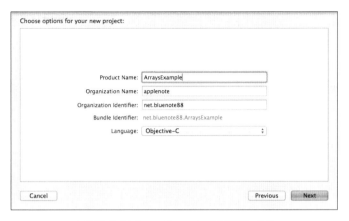

Choose options for your new project:

Product Name: ArraysExample
Organization Name: applenote
Organization Identifier: net.bluenote88
Bundle Identifier: net.bluenote88.ArraysExample
Language: Objective-C

Cancel   Previous   Next

▶그림 2.15 ArraysExample 프로젝트 생성

❷ 이제 ArrayExample 프로젝트가 만들어지고 왼쪽 프로젝트 탐색기에서 main.m
을 선택하고 다음과 같이 소스 코드를 입력한다.

```
#import <Foundation/Foundation.h>

int main(int argc, const char * argv[])
{

    @autoreleasepool {
        // insert code here...
        int points[10] = {89, 90, 60, 50, 80, 95, 40, 48, 60, 100};
        int sum = 0;

        for (int i=0;i<10;i++)
            sum = sum + points[i];

        NSLog(@"sum = %i", sum);
        NSLog(@"average = %f", sum / 10.0);
    }
    return 0;
}
```

❸ 마지막으로 Product 메뉴–Run 혹은 Run 버튼을 눌러 실행시킨다.

```
88  ◀  ▶  |  📄 ArraysExample ⟩ 📁 ArraysExample ⟩ m main.m ⟩ f main()
//
//  main.m
//  ArraysExample
//
//  Created by applenote on 2014. 10. 16..
//  Copyright (c) 2014년 applenote. All rights reserved.
//

#import <Foundation/Foundation.h>

int main(int argc, const char * argv[]) {
    @autoreleasepool {
        // insert code here...
        int points[10] = {89, 90, 60, 50, 80, 95, 40, 48, 60, 100};
        int sum = 0;

        for (int i=0;i<10;i++)
            sum = sum + points[i];

        NSLog(@"sum = %i", sum);
        NSLog(@"average = %f", sum / 10.0);
    }
    return 0;
}
```

```
▽  ▶  ‖  △  ↓  ↑  | No Selection
2014-10-16 14:41:49.557 ArraysExample[1212:303] sum = 712
2014-10-16 14:41:49.559 ArraysExample[1212:303] average = 71.200000
Program ended with exit code: 0
```

```
All Output ⬍                                            🗑  ☐☐
```

▶그림 2.16 ArraysExample 실행 결과

▌원리 설명

Objective-C에서 배열 역시 C/C++ 배열 사용법과 동일하다. 예를 들어, 10명의 학생 성적을 저장할 points라는 이름으로 배열을 선언하고자 한다면 다음과 같이 선언할 수 있다.

```
int points[10];
```

위와 같이 선언하면 points[0], points[1], ..., points[9]까지의 변수가 만들어진다. 또한, 만일 points라는 이름을 선언과 동시에 지정된 자료 값을 할당하기 원한다면 다음과 같이 처리한다.

```
int points[10] = {89, 90, 60, 50, 80, 95, 40, 48, 60, 100};
```

배열을 장점은 변수 이름만 동일하고 뒤에 붙는 첨자 값만 바뀌는 것이므로 위에서 배운 for 문장 혹은 while 문장을 사용하여 쉽게 자료를 처리할 수 있다. 즉, 다음과 같이 배열 이름 다음에 [i]를 지정하고 변수 i 값을 변경하여 반복 처리를 할 수 있다.

```
int sum = 0;
for (int i=0;i<10;i++)
    sum = sum + points[i];
```

위 for 문장을 이용하여 points[0]부터 points[9]까지 자료를 더하여 sum이라는 변수에 넣을 수 있다.

반복이 끝난 다음에는 NSLog() 함수를 사용하여 합계인 sum을 출력하고 또한, 합계를 10으로 나눈 평균값을 출력한다. 이때 주의해야 할 점은 10이 아닌 10.0으로 나누어야 소수점까지 계산할 수 있는 "%f" 지시자를 사용하여 실수를 출력할 수 있다.

```
NSLog(@"sum = %i", sum);
NSLog(@"average = %f", sum / 10.0);
```

2-8 if 문장, switch 문장

Objective-C 언어에서 사용되는 조건 문장은 if 문장, switch 문장 등이 있다. if 문장이 조건이 많지 않을 때 주로 사용되는 반면, switch 문장은 처리할 조건이 많을 때에 사용되는 명령어이다. 물론 if 문장 역시 조건이 많을 때에도 사용할 수 있지만, 깔끔하게 정리된 조건 문장을 한눈에 알아보기 위해서는 switch 문장을 사용하는 것이 편리하다.

이 절에서는 switch 문장을 사용하여 점수를 입력받아 점수에 따라 A, B, C, D, F 학점으로 구분하는 프로그램을 작성해볼 것이다.

▎그대로 따라 하기

❶ Xcode에서 File-New-Project를 선택한다. 템플릿 선택 대화상자가 나타나면 OS X 아래쪽에 있는 Application을 선택하고 오른쪽 항목에서는 Command Line Tool을 선택한다. 이어서 Next 버튼을 눌러 다음 화면이 나타나면 Product Name 항목에 "SwitchExample"이라고 입력한다. 또한, 그 아래 Language 항목에 Objective-C가 지정되어 있는지 확인한다. 이상이 없으면 Next 버튼을 누르고 Create 버튼을 눌러 프로젝트를 원하는 위치에 생성한다.

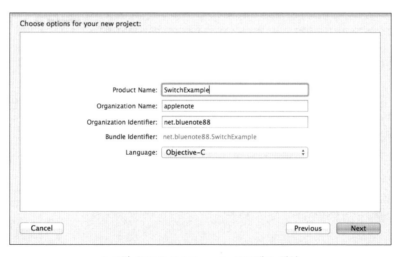

▶ 그림 2.17 SwitchExample 프로젝트 생성

❷ 이제 SwitchExample 프로젝트가 만들어지고 왼쪽 프로젝트 탐색기에서 main.m을 선택하고 다음과 같이 소스 코드를 입력한다.

```objc
#import <Foundation/Foundation.h>

int main(int argc, const char * argv[])
{

    @autoreleasepool {
        // insert code here...
        int value1;
        int point;

        NSLog(@"점수를 입력하세요.");
        scanf("%i", &value1);
        point = value1 / 10;
        switch (point) {
            case 10:
            case 9:
                NSLog(@"A 학점입니다.");
                break;
            case 8:
                NSLog(@"B 학점입니다.");
                break;
            case 7:
                NSLog(@"C 학점입니다.");
                break;
            case 6:
                NSLog(@"D 학점입니다.");
                break;
            default:
                NSLog(@"F 학점입니다.");
                break;
        }
    }
    return 0;
}
```

❸ 마지막으로 Product 메뉴–Run 혹은 Run 버튼을 눌러 실행시킨다.

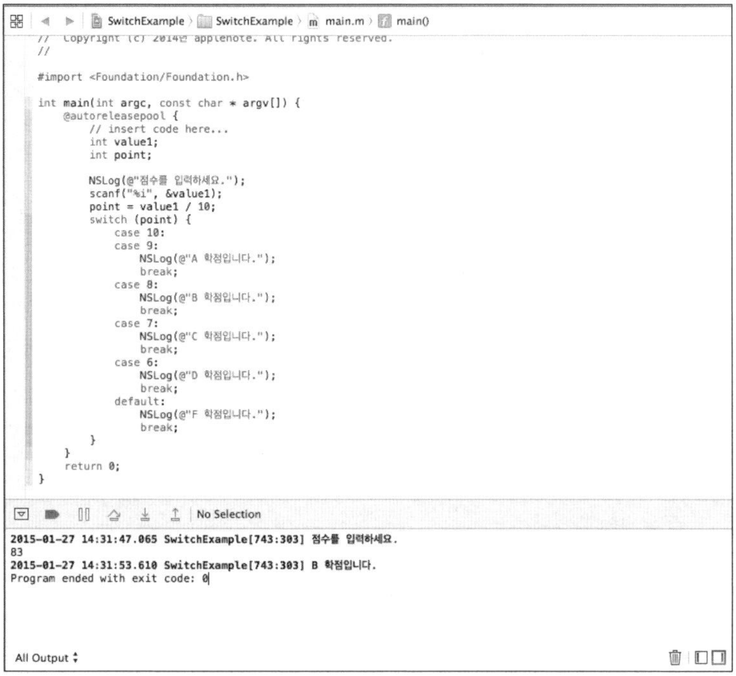
SwitchExample › SwitchExample › main.m › main()
// Copyright (c) 2014년 applenote. All rights reserved.
//
#import <Foundation/Foundation.h>
int main(int argc, const char * argv[]) {
@autoreleasepool {
// insert code here...
int value1;
int point;
NSLog(@"점수를 입력하세요.");
scanf("%i", &value1);
point = value1 / 10;
switch (point) {
case 10:
case 9:
NSLog(@"A 학점입니다.");
break;
case 8:
NSLog(@"B 학점입니다.");
break;
case 7:
NSLog(@"C 학점입니다.");
break;
case 6:
NSLog(@"D 학점입니다.");
break;
default:
NSLog(@"F 학점입니다.");
break;
}
}
return 0;
}
No Selection
2015-01-27 14:31:47.065 SwitchExample[743:303] 점수를 입력하세요.
83
2015-01-27 14:31:53.610 SwitchExample[743:303] B 학점입니다.
Program ended with exit code: 0
All Output

▶그림 2.18 SwitchExample 실행 결과

▎원리 설명

Objective–C에서 if 문장은 다음과 같은 형식을 가진다.

```
if (조건)
   실행 문장
```

if 문장 다음 () 안에 있는 이 TRUE 혹은 YES인 경우, 실행 문장이 처리된다. 만일 처리하고자 하는 2 문장 이상이라고 한다면 반드시 { }를 사용해야 전체 문장이 실행된다.

또한, a의 값이 80과 같거나 크고 90보다 작은 경우를 체크하고자 한다면, 다음과 같이 &&(AND) 연산자를 사용할 수도 있다.

```
if (a >= 80 && a < 90)
   실행 문장;
```

혹은 둘 중 하나만 조건을 만족하였을 때 실행하고자 한다면 &&(AND) 대신 OR(||)을 사용할 수도 있다.

만일 조건이 여러 개라고 한다면 다음과 같이 if ...,else if... else if... else 문장을 사용할 수 있다.

```
if (조건1)
   실행 문장 - 1
else if (조건2)
   실행 문장 - 2
else if (조건3)
   실행 문장 - 3
else
   실행 문장 - 4
```

위와 같은 if 문장 형식은 한 눈에 인식할 수 있는 좋은 형태는 아니다. 그래서 조건이 많은 경우에는 가능한 switch 문장을 더 많이 사용한다. 위 문장을 switch 형식으로 변경하면 다음과 같이 고칠 수 있다.

```
switch(변숫값)
{
  case 값1:
     처리 문장1;
     break;
  case 값2:
     처리 문장2;
     break;
```

```
    case 값3:
        처리 문장3;
        break;
    case 값4:
        처리 문장4;
        break;
    default :
        처리 문장5;
}
```

switch 문장은 변숫값에 해당하는 값을 가진 case 문의 처리 문장이 실행된다. 이때 주의해야 할 점은 각 case 문장마다 반드시 break 문장을 두어 실행이 끝나면 break 문장을 만나 case 문장이 끝나게 해야 한다. 만일 조건에 해당하는 값이 없는 경우에는 default 문장의 처리 문장 5가 실행된다.

위 예제에서는 하나의 점수를 입력받고 그 값에 따라 A, B, C, D, F로 구분하는 프로그램을 한다. 불행히도 switch 문장에서는 if 문장 조건처럼 (80 >= a && 90 > a)와 같은 형태를 사용할 수 없다. switch에서는 하나의 변숫값만 처리 가능하므로 입력받은 점수를 다음과 같이 10으로 나누어 몫을 취한다.

```
NSLog(@"점수를 입력하세요.");
scanf("%i", &value1);
point = value1 / 10;
```

즉, 점수의 10으로 나눈 몫을 이용하여 마치 if 문장처럼 학점을 구분할 수 있다. 다음 코드를 사용하여 몫의 값이 10 혹은 9인 경우 A 학점, 8인 경우 B 학점, 7인 경우 C 학점, 6인 경우 D 학점, 나머지는 F 학점으로 처리할 수 있다.

```
switch (point) {
    case 10:
    case 9:
```

```
            NSLog(@"A 학점입니다.");
            break;
        case 8:
            NSLog(@"B 학점입니다.");
            break;
        case 7:
            NSLog(@"C 학점입니다.");
            break;
        case 6:
            NSLog(@"D 학점입니다.");
            break;
        default:
            NSLog(@"F 학점입니다.");
            break;
    }
```

2-9 클래스 생성

일반적으로 프로그램은 속성(변수)과 메소드(함수)들을 사용하여 처리를 한다. 이러한 속성과 메소드 기능을 합친 것이 클래스이다. 이 절에서는 Objective-C에서 클래스를 작성해보고 클래스 객체 생성, 속성, 메소드 호출 방법에 대하여 배워본다.

▌그대로 따라 하기

❶ Xcode에서 File-New-Project를 선택한다. 템플릿 선택 대화상자가 나타나면 OS X 아래쪽에 있는 Application을 선택하고 오른쪽 항목에서는 Command Line Tool을 선택한다. 이어서 Next 버튼을 눌러 다음 화면이 나타나면 Product Name 항목에 "ClassInitExample"이라고 입력한다. 또한, 그 아래 Language 항목에 Objective-C가 지정되어 있는지 확인한다. 이상이 없으면 Next 버튼을 누르고 Create 버튼을 눌러 프로젝트를 원하는 위치에 생성한다.

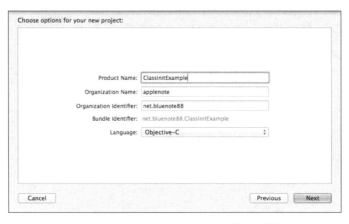

Choose options for your new project:

Product Name:	ClassInitExample
Organization Name:	applenote
Organization Identifier:	net.bluenote88
Bundle Identifier:	net.bluenote88.ClassInitExample
Language:	Objective-C

Cancel   Previous   Next

▶그림 2.19 ClassInitExample 프로젝트 생성

❷ 이제 ClassInitExample 프로젝트가 만들어지고 왼쪽 프로젝트 탐색기에서 main.m을 선택하고 다음과 같이 소스 코드를 입력한다.

```objc
#import <Foundation/Foundation.h>

@interface MyLight : NSObject
{
    bool status;
    NSString *lightcolor;
}

- (void) turnOnLight;
- (void) turnOffLight;
- (void) lightStatus;
- (void) printLightColor;

@end

@implementation MyLight

- (id)init
{
```

```objective-c
    if (self = [super init])
    {
        lightcolor = @"white";
    }
    return (self);
}

- (void) turnOnLight
{
        status = YES;
}

- (void) turnOffLight
{
        status = NO;
}

- (void) lightStatus
{
    if (status)
    {
        NSLog(@"Light is on.");
        [self printLightColor];
    }
    else
        NSLog(@"Light is off.");
}

- (void) printLightColor
{
    NSLog(@"Light Color : %@", lightcolor);
}

@end

int main(int argc, const char * argv[])
{

    @autoreleasepool {
```

```
        // insert code here...
    MyLight *lightOn = [[MyLight alloc] init];
    [lightOn  turnOnLight];
    [lightOn lightStatus];

    MyLight *lightOff = [[MyLight alloc] init];
    [lightOff turnOffLight];
    [lightOff lightStatus];
    }
    return 0;
}
```

❸ 마지막으로 Product 메뉴-Run 혹은 Run 버튼을 눌러 실행시킨다.

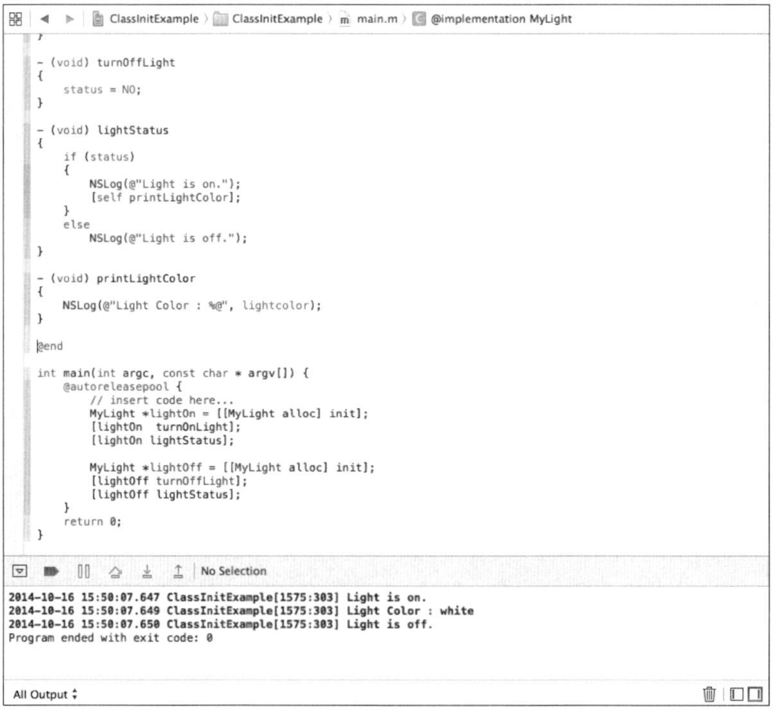

```
88  ◀  ▶   📄 ClassInitExample  ›  📁 ClassInitExample  ›  m main.m  ›  🅒 @implementation MyLight

- (void) turnOffLight
{
    status = NO;
}

- (void) lightStatus
{
    if (status)
    {
        NSLog(@"Light is on.");
        [self printLightColor];
    }
    else
        NSLog(@"Light is off.");
}

- (void) printLightColor
{
    NSLog(@"Light Color : %@", lightcolor);
}
@end

int main(int argc, const char * argv[]) {
    @autoreleasepool {
        // insert code here...
        MyLight *lightOn = [[MyLight alloc] init];
        [lightOn  turnOnLight];
        [lightOn lightStatus];

        MyLight *lightOff = [[MyLight alloc] init];
        [lightOff turnOffLight];
        [lightOff lightStatus];
    }
    return 0;
}

▽  ➡  ‖  △  ⊥  ⊥  | No Selection

2014-10-16 15:50:07.647 ClassInitExample[1575:303] Light is on.
2014-10-16 15:50:07.649 ClassInitExample[1575:303] Light Color : white
2014-10-16 15:50:07.650 ClassInitExample[1575:303] Light is off.
Program ended with exit code: 0

All Output ⌄                                                    🗑  |□□|
```

▶그림 2.20 ClassInitExample 실행 결과

▮ 원리 설명

위에서 설명하였듯이 클래스는 속성과 메소드 기능을 합친 기능이다. 클래스는 제품 생산을 위한 일종의 설계도면이라고 할 수 있다. 이 설계도면을 이용하여 제품 생산을 하는 것을 클래스에서는 인스턴스화instantiation한다고 말하고 특히 Objective C에서는 할당allocation한다고 말한다. 이러한 할당을 처리하면서 모든 인스턴스 변수의 메모리는 초기화된다.

우선 main() 함수부터 살펴보자.

Objective-C에서 할당 처리는 다음과 같이 클래스 이름 alloc를 사용하여 처리한다.

```
MyLight *lightOn = [MyLight alloc];
...
```

이러한 할당 처리를 하면서 메모리 초기화도 함께 처리하는데 다음과 같이 init 메소드를 함께 사용한다. 만일 init 메소드가 없다면 부모 클래스의 init 메소드가 실행되므로 이 메소드가 없다고 하더라도 에러가 발생하지는 않는다.

```
MyLight *lightOn = [[MyLight alloc] init];
...
```

당연한 얘기이지만, 위와 같이 MyLight 객체를 할당하기 위해서는 다음과 같이 MyLight 클래스가 선언되어 있어야만 한다. Objective-C에서는 @interface 지시자를 사용하여 선언한다. 또한, @implementation 지시자를 이용하여 실제 코드를 구현한다. 그리고 이러한 지시자를 사용한 뒤에는 반드시 @end를 사용하여 닫아주어야 한다.

즉, Objective-C에서 클래스 구조는 다음과 같다.

```
@interface 새 클래스 이름:부모 클래스 이름
{
        속성들;
        ...
}
메소드들
...
@end

@implementation 객체 이름
메소드 구현코드
@end
```

예를 들어, NSObject 클래스로부터 계승 받는 MyLight 클래스를 작성하고자 한다면 다음과 같이 먼저 @interface 부분을 선언한다.

```
@interface MyLight : NSObject
{
    bool status;
    NSString *lightcolor;
}

- (void) turnOnLight;
- (void) turnOffLight;
- (void) lightStatus;
- (void) printLightColor;

@end
```

그다음, 위에서 선언된 모든 메소드를 다음 @implementation 부분에 실제 구현한다.

```
@implementation MyLight

- (id)init
```

```
{
    if (self = [super init])
    {
        lightcolor = @"white";
    }
    return (self);
}

- (void) turnOnLight
{
    status = YES;
}

- (void) turnOffLight
{
    status = NO;
}

- (void) lightStatus
{
    if (status)
    {
        NSLog(@"Light is on.");
        [self printLightColor];
    }
    else
        NSLog(@"Light is off.");
}

- (void) printLightColor
{
    NSLog(@"Light Color : %@", lightcolor);
}

@end
```

　이제 main() 메소드는 위에서 구현된 코드를 사용할 수 있다. 먼저 다음과 같은 문장으로 MyLight 객체 할당을 처리한 뒤에 바로 자료를 초기화하는 init 메소드를 호출한다.

```
    MyLight *lightOn = [[MyLight alloc] init];
    ...
```

여기서 init 메소드가 어떻게 구성되어있는지 살펴보자. init 메소드는 부모클래스인 NSObject 자체를 초기화하고 그 값을 돌려주어 self에 지정하는데 이상 없이 그 값이 리턴된 경우, 원하는 변숫값을 초기화할 수 있다. 여기서는 lightcolor라는 변숫값에 @"white" 문자열을 지정한다. 또한, 여기서 설정된 self 값은 다시 리턴된다.

```
- (id)init
{
    if (self = [super init])
    {
        lightcolor = @"white";
    }
    return (self);
}
```

이제 MyLight 클래스 변수 lightOn이 설정되었으므로 이 값을 사용하여 위에서 지정된 여러 메소드를 사용할 수 있다. 즉, [객체 변수 메소드 이름]과 형식으로 인스턴스 메소드를 호출할 수 있다. 예를 들어, turnOnLight 메소드를 호출하고자 한다면 다음과 같이 한다.

```
    [lightOn turnOnLight];
```

일반적으로 Objective-C에서 메소드 선언은 다음과 같은 형식을 가진다.

```
[+][-](리턴 값) 메소드 이름(파라메터 이름);
```

여기서 -는 인스턴스형 메소드를 의미하고 +는 클래스 메소드를 의미한다. 여기서 객체변수는 객체를 생성한 변수 이름 lightOn을 의미하므로 MethodInstance라는 이름의 인스턴스 메소드는 다음과 같이 호출할 수 있다.

```
[lightOn MethodInstance];
```

위에서 사용된 trunOnLight 메소드는 인스턴스 메소드이므로 객체 변수 lightOn 을 사용하여 호출한다. 참고로 여기서 선언된 모든 메소드는 인스턴스 메소드이다. 이에 반하여 클래스 메소드에 사용되는 클래스 이름은 MyLight를 의미하므로 MethodClass라는 이름의 클래스 메소드는 다음과 같이 호출할 수 있다.

```
[MyLight MethodClass];
```

클래스 메소드의 장점은 메모리에 한 번 로드되면 프로그램이 끝날 때까지 제거되지 않으므로 호출 속도가 매우 빠르다는 점이 있다. 다만, 메모리를 계속 차지하게 되므로 꼭 필요한 부분만 사용하는 것이 좋다.

또한, 위 형식에서 함수 이름을 메소드 이름 옆에 파라메터 이름이라고 명명한 것은 위 이름과 함께 파라메터 이름을 계속 지정할 수 있는데 전체적으로 이것을 메소드 이름이라고 볼 수도 있지만, 사실은 파라메터 이름이라고 보는 것이 타당하기 때문이다. 이것에 대해서는 다음 절에서 자세히 설명한다.

이 turnOnLight는 다음과 같이 status 속성에 YES 값을 지정한다.

```
- (void) turnOnLight
{
        status = YES;
}
```

동일한 방법으로 인스턴스 메소드 lightStatus를 호출하고자 한다면 다음과 같이 처리한다.

```
    [lightOn lightStatus];
    ...
```

lightStatus 메소드는 turnOnLight 메소드와 turnOffLight 메소드에서 지정한 status 값을 조사하여 YES인 경우, "Light is on"을 출력한다.

```
- (void) lightStatus
{
    if (status)
    {
        NSLog(@"Light is on.");
    ...
```

이때 또한, 색을 출력하는데 색을 출력하는 메소드 printLightColor를 호출한다.

```
        [self printLightColor];
    }
    ...
```

위 printLightColor를 호출할 때 self를 사용하였는데 이 self는 현재 클래스에 대한 포인트를 의미하는 것으로 동일한 클래스에서 호출할 때 이 self 키워드를 사용한다.

참고	self와 super 차이점

− self
클래스 자신을 나타내는 레퍼런스 변수
자신의 메소드 혹은 멤버 변수에 접근할 때 사용

− super
부모 클래스를 나타내는 레퍼런스 변수
부모 클래스 메소드 혹은 init() 메소드에 접근할 때 사용

만일 status 값이 NO인 경우에는 "Light is off" 메시지를 출력한다.

```
   else
      NSLog(@"Light is off.");
}
```

printLightColor 메소드는 init 메소드에서 지정한 lightcolor 값을 출력하는 메소드이다.

```
- (void) printLightColor
{
   NSLog(@"Light Color : %@", lightcolor);
}
```

동일한 방법으로 MyLight 객체 인스턴스 변수 lightOff를 하나 더 생성하고 turnOffLight 메소드와 lightStatus 메소드를 차례로 호출한다. 이번에는 이전과 반대로 "Light is off"되었다는 메시지를 출력한다.

```
      MyLight *lightOff = [[MyLight alloc] init];
      [lightOff turnOffLight];
      [lightOff lightStatus];
}
```

2-10 하나의 파라메터를 가진 메소드 호출

위에서 클래스를 작성하고 파라메터 없는 메소드를 호출해보았다. 이제 클래스를 할당해보고 파라메터를 가지고 있는 메소드를 호출해보자. 이번 예제는 한 학생의 국어, 영어, 수학 점수를 각각 할당하고 그 점수의 합계를 구하는 예제이다.

❶ Xcode에서 File-New-Project를 선택한다. 템플릿 선택 대화상자가 나타나면 OS X 아래쪽에 있는 Application을 선택하고 오른쪽 항목에서는 Command Line Tool을 선택한다. 이어서 Next 버튼을 눌러 다음 화면이 나타나면 Product Name 항목에 "StudentExample"이라고 입력한다. 또한, 그 아래 Language 항목에 Objective-C가 지정되어 있는지 확인한다. 이상이 없으면 Next 버튼을 누르고 Create 버튼을 눌러 프로젝트를 원하는 위치에 생성한다.

▶그림 2.21 StudentExample 프로젝트 생성

❷ 이제 StudentExample 프로젝트가 만들어지고 왼쪽 프로젝트 탐색기에서 main.m 을 선택하고 다음과 같이 소스 코드를 입력한다.

```objc
#import <Foundation/Foundation.h>

@interface Student : NSObject
{
    int kor;
    int eng;
    int math;
}
```

```objc
- (void) setKor: (int) n;
- (void) setEng: (int) n;
- (void) setMath: (int) n;
- (int) kor;
- (int) eng;
- (int) math;
- (int) getTotal;

@end

@implementation Student

- (void) setKor: (int) n
{
    kor = n;
}

- (void) setEng: (int) n
{
    eng = n;
}

- (void) setMath: (int) n
{
    math = n;
}

- (int) kor
{
    return kor;
}

- (int) eng
{
    return eng;
}

- (int) math
{
    return math;
}

- (int) getTotal
{
    return kor + eng + math;
```

```
}
@end

int main(int argc, const char * argv[])
{

    @autoreleasepool {

        // insert code here...
        Student *student = [[Student alloc] init];
        [student setKor: 85];
        [student setEng: 74];
        [student setMath: 88];
        NSLog(@"국어 : %i", [student kor]);
        NSLog(@"영어 : %i", [student eng]);
        NSLog(@"수학 : %i", [student math]);
        NSLog(@"Total : %i", [student getTotal]);
    }
    return 0;
}
```

❸ 마지막으로 Product 메뉴-Run 혹은 Run 버튼을 눌러 실행시킨다.

▶그림 2.22 StudentExample 실행 결과

▌원리 설명

이전 MyLight 클래스와 같이 Student 클래스를 다음과 같이 할당 처리하여 인스턴스를 생성한다.

```
Student *student = [[Student alloc] init];
    ..
```

이 클래스에서는 init 메소드를 제공하지 않으므로 부모 클래스NSObject의 init 메소드를 실행 처리한다. 여기서 Student 클래스가 어떻게 구성되었는지 살펴보자.

```
@interface Student : NSObject
{
    int kor;
    int eng;
    int math;
}

- (void) setKor: (int) n;
- (void) setEng: (int) n;
- (void) setMath: (int) n;
- (int) kor;
- (int) eng;
- (int) math;
- (int) getTotal;
@end
```

위에서 보여주듯이 Student 클래스는 국어, 영어, 수학 과목을 의미하는 kor, eng, math 등의 객체 멤버 변수와 각 과목의 점수를 지정하는 setKor, setEng, setMath, kor, eng, math 등의 메소드로 구성된다. 여기서 setKor, setEng, setMath를 Set 메소드set nethod, kor, eng, math를 Get 메소드get method라고 한다.

Objective C 객체지향 프로그래밍에서 멤버 변수는 소문자로 지정하는 것이 일반적이다. 또한,
Set 메소드는 멤버 변수를 대문자로 하고 set이라는 단어를 붙이고 Get 메소드는 멤버 변수 그
대로 소문자로 쓰기는 것이 관례이다.
예를 들어, 다음과 같은 멤버 변수가 있다고 가정하면,

```
int member;
```

Set 메소드는 다음과 같이 작성한다
```
-(void) setMember:(int) newvalue
{
}
```

Get 메소드는 다음과 같이 작성한다.
```
-(int) member
{
}
```

객체지향 프로그래밍에서 멤버 변수는 대부분 private, protected으로 선언하여
외부에서 함부로 참조하지 못하도록 하는 것이 관례이다. 그렇다면 이러한 멤버 변수
의 값을 어떻게 변경해야만 할까? 객체지향 프로그래밍에서는 일반적으로 위에서 지
정한 Set 메소드를 사용하여 값을 변경하고 Get 메소드를 사용하여 그 값을 얻는다.
왜 직접 참조하지 않고 불편하게 간접적으로 메소드를 사용하여 그 값을 참조하도록
하였을까? 이것은 비록 간접적으로 참조하여 불편할 수 있지만, 프로그램 버그 처리
나 에러가 발생하지 않아 훨씬 효율적으로 프로그램할 수 있기 때문이다.

이제 다시 main 메소드로 돌아가 생성된 객체 변수를 사용하여 위에서 선언된 여
러 메소드를 호출해보자. 다시 한 번 설명하지만, setKor, setEng, setMath 등을
메소드 이름이라고 할 수도 있지만 파라메터 이름이라고도 할 수 있다.

이러한 파라메터 호출은 [객체 변수 파라메터 이름 : 파라메터 값] 형식으로 파라메
터를 호출할 수 있다. 예를 들어, student 객체 변수를 사용하여 setKor, setEng,

setMath에 각각 85, 74, 88이라는 값으로 파라메터를 넘기려고 한다면 다음과 같이 처리한다.

```
[student setKor: 85];
[student setEng: 74];
[student setMath: 88];
```

실제 구현 코드는 위에서 언급했듯이 @implementation 내부에서 구현한다.

각 메소드 이름 다음에는 ":" 문자와 함께 입력하고자 하는 변수의 타입과 함께 이름을 설정한다. 즉, 위에서 넘겨진 85, 74, 88이라는 값은 Set 메소드인 setKor, setEng, setMath의 파라메터 변수 n을 통해서 각각 kor, eng, math 속성에 지정된다.

```
- (void) setKor: (int) n
{
    kor = n;
}

- (void) setEng: (int) n
{
    eng = n;
}

- (void) setMath: (int) n
{
    math = n;
}
```

이렇게 지정된 값을 출력하기 위해서는 다음과 같은 Get 메소드를 사용하여 그 값을 돌려받을 수 있다. Objective-C에서 Get 메소드 이름은 멤버 변수 이름과 동일하여 혼동하기 쉬우므로 주의해야 한다.

```
- (int) kor
{
    return kor;
}

- (int) kng
{
    return eng;
}

- (int) math
{
    return math;
}
```

main 함수에서는 돌려받은 값을 다음과 같이 NSLog 함수에 get 메소드를 써서 화면에 출력할 수 있다.

```
NSLog(@"국어 : %i", [student kor]);
NSLog(@"영어 : %i", [student eng]);
NSLog(@"수학 : %i", [student math]);
```

마지막으로 student 객체 변수와 함께 getTotal 메소드를 호출하여 세 과목의 합계를 출력한다.

```
NSLog(@"Total : %i", [student getTotal]);
}
```

2-11 여러 파라메터 값을 가진 메소드 호출

하나의 파라메타 값이 있는 메소드를 처리해보았으니 이번에는 여러 파라메터를 처리하는 클래스를 작성하자. 이번에도 이전처럼 학생 자료의 국어, 영어, 수학 점수의 합계뿐만 아니라 평균까지 구하는 예제이다.

┃그대로 따라 하기

❶ Xcode에서 File-New-Project를 선택한다. 템플릿 선택 대화상자가 나타나면 OS X 아래쪽에 있는 Application을 선택하고 오른쪽 항목에서는 Command Line Tool을 선택한다. 이어서 Next 버튼을 눌러 다음 화면이 나타나면 Product Name 항목에 "StudentPointExample"이라고 입력한다. 또한, 그 아래 Language 항목에 Objective-C가 지정되어 있는지 확인한다. 이상이 없으면 Next 버튼을 누르고 Create 버튼을 눌러 프로젝트를 원하는 위치에 생성한다.

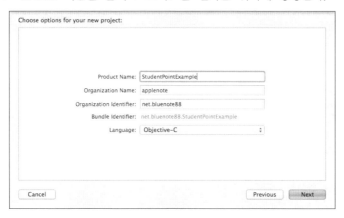

▶그림 2.23 StudentPointExample 프로젝트 생성

❷ 이제 StudentPointExample 프로젝트가 만들어지고 왼쪽 프로젝트 탐색기에서 main.m을 선택하고 다음과 같이 소스 코드를 입력한다.

```objc
#import <Foundation/Foundation.h>

@interface StudentPoint : NSObject
{
    int kor;
    int eng;
    int math;
}

- (void) setPoint: (int) korPoint withEng:(int) engPoint withMath:(int)
  mathPoint;
- (int) getTotal;
- (float) getAverage;

@end

@implementation StudentPoint

- (void) setPoint: (int) korPoint withEng:(int) engPoint withMath:(int)
  mathPoint
{
    kor = korPoint;
    eng = engPoint;
    math = mathPoint;
}

- (int) getTotal
{
    return kor + eng + math;
}

- (float) getAverage
{
    return (kor + eng + math) / 3.0;
}

@end

int main(int argc, const char * argv[])
```

```
{
    @autoreleasepool {

        // insert code here...
        StudentPoint *stPoint = [[StudentPoint alloc] init];
        [stPoint setPoint: 86 withEng:78 withMath:92];
        NSLog(@"Total : %i", [stPoint getTotal]);
        NSLog(@"Average : %f", [stPoint getAverage]);
    }
    return 0;
}
```

❸ 마지막으로 Product 메뉴-Run 혹은 Run 버튼을 눌러 실행시킨다.

```
StudentPointExample ▸ StudentPointExample ▸ main.m ▸ No Selection
// Copyright (c) 2014년 applenote. All rights reserved.
//

#import <Foundation/Foundation.h>

@interface StudentPoint : NSObject
{
    int kor;
    int eng;
    int math;
}

- (void) setPoint: (int) korPoint withEng:(int) engPoint withMath:(int) mathPoint;
- (int) getTotal;
- (float) getAverage;

@end

@implementation StudentPoint

- (void) setPoint: (int) korPoint withEng:(int) engPoint withMath:(int) mathPoint
{
    kor = korPoint;
    eng = engPoint;
    math = mathPoint;
}

- (int) getTotal
{
    return kor + eng + math;
}

- (float) getAverage
{
    return (kor + eng + math) / 3.0;
}
```

```
No Selection
2014-10-17 15:21:44.530 StudentPointExample[1290:303] Total : 256
2014-10-17 15:21:44.532 StudentPointExample[1290:303] Average : 85.333336
Program ended with exit code: 0

All Output ↕
```

▶그림 2.24 StudentPointExample 실행 결과

▍원리 설명

이번 StudentPoint 클래스는 이전 Student 클래스에서 처리하였던 setKor, setEng, setMath 3개의 메소드를 하나의 메소드 이름에서 3개의 파라메터를 사용하여 호출한다.

먼저 다음과 같이 StudentPoint 객체의 인스턴스인 stPoint 객체 변수를 생성한다.

```
StudentPoint *stPoint = [[StudentPoint alloc] init];
...
```

하나의 파라메터를 전달할 때 사용했던 것처럼 2개 이상 파라메터를 사용하고자 한다면 다음과 같은 형식을 사용할 수 있다.

```
[객체 변수 파라메터 이름1:전달 값1 파라메터 이름2:전달 값2 파라메터 이름3:전달 값3...]
```

이 방법을 StudentPoint 객체에 적용해보자. 여기서 사용되는 객체 변수는 stPoint이고 첫 번째 파라메터 이름이 setPoint, 두 번째 파라메터 이름이 withEng, 세 번째 파라메터 이름이 withMath라고 하고 각각 전달되는 값이 86, 78, 92라고 한다면 위 형식을 적용해 다음과 같이 작성해줄 수 있다.

```
[stPoint setPoint: 86 withEng:78 withMath:92];
```

호출하는 쪽을 처리하였으니 이제 실제 호출 메소드를 선언하고 구현해보자. 먼저 다중 파라메터를 갖는 메소드는 선언 형식은 다음과 같다.

```
[-][+](리턴 값) 파라메터 이름1: (타입1) 파라메터 변수1 파라메터 이름2: (타입2) 파라메터
    변수1...
```

여기서 -는 인스턴스형 메소드를 의미하고 +는 클래스 메소드를 의미한다.

StudentPoint 객체에 적용시키면 다음과 같이 선언할 수 있다.

```
- (void) setPoint: (int) korPoint withEng:(int) engPoint withMath:(int) mathPoint;
```

main 메소드에서 전달하는 86, 78, 92 등은 각각 korPoint, engPoint, mathPoint 으로 전해진다.

이 메소드의 실제 구현 코드는 다음과 같다.

```
- (void) setPoint: (int) korPoint withEng:(int) engPoint withMath:(int) mathPoint
{
    kor = korPoint;
    eng = engPoint;
    math = mathPoint;
}
```

main 메소드에서 전달하는 86, 78, 92 등은 파라메터 값인 korPoint, engPoint, mathPoint를 통하여 전달되고 이 값은 다시 멤버 변수 kor, eng, math에 지정된다.

이렇게 지정된 값들은 getTotal 메소드와 getAverage 메소드를 사용하여 각각 합계와 평균을 구할 수 있다

```
- (int) getTotal
{
    return kor + eng + math;
}

- (float) getAverage
{
    return (kor + eng + math) / 3.0;
}
```

위 메소드를 다음과 같이 [stPoint getTotal], [stPoint getAverage] 등으로 호출하여 합계와 평균을 출력한다.

```
    NSLog(@"Total : %i", [stPoint getTotal]);
    NSLog(@"Average : %f", [stPoint getAverage]);
}
```

2-12 클래스 파라메터 값을 가진 메소드 호출

지금까지는 일반적인 숫자를 파라메터로 사용하는 메소드를 호출해보았다. 그렇다면 파라메터의 수가 수십 개인 경우에는 어떻게 처리해야 할까? 수십 개의 파라메터를 한 줄로 계속해서 이어서 사용해야 할까?

그 해결책은 수십 개의 속성을 가진 클래스를 작성하고 이 클래스를 하나의 파라메터로 넘겨주면 간단히 해결된다. 즉, 하나의 파라메터로 해결할 수 있다. 이 절에서는 파라메터로 클래스를 사용하여 호출하는 방법에 대하여 설명한다.

▌그대로 따라 하기

❶ Xcode에서 File-New-Project를 선택한다. 템플릿 선택 대화상자가 나타나면 OS X 아래쪽에 있는 Application을 선택하고 오른쪽 항목에서는 Command Line Tool을 선택한다. 이어서 Next 버튼을 눌러 다음 화면이 나타나면 Product Name 항목에 "ClassParameterExample"이라고 입력한다. 또한, 그 아래 Language 항목에 Objective-C가 지정되어 있는지 확인한다. 이상이 없으면 Next 버튼을 누르고 Create 버튼을 눌러 프로젝트를 원하는 위치에 생성한다.

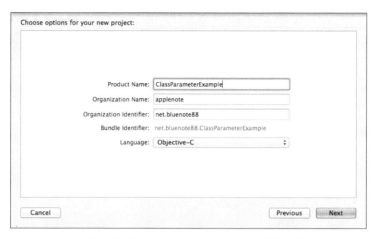

Choose options for your new project:

Product Name: ClassParameterExample
Organization Name: applenote
Organization Identifier: net.bluenote88
Bundle Identifier: net.bluenote88.ClassParameterExample
Language: Objective-C

Cancel   Previous   Next

▶그림 2.25 ClassParameterExample 프로젝트 생성

❷ 이제 ClassParameterExample 프로젝트가 만들어지고 왼쪽 프로젝트 탐색기
에서 main.m을 선택하고 다음과 같이 소스 코드를 입력한다.

```
#import <Foundation/Foundation.h>

@interface Student : NSObject
{
@public
    int kor;
    int eng;
    int math;
}

- (void) setCoursePoint:(int) korean withEng:(int) english withMath:(int)
  mathmatics;

@end

@implementation Student

- (void) setCoursePoint:(int) korean withEng:(int) english withMath:(int)
  mathmatics
{
```

```
    kor = korean;
    eng = english;
    math = mathmatics;
}

@end

@interface TotalStudent : NSObject
{
        int korPoint;
        int engPoint;
        int mathPoint;
}

- (void) addPoint: (Student *) course;
- (void) getTotal;

@end

@implementation TotalStudent

- (void) addPoint:(Student *) student;
{
        korPoint = korPoint + student->kor;
        engPoint = engPoint + student->eng;
        mathPoint = mathPoint + student->math;

}

- (void) getTotal
{
    NSLog(@"Korean Total : %i", korPoint);
    NSLog(@"English Total : %i", engPoint);
    NSLog(@"Math Total : %i", mathPoint);
}

@end

int main(int argc, const char * argv[])
{

    @autoreleasepool {
```

```
    // insert code here...
    Student *student1 = [[Student alloc] init];
    [student1 setCoursePoint:78 withEng:89 withMath:88];
    Student *student2 = [[Student alloc] init];
    [student2 setCoursePoint:80 withEng:76 withMath:90];
    TotalStudent *totstudent = [[TotalStudent alloc] init];
    [totstudent addPoint:student1];
    [totstudent addPoint:student2];
    [totstudent getTotal];
    }
    return 0;
}
```

❸ 마지막으로 Product 메뉴-Run 혹은 Run 버튼을 눌러 실행시킨다.

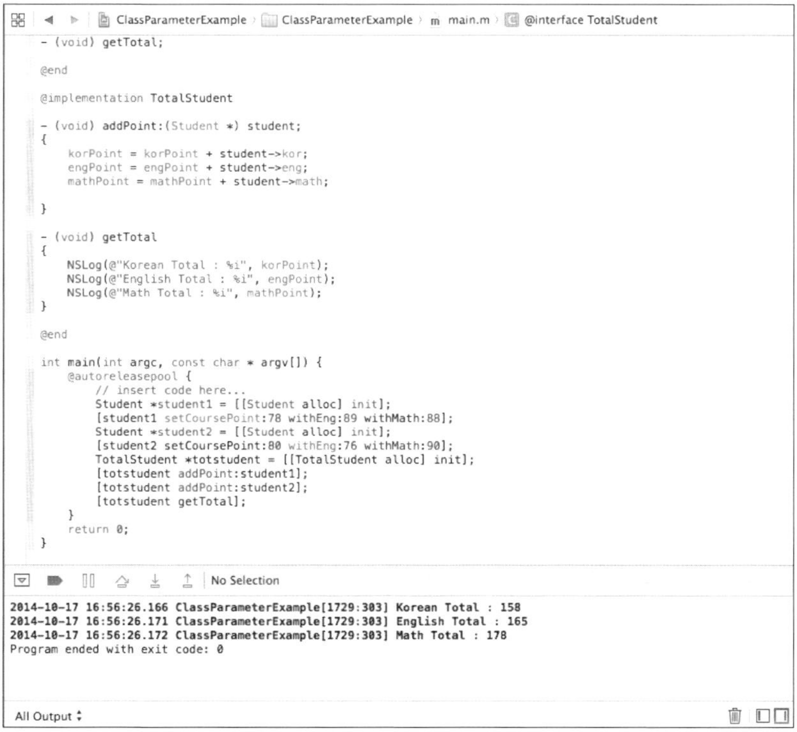

```
⊞ | ◀ ▶ | 🗎 ClassParameterExample ⟩ 🗎 ClassParameterExample ⟩ m main.m ⟩ 🆔 @interface TotalStudent

    - (void) getTotal;

    @end

    @implementation TotalStudent

    - (void) addPoint:(Student *) student;
    {
        korPoint = korPoint + student->kor;
        engPoint = engPoint + student->eng;
        mathPoint = mathPoint + student->math;
    }

    - (void) getTotal
    {
        NSLog(@"Korean Total : %i", korPoint);
        NSLog(@"English Total : %i", engPoint);
        NSLog(@"Math Total : %i", mathPoint);
    }

    @end

    int main(int argc, const char * argv[]) {
        @autoreleasepool {
            // insert code here...
            Student *student1 = [[Student alloc] init];
            [student1 setCoursePoint:78 withEng:89 withMath:88];
            Student *student2 = [[Student alloc] init];
            [student2 setCoursePoint:80 withEng:76 withMath:90];
            TotalStudent *totstudent = [[TotalStudent alloc] init];
            [totstudent addPoint:student1];
            [totstudent addPoint:student2];
            [totstudent getTotal];
        }
        return 0;
    }

▽ ➡ ❚❚ ⬚ ⊥ ⬆ | No Selection

2014-10-17 16:56:26.166 ClassParameterExample[1729:303] Korean Total : 158
2014-10-17 16:56:26.171 ClassParameterExample[1729:303] English Total : 165
2014-10-17 16:56:26.172 ClassParameterExample[1729:303] Math Total : 178
Program ended with exit code: 0

All Output ‡                                                          🗑 ▯▯
```

▶그림 2.26 ClassParameterExample 실행 결과

　Objective-C에서는 여러 클래스를 함께 사용할 수 있는데 main 메소드 위에 다음
과 같은 형식으로 여러 클래스를 작성하여 위치시킬 수 있다.

```objc
@interface Class1
...
@end

@implementation Class1
...
@end

@interface Class2
...
@end

@implementation Class2
...
@end

int main(int argc, const char * argv[])
{
...
}
```

　클래스를 파라메터로 사용하기 위해서는 우선 파라메터로 사용할 Student 클래스
를 다음과 같이 생성한다.

```objc
@interface Student : NSObject
{
@public
    int kor;
    int eng;
    int math;
```

```
}

- (void) setCoursePoint:(int) korean withEng:(int) english withMath:(int)
  mathmatics;

@end
```

Student 클래스 내부에 kor, eng, math 멤버 변수를 @public 지시자를 사용하여 public으로 선언한다. public은 다른 클래스에서 참조할 수 있도록 선언하는 지시자이다. 이외 계승 받는 자식 클래스에서만 사용할 수 있는 @protected, 외부에서는 전혀 참조할 수 없고 내부에서만 참조할 수 있는 @private 등의 지시자가 있다. 아무것도 선언되어 있지 않는 경우에는 자동으로 @protected 지시자가 선언되어 현재 클래스로부터 계승 받는 클래스에서만 사용할 수 있다.

이제 main 함수에서 Student 클래스의 멤버 변수 student1, student2를 생성하여 각 학생에 해당하는 점수를 각각의 멤버 변수 kor, eng, math에 할당한다.

```
Student *student1 = [[Student alloc] init];
[student1 setCoursePoint:78 withEng:89 withMath:88];
Student *student2 = [[Student alloc] init];
[student2 setCoursePoint:80 withEng:76 withMath:90];
   ...
```

이제 다시 위에서 생성한 학생 점수를 누적 처리할 수 있는 TotalStudent 클래스를 별도로 생성하고 인스턴스 변수 totstudent를 생성한다.

```
TotalStudent *totstudent = [[TotalStudent alloc] init];
   ...
```

TotalStudent 클래스에서 사용되는 korPoint, engPoint, mathPoint는 각각 국어, 영어, 수학 과목의 점수를 누적하는 멤버 변수이다.

이 클래스의 메소드로는 addPoint와 getTotal이 있는데 학생 점수를 누적시킬 수 있는 addPoint와 누적된 점수를 출력하는 getTotal 메소드를 선언한다.

```
@interface TotalStudent : NSObject
{
        int korPoint;
        int engPoint;
        int mathPoint;
}

- (void) addPoint: (Student *) course;
- (void) getTotal;
@end
```

다시 main 메소드로 돌아와서, 생성된 totstudent 객체 변수를 사용하여 위에서 점수를 지정한 student1과 student2를 파라메터로 하는 addPoint 메소드를 호출하여 각각의 학생 점수를 누적한다.

```
[totstudent addPoint:student1];
[totstudent addPoint:student2];
    ...
```

이때 각 addPoint 메소드를 호출할 때마다 TotoalStudent 클래스의 addPoint 메소드에서는 다음과 같이 파라메터로 (Student *)을 지정하여 그 값을 받을 수 있다.

```
- (void) addPoint:(Student *) student;
{
        korPoint = korPoint + student->kor;
        engPoint = engPoint + student->eng;
        mathPoint = mathPoint + student->math;
}
```

또한, 위 코드에서는 Student 객체의 kor, eng, math 멤버 변수를 참조하기 위해서 [인스턴스 변수→멤버 변수] 형태로 지정하여 각 학생의 과목 점수를 가져올 수 있다. 가져온 국어, 영어, 수학 점수는 각각 korPoint, endPoint, mathPoint 변수에 누적된다.

다시 main 메소드로 돌아와서 다음과 같이 totstudent 객체 변수의 getTotal 메소드를 호출하여 누적된 각 과목의 점수를 출력한다.

```
[totstudent getTotal];
...
```

getTotal 메소드에서는 다음과 같이 NSLog() 메소드를 사용하여 각 점수를 출력한다.

```
- (void) getTotal
{
    NSLog(@"Korean Total : %i", korPoint);
    NSLog(@"English Total : %i", engPoint);
    NSLog(@"Math Total : %i", mathPoint);
}
```

2-13 @property, @synthesize 지시자

Objective-C 프로그래밍으로 클래스를 생성할 때 각 클래스의 멤버 변수를 선언하고 각 멤버 변수마다 Set 메소드와 Get 메소드를 작성해 주어야만 한다. 멤버 객체 수가 적을 때에는 상관없지만, 멤버 수가 많을 때에는 이러한 메소드를 만들어주는 것이 여간 귀찮은 것이 아니다. 다행히도 Objective-C에서는 이러한 메소드를 자동으로 쉽게 작성해주는 방법을 제공하고 있다. 이 절에서는 이 방법에 대하여 설명해 볼 것이다.

▌그대로 따라 하기

❶ Xcode에서 File–New–Project를 선택한다. 템플릿 선택 대화상자가 나타나면 OS X 아래쪽에 있는 Application을 선택하고 오른쪽 항목에서는 Command Line Tool을 선택한다. 이어서 Next 버튼을 눌러 다음 화면이 나타나면 Product Name 항목에 "StudentPropertyExample"이라고 입력한다. 또한, 그 아래 Language 항목에 Objective–C가 지정되어 있는지 확인한다. 이상이 없으면 Next 버튼을 누르고 Create 버튼을 눌러 프로젝트를 원하는 위치에 생성한다.

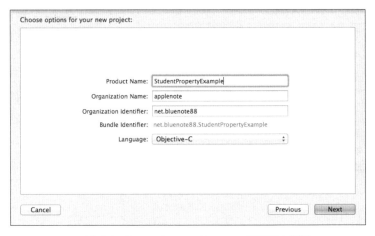

▶그림 2.27 StudentPropertyExample 프로젝트 생성

❷ 이제 StudentPropertyExample 프로젝트가 만들어지고 왼쪽 프로젝트 탐색기에서 main.m을 선택하고 다음과 같이 소스 코드를 입력한다.

```
#import <Foundation/Foundation.h>

@interface Student : NSObject
{
    int kor;
```

```objc
    int eng;
    int math;
}

@property int kor, eng, math;

- (int) getTotal;

@end

@implementation Student

@synthesize kor, eng, math;

- (int) getTotal
{
    return kor + eng + math;
}

@end

int main(int argc, const char * argv[])
{

    @autoreleasepool {

        // insert code here...
        Student *student = [[Student alloc] init];
        [student setKor: 85];
        [student setEng: 74];
        [student setMath: 88];
        NSLog(@"[student kor]  -> 국어 : %i", [student kor]);
        NSLog(@"student.kor     -> 국어 : %i", student.kor);
        NSLog(@"[student eng]  -> 영어 : %i", [student eng]);
        NSLog(@"student.eng     -> 영어 : %i", student.eng);
        NSLog(@"[student math] -> 수학 : %i", [student math]);
        NSLog(@"student.math    -> 수학 : %i", student.math);
        NSLog(@"Total : %i", [student getTotal]);
    }
    return 0;
}
```

❸ 마지막으로 Product 메뉴-Run 혹은 Run 버튼을 눌러 실행시킨다.

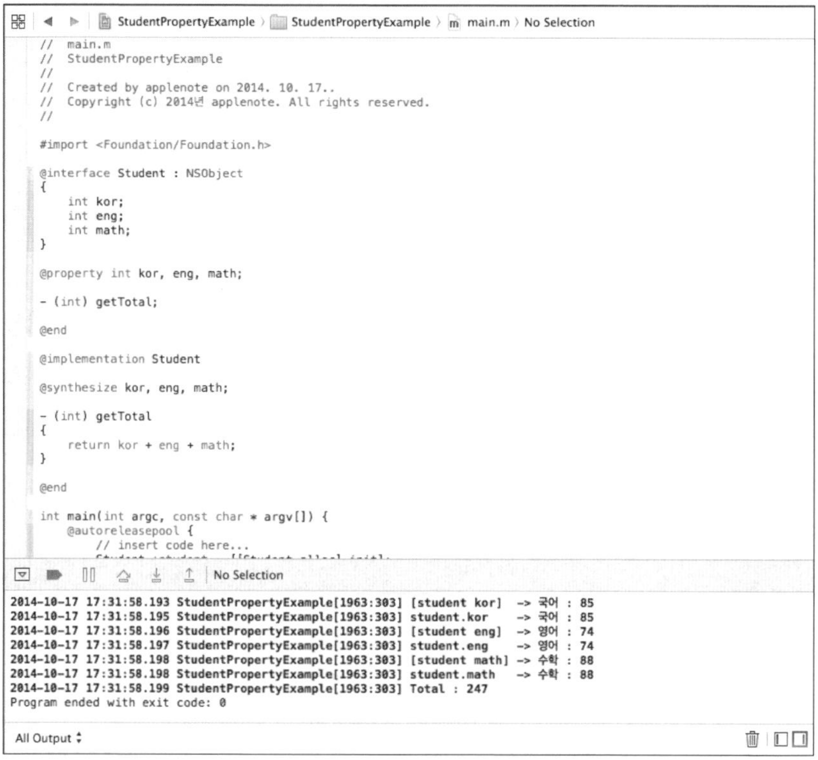

```
         StudentPropertyExample ⟩   StudentPropertyExample ⟩  m main.m ⟩ No Selection
// main.m
// StudentPropertyExample
//
// Created by applenote on 2014. 10. 17..
// Copyright (c) 2014년 applenote. All rights reserved.
//

#import <Foundation/Foundation.h>

@interface Student : NSObject
{
    int kor;
    int eng;
    int math;
}

@property int kor, eng, math;

- (int) getTotal;

@end

@implementation Student

@synthesize kor, eng, math;

- (int) getTotal
{
    return kor + eng + math;
}

@end

int main(int argc, const char * argv[]) {
    @autoreleasepool {
        // insert code here...
```

```
2014-10-17 17:31:58.193 StudentPropertyExample[1963:303] [student kor]  -> 국어 : 85
2014-10-17 17:31:58.195 StudentPropertyExample[1963:303] student.kor    -> 국어 : 85
2014-10-17 17:31:58.196 StudentPropertyExample[1963:303] [student eng]  -> 영어 : 74
2014-10-17 17:31:58.197 StudentPropertyExample[1963:303] student.eng    -> 영어 : 74
2014-10-17 17:31:58.198 StudentPropertyExample[1963:303] [student math] -> 수학 : 88
2014-10-17 17:31:58.198 StudentPropertyExample[1963:303] student.math   -> 수학 : 88
2014-10-17 17:31:58.199 StudentPropertyExample[1963:303] Total : 247
Program ended with exit code: 0
```

All Output

▶그림 2.28 StudentPropertyExample 실행 결과

▌원리 설명

위에서 설명한 2.10 절의 "하나의 파라메터를 가진 메소드 호출"에서 Objective-C 언어를 사용하여 클래스를 작성할 때 멤버 변수를 선언한 뒤, 이 멤버 변수에 대한 Set 메소드와 Get 메소드를 작성해야 한다고 설명하였다. 문제는 작성해야 할 멤버 변수가 많은 경우, 이러한 Set 메소드와 Get 메소드 작성이 쉽지 않다는 점이다.

다행히도, Objective C에서 @property, @synthesize 지시자를 통하여 이 문제를 쉽게 해결할 수 있다.

먼저 이전에 사용하였던 Student 클래스를 살펴보자.

```
@interface Student : NSObject
{
    int kor;
    int eng;
    int math;
}

- (void) setKor: (int) n;
- (void) setEng: (int) n;
- (void) setMath: (int) n;
- (int) kor;
- (int) eng;
- (int) math;
- (int) getTotal;

@end
```

위 Student 클래스에서 Set 메소드와 Get 메소드를 모두 삭제하고 다음과 같이 @property 지시자를 사용하여 선언된 객체 변수와 똑같이 한 번 더 선언해준다. @propery 지시자로 Set 메소드와 Get 메소드를 생성할 수 있다는 의미이다.

```
@interface Student : NSObject
{
    int kor;
    int eng;
    int math;
}

@property int kor, eng, math;

- (int) getTotal;

@end
```

위의 @property 지시자는 Get 메소드와 Set 메소드를 선언한 것이고 @implementation 지시자 아래쪽에 다음과 같이 @synthesize 지시자를 사용하면 이 속성에 해당하는 Set 메소드와 Get 메소드를 마치 구현한 것처럼 사용할 수 있다. 정리하면 @propery 지시자를 사용하여 메소드들을 선언하고 @synthesize 지시자를 사용하여 구현하는 것이다.

```
@implementation Student

@synthesize kor, eng, math;
```

"@synthesize kor, eng, math"에서 Set 메소드와 Get 메소드를 자동 구현하므로 이전 예제와 같은 코드가 더 이상 필요 없다.

```
- (int) getTotal
{
    return kor + eng + math;
}

@end
```

그렇다면 main 메소드에서 위 메소드들을 어떻게 호출해야 할까? 호출 방법은 이전 예제와 동일하다.

먼저 다음과 같이 Student 객체 변수 student를 생성하고 각 과목에 해당하는 setKor, setEng, setMath 메소드를 차례로 호출한다. 비록 이러한 메소드를 실제로 구현하지 않았지만 신기하게도 에러가 발생하지 않는다.

```
Student *student = [[Student alloc] init];
[student setKor: 85];
[student setEng: 74];
[student setMath: 88];
...
```

동일한 방법으로 NSLog()에서 Get 메소드를 이용하여 입력한 자료를 출력해보자. 즉, 다음과 같이 [객체 이름 메소드 이름]과 같은 동일한 형식으로 호출하면 된다. 또한, [ ]를 사용하지 않고 "객체 이름.메소드"와 같은 방법을 사용하여도 동일한 효과를 얻는다.

```
    NSLog(@"[student kor]  -> 국어 : %i", [student kor]);
    NSLog(@"student.kor    -> 국어 : %i", student.kor);
    NSLog(@"[student eng]  -> 영어 : %i", [student eng]);
    NSLog(@"student.eng    -> 영어 : %i", student.eng);
    NSLog(@"[student math] -> 수학 : %i", [student math]);
    NSLog(@"student.math   -> 수학 : %i", student.math);
    NSLog(@"Total : %i", [student getTotal]);
}
```

2-14 계승(Inheritance)

계승은 말 그대로 부모가 가진 모든 기능을 자식이 그대로 받는 것을 의미한다. 객체지향 프로그래밍의 가장 대표적인 기능 중 하나인 계승 기능은 코딩 기능을 줄일 수 있고 프로그램의 복잡성을 간략하게 줄이는 장점이 있다. 이 절에서는 Objective-C에서 계승을 어떻게 처리하는지에 대하여 살펴본다. 이 절의 예제는 도형의 시작점만을 가지고 있는 ShapePoint 클래스를 작성하고 이 클래스로부터 계승받는 직사각형 Rectangle 클래스와 정사각형 Square 클래스를 구현하여 각각의 넓이를 구하는 문제를 처리해 볼 것이다.

❶ Xcode에서 File-New-Project를 선택한다. 템플릿 선택 대화상자가 나타나면 OS X 아래쪽에 있는 Application을 선택하고 오른쪽 항목에서는 Command Line Tool을 선택한다. 이어서 Next 버튼을 눌러 다음 화면이 나타나면 Product Name 항목에 "InheritanceExample"이라고 입력한다. 또한, 그 아

래 Language 항목에 Objective-C가 지정되어 있는지 확인한다. 이상이 없으면 Next 버튼을 누르고 Create 버튼을 눌러 프로젝트를 원하는 위치에 생성한다.

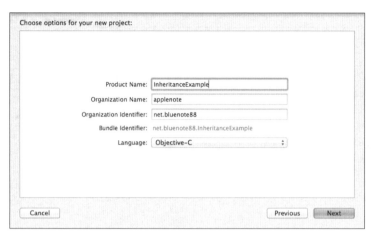

▶그림 2.29 InheritanceExample 프로젝트 생성

❷ 이제 InheritanceExample 프로젝트가 만들어지고 왼쪽 프로젝트 탐색기에서 main.m을 선택하고 다음과 같이 소스 코드를 입력한다.

```
#import <Foundation/Foundation.h>

@interface ShapePoint : NSObject
{
        int startx;
        int starty;
}

@property int startx, starty;

- (int) getArea;

@end

@implementation ShapePoint
```

168

```objc
@synthesize startx, starty;

- (int) getArea
{
    return 0;
}

@end

@interface Rectangle : ShapePoint
{
    int endx;
    int endy;
    int width;
    int height;
}

@property int endx, endy, width, height;

- (void) getWidthAndHeight;
- (int) getArea;

@end

@implementation Rectangle

@synthesize endx, endy, width, height;

- (void) getWidthAndHeight
{
    width = endy - starty;
    height = endx - startx;
}

- (int) getArea
{
    int area = height * width;
    return area;
}

@end

@interface Square : ShapePoint
```

```
{
    int endx, endy;
    int widthandheight;
}

@property int endx, endy, widthandheight;

- (void) getWidthAndHeight;
- (int) getArea;

@end

@implementation Square

@synthesize endx, endy, widthandheight;

- (void) getWidthAndHeight
{
    int width = endy - starty;
    int height = endx - startx;
    if (width <= height)
        widthandheight = width;
    else
        widthandheight = height;
}

- (int) getArea
{
    int area = pow(widthandheight , 2);
    return area;
}

@end


int main(int argc, const char * argv[])
{

    @autoreleasepool {

        // insert code here...
        Rectangle *rect = [[Rectangle alloc] init];
        [rect setStartx:0];
```

```
        [rect setStarty:0];
        [rect setEndx:10];
        [rect setEndy:15];
        [rect getWidthAndHeight];
        NSLog(@"Width: %i, Height :%i", [rect width], [rect height]);
        NSLog(@"Regtangle Area: %i", [rect getArea]);

        Square *square = [[Square alloc] init];
        [square setStartx:0];
        [square setStarty:0];
        [square setEndx:14];
        [square setEndy:16];
        [square getWidthAndHeight];
        NSLog(@"Width: %i, Height :%i", [square widthandheight],
         [square widthandheight]);
        NSLog(@"Square Area: %i", [square getArea]);
    }
    return 0;
}
```

❸ 마지막으로 Product 메뉴-Run 혹은 Run 버튼을 눌러 실행시킨다.

▶그림 2.30 InheritanceExample 실행 결과

▎원리 설명

상속이란 이미 존재하는 클래스로부터 그 클래스가 가지고 있는 멤버 변수, 메소드 등을 물려받는 기능을 말한다. 이러한 계승해주는 클래스를 부모 클래스라고 하고 계승을 받는 클래스를 자식 클래스라고 한다.

위 예제에서, 부모 클래스인 ShapePoint 클래스는 다음과 선언된다.

```
@interface ShapePoint : NSObject
{
        int startx;
        int starty;
}

@property int startx, starty;

- (int) getArea;

@end

@implementation ShapePoint
@synthesize startx, starty;

- (int) getArea
{
    return 0;
}

@end
```

이 클래스는 도형의 시작 위치에 대한 x 좌표인 startx 멤버 변수, 도형 시작 위치에 대한 y 좌표인 starty 멤버 변수, 이 (x, y) 좌표의 한 점에 대한 넓이를 구하는 getArea 이벤트 함수 등으로 구성된다. 이 좌표의 점에 대한 넓이는 0이 된다.

또한, ShapePoint 클래스에서 startx, starty 멤버 변수를 @property를 사용하여 속성으로 선언하고 @synthesize 지시자를 사용하므로 Set 메소드와 Get 메소드를 별도로 작성할 필요가 없다.

이제 이 ShapePoint 클래스로부터 계승 받는 Rectangle 클래스를 살펴보자. 이 클래스는 직사각형 기능을 가지는 클래스로 도형의 끝점을 표시하는 endx, endy 좌표 멤버 변수와 도형이 너비를 표시하는 width 멤버 변수, 도형의 높이를 표시하는 height 멤버 변수, 현재 높이와 너비를 계산하는 getWidthAndHeight 메소드, 계산된 높이와 너비를 이용하여 넓이를 구하는 getArea 메소드 등으로 구성된다.

```
@interface Rectangle : ShapePoint
{
    int endx;
    int endy;
    int width;
    int height;
}

@property int endx, endy, width, height;

- (void) getWidthAndHeight;
- (int) getArea;

@end
```

또한, 이 Rectangle 클래스 역시 endx, endy, width, height 멤버 변수를 @property를 사용하여 속성으로 선언하고 @synthesize 지시자를 사용하였으므로 각 멤버 변수에 대한 Set 메소드와 Get 메소드를 별도로 작성할 필요가 없다.

위에서도 언급했지만, 계승은 부모 클래스의 모든 속성, 메소드들을 자식 클래스에서 그대로 사용할 수 있는 장점이 있다. 자식 클래스인 Rectangle 클래스를 살펴보면 도형의 끝점을 표시하는 endx, endy 속성은 있어도 도형의 시작점인 startx, starty가 없다는 것을 알 수 있다. 그렇다면 어떻게 도형의 너비와 높이를 구할 수 있을까? 바로 부모 클래스인 ShapePoint의 startx, starty 시작점을 그대로 가져와서 사용하므로 너비와 높이를 구하기 위한 별다른 문제가 발생하지 않는다.

Rectangle 클래스의 getWidthAndHeight 메소드는 시작점에서 끝점을 계산하여 너비와 높이를 알아내는 메소드로 그 너비와 높이를 각각 width와 height에 지정한다. 이때 사용되는 startx와 starty는 Rectangle 클래스의 멤버 변수가 아니라 그 부모인 ShapePoint 클래스의 멤버 변수임을 알 수 있다. 계승이라는 기능을 통하여 마치 자신의 멤버 변수인 것처럼 그대로 사용하여 도형넓이 계산에 필요한 width와 height 값을 얻을 수 있는 것이다.

```
- (void) getWidthAndHight
{
    width = endy - starty;
    height = endx - startx;
}
```

width와 height 값을 얻었다면 getArea 메소드에서 그 넓이를 구할 수 있다.

```
- (int) getArea
{
    int area = height * width;
    return area;
}
```

이제 이 클래스를 호출하는 main 메소드를 살펴보자.

main에서는 먼저 다음과 같이 Rectangle 클래스를 생성한다.

```
    Rectangle *rect = [[Rectangle alloc] init];
    ...
```

그다음, 객체 변수를 사용하여 각 직사각형의 시작 좌표와 끝 좌표의 값을 Set 메소드를 사용하여 지정한다. 여기서 사용한 setStartx, setStarty 메소드 역시 부모 클래스로부터 계승 받은 것임을 유의한다.

```
    [rect setStartx:0];
    [rect setStarty:0];
    [rect setEndx:10];
    [rect setEndy:15];
    ...
```

그다음, getWidthAndHeight 메소드로 너비와 높이를 계산하고 [rect width]와 [rect height]를 호출하여 계산된 값을 화면에 출력한다. 이때 호출하는 [rect width] 와 [rect height] 모두 Get 메소드로 각각 너비와 높이를 돌려준다.

```
    [rect getWidthAndHeight];
    NSLog(@"Width: %i, Height :%i", [rect width], [rect height]);
    ...
```

마지막으로 getArea 메소드를 호출하여 현재 지정된 사각형의 너비와 높이를 곱해 넓이를 구한다. 이때 사용되는 것이 객체지향 특징 중 하나인 오버라이딩^{overriding}이다. 즉, ShapePoint, Rectangle, Square 클래스 모두 getArea 메소드를 가지고 있지만, 여기서 사용된 인스턴스 변수가 Rectangle 객체로부터 생성된 것이므로 Rectangle 객체의 getArea 메소드가 호출된다.

```
    NSLog(@"Regtangle Area: %i", [rect getArea]);
    ...
```

> **참고** **오버라이딩(overriding)과 오버로딩(overloading)**
>
> 오버라이딩과 오버로딩 둘 다 객체지향 프로그래밍의 주요 특징이다. 당연히 Objective-C에서도 둘 다 지원하고 있다.
>
> 오버라이드는 객체 상속관계에서 부모 클래스의 메소드를 자식 클래스에서 재정의 한 것을 말한다. 즉, 위 예제 클래스에서 보면 ShapePoint 클래스, Rectangle 클래스, Square 클래스 모두 getArea 메소드를 가지고 있다. 그렇다면 getArea 메소드를 호출하면 어떤 getArea 메소드가 호출될까? 그것은 어떤 객체 인스턴스를 생성하느냐에 따라 달라진다.

위 예제처럼 다음과 같이 Rectangle 객체를 선언했다고 가정해보자.

```
Rectangle *rect = [[Rectangle alloc] init];
...
[rect getArea]; <-- Rectangle 객체의 getArea 호출
```

Rectangle 객체를 선언했으므로 당연히 Rectangle 메소드에 있는 getArea 메소드가 호출된다. 당연히 부모 객체의 getArea 메소드를 호출하기 위해서는 부모 객체 즉, ShapePoint를 생성하고 호출해야만 한다.

```
ShapePoint *spoint = [[ShapePoint alloc] init];
...
[spoint getArea]; <-- ShapePoint 객체의 getArea 호출
```

이러한 것을 함수 오버라이딩(function overriding)이라고 한다.

객체지향의 또 다른 특징인 오버로딩(overloading)은 동일 클래스 내에서 파라메터가 서로 다른 메소드는 이름이 같을지라도 다른 함수로 취급하여 구별되는 기능을 의미한다. 파라메터의 타입뿐만 아니라 개수가 달라도 서로 다른 메소드로 취급한다.
예를 들어, Objective-C에서 다음과 같은 메소드는 서로 다른 것이므로 오버로딩 기능을 사용하여 동시에 모두 사용할 수 있다.

```
- (void) testMethod:(int) a;
- (void) testMethod:(NSString *) str;
```

이번에는 정사각형 기능을 구현한 Square 클래스를 살펴보자. Square 클래스 역시 ShapePoint 클래스로부터 계승을 받는다.

```
@interface Square : ShapePoint
{
    int endx, endy;
    int widthandheight;
}

@property int endx, endy, widthandheight;
```

```
- (void) getWidthAndHight;
- (int) getArea;

@end
```

또한, Square 클래스 역시 endx, endy, widthandheight 멤버 변수를 @property 를 사용하여 속성으로 선언하고 @synthesize 지시자를 사용하였으므로 각 멤버 변수에 대한 Set 메소드와 Get 메소드를 별도로 작성할 필요가 없다.

위에서도 언급했지만, 계승은 부모 클래스의 모든 속성, 메소드들을 자식 클래스에서 그대로 사용할 수 있는 장점이 있다. 부모 클래스인 ShapePoint로부터 계승을 받았으므로 startx, starty 시작점을 그대로 Square 클래스에서 사용할 수 있다.

Square 클래스의 getWidthAndHeight 메소드는 시작점에서 끝점을 계산하여 너비와 높이를 알아내는 메소드로 그 너비와 높이를 각각 width와 height에 지정한다. 이때 Square 클래스는 Rectangle 클래스와 달리 너비와 높이가 동일하므로 지정된 좌표의 너비와 높이를 계산해서 크기가 작은 쪽으로 너비와 높이를 동일하게 맞추도록 한다.

```
- (void) getWidthAndHight
{
    int width = endy - starty;
    int height = endx - startx;
    if (width <= height)
        widthandheight = width;
    else
        widthandheight = height;
}
```

높이와 너비가 결정되었으므로 getArea 메소드에서는 제곱 함수인 pow 함수를 사용하여 넓이를 구한다. 예를 들어, 변수 widthandheight가 10인 경우, 넓이는 10^2

즉, 100이 된다.

> **참고** | pow 함수
>
> pow(x, y) 함수는 숫자 x에 y 제곱을 하고자 할 때 사용된다. 예를 들어, pow(2, 3)의 의미는 2^3 즉, 8을 의미한다.

```
- (int) getArea
{
    int area = pow(widthandheight , 2);
    return area;
}
```

이제 이 클래스를 호출하는 main 메소드를 살펴보자.

main에서는 먼저 다음과 같이 Square 클래스를 생성한다.

```
Square *square = [[Square alloc] init];
...
```

그다음, 객체 변수를 사용하여 각 정사각형의 시작 좌표와 끝 좌표의 값을 Set 메소드를 사용하여 지정한다. 여기서 사용한 setStartx, setStarty 메소드 역시 부모 클래스로부터 계승 받은 것임을 유의한다.

```
[square setStartx:0];
[square setStarty:0];
[square setEndx:14];
[square setEndy:16];
...
```

그다음, getWidthAndHeight 메소드로 정사각형의 너비와 높이를 계산한다.

```
[square getWidthAndHeight];
...
```

178

마지막으로 widthandheight 메소드를 호출하여 정사각형의 가로, 세로 길이를 출력하고 getArea 메소드를 호출하여 넓이까지 출력해준다. 이때 호출되는 [rect widthandheight] 메소드는 @property와 @synthesize 지시자로 인하여 자동으로 생성되는 Get 메소드이므로 소스 코드에는 보이지 않는다. 또한, 오버라이드 기능으로 인하여 Square 객체의 getArea 메소드가 호출되어지는 것을 유의한다.

```
NSLog(@"Width: %i, Height :%i", [square widthandheight],
                               [square widthandheight]);
NSLog(@"Square Area: %i", [square getArea]);
```

2-15 델리게이트

위임이라는 의미를 가지는 델리게이트는 클래스 A에서 클래스 B에게 위임을 시켜 일을 처리한 뒤 메시지 혹은 처리 결과 등을 받는 기능으로 아이폰 앱 개발 시 매우 유용한 기능 중 하나이다. 이 절에서는 이러한 델리게이트 기능에 대한 예제와 그 기능에 대하여 알아본다.

이 절에서는 MainViewClass 클래스에서 두 자리 덧셈 기능을 하는 AdditionClass 를 델리게이트를 사용하여 호출해 덧셈을 처리해 볼 것이다.

❶ Xcode에서 File-New-Project를 선택한다. 템플릿 선택 대화상자가 나타나면 OS X 아래쪽에 있는 Application을 선택하고 오른쪽 항목에서는 Command Line Tool을 선택한다. 이어서 Next 버튼을 눌러 다음 화면이 나타나면 Product Name 항목에 "DelegateExample"이라고 입력한다. 또한, 그 아래 Language 항목에 Objective-C가 지정되어 있는지 확인한다. 이상이 없으면 Next 버튼을 누르고 Create 버튼을 눌러 프로젝트를 원하는 위치에 생성한다.

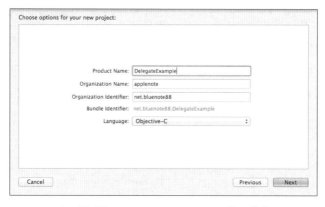

▶그림 2.31 DelegateExample 프로젝트 생성

❷ 이제 DelegateExample 프로젝트가 만들어지고 왼쪽 프로젝트 탐색기에서 main.m을 선택하고 다음과 같이 소스 코드를 입력한다.

```objc
#import <Foundation/Foundation.h>

@protocol AdditionClassDelegate

- (void) additionPrint:(int) result;

@end

@interface AdditionClass : NSObject
{
    int first, second;
}

@property (nonatomic, weak) id <AdditionClassDelegate> delegate;

- (void) passTwoNumber:(int) one withAnother:(int) two;
- (void) computeAddition;

@end
```

```objc
@implementation AdditionClass

@synthesize delegate;

- (void) passTwoNumber:(int) one withAnother:(int) two
{
    first = one;
    second = two;
}

- (void) computeAddition
{
    int addition = first + second;
    [delegate additionPrint:addition];
}

@end

@interface MainViewClass : NSObject<AdditionClassDelegate>
{
    AdditionClass *additionclass;
}

- (void) startDelegate:(int) one withTwo:(int) two;
- (void) executeDelegate;

@end

@implementation MainViewClass

- (void) startDelegate:(int) one withTwo:(int) two
{
    additionclass = [[AdditionClass alloc] init];
    additionclass.delegate = self;
    [additionclass passTwoNumber:one withAnother:two];
}

- (void) executeDelegate
{
    [additionclass computeAddition];
}
```

```
- (void) additionPrint:(int) result
{
    NSLog(@"The answer is %i", result);
}

@end

int main(int argc, const char * argv[]) {
    @autoreleasepool {
        // insert code here...
        int first, second;
        MainViewClass *mainviewClass = [[MainViewClass alloc] init];
        NSLog(@"Please Input two numbers!");
        scanf("%i%i", &first, &second);
        [mainviewClass startDelegate: first withTwo:second];
        [mainviewClass executeDelegate];
    }
    return 0;
}
```

❸ 마지막으로 Product 메뉴-Run 혹은 Run 버튼을 눌러 실행시킨다. 2개의 숫자를 공백으로 구분해서 입력하고 이 두 숫자의 합이 출력되는지 살펴본다.

▶그림 2.32 DelegateExample 실행 결과

▌원리 설명

위에서 언급했듯이 델리게이트delegate란 클래스 A에서 클래스 B에 위임시켜 일을 처리한 뒤 메시지 혹은 처리 결과 등을 받는 기능을 말한다. 그렇다면 클래스 A는 자신의 클래스 안에서 처리하지 왜 위임을 시켜 일을 처리할까? 이는 함수를 사용하는 것과 마찬가지로 코드 재사용을 효율적으로 처리하기 위함이다. 별도의 클래스 B에 특정한 일을 처리하는 일을 지정함으로 코드를 재사용할 수 있을 뿐만 아니라 코드 관리에도 무척 편리한 장점이 있다.

델리게이트 코드에 들어가기 전에 먼저 그 처리 과정을 살펴보도록 하자. 다음 그림은 MainViewClass에서 AdditionClass를 델리게이트로 사용한 예를 보여주고 있다.

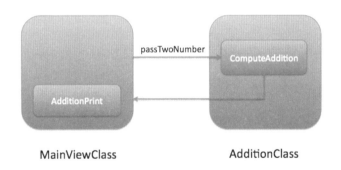

▶그림 2.33 델리게이트 처리 과정

MainViewClass에서는 두 숫자를 입력받고 passTwoNumber 메소드를 사용하여 Addition 클래스에 전달한다. AdditionClass 클래스에서는 computeAddition 메소드에서 전달받은 두 숫자를 더하고 그 결과를 다시 MainViewClass의 additionPrint에 출력하는 간단한 기능을 제공하고 있다. 위에서 설명했듯이 AdditionClass 클래스는 두 숫자를 받아 그 합을 계산하는 완전히 독립적인 기능을 제공하고 있어 MainViewClass뿐만 아니라 다른 어떤 클래스에서도 델리게이트 기능을 사용하여 호출할 수 있게 되어 그 유용한 기능을 사용할 수 있다.

먼저 델리게이트를 이용하여 메시지를 전달하는 메소드를 다음과 같이 선언한다. 이때 @protocol이라는 것을 사용하는데 이 지시자 다음 위치에 이름을 지정한 다음 @end 사이에 전달하고자 하는 메소드를 선언해주면 된다.

```
@protocol AdditionClassDelegate

- (void) additionPrint:(int) result;

@end
```

이 메소드는 AdditionClass에서 불리게 되므로 이 클래스의 실제 구현은 Main ViewClass에서 하게 된다.

그다음, 위임되어 호출되는 AdditionClass 클래스를 다음과 같이 선언해준다.

```
@interface AdditionClass : NSObject
{
    int first, second;
}
...
```

이때 속성 delegate 속성은 위에서 선언된 델리게이트 이벤트 함수 additionPrint를 호출할 때 사용되는 객체 변수인데 @protocol에 선언된 메소드를 호출하기 위해서는 다음과 같이 id 타입 〈프로토콜 이름〉으로 선언해주어야만 한다.

```
@property (nonatomic, assign) id <AdditionClassDelegate> delegate;
...
```

id 값 앞쪽에는 @property 지시자 속성이 추가되는데 사용 가능한 지시자는 다음 참고를 참조한다.

@property 지시자 속성

@propery 지시자에 다음과 같은 속성을 사용할 수 있다.

@property 지시자 속성	설명
readwrite	값을 읽고 쓸 수 있도록 지정 (기본 값)
weak	값을 대입할 때 지정. 객체를 생성한 뒤, 참조 보존을 할 필요가 없을 때 사용. int, float 혹은 일반 컨트롤 객체 생성 시 사용
strong	인스턴스 값을 지정받고 카운트 증가. 객체를 생성한 뒤 참조를 계속 보존해야 할 때 사용. UIViewController 혹은 UIWindow 생성 시 사용
readonly	값을 읽기만 하도록 지정
copy	인스턴스 값을 그대로 복사하여 따로 지정
nonatomic	하나의 스레드에서 사용된 변수를 보호하기 위해 다른 스레드로부터 접근하지 못하도록 하는 것이 atomic인데 스레드를 사용하지 않는 경우 지정

대부분 객체 변수에는 참조를 계속 보존해야 하므로 nonatomic과 strong이 사용되는데 여기서는 nonatomic과 weak가 사용되었다. 델리게이트 처리를 위한 변수는 일반적으로 weak를 사용한다.

이 예제의 MainViewClass 안에서 AdditionClass를 생성하고 AdditionClass의 delegate 변수에는 MainViewClass 객체에 대한 포인터가 지정되는데 만일 delegate 변수를 strong으로 선언하면 MainViewClass에서 AdditionClass를 제거할 수 없게 된다. 즉, AdditionClass의 delegate 변수를 strong으로 지정한 경우에는 MainViewClass에서 AdditionClass 클래스를 모두 사용하고 제거하는 순간에도 MainViewClass에 대한 레퍼런스 카운터가 그대로 남아있게 된다. 이러한 이유로 델리게이트를 처리하기 위한 변수는 weak를 사용한다.

그다음, 두 숫자를 전달하는 passTwoNumber와 덧셈 계산을 처리하는 compute Addition을 선언한다.

```
- (void) passTwoNumber:(int) one withAnother:(int) two;
- (void) computeAddition

@end
```

이제 AdditionClass 클래스의 구현 부분을 살펴보자. 먼저, @synthesize를 사용하여 delegate 멤버 변수에 대한 Set, Get 메소드를 생성한다.

```
@implementation AdditionClass
@synthesize delegate;
...
```

먼저, 입력된 두 숫자를 전달하는 passTwoNumner 클래스를 선언한다. 파라메터 값으로 받은 값을 각각 first와 second에 지정해준다.

```
- (void) passTwoNumber:(int) one withAnother:(int) two
{
    first = one;
    second = two;
}
```

그다음, computeAddition 메소드에서 위에서 받은 숫자를 이용하여 실제 덧셈을 처리하고 그 값을 delegate 변수를 사용하여 MainViewClass의 additionPrint 메소드를 호출한다. 뒤에서 설명하겠지만, 이 delegate 변수에는 MainViewClass 객체에 대한 포인터가 지정되므로 바로 MainViewClass의 메소드를 호출할 수 있다.

```
- (void) computeAddition
{
    int addition = first + second;
    [delegate additionPrint:addition];
}

@end
```

이제 호출하는 클래스 MainViewClass를 살펴보자. 이 클래스에 @protocol에서 선언된 additionPrint 메소드도 함께 구현해 주어야 하는 것을 잊지 말아야 한다. 또한, 지정된 델리게이트 메소드를 구현해주기 위해 부모 클래스 이름 옆쪽에 〈AdditionClassDelegate〉를 지정해야만 한다.

또한, AdditionClass를 사용하기 위한 멤버 변수 additionclass를 선언한다. 또한, 메인이 시작하면서 자동으로 실행되는 startDelegate 메소드와 버튼을 눌렀을 때 실행되는 executeDelegate 메소드도 같이 선언한다.

```
@interface MainViewClass : NSObject<AdditionClassDelegate>
{
    AdditionClass *additionclass;
}

- (void) startDelegate:(int) one withTwo:(int) two;
- (void) executeDelegate;

@end
```

그다음, 구현 부분인 @implementation 부분을 살펴보자.

```
@implementation MainViewClass
...
```

startDelegate 메소드는 델리게이트 시작 부분으로 입력받은 두 개의 숫자를 one 과 two 파라메터로 전달한다.

```
- (void) startDelegate:(int) one withTwo:(int) two
{
..
```

먼저 숫자를 계산하는 AdditionClass를 생성하고 delegate 변수에 self 값을 지정하여 현재 클래스의 포인터 위치를 넘겨준다. 즉, delegate 변수에는 MainViewClass

클래스를 가리키는 주소 값이 지정된다. 이 부분이 델리게이트의 핵심 부분이고 이 delegate를 사용하여 MainViewClass의 메소드를 호출할 수 있게 되는 것이다.

```
...

    additionclass = [[AdditionClass alloc] init];
    additionclass.delegate = self;
...
```

또한, passTwoNumber를 호출하여 입력받은 두 숫자를 넘겨준다.

```
    [additionclass passTwoNumber:one withAnother:two];
}
```

다음 executeDelegate 메소드는 AdditionClass의 computeAddition 메소드를 호출하여 덧셈 계산을 처리한다.

```
- (void) executeDelegate
{
    [additionclass computeAddition];
}
```

다음 additionPrint 메소드 위에서 @protocal로 선언된 메소드를 여기서 구현해준다. 이 메소드에서 AdditionClass로부터 덧셈 결과를 받아 화면에 출력해준다.

```
- (void) additionPrint:(int) result
{
    NSLog(@"The answer is %i", result);
}

@end
```

이제 위에서 정의한 객체를 처리하는 main 메소드를 살펴보자. 먼저 메인 뷰인 MainViewClass 객체를 생성한다.

```
int main(int argc, const char * argv[]) {
    @autoreleasepool {
        // insert code here...
        int first, second;
        MainViewClass *mainviewClass = [[MainViewClass alloc] init];
        ...
```

다시 main으로 돌아와서 "Please Input two numbers!" 메시지를 출력하고 scanf() 사용하여 두 숫자를 입력 받는다.

```
        NSLog(@"Please Input two numbers!");
        scanf("%i%i", &first, &second);
        ...
```

이어서 MainViewClass 객체의 startDelegate 메소드를 실행하여 입력받은 두 숫자를 넘겨준다. 이때 이 메소드에서 두 숫자는 AdditionClass까지 전달된다.

```
        [mainviewClass startDelegate: first withTwo:second];
        ...
```

이제 마지막으로 executeDelegate 메소드를 호출하여 AdditionClass의 computeAddition메소드를 실행하고 delegate를 통하여 더한 값을 출력한다.

```
        [mainviewClass executeDelegate];
    }
```

이처럼 델리게이트는 별도의 클래스에 특정한 일을 처리하는 일을 정의함으로써 그 코드를 재사용할 수 있을 뿐만 아니라 그 기능을 분리함으로써 코드 관리를 쉽게 할 수 있는 장점을 제공한다.

카테고리(category)

이전 2.12절 "클래스 파라메터 값을 가진 메소드 호출"에서 멤버 변수에 @public, @private, @protected 지시자 등을 사용하여 다른 클래스에서 현재 멤버 변수를 어떻게 참조하는지에 대하여 그 설정 방법을 설명하였다. 그렇다면 다른 클래스에서 현재 메소드를 참조하려고 할 때 어떻게 설정해야 할까?

유감스럽게도 Objective-C에서는 다른 클래스에서 참조 처리를 위한 메소드 지시자는 존재하지 않는다. 모든 메소드는 일종의 public 상태로 선언되어 모든 클래스에서 참조 가능하다. 그러면 다른 클래스에서 참조하지 못하게 하고 현재 클래스에서만 사용 가능한 private 기능을 어떻게 처리할 수 있을까? 다행히도 Objective-C에서 카테고리Category라는 기능을 통하여 private와 비슷한 기능을 처리할 수 있다.

다음은 카테고리 기능의 private와 public을 비교 사용하여 덧셈을 구하는 예제이다.

❶ Xcode에서 File-New-Project를 선택한다. 템플릿 선택 대화상자가 나타나면 OS X 아래쪽에 있는 Application을 선택하고 오른쪽 항목에서는 Command Line Tool을 선택한다. 이어서 Next 버튼을 눌러 다음 화면이 나타나면 Product Name 항목에 "CategoryExample"이라고 입력한다. 또한, 그 아래 Language 항목에 Objective-C가 지정되어 있는지 확인한다. 이상이 없으면 Next 버튼을 누르고 Create 버튼을 눌러 프로젝트를 원하는 위치에 생성한다.

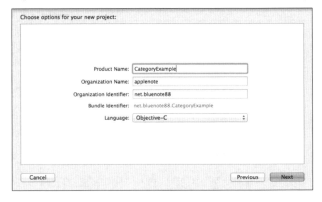

▶그림 2.34 CategoryExample 프로젝트 생성

❷ 이제 CategoryExample 프로젝트가 만들어지면 왼쪽 프로젝트 탐색기의 프로젝트 이름에서 오른쪽 마우스 버튼을 누르고 New File을 선택한다. 이때 다음과 같이 새 파일 생성 템플릿 대화상자가 나타나면 Cocoa Touch Class를 선택하고 Next 버튼을 누른다.

▶그림 2.35 Cocoa Touch Class 항목 선택

❸ 다시 새 파일 옵션 대화상자가 나타나면 Class 항목에 "CategoryA", Subclass of 항목에 "NSObject", Language 항목에 "Objective-C"를 선택하고 Next 버튼을 눌러 원하는 위치에 파일을 생성한다.

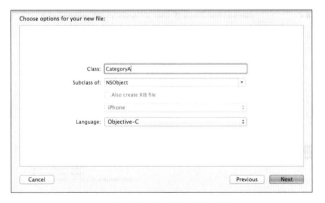

▶그림 2.36 새 파일 옵션 선택

❹ 프로젝트 탐색기에서 CategoryA.h 파일을 선택하고 다음 코드를 입력한다.

```objc
#import <Foundation/Foundation.h>

@interface CategoryA : NSObject
{
    int protectedA;
    int protectedB;
}

- (int) publicMethod;
@property int protectedA, protectedB;

@end
```

❺ 프로젝트 탐색기에서 CategoryA.m 파일을 선택하고 다음 코드를 입력한다.

```objc
#import "CategoryA.h"

@interface CategoryA()
{
    int privateA;
    int privateB;
}

- (int) privteMethod;
@property int privateA, privateB;

@end

@implementation CategoryA
@synthesize protectedA, protectedB;
@synthesize privateA, privateB;

- (int) privteMethod
{
    return protectedA + protectedB;
}
```

```
- (int) publicMethod
{
    int result = [self privteMethod];
    return result;
}

@end
```

❻ 다시 왼쪽 프로젝트 탐색기에서 main.m을 선택하고 다음과 같이 소스 코드를
입력한다.

```
#import <Foundation/Foundation.h>
#import "CategoryA.h"

@interface CategoryMain : NSObject

- (void) publicMethod:(int) one withNum:(int) two;

@end

@implementation CategoryMain

- (void) publicMethod:(int) one withNum:(int) two
{
    CategoryA *cat = [[CategoryA alloc] init];
    //[cat setPrivateA: one];
    //[cat setPrivateA: two];
    //NSLog(@"Answer is %i",[cat privateMethod]);

    [cat setProtectedA: one];
    [cat setProtectedB: two];
    NSLog(@"Answer is %i",[cat publicMethod]);

}
@end

int main(int argc, const char * argv[]) {
```

```
    @autoreleasepool {
        // insert code here...
        int num1 = 2;
        int num2 = 3;
        CategoryMain *cateClass = [[CategoryMain alloc] init];
        [cateClass publicMethod: num1 withNum: num2];
    }
    return 0;
}
```

❼ 마지막으로 Product 메뉴–Run 혹은 Run 버튼을 눌러 실행시킨다.

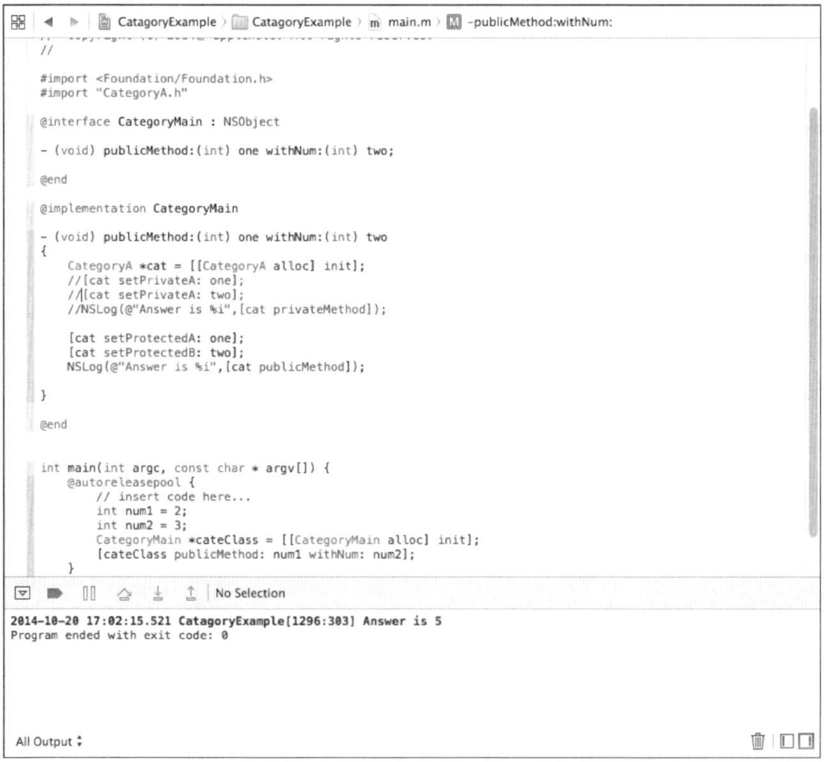

CatagoryExample 〉 CatagoryExample 〉 main.m 〉 -publicMethod:withNum:
//
#import <Foundation/Foundation.h>
#import "CategoryA.h"
@interface CategoryMain : NSObject
- (void) publicMethod:(int) one withNum:(int) two;
@end
@implementation CategoryMain
- (void) publicMethod:(int) one withNum:(int) two
{
CategoryA *cat = [[CategoryA alloc] init];
//[cat setPrivateA: one];
//[cat setPrivateA: two];
//NSLog(@"Answer is %i",[cat privateMethod]);
[cat setProtectedA: one];
[cat setProtectedB: two];
NSLog(@"Answer is %i",[cat publicMethod]);
}
@end
int main(int argc, const char * argv[]) {
@autoreleasepool {
// insert code here...
int num1 = 2;
int num2 = 3;
CategoryMain *cateClass = [[CategoryMain alloc] init];
[cateClass publicMethod: num1 withNum: num2];
}
No Selection
2014-10-20 17:02:15.521 CatagoryExample[1296:303] Answer is 5
Program ended with exit code: 0
All Output

▶그림 2.37 CategoryExample 실행 결과

▌원리 설명

카테고리category는 기존의 프로젝트에 별도의 새로운 멤버 변수와 메소드를 추가시키고자 할 때 사용된다. 카테고리의 가장 큰 장점은 기존의 코드는 그대로 두고 새로운 변수와 메소드를 쉽게 추가할 수 있다는 점이다. 카테고리는 @interface 다음에 클래스 이름은 그대로 사용하고 별도의 이름을 ( ) 안에 지정하여 사용한다.

예를 들어, 다음과 같이 CategoryA 클래스가 선언되어 있다고 가정해보자. 이 클래스에는 protectedA, protectedB 멤버 변수가 선언되어 있고 pubicMethod 메소드가 선언되어 있다.

Objective-C에서 멤버 변수는 디폴트로 protected 형식을 갖고 메소드는 public 형식을 가진다. 그러므로 Objective-C에서 선언된 모든 메소드는 다른 클래스에서 호출할 수 있다.

```
@interface CategoryA : NSObject
{
    int protectedA;
    int protectedB;
}

- (int) publicMethod;
@property int protectedA, protectedB;

@end
```

만일 이 클래스에 카테고리 기능이 필요하다면 이 클래스 선언 아래쪽에 다음과 같이 NewTest라는 이름으로 카테고리를 추가할 수 있다.

```
@interface CategoryA (NewTest)
{
  - (void) newMethod;
   ...
}
```

카테고리를 선언하였으므로 그 아래쪽에 @implementation에도 NewTest라는 이름을 붙이고 선언된 메소드를 구현해줄 수도 있다.

```
@implementation CategoryA (NewTest)
{
    - (void) newMethod
    {
        ....
    }
}
```

만일 카테고리 이름을 주지 않고 ( )만 지정하는 경우, 클래스 확장으로 사용할 수 있는데 private 선언과 동일한 기능을 가진다. 여기서는 private 형식으로 선언해 사용해볼 것이다.

다음과 같이 private형 멤버 변수 privateA, privateB를 선언하고 private형 메소 드 privateMethod를 선언한다.

```
@interface CategoryA()
{
    int privateA;
    int privateB;
}

- (int) privteMethod;
@property int privateA, privateB;

@end
```

private 형식의 @implementation은 별도로 선언할 필요 없이 기존의 @implementation 구문에 그대로 사용한다. get, set 메소드를 처리하기 위해 선언된 모든 멤버 변수에 @synthesize를 지정한다.

```
@implementation CategoryA
@synthesize protectedA, protectedB;
@synthesize privateA, privateB;
...
```

private형 메소드 privteMethod는 다음과 같이 protectedA와 protectedB 값을 더한 값을 돌려준다. 이처럼 private형 메소드에는 private형 멤버 변수뿐만 아니라 protected 형 멤버 변수까지 사용할 수 있다. 이 privateMethod는 뒤에서 자세히 설명하겠지만, 자신의 클래스 안에서는 호출 가능하지만, 다른 클래스에서는 호출할 수 없다.

```
- (int) privteMethod
{
    return protectedA + protectedB;
}
```

public형 메소드 publicMethod는 위에서 작성한 privateMethod를 호출하여 그 값을 돌려준다. 이 publicMethod는 위 privateMethod와는 달리 자신의 클래스 내부뿐만 아니라 main과 같은 다른 클래스에서도 호출 가능하다.

```
- (int) publicMethod
{
    int result = [self privteMethod];
    return result;
}

@end
```

이제 main을 살펴보자. 먼저 다음과 같이 계산할 숫자를 num1과 num2에 지정한다.

```
int main(int argc, const char * argv[]) {
    @autoreleasepool {
        // insert code here...
```

```
      int num1 = 2;
      int num2 = 3;
      ...
```

그다음, CategoryMain 클래스에 대한 객체 변수 cateClass를 생성하고 이 변수를 통하여 publicMethod를 호출한다. 이때 위에서 지정한 num1과 num2를 파라미터로 넘겨준다.

```
      CategoryMain *cateClass = [[CategoryMain alloc] init];
      [cateClass publicMethod: num1 withNum: num2];
      ...
```

이어서 CategoryMain 클래스를 생성하고 publicMethod를 선언한다. 이미 설명하였듯이 Objective-C에서 선언되는 모든 메소드는 public형을 가진다.

```
@interface CategoryMain : NSObject

- (void) publicMethod:(int) one withNum:(int) two;

@end
```

이제 이 절에 핵심 부분인 publicMethod를 살펴보자. 이 메소드는 main에서 직접 호출되는데 먼저 다음과 같이 CatagoryA 객체를 생성한다.

```
- (void) publicMethod:(int) one withNum:(int) two
{
    CategoryA *cat = [[CategoryA alloc] init];
    ...
```

그다음, 설명문 기호(//)를 사용한 세 줄 코드 앞부분을 모두 풀어준다. 즉, Category Main 클래스에서 private형 멤버 변수 privateA와 privateB에 파라미터로 넘겨받을 값을 지정해본다. 이미 예상했듯이 실행도 하기 전에 private형이라서 선언되지 않았다는 에러가 발생된다.

```
[cat setPrivateA: one];
[cat setPrivateA: two];
...
```

privateMethod 메소드 호출 역시 마찬가지로 선언되지 않았다는 에러가 발생된다. 이처럼 private형 메소드는 다른 클래스에서 호출할 수 없음을 알 수 있다.

```
NSLog(@"Answer is %i",[cat privateMethod]);
...
```

이번에는 protectedA, protectedB 멤버 변수의 set 메소드인 setProtectedA와 setProtectedB에 각각 파라메터로부터 받은 값을 전달해본다. 둘 다 public형이므로 쉽게 호출할 수 있다.

```
[cat setProtectedA: one];
[cat setProtectedB: two];
...
```

마지막으로 publicMethod 메소드를 호출해본다. 역시 public 형식이므로 쉽게 호출할 수 있다.

```
NSLog(@"Answer is %i",[cat publicMethod]);
}
```

이제 마지막으로 Objective-C의 여러 문자열 처리 함수와 각각의 타입 사이에 자료형 변경 처리를 예제를 통해 알아보도록 할 것이다.

❶ Xcode에서 File-New-Project를 선택한다. 템플릿 선택 대화상자가 나타나면 OS X 아래쪽에 있는 Application을 선택하고 오른쪽 항목에서는 Command Line Tool을 선택한다. 이어서 Next 버튼을 눌러 다음 화면이 나타나면 Product Name 항목에 "StringExample"이라고 입력한다. 또한, 그 아래 Language 항목에 Objective-C가 지정되어 있는지 확인한다. 이상이 없으면 Next 버튼을 누르고 Create 버튼을 눌러 프로젝트를 원하는 위치에 생성한다.

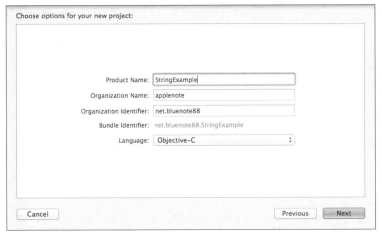

▶그림 2.38 StringExample 프로젝트 생성

❷ 이제 StringExample 프로젝트가 만들어지고 왼쪽 프로젝트 탐색기에서 main.m을 선택하고 다음과 같이 소스 코드를 입력한다.

```
#import <Foundation/Foundation.h>

void stringFunction1()
{
        NSString *str1 = @"This is String Example A";
        NSString *str2 = @"This is String Example B";
        NSString *res;

        NSLog(@"st1 문자열 길이 : %lu", [str1 length]);

        res = [NSString stringWithString: str1];
        NSLog(@"res으로 복사 : %@", res);

        str2 = [str1 stringByAppendingString: str2];
        NSLog(@"문자열 연결 : %@", str2);

        if ([str1 isEqualToString: res] == YES)
                NSLog(@"str1과 res는 같습니다.");
        else
                NSLog(@"str1과 res는 다릅니다.");

        res = [str1 uppercaseString];
        NSLog(@"대문자 변환(유니코드): %s", [res UTF8String]);
        NSLog(@"대문자 변환: %@", res);

        res = [str1 lowercaseString];
        NSLog(@"소문자 변환 : %@", res);
}

void stringFunction2()
{
        NSString *str1 = @"This is String Function Example.";
        NSString *res;
        NSRange subRange;

        res = [str1 substringToIndex:4];
        NSLog(@"문자열 str1의 처음부터 4 번째까지 : %@",res);

        res = [str1 substringFromIndex: 8];
        NSLog(@"문자열 str1의 9 번째부터 끝까지 : %@", res);
```

```
        res = [[str1 substringFromIndex:15] substringToIndex:7];
        NSLog(@"문자열 str1의 16 번째부터 시작하여 7 문자까지 : %@", res);

        subRange = [str1 rangeOfString:@"Example"];
        NSLog(@"Example 문자열을 인덱스 %lu(길이 %lu)에서 발견!",
    subRange.location, subRange.length);

        subRange = [str1 rangeOfString:@"Example B"];
        if (subRange.location == NSNotFound)
                NSLog(@"Example B 문자열은 없습니다.");
        else
                NSLog(@"Example B 문자열을 인덱스 %lu(길이 %lu)에서 발견 :",
    subRange.location, subRange.length);
}

void typeChange()
{
        NSString *a1 = @"30";
        int i = [a1 intValue];
        NSLog(@"문자열 값에서 int 값으로 변경 : %i", i);


        NSString *a2 = @"3.141592";
        float f = [a2 floatValue];
        NSLog(@"문자열 값에서 float 값으로 변경 : %f", f);

        NSString *a3 = @"30000000.2737373";
        double d = [a3 doubleValue];
        NSLog(@"문자열 값에서 doouble 값으로 변경 : %f", d);

        NSString *string = [NSString stringWithFormat:@"%d", 30];
        NSLog(@"int 값에서 문자열 값으로 변경 : %@", string);
}

int main(int argc, const char * argv[])
{

    @autoreleasepool {
        // insert code here...
        stringFunction1();
```

```
        stringFunction2();
        typeChange();
    }
    return 0;
}
```

❸ 마지막으로 Product 메뉴–Run 혹은 Run 버튼을 눌러 실행시킨다.

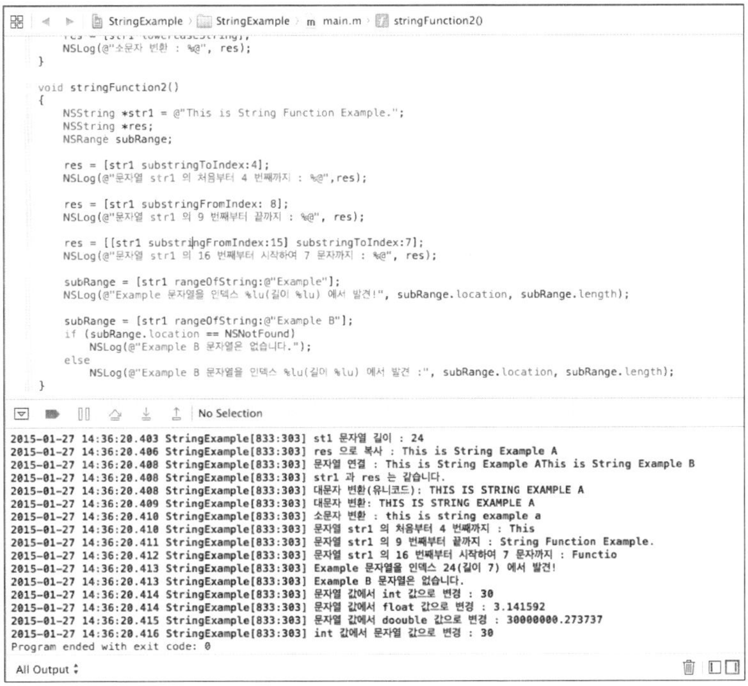

▶그림 2.39 StringExample 실행 결과

▌원리 설명

Objective C는 기본적으로 C 언어의 모든 기능을 포함하고 있다. 즉, C 언어에서 사용하는 함수를 그대로 선언할 수 있고 선언된 함수를 다음과 같이 C 호출 방식으로 호출할 수 있다.

```
void stringFunction1()
{
        ...
}

void stringFunction2()
{
        ...
}

int main(int argc, const char * argv[])
{

    @autoreleasepool {
        // insert code here...
        stringFunction1(); // C 호출 방식
        stringFunction2();
        ...
    }
    return 0;
}
```

Objective-C에서 사용 가능한 주요 스트링 함수는 다음 표 2.7과 같다.

▶ 표 2.7 : 주요 스트링 함수

자주 사용되는 스트링 함수	설명
−(NSUInteger) length	스트링의 문자수를 돌려준다.
(+)(NSString) stringWithString:nsstring	새로운 스트링을 생성하고 NSString으로 설정
−(BOOL) isEqualToString	두 스트링이 같은지 비교 YES 혹은 NO 반환
−(NSString *)lowercaseString	문자열을 소문자로 변환
−(NSString *)uppercaseString	문자열을 대문자로 변경
−(NSString *)substringToIndex:i	스트링 처음부터 i번째 이전까지 문자열 반환
−(NSString *)substringFromIndex:i	스트링 i+1번째부터 끝까지 문자열 반환
−(NSRange)rangeOfString:nsstring	지정된 문자열 위치를 Range 형식으로 반환
−(int) intValue	문자열을 int로 변환

–(float) floatValue	문자열을 float로 변환
–(double) doubleValue	문자열을 double로 변환
+(NSString *)stringWithFormat:arg	스트링을 format 형식에 맞추어 생성

먼저, 다음과 같은 문자열을 설정하는 NSString 타입 변수 str1, str2, res를 선언한다.

```
NSString *str1 = @"This is String Example A";
NSString *str2 = @"This is String Example B";
NSString *res;
...
```

문자열 함수 length 메소드를 사용하면 현재 문자열의 길이를 얻을 수 있다. 다음 코드를 실행시키면 24를 돌려준다.

```
NSLog(@"st1 문자열 길이 : %lu", [str1 length]);
...
```

문자열 함수 stringWithString 메소드를 문자열을 생성하고 지정된 값으로 설정해준다.

다음 코드는 str1의 값 "This is String Example A"를 그대로 복사한 문자열 res를 생성해준다.

```
res = [NSString stringWithString: str1];
NSLog(@"res으로 복사 : %@", res);
...
```

문자열 함수 isEqualToString은 두 문자열을 비교하여 같으면 YES, 다르면 NO를 돌려준다. 여기서는 str1과 res가 동일하므로 "str1과 res는 같습니다."라는 메시지가 출력된다.

```
if ([str1 isEqualToString: res] == YES)
        NSLog(@"str1과 res는 같습니다.");
else
        NSLog(@"str1과 res는 다릅니다.");
...
```

　문자열 함수 uppercase와 UTF8String 메소드는 지정된 문자열 str1을 대문자와 유니코드 UTF8로 변경해준다. 결과 값은 둘 다 "THIS IS STRING EXAMPLE A"가 출력된다.

```
res = [str1 uppercaseString];
NSLog(@"대문자 변환(유니코드): %s", [res UTF8String]);
NSLog(@"대문자 변환: %@", res);
...
```

　문자열 함수 lowercaseString 메소드는 지정된 문자열을 소문자로 변경해준다. 결과 값 res는 "this is string example a"가 출력된다.

```
res = [str1 lowercaseString];
...
```

　문자열 함수 substringToIndex 메소드는 지정된 문자열의 처음부터 파라메터에 지정된 숫자 전까지 추출해서 돌려준다. 이때 리턴되는 문자열은 0부터 3까지(인덱스는 0부터 시작) 즉, "This" 문자열을 돌려준다.

```
NSString *str1 = @"This is String Fuction Example.";
res = [str1 substringToIndex:4];
NSLog(@"문자열 str1의 처음부터 4번째까지 : %@",res);
...
```

문자열 함수 substringFromIndex 메소드는 지정된 문자열의 인덱스+1부터 시작해서 끝까지 추출해서 돌려준다. 이때 문자열의 인덱스는 0부터 시작하므로 리턴되는 결과는 "String Function Example."이다.

```
res = [str1 substringFromIndex: 8];
NSLog(@"문자열 str1의 9번째부터 끝까지 : %@", res);
...
```

이제 위에서 사용된 substringToIndex 메소드와 substringFromIndex 메소드를 다음과 같이 함께 사용해서 str1의 문자열을 16번째부터 시작해서 7 문자만 추출한다. 돌려주는 문자열은 "Function"이다.

```
res = [[str1 substringFromIndex:15] substringToIndex:7];
NSLog(@"문자열 str1의 16번째부터 시작하여 7 문자까지 : %@", res);
...
```

rangeOfString 메소드는 지정된 문자열에서 원하는 문자열을 찾고자 할 때 사용된다. 다음 코드는 문자열 str에서 "Example"이라는 문자열을 검색해서 찾는다. 이때 돌려주는 변수의 타입은 NSRange인데 이 객체의 location과 length를 이용해서 각각 찾은 문자열의 시작 위치와 길이를 알아낼 수 있다. 이 예제에서는 "Example 문자열을 인덱스 23(길이 7)에서 발견"이라는 결과를 돌려준다.

```
subRange = [str1 rangeOfString:@"Example"];
NSLog(@"Example 문자열을 인덱스 %lu(길이 %lu)에서 발견!",
                        subRange.location, subRange.length);
...
```

만일 찾고자 하는 문자열이 없는 경우에는 다음과 같이 NSNotFound라는 상숫값을 사용하여 원하는 문자열을 찾지 못한 경우를 처리할 수 있다. 이 예제에서는 "Example B 문자열은 없습니다."라는 결과를 돌려준다.

```
subRange = [str1 rangeOfString:@"Example B"];
if (subRange.location == NSNotFound)
        NSLog(@"Example B 문자열은 없습니다.");
else
        NSLog(@"Example B 문자열을 인덱스 %lu(길이 %lu)에서 발견 :",
                  subRange.location, subRange.length);
...
```

문자열에서 int 타입으로 변경하고자 하는 경우, 다음과 같이 intValue 메소드를 사용하여 정숫값으로 변경할 수 있다. 이 예제에서는 "문자열 값에서 int 값으로 변경 : 30"이라는 결과를 돌려준다.

```
NSString *a1 = @"30";
int i = [a1 intValue];
NSLog(@"문자열 값에서 int 값으로 변경 : %i", i);
...
```

문자열에서 float 타입으로 변경하고자 하는 경우, 다음과 같이 floatValue 메소드를 사용하여 float 값으로 변경할 수 있다. 이 예제에서는 "문자열 값에서 float 값으로 변경 : 3.141592"라는 결과를 돌려준다.

```
NSString *a2 = @"3.141592";
float f = [a2 floatValue];
NSLog(@"문자열 값에서 float 값으로 변경 : %f", f);
...
```

문자열에서 double 타입으로 변경하고자 하는 경우, 다음과 같이 doubleValue 메소드를 사용하여 double 값으로 변경할 수 있다. 이 예제에서는 "문자열 값에서 double 값으로 변경 : 30000000.2737373"이라는 결과를 돌려준다.

```
NSString *a3 = @"30000000.2737373";
double d = [a3 doubleValue];
```

```
NSLog(@"문자열 값에서 doouble 값으로 변경 : %f", d);
...
```

정수 타입을 문자열로 변경하고자 하는 경우, 다음과 같이 stringWithFormat 메소드에 원하는 문자열 형식을 만들어준다. 이 방법은 정수뿐만 아니라 float, double 등 대부분 모든 타입을 문자열 형식으로 만들 수 있다.

이 예제의 결과는 "int 값에서 문자열 값으로 변경 : 30"이라는 결과를 돌려준다.

```
NSString *string = [NSString stringWithFormat:@"%d", 30];
NSLog(@"int 값에서 문자열 값으로 변경 : %@", string);
```

정리

이 장에서는 먼저 Foundation 프레임워크와 이 프레임워크를 Xcode에서 사용하는 방법을 설명하였다. 또한, Objective-C 기본 데이터형, 사칙 연산 처리, 비트 연산 처리, while 문장, for 문장, 배열 처리, if 문장, switch 문장 등에 대한 예를 직접 코드를 사용하여 작성해보았다. 그다음, Objective-C에서 클래스 생성 방법을 설명하고 하나의 파라메터를 가진 메소드 호출부터 여러 파라메터 값을 가진 메소드 호출과 클래스 파라메터 값을 가진 메소드 호출 방법에 대하여 알아보았다. 또한, get 메소드와 set 메소드를 자동으로 생성해주는 @property, @synthesize 지시자 사용방법과 객체지향 방법의 핵심인 계승(Inheritance)을 설명하여 다른 클래스로부터 계승 받아 그 부모 클래스가 가지고 있는 메소드, 속성을 그대로 사용하는 방법에 대하여 배워보았다. 또한, 클래스 A에서 클래스 B에 위임을 시켜 일을 처리한 뒤 메시지 혹은 처리 결과 등을 받는 기능인 델리게이트의 예를 들어 설명하였고 마지막으로 카테고리 기능과 Objective-C에서 자주 사용되는 스트링 메소드를 예를 들어 설명하였다.

기본 클래스들

이전 장에서는 아이폰 프로그래밍에 가장 기본이 되는 Objective-C 프로그래밍 기초에 대하여 설명해보았다. 지금까지 배운 Objective-C 프로그램을 바탕으로 실제 아이폰 프로그래밍을 시작해보자. 아이폰 앱을 제작할 때 기본적인 컨트롤러 외에 많은 클래스가 사용되는데 이 장에서는 앱 제작에 가장 기본에 되고 꼭 필요한 클래스를 소개하고 간단한 예제를 통하여 작성하는 방법을 배워볼 것이다.

아이폰 프로그래밍은 두 가지 방법이 있다. 첫 번째 방법은 처음부터 끝까지 모든 과정을 소스 코드를 사용하여 구현하는 방법이다. 다음에 소개하는 두 번째 방법보다 사용하기 어렵지만 화면을 동적으로 구성하거나 처리할 때 꼭 필요한 기능이다. 두 번째 방법은 .storyboard 혹은 .xib 파일을 사용하여 화면을 구성한 뒤, 이벤트 처리만 코드를 처리하는 방법이다. 가장 일반적으로 사용하는 방법이고 쉽게 화면을 구성할 수 있는 장점이 있다. 하지만 화면을 동적으로 구성하거나 조건에 따라 변경된다면 사용하기 어려운 단점이 있다. 이 장에서는 두 번째 방법을 위주로 하면서 각 컨트롤을 소스 코드로 구현하는 방법까지도 알아볼 것이다.

3-2 UIApplication 클래스, AppDelegate 클래스, UIWindow 클래스

아이폰 앱은 main.m 파일부터 시작하는데 이 파일은 다음과 같이 3줄로 구성된 간단한 파일이고 모든 앱에서 동일한 main.m을 사용한다.

```
int main(int argc, char *argv[])
{
    @autoreleasepool {
        return UIApplicationMain(argc, argv, nil,
    NSStringFromClass([AppDelegate class]));
    }
}
```

위 코드에서 UIApplicationMain 메소드를 호출하여 UIApplication 클래스 인스턴스를 생성한다. UIApplication 객체는 앱 전체를 관리하는 클래스로 하나의 애플리케이션에서는 반드시 하나의 UIApplication 객체를 생성해야만 한다. 이 UIApplication

클래스를 통하여 앱을 구성하는 골격이 만들어지게 된다. 즉, 아이폰에서 발생되는 모든 이벤트를 감지하고 처리하는 기능을 이 UIApplication 객체가 처리하게 된다.

또한, 위 코드에서 알 수 있듯이 UIApplicationMain 메소드를 호출하면서 App Delegate 클래스를 생성하게 된다.

AppDelegate 클래스는 응답 이벤트를 주로 처리하는 UIResponder 클래스로부터 계승 받는 데 중요한 것은 〈UIApplicationDelegate〉를 사용하여 여러 가지 이벤트를 자동으로 실행시키는 기능을 한다는 것이다.

이 UIApplicationDelegate에서 제공하는 메소드들은 다음과 같다.

▶ 표 3.1 : UIApplicationDelegate에서 제공하는 메소드

메소드 이름	설명
application:didFinishLaunchingWithOptions	애플리케이션이 시작할 때 실행
applicationWillResignActivate	애플리케이션이 활성화 상태에서 비활성화 상태로 이동할 때 실행
applicationDidEnterBackground	사용된 리소스를 해제하고 사용자 자료를 저장하고 애플리케이션에서 현재 상태를 복구를 위해 저장하고자 할 때 실행
applicationWillEnterForeground	백그라운드 상태에서 비활성화 상태로 들어갈 때 실행
applicationDidBecomeActive	애플리케이션의 비활성화 되는 동안 멈추었던 일을 다시 시작할 때 실행
applicationWillTerminate	애플리케이션이 종료하고자 할 때 실행

1장에서도 잠깐 설명했듯이 application:didFinishLaunchingWithOptions 메소드에 코드가 존재하지 않는다면, Info.plist의 "Main storyboard file base name" 항목에 지정된 Main.storyboard가 자동으로 호출되고 이 파일과 연결된 View Controller 객체가 실행된다.

만일 이런 기본 스토리보드 파일이 아닌 다른 스토리보드 파일 혹은 여러 개의 스토리

보드 파일 중 조건에 따라 하나만 처리하고자 한다면, didFinishLaunchingWithOptions 메소드 안에 소스 코드를 지정하여 처리할 수 있다.

만일 Info.plist 파일 대신 코드를 사용하고자 한다면 다음과 같이 처리할 수 있다.

먼저 UIStoryboard 객체의 storyboardWithName 메소드을 사용하여 NewMain. storyboard 파일에 대한 스토리보드 객체를 생성하고 돌려준다. 물론 이 파일은 미리 생성해야만 한다.

```
- (BOOL)application:(UIApplication *)application
        didFinishLaunchingWithOptions:(NSDictionary *)launchOptions
{
    UIStoryboard *storyBorard = [UIStoryboard storyboardWithName:@"NewMain"
    bundle:nil];
    ...
```

그다음, instantiateInitialViewController 메소드를 호출하여 생성된 스토리보드 객체를 참조하는 UIViewController 객체를 생성한다.

```
    UIViewController *viewController = [storyBorard
    instantiateInitialViewController];
    ...
```

이어서 스크린 화면에서 뷰를 관리하고 조정하는 UIWindow 객체를 생성한다.

```
    self.window = [[UIWindow alloc] initWithFrame:[[UIScreen mainScreen]
    bounds]];
    ...
```

그 rootViewController 안에 위에서 생성한 UIViewController 객체 변수인 initViewController를 설정하여 기본 컨트롤러를 지정해준다. 또한, UIWindow 객체의 makeKeyAndVisible 메소드를 호출하여 키 이벤트를 이 윈도우에서 받도록 지정해준다.

```
    self.window.rootViewController = viewController;
    [self.window makeKeyAndVisible];

    return YES;
}
```

3-3 | UIView 클래스와 UIViewController 클래스

UIView 클래스를 처리하는 View 컨트롤은 아이폰 앱에서 사용되는 여러 가지 컨
트롤을 담을 수 있는 컨테이너 기능을 하는 기본 컨트롤이다. 일반적으로 모든 클래스
는 UI라는 단어로 시작하고 이와 관련된 컨트롤은 UI 단어를 뺀 나머지 글자로 구성
된다.

▶그림 3.1 View 컨트롤

거의 모든 컨트롤이 이 UIView 클래스 위에 위치되어 화면을 구성하게 된다. 이러한 View 컨트롤을 관리하는 것이 위에서 소개한 UIViewController 클래스이다. UIViewController는 가장 기본적인 컨트롤러로 뷰의 생성, 표시, 숨기기 등의 기능을 제공하고 뷰와 관련된 이벤트를 처리하는 기능을 한다. 또한, 프로젝트 생성 시 View Controller는 자동으로 생성되므로 별도로 만들어줄 필요는 없다.

UIViewController는 가장 일반적으로 많이 사용되는 기본적인 컨트롤러로 아무런 형태를 갖지 않으므로 원하는 모든 형태를 만들 수 있는 장점이 있다. 이러한 UIViewController와 함께 제공되는 컨트롤러는 화면 아래쪽에 여러 버튼이 위치하여 버튼을 누를 때마다 서로 다른 여러 화면을 선택할 수 있는 UITabBarController 가 있고 자료를 테이블 형식으로 깔끔하게 정리하여 보여주고 원하는 항목을 선택할 때마다 그와 관련된 다른 화면을 표시해주는 UITableViewController 등이 있다. 앱을 설계하기 전에 자신이 만들고자 하는 앱을 어떤 형태의 컨트롤러로 만들어야 할지 결정하는 일은 매우 중요하다.

이러한 View를 생성할 때, 다음 표 3.2에서 보여주는 여러 이벤트가 자동으로 순서대로 실행되는데 이 중 가장 중요한 이벤트가 바로 viewDidLoad 이벤트이다. 이 이벤트는 뷰의 내용을 메모리로 로드시킬 때 발생되는 함수로서 뷰에 원하는 컨트롤을 로드시키거나 변수의 값을 초기화시킬 때 사용된다.

▶ 표 3.2 : 뷰의 주요 이벤트 메소드

순서	이벤트 이름	설명
1	viewDidLoad	뷰 내용을 메모리에 로드 할 때 실행
2	viewWillAppear	뷰가 나타나기 직전에 실행
3	viewDidAppear	뷰가 나타난 뒤에 실행

위와 같은 뷰의 이벤트가 끝나면 나머지 컨트롤들 즉, 버튼, 슬라이더 컨트롤들의 이벤트를 처리하게 된다.

뷰는 다음과 같이 코드를 사용하여 생성할 수 있다.

```
UIView *myView = [[UIView alloc] initWithFrame:CGRectMake(0, 0, 300,
400)];
myView.backgroundColor = [UIColor redColor];
...
```

위 코드에서 너비 300픽셀, 높이 400픽셀의 크기를 갖는 뷰를 생성하고 그 배경색을 빨강으로 지정한다. 생성된 뷰는 다음 코드를 사용하여 현재 뷰 위에 추가시킨다. 여기서 self.view는 View Controller에 기본으로 지정된 뷰를 의미한다. 다른 컨트롤들도 마찬가지이지만, 위의 뷰를 현재 뷰에 추가하기 위해서는 코드 마지막 부분에 다음과 같이 addSubView 메소드를 호출한다.

```
[self.view addSubview: myView];
```

View 컨트롤을 사용하기 위해서는 .xib 파일 혹은 .storyboard 파일을 선택한 뒤 오른쪽 아래에 있는 Object 라이브러리에서 View를 포함하고 있는 View Controller 컨트롤을 캔버스에 떨어뜨리거나 View Controller가 이미 있는 경우에는 View 컨트롤만 별도로 위치시킬 수도 있다.

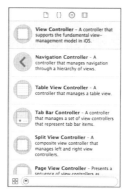

▶그림 3.2 Object 라이브러리의 View Controller 컨트롤

뷰 상에서 텍스트를 출력하고자 할 때 사용되는 클래스이다.

다음 표는 UILabel 클래스의 주요 속성, 메소드이다.

▶ 표 3.3 : UILabel 클래스의 주요 속성

UILabel 주요 속성	설명
text	출력하고자 하는 문자열 지정
font	출력하고자 하는 폰트 지정
textColor	출력하고자 하는 문자열에 대한 색 지정
backgroundColor	출력하고자 하는 문자열에 대한 배경색 지정

UILabel을 사용한 코드 예제는 다음과 같다.

```
UILabel *label = [ [UILabel alloc ] initWithFrame:CGRectMake(0,0, 0.0, 150.0, 40.0) ];
scoreLabel.textColor = [UIColor whiteColor];
scoreLabel.backgroundColor = [UIColor blackColor];
scoreLabel.font = [UIFont fontWithName:@"Arial Rounded MT Bold" size:(36.0)];
scoreLabel.text = @"This is a test string!";
[self.view addSubview:label];
```

먼저 UILabel 객체를 생성하고 textColor, backgroudColor, font 속성 등을 사용하여 원하는 텍스트색, 배경색, 폰트 등의 값을 설정한다. 또한, text 속성을 사용하여 원하는 텍스트 문자열을 표시할 수 있다. 다른 모든 컨트롤도 마찬가지이지만, 설정이 끝나면 view 객체의 addSubview를 사용하여 view 위에 추가해야 라벨 객체가 표시된다.

라벨을 표시하는 Label 컨트롤을 사용하기 위해서는 .xib 파일 혹은 .storyboard 파일을 선택한 뒤 오른쪽 아래에 있는 Object 라이브러리에서 Label 컨트롤을 캔버스에 떨어뜨리면 된다.

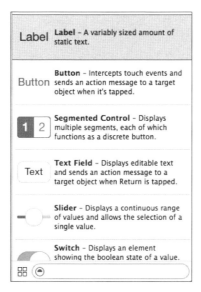

▶그림 3.3 Object 라이브러리의 Label 컨트롤

UITextField 클래스

이 클래스는 원하는 자료를 입력받고자 할 때 사용되는 것으로 텍스트상자를 표시해준다.

다음 표는 UITextField 클래스의 주요 속성이다.

▶ 표 3.4 : UITextField 클래스의 주요 속성

UITextField 속성	설명
text	텍스트 필드에 자료를 출력
font	원하는 폰트 설정
textColor	원하는 텍스트 색 지정
textAlignment	출력하고자 하는 텍스트 정렬 기준(왼쪽, 중앙, 오른쪽)
placeholder	입력하기 전에 텍스트 필드에 표시되는 힌트

UITextField 클래스를 사용한 코드 예제는 다음과 같다.

```
UItextField *textField = [[UITextField alloc] initWithFrame: CGRectMake(10.0f,
    10.0f, 250.0f, 40.0f)];
textField.placeholder = @"Enter data";
textField.textAlignment = NSTextAlignmentLeft;
[self.view addSubview:textField];
```

먼저 텍스트 필드를 사용하기 위해서는 alloc를 사용하여 객체 인스턴스를 생성한다. 생성된 객체 변수를 사용하여 placehodler, textAlignment 등의 속성을 설정하고 addSubView를 호출하여 현재 뷰에 추가한다.

텍스트 필드를 표시하는 TextField 컨트롤을 사용하기 위해서는 .xib 파일 혹은 .storyboard 파일을 선택한 뒤 오른쪽 아래에 있는 Object 라이브러리에서 Text Field 컨트롤을 캔버스에 떨어뜨리면 된다.

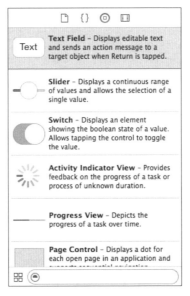

▶그림 3.4 Object 라이브러리의 Text Field 컨트롤

이 클래스는 버튼 모양을 구현하여 원하는 기능을 동작시킬 수 있도록 한다. 다음 표는 UIButton 클래스의 주요 속성, 메소드이다.

▣ 표 3.5 : UIButton 클래스의 속성, 메소드

UIButton 속성, 메소드	설명
setImage	지정된 상태에서 이미지를 설정
setTitle	지정된 상태에서 버튼 제목을 설정
buttonWithType	지정된 버튼을 생성하고 리턴. 클래스 생성 시 사용

UIButton를 사용한 코드 예제는 다음과 같다.

```
UIButton *button = [UIButton buttonWithType:UIButtonTypeRoundedRect];
[button setTitle:@"Show View" forState:UIControlStateNormal];
button.frame = CGRectMake(80.0, 210.0, 160.0, 40.0);
[button addTarget:self
        action:@selector(buttonPushMethod:)
        forControlEvents:UIControlEventTouchUpInside];
[self.view addSubview:button];
...

- (void) buttonPushMethod:(id)sender
{
  // 버튼을 눌렀을 때 여기서 처리..
}
```

먼저 버튼을 사용하기 위해서는 alloc를 사용하여 객체 인스턴스를 생성한다. 생성된 객체 변수를 사용하여 타이틀, 크기 등을 설정한 뒤, 손가락이 버튼 안쪽을 터치했을 때 발생되는 UICotrolEventTouchUpInside 이벤트를 생성한다. 이때 @selector를 사용하여 이벤트를 처리하는 메소드를 설정할 수 있는데, 여기서는 buttonPushMethod를 지정하여 이 메소드가 실행되도록 한다. 여기서 사용되는 frame 속성은 위치와

크기를 지정할 때 사용되는 기능으로 거의 모든 인터페이스 관련 클래스에서 사용
한다.

버튼을 표시하는 컨트롤은 Button 컨트롤인데 이 컨트롤을 사용하기 위해서는
.xib 파일 혹은 .storyboard 파일을 선택한 뒤 오른쪽 아래에 있는 Object 라이브러
리에서 Button 컨트롤을 캔버스에 떨어뜨리면 된다.

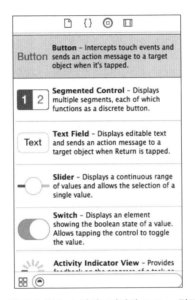

▶그림 3.5 Object 라이브러리의 Button 컨트롤

▌그대로 따라 하기

❶ Xcode에서 File-New-Project를 선택한다. 계속해서 왼쪽에서 iOS-Application
을 선택하고 오른쪽에서 Single View Application을 선택한다. 이어서 Next
버튼을 누르고 Product Name에 "TextFieldExample"이라고 지정한다.

아래쪽에 있는 Language 항목은 "Objective-C", Devices 항목은 "iPhone"으
로 설정하고 Next 버튼을 눌러 프로젝트를 생성한다.

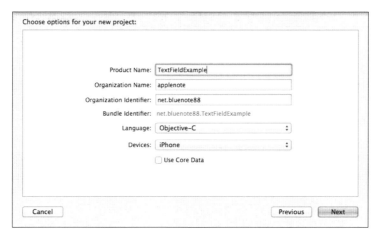

▶그림 3.6 TextFieldExample 프로젝트 생성

❷ 왼쪽 프로젝트 탐색기에서 Main.storyboard를 클릭하여 캔버스를 표시한다.

▶그림 3.7 Main.storyboard 파일 클릭

❸ 오른쪽 아래 라이브러리 표시 창에서 세 번째 있는 Object 라이브러리(동그라미 모양 아이콘)를 선택하고 여러 라이브러리 중에서 Label 3개, Text Field 3개, Button 컨트롤 1개를 다음 그림을 참조하여 캔버스 위쪽에 알맞게 위치시킨다. 이어서 각 컨트롤의 attributes 인스펙터를 사용하여 다음 표 3.6에 따라 속성 값을 변경시킨다.

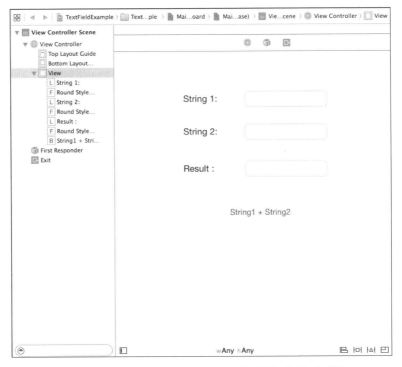

▶그림 3.8 Label, Text Field, Button 컨트롤을 캔버스에 위치

▶ 표 3.6 : 컨트롤 속성 값 변경

컨트롤	속성	값
Label	Text	String 1:
Label	Text	String 2:
Label	Text	Result :
Button	Title	String1 + String 2

❹ Label 컨트롤 3개를 모두 선택하고 오른쪽 Size 인스펙터를 클릭한다. View 항목의 Height 속성 값을 30으로 변경한다. 또한, Label 컨트롤 3개를 선택한 상태에서 위 아래 화살표 버튼을 눌러 위쪽으로 Text Field의 Y 좌표 위치와 같을 때까지 이동한다.

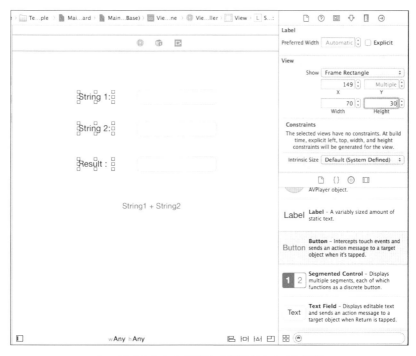

▶그림 3.9 Label 컨트롤 속성의 Height 값 변경

❺ 첫 번째 Label 컨트롤을 선택한 상태에서 캔버스 아래 오토 레이아웃 메뉴의 두 번째 Pin을 선택하고 "제약조건 설정" 창이 나타나면 다음 그림과 같이 북쪽에서 25, 서쪽 위치상자에 25를 입력하고 각각 I 빔에 체크한다. 또한, 그 아래 Width와 Height 항목에 체크한 다음 "Add 4 Constraints" 버튼을 클릭한다. 이는 Label 컨트롤을 왼쪽 위를 기준으로 (25, 25)에 위치시키고 너비와 높이를 고정한다는 의미이다.

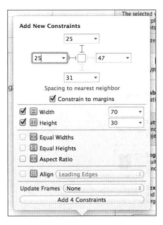

▶그림 3.10 첫 번째 Label 컨트롤 제약조건 설정

❻ 이번에는 오른쪽 Text Field 컨트롤을 선택한 상태에서 캔버스 아래 오토 레이아웃 메뉴에서 두 번째 Pin을 선택하고 "제약조건 설정"창이 나타나면 다음 그림과 같이 북쪽에서 25, 동쪽 위치상자에 25를 입력하고 I 빔에 각각 체크한다. 그다음 Height에 체크한 뒤, "Add 3 Constraints" 버튼을 클릭한다. 이는 Text Field 컨트롤을 오른쪽 위를 기준으로 (25, 25)에 위치시키고 높이를 고정한다는 의미이다.

▶그림 3.11 첫 번째 Text Field 컨트롤 제약조건 설정

❼ 이번에는 첫 번째 Label 컨트롤을 Ctrl 버튼과 함께 마우스로 선택하고 드래그–엔–드롭으로 첫 번째 Text Field에 떨어뜨린다. 이때 다음과 같이 설정 창이 나타나는데 가장 위에 있는 Horizontal Spacing을 선택한다.

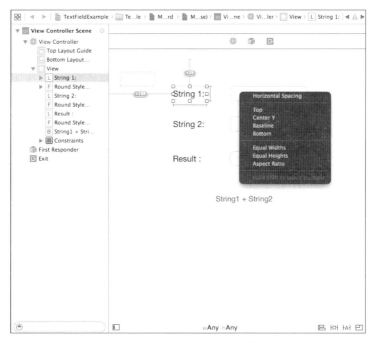

▶그림 3.12 Horizontal Spacing 항목 선택

❽ 동일한 방법으로 두 번째 Label, Text Field와 세 번째 Label, Text Field 컨트롤을 선택한 상태에서 ❺에서 ❼까지 처리한다.

❾ 이제 마지막으로 Button을 선택한 상태에서 캔버스 아래 오토 레이아웃 메뉴의 두 번째 Pin을 선택하고 "제약조건 설정" 창이 나타나면 다음 그림과 같이 북쪽 위치상자에 25를 입력하고 I 빔에 체크한다. 또한, 그 아래 Width와 Height 항목에 체크한 다음 "Add 3 Constraints" 버튼을 클릭한다. 이는 Button 컨트롤을 Text Field에서 25픽셀 아래쪽에 위치시키고 버튼의 높이와 너비를 고정한다는 의미이다.

▶그림 3.13 Button 컨트롤 제약조건 설정

⑩ 다시 Button 컨트롤을 선택한 상태에서 캔버스 아래 오토 레이아웃 메뉴의 첫 번째 Align을 선택하고 "배열 제약조건 설정" 창이 나타나면 다음과 같이 "Horizontal Center in Container"를 선택하고 아래쪽 "Add 1 Constraint" 버튼을 클릭한다.

▶그림 3.14 Horizontal Center in Container 항목 선택

⑪ 이제 캔버스 아래 오토 레이아웃 메뉴에서 세 번째인 Issues를 선택하고 "All Views in View Controller"의 "Update Frames" 항목을 선택(그림 3.15 참조)하면 그림 3.16과 같은 화면이 나타난다.

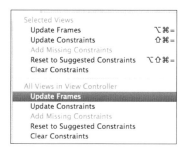

▶그림 3.15 Update Frames 항목 선택

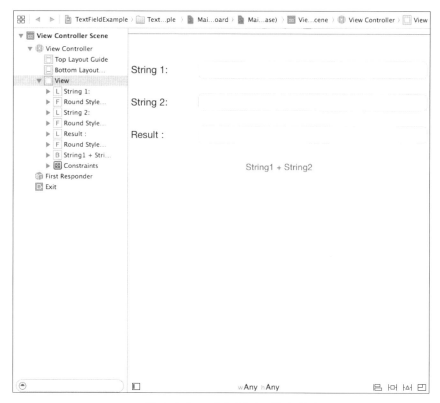

▶그림 3.16 오토 레이아웃이 적용된 화면

⑫ 이제 프로젝트 탐색기 오른쪽 위에 있는 도움 에디터Assistant Editor를 선택하여 도
움 에디터를 불러낸다. 만일 도움 에디터에 나타난 파일이 ViewController.h

가 아닌 경우에는 에디터의 오른쪽 위에 있는 화살표 버튼을 눌러 변경시킬 수
있다.

▶그림 3.17 도움 에디터 선택

⑬ 도움 에디터의 파일이 ViewController.h임을 한 번 더 확인하고 위쪽 Text
Field 하나를 선택하고 Ctrl 키와 함께 그대로 도움 에디터의 @interface 아래
쪽으로 드래그-엔-드롭 처리한다.

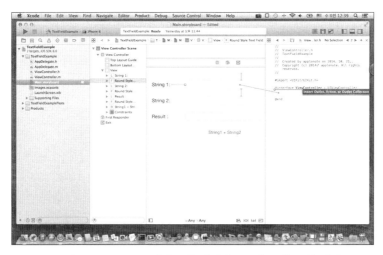

▶그림 3.18 Text Field에서 도움 에디터로 드래그-엔-드롭 처리

⓮ 이때 도움 에디터 연결 패널이 나타나는데 Name 항목에 textField1이라고 입력하고 Connect 버튼을 눌러 연결 코드를 생성한다. 동일한 방법으로 다른 Text Field를 각각 선택하여 도움 에디터 연결 패널이 나타나면 textField2, textField3이라고 입력한 뒤 Connect 버튼을 누른다.

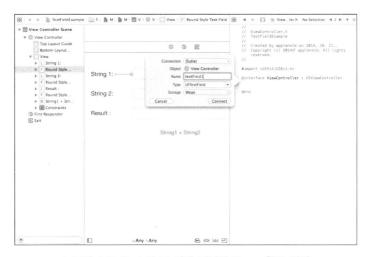

▶그림 3.19 Text Field 연결 패널에 Name 항목 입력

⑮ 이제 캔버스 Button을 선택하고 오른쪽 마우스 버튼을 누르면 다음과 같이 버튼 이벤트 속성 창이 나타난다.

▶그림 3.20 버튼 이벤트 속성 창

⑯ 버튼 이벤트 속성 창에서 Touch Up Inside 항목을 선택하고 드래그-엔-드롭으로 @interface 아래쪽에 떨어뜨린다. 이때 연결 패널이 나타나면 Name 항목에 clickButton이라고 입력하고 Connect 버튼을 누른다.

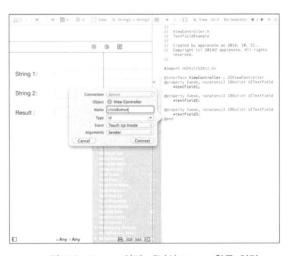

▶그림 3.21 Button 연결 패널의 Name 항목 입력

⓱ 이제 ViewController.h 파일의 소스 코드는 다음과 같이 나타난다.

```
#import <UIKit/UIKit.h>

@interface ViewController : UIViewController

@property (weak, nonatomic) IBOutlet UITextField *textField1;
@property (weak, nonatomic) IBOutlet UITextField *textField2;
@property (weak, nonatomic) IBOutlet UITextField *textField3;

- (IBAction)clickButton:(id)sender;

@end
```

⓲ 이제 다시 표준 에디터Standard Editor를 선택하고 프로젝트 탐색기에서 ViewController.m 파일을 다음과 같이 수정한다.

```
#import "ViewController.h"

@interface ViewController ()

@end

@implementation ViewController
@synthesize textField1, textField2, textField3;

- (void)viewDidLoad
{
    [super viewDidLoad];
        // Do any additional setup after loading the view, typically from a nib.
}

- (void)didReceiveMemoryWarning
{
    [super didReceiveMemoryWarning];
    // Dispose of any resources that can be recreated.
}
```

```
- (IBAction)clickButton:(id)sender
{
    NSString *str1 = textField1.text;
    NSString *str2 = textField2.text;
    textField3.text = [NSString stringWithFormat:@"%@%@", str1, str2];
}
@end
```

⑲ 이제 Product 메뉴-Run 혹은 Run 버튼을 눌러 실행시킨다. String1과 String2의 텍스트 필드 항목에 임의의 문자열을 입력하고 "String1 + String2" 버튼을 눌러본다. Result 필드에 입력한 2개의 문자열이 합쳐서 출력되면 이상이 없는 것이다.

▶그림 3.22 TextFieldExample 프로젝트의 결과

■ 원리 설명

UITextField 클래스는 코드를 사용하여 다음과 같이 생성할 수 있다.

```
UItextField *textField = [[UITextField alloc] initWithFrame: CGRectMake(10.0f, 10.0f,
250.0f, 40.0f)];
...
[self.view addSubview:textField];
```

그러나 위와 같은 방법은 작성할 양이 많은 경우에는 상당히 귀찮아진다. 위와 같이 코드로 작성하는 대신에 스토리보드 캔버스에 Text Field 컨트롤을 위치시킨 뒤, 다음과 같이 도움 에디터를 불러내고 Ctrl 키와 함께 그대로 도움 에디터의 @interface 아래쪽으로 드래그-엔-드롭 처리하는 기능으로 위 코드 대신 사용할 수 있다.

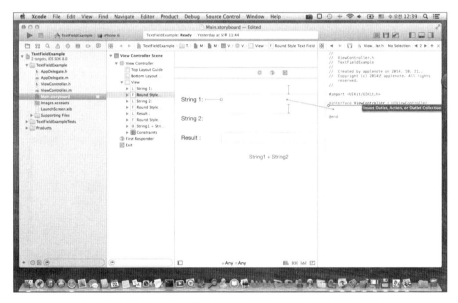

▶그림 3.23 Text Field에서 도움 에디터로 드래그-엔-드롭 처리

UIButton 클래스 역시 다음과 같이 코드를 사용하여 구현할 수도 있다.

```
UIButton *button = [UIButton buttonWithType:UIButtonTypeRoundedRect];
[button setTitle:@"Show View" forState:UIControlStateNormal];
[button addTarget:self
     action:@selector(buttonPushMethod:)
     forControlEvents:UIControlEventTouchUpInside];
```

하지만 다음과 같이 스토리보드 캔버스에 버튼을 위치하고 버튼 오른쪽에서 Touch Up Inside 항목을 선택하고 드래그-엔-드롭으로 @interface 아래쪽에 떨어뜨려 위와 동일한 기능을 구현할 수 있다. 이때 Button 연결 패널에 함수 이름을 입력하면 원하는 이벤트 함수의 골격을 자동으로 구현해준다. 즉, "clickButton" 이라는 이름을 입력하였다면 버튼을 눌렀을 때 실행되는 clickButton 이벤트 함수가 생성된다.

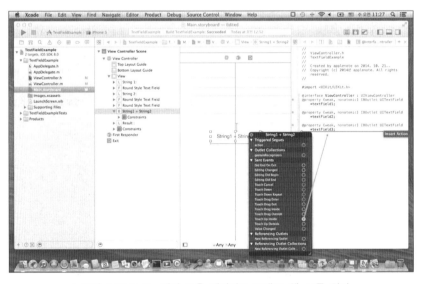

▶그림 3.24 Button에서 도움 에디터로 드래그-엔-드롭 처리

이제 이 이벤트 함수의 내용을 살펴보도록 하자.

위에서 드래그-엔-드롭 기능으로 Text Field 객체를 생성하였으므로 @implementation 아래쪽에 다음과 같이 @synthesize를 사용하여 객체 변수를 선언해준다.

```
@implementation ViewController
@synthesize textField1, textField2, textField3;
...
```

이제 첫 번째 텍스트 필드 값과 두 번째 텍스트 필드 값을 각각 NSString 타입 변수 str1, str2에 지정한다.

```
- (IBAction)clickButton:(id)sender
{
    NSString *str1 = textField1.text;
    NSString *str2 = textField2.text;
    ...
```

그다음, 지정된 str1, str2 값을 stringWithFormat을 사용하여 합친 다음 textField3 객체의 text 속성에 지정한다. stringWithFormat은 C 언어의 sprintf()와 비슷한 함수로서 여러 문자열을 원하는 형식으로 표시하고자 할 때 사용된다. 여기서는 @"%@%@" 파라메터를 사용하여 두 개의 문자열을 합쳐 출력하는 기능을 처리한다.

```
    textField3.text = [NSString stringWithFormat:@"%@%@", str1, str2];
}
```

3-7 UISlider 클래스

이 UISlider는 볼륨과 같이 특정한 곳에서 원하는 크기를 지정하고자 할 때 사용되는 클래스이다. 일반적으로 일자형으로 되어있고 중앙에 동그란 모양의 썸thumb이 있어 이 썸으로 원하는 크기를 조절할 수 있다.

다음은 UISlider 클래스의 주요 속성, 메소드이다.

▶ 표 3.6 : UISlider 클래스의 주요 속성, 메소드

UISlider 클래스의 속성, 메소드	설명
setMinimumValue	슬라이더 최솟값 설정
setMinimumValue	슬라이더 최댓값 설정
setValue	현재 슬라이더 값 설정
value	현재 슬라이더 값 읽기

UISlider을 사용한 코드 예제는 다음과 같다.

```
CGRect frame = CGRectMake(0.0, 0.0, 200.0, 10.0);
UISlider *slider = [[UISlider alloc] initWithFrame:frame];
[slider addTarget:self action:@selector(sliderChanged:)
        forControlEvents:UIControlEventValueChanged];

// Set minimum and maximum value
[slider setMinimumValue: 0.0];    // 최솟값 설정
[slider setMaximumValue: 100.0]; // 최댓값 설정
[slider setValue:60.0];          // 원하는 값 설정
[self.view addSubview:slider];
float val = [slider value]; // 현재 값

- (void) sliderChanged:(id)sender
{
   // 슬라이더 값을 변경했을 때 여기서 처리..
}
```

UISlider 클래스 역시 alloc으로 객체 인스턴스를 생성하고 setMinimumValue, setMaximumValue를 사용하여 슬라이드에서 사용 가능한 최솟값과 최댓값을 지정한다. 또한, 슬라이더 값이 변경되었을 때 발생되는 UIControlEventValueChanged] 이벤트를 사용하여 sliderChanged라는 메소드를 생성한다.

슬라이더를 표시하는 컨트롤은 Slider 컨트롤인데 이 컨트롤을 사용하기 위해서는 .xib 파일 혹은 .storyboard 파일을 선택한 뒤 오른쪽 아래에 있는 Object 라이브러리에서 Slider 컨트롤을 캔버스에 떨어뜨리면 된다.

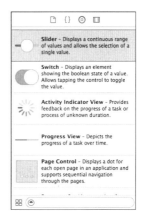

▶그림 3.25 Object 라이브 러리의 Slider 컨트롤

▌그대로 따라 하기

❶ Xcode에서 File-New-Project를 선택한다. 계속해서 왼쪽에서 iOS-Application 을 선택하고 오른쪽에서 Single View Application을 선택한다. 이어서 Next 버튼을 누르고 Product Name에 "SliderExample"이라고 지정한다.

아래쪽에 있는 Language 항목은 "Objective-C", Devices 항목은 "iPhone"으로 설정하고 Next 버튼을 눌러 프로젝트를 생성한다.

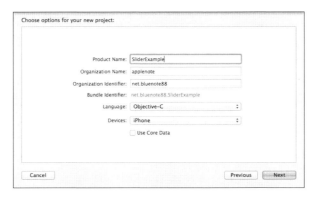

▶그림 3.26 TextFieldExample 프로젝트 생성

❷ 왼쪽 프로젝트 탐색기에서 Main.storyboard를 클릭한 뒤, 오른쪽 아래 라이브러리 표시 창에서 세 번째 있는 Object 라이브러리(동그라미 모양 아이콘)를 선택하고 여러 라이브러리 중에서 Slider, Text Field, Button 1개씩을 다음 그림을 참조하여 캔버스 위쪽에 알맞게 위치시킨다. 이어서 Attributes 인스펙터를 사용하여 Button의 Title 속성을 "Initialize"으로 변경한다.

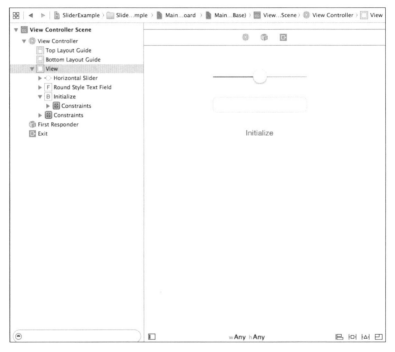

▶그림 3.27 Slider, Text Field, Button 컨트롤을 캔버스에 위치

❸ 먼저 Slider를 선택한 상태에서 캔버스 아래 오토 레이아웃 메뉴의 두 번째 Pin을 선택하고 "제약조건 설정" 창이 나타나면 다음 그림과 같이 북쪽 위치상자에 25를 입력하고 I 빔에 체크한다. 또한, 그 아래 Width와 Height 항목에 체크한 다음 "Add 3 Constraints" 버튼을 클릭한다. 이는 Slider 컨트롤을 가장자리에서 25픽셀 아래쪽에 위치시키고 Slider의 높이와 너비를 고정한다는 의미이다.

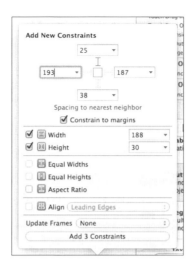

▶그림 3.28 Slider 컨트롤 제약조건 설정

❹ 다시 Slider 컨트롤을 선택한 상태에서 캔버스 아래 오토 레이아웃 메뉴의 첫 번째 Align을 선택하고 "배열 제약조건 설정" 창이 나타나면 다음과 같이 "Horizontal Center in Container"를 선택하고 아래쪽 "Add 1 Constraint" 버튼을 클릭한다.

▶그림 3.29 Horizontal Center in Container 항목 선택

❺ 나머지 Text Field와 Button 컨트롤 역시 ❸, ❹ 과정을 처리하여 제약조건을 설정하고 오토 레이아웃 메뉴에서 세 번째인 Issues를 선택하고 "All Views in View Controller"의 "Update Frames" 항목을 선택한다.

❻ 프로젝트 탐색기 오른쪽 위에 있는 도움 에디터Assistant Editor를 선택하여 도움 에디터를 불러낸다. 도움 에디터의 파일이 ViewController.h 파일을 확인한 상태에서 Slider 컨트롤을 선택한다. 이어서 Ctrl 키와 함께 그대로 도움 에디터의 @interface 아래쪽으로 드래그-엔-드롭 처리한다. 이때 도움 에디터 연결 패널이 나타나는데 Name 항목에 slider이라고 입력하고 Connect 버튼을 눌러 연결 코드를 생성한다.

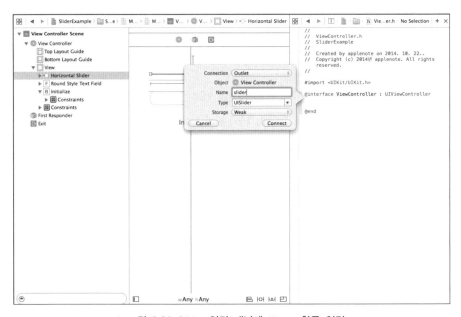

▶그림 3.30 Slider 연결 패널에 Name 항목 입력

❼ 이번에는 캔버스의 슬라이더에서 오른쪽 마우스 버튼을 누르고 Send Events 안에 있는 Value Changed 항목을 선택하고 Ctrl 키와 함께 그대로 도움 에디터의 @interface 아래쪽으로 드래그-엔-드롭 처리한다.

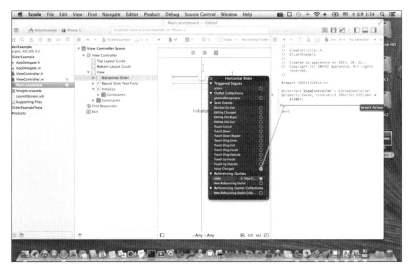

▶그림 3.31 Slider의 Value Changed 항목에서 드래그-엔-드롭 처리

❽ 이때 도움 에디터 연결 패널이 나타나면 Name 항목에 slideChanged라고 입력하고 Connect 버튼을 누른다.

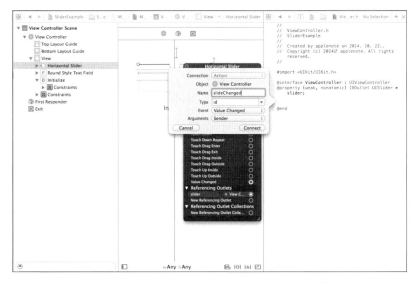

▶그림 3.32 Slider의 Value Change 연결 패널에 Name 항목 입력

❾ 이제 캔버스의 Text Field를 선택하고 Ctrl 키와 함께 도움 에디터의 @interface 아래쪽으로 드래그-엔-드롭 처리한다. 도움 에디터 연결 패널이 나타나면 textField 라는 이름으로 Name 항목에 입력하고 Connect 버튼을 누른다.

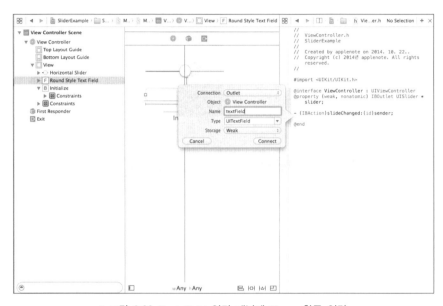

▶그림 3.33 Text Field 연결 패널에 Name 항목 입력

❿ 마지막으로 캔버스의 Button을 선택하고 오른쪽 마우스 버튼을 누르고 Send Events 안에 있는 Touch Up Inside 항목을 선택하고 그대로 도움 에디터의 @interface 아래쪽으로 드래그-엔-드롭 처리한다. 도움 에디터 연결 패 널이 나타나면 Name 항목에 clickCompleted라고 입력하고 Connect 버튼을 누 른다.

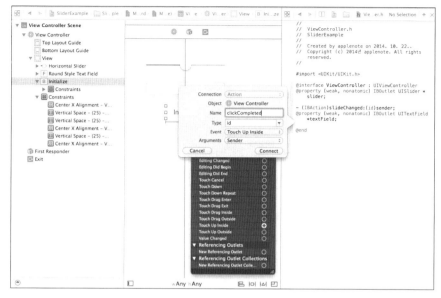

▶그림 3.34 Button 연결 패널에 Name 항목 입력

⑪ 이제 ViewController.h 파일의 소스 코드는 다음과 같이 표시된다.

```
#import <UIKit/UIKit.h>

@interface ViewController : UIViewController
@property (weak, nonatomic) IBOutlet UISlider *slider;
- (IBAction)slideChanged:(id)sender;

@property (weak, nonatomic) IBOutlet UITextField *textField;
- (IBAction)clickCompleted:(id)sender;

@end
```

⑫ 이제 다시 표준 에디터Standard Editor를 선택하고 ViewController.m 파일을 다음
   과 같이 수정한다.

```objective-c
#import "ViewController.h"

@interface ViewController ()

@end

@implementation ViewController
@synthesize slider, textField;

- (void)viewDidLoad
{
    [super viewDidLoad];

    [slider setMinimumValue: 0.0];
    [slider setMaximumValue: 100.0];
    [slider setValue:60.0];
    [self setSliderValue];
}

- (void)didReceiveMemoryWarning
{
    [super didReceiveMemoryWarning];
    // Dispose of any resources that can be recreated.
}

- (IBAction)sliderChange:(id)sender
{
    [self setSliderValue];

}

- (IBAction)clickCompleted:(id)sender
{
    [slider setValue: 0];
    [self setSliderValue];
}

- (void) setSliderValue
{
    NSString *myString = [NSString stringWithFormat:@"%f", [slider value]];
    textField.text = myString;
}

@end
```

⓭ 이제 Product 메뉴–Run 혹은 Run 버튼을 눌러 실행시킨다. 초깃값이 60인지 확인하고 슬라이더의 썸을 왼쪽 혹은 오른쪽으로 이동해보고 텍스트 필드에 슬라이더 숫자가 나타나는지 확인해본다. 마지막으로 Initialize 버튼을 눌러 값이 0이 되는지 확인해본다.

▶그림 3.35 SliderExample 프로젝트의 결과

▌원리 설명

특정한 값으로 변경할 수 있는 UISlider 클래스는 인스턴스 객체를 생성하기 위해 다음과 같이 사용된다.

```
CGRect frame = CGRectMake(0.0, 0.0, 200.0, 10.0);
UISlider *slider = [[UISlider alloc] initWithFrame:frame];
...
[self.view addSubview: slider];
```

위의 과정은 위에서 처리한 Text Field 컨트롤과 마찬가지로 캔버스에 Slider 컨트롤을 위치시키고 드래그-엔-드롭으로 도움 에디터에 떨어뜨리는 과정으로 동일한 기능을 처리할 수 있다.

또한, 코드로 이벤트 처리를 하기 위해서는 다음과 같이 addTarget 메소드에 원하는 이벤트 함수 이름과 이벤트 이름을 지정할 수 있다.

```
[slider addTarget:self action:@selector(sliderChanged:)
        forControlEvents:UIControlEventValueChanged];
...
```

동일한 과정을 Slider 컨트롤에서 오른쪽 마우스 버튼을 누르고 ValueChange 항목을 선택하고 이 항목에서 드래그-엔-드롭으로 도움 에디터에 떨어뜨리는 것으로 처리할 수 있다.

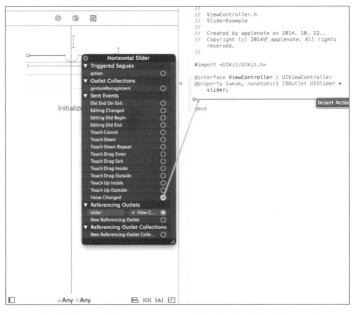

▶그림 3.36 Slider의 Value Change 항목에서 드래그-엔-드롭 처리

이제 뷰 내용을 메모리에 로드시킬 때 실행되는 viewDidLoad 메소드를 살펴보자. 먼저 위에서 설정 slider 객체 변수를 사용하여 슬라이더의 최솟값 0과 최댓값 100 을 지정한다.

```
- (void)viewDidLoad
{
    [super viewDidLoad];

    [slider setMinimumValue: 0.0];
    [slider setMaximumValue: 100.0];
    ...
```

그다음, setValue 메소드를 사용하여 현재 값을 60으로 지정한다.

```
    [slider setValue:60.0];
...
```

마지막으로 setSliderValue를 호출하는데 이 함수는 사용자 함수로서 슬라이더 현 재 값을 텍스트 필드에 지정하는 기능을 한다.

```
    [self setSliderValue];
}
```

setSliderValue 메소드는 다음과 같이 float 형식인 현재 슬라이더 값을 읽어 NSString 객체의 stringWithFormat으로 문자열로 변경한 뒤, 그 값을 텍스트 필드 에 표시하는 기능을 제공한다.

```
- (void) setSliderValue
{
    NSString *myString = [NSString stringWithFormat:@"%f", [slider value]];
    textField.text = myString;
}
```

이제 슬라이더를 변경할 때마다 실행되는 sliderChange 메소드를 살펴보자. 이 메소드에서는 setSliderValue 함수를 호출하여 슬라이더의 현재 값을 텍스트 필드에 지정한다.

```
- (IBAction)sliderChange:(id)sender
{
    [self setSliderValue];
}
```

마지막으로 Initalize 버튼을 눌렀을 때 실행되는 clickCompleted 메소드를 살펴보자. 이 버튼은 슬라이더의 값을 초기화하는 기능을 제공하므로 다음과 같이 UISlider 객체의 setValue를 사용하여 0 값을 지정하고 setSliderValue 메소드를 호출하여 0 값을 텍스트 필드에 그대로 출력한다.

```
- (IBAction)clickCompleted:(id)sender
{
    [slider setValue: 0];
    [self setSliderValue];
}
```

3-8 | UISwitch 클래스

이 클래스는 일반적인 스위치처럼 On 혹은 Off 기능을 제공하는 유용한 클래스이다. 또한, 한번 클릭할 때마다 On에서 Off로 혹은 Off에서 On으로 자동 변경된다. UISwitch 클래스의 주요 속성, 메소드는 다음과 같다.

UISwitch 클래스의 속성, 메소드	설명
setOn	YES 혹은 NO를 사용하여 스위치 ON/OFF 설정
isOn	스위치의 현재 상태 읽기

UISwitch를 사용한 코드 예제는 다음과 같다.

```
UISwitch *mySwitch = [[UISwitch alloc] initWithFrame:CGRectMake(130, 200, 51, 31)];
[mySwitch setOn:NO]; // Switch OFF
[mySwitch addTarget:self
         action:@selector(switchChanged:)
         forControlEvents:UIControlEventValueChanged];

[self.view addSubview:mySwitch];
Bool statusWS = mySwitch.isOn // 현재 상태

- (void)switchChanged:(id)sender
{
    if([sender isOn]) {
      NSLog(@"Switch ON");
    } else{
      NSLog(@"Switch OFF");
    }
}
```

먼저 스위치를 사용하기 위해서는 alloc를 사용하여 객체 인스턴스를 생성한다. 생성한 뒤에는 addTarget 메소드를 사용하여 현재 스위치 값이 변경될 때 발생하는 UIControlEventValueChanged 이벤트와 이 이벤트를 처리하는 함수 switchChanged를 지정한다. 스위치를 On/Off으로 지정하기 위해서는 setOn을 사용하여 현재 스위치 값을 읽어오기 위해서는 isOn을 사용한다.

스위치를 표시하는 컨트롤은 Switch 컨트롤인데 이 컨트롤을 사용하기 위해서는 .xib 파일 혹은 .storyboard 파일을 선택한 뒤 오른쪽 아래에 있는 Object 라이브러리에서 Switch 컨트롤을 캔버스에 떨어뜨리면 된다.

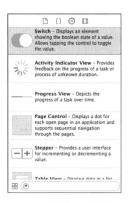

▶그림 3.37 Object 라이브러리의 Switch 컨트롤

▌그대로 따라 하기

❶ Xcode에서 File-New-Project를 선택한다. 계속해서 왼쪽에서 iOS-Application
을 선택하고 오른쪽에서 Single View Application을 선택한다. 이어서 Next
버튼을 누르고 Product Name에 "SwitchExample"이라고 지정한다.
아래쪽에 있는 Language 항목은 "Objective-C", Devices 항목은 "iPhone"으
로 설정하고 Next 버튼을 눌러 프로젝트를 생성한다.

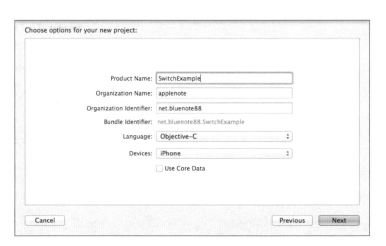

▶그림 3.38 SwitchExample 프로젝트 생성

❷ 왼쪽 프로젝트 탐색기에서 Main.storyboard를 클릭한 뒤, 오른쪽 아래 라이브러리 표시 창에서 세 번째 있는 Object 라이브러리(동그라미 모양 아이콘)를 선택하고 여러 라이브러리 중에서 Switch, Text Field 1개씩을 다음 그림을 참조하여 캔버스 위쪽에 알맞게 위치시킨다.

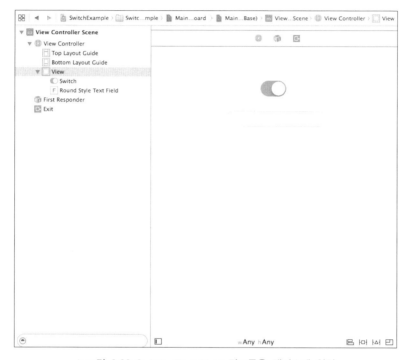

▶그림 3.39 Switch, Text Field 컨트롤을 캔버스에 위치

❸ 먼저 Switch를 선택한 상태에서 캔버스 아래 오토 레이아웃 메뉴의 두 번째 Pin을 선택하고 "제약조건 설정" 창이 나타나면 다음 그림과 같이 북쪽 위치상자에 25를 입력하고 I 빔에 체크한다. 또한, 그 아래 Width와 Height 항목에 체크한 다음 "Add 3 Constraints" 버튼을 클릭한다. 이는 Switch 컨트롤을 위쪽 가장자리에서 25픽셀 아래쪽에 위치시키고 Swtich의 높이와 너비를 고정한다는 의미이다.

▶그림 3.40 Switch 컨트롤 제약조건 설정

❹ 다시 Slider 컨트롤을 선택한 상태에서 캔버스 아래 오토 레이아웃 메뉴의 첫 번째 Align을 선택하고 "배열 제약조건 설정" 창이 나타나면 다음과 같이 "Horizontal Center in Container"를 선택하고 아래쪽 "Add 1 Constraint" 버튼을 클릭한다.

▶그림 3.41 Horizontal Center in Container 항목 선택

❺ 이번에는 그 아래 Text Field 컨트롤을 선택하고 ❸과 ❹를 동일하게 처리하여 제약조건을 설정하고 오토 레이아웃 메뉴에서 세 번째인 Issues를 선택하고 "All Views in View Controller"의 "Update Frames" 항목을 선택한다.

❻ 프로젝트 탐색기 오른쪽 위에 있는 도움 에디터Assistant Editor를 선택하여 도움 에디터를 불러낸다. 도움 에디터의 파일이 ViewController.h 파일임을 확인하고 위쪽 Switch 컨트롤을 선택한다. 이어서 Ctrl 키와 함께 그대로 도움 에디터의 @interface 아래쪽으로 드래그-엔-드롭 처리한다. 이때 도움 에디터 연결 패널이 나타나는데 Name 항목에 mySwitch라고 입력하고 Connect 버튼을 눌러 연결 코드를 생성한다.

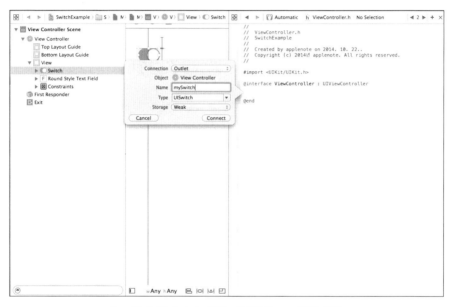

▶그림 3.42 Switch 연결 패널에 Name 항목 입력

❼ 이번에는 캔버스의 슬라이더에서 오른쪽 마우스 버튼을 누르고 Send Events 안에 있는 Value Changed 항목을 선택하고 그대로 도움 에디터의 @interface 아래쪽으로 드래그-엔-드롭 처리한다. 이때 도움 에디터 연결 패널이 나타나면 Name 항목에 switchChanged라고 입력하고 Connect 버튼을 누른다.

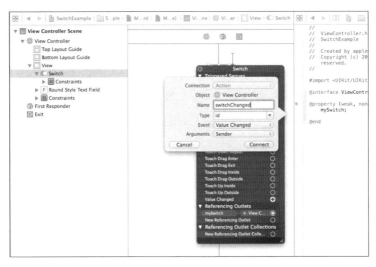

▶그림 3.43 Slider의 Value Changed 연결 패널에 Name 항목 입력

❽ 이제 캔버스의 Text Field를 선택하고 Ctrl 키와 함께 도움 에디터의 @interface
아래쪽으로 드래그-엔-드롭 처리한다. 도움 에디터 연결 패널이 나타나면
textField라는 이름으로 Name 항목에 입력하고 Connect 버튼을 누른다.

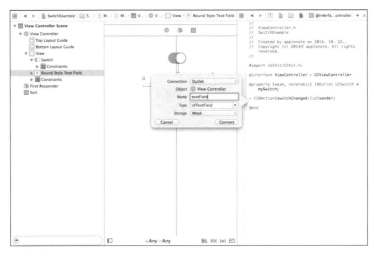

▶그림 3.44 Text Field 연결 패널에 Name 항목 입력

❾ 이제 ViewController.h 파일의 소스 코드는 다음과 같다.

```objc
#import <UIKit/UIKit.h>

@interface ViewController : UIViewController

@property (weak, nonatomic) IBOutlet UISwitch *mySwitch;
@property (weak, nonatomic) IBOutlet UITextField *textField;

- (IBAction)switchChanged:(id)sender;

@end
```

❿ 이제 다시 표준 에디터Standard Editor를 선택하고 ViewController.m 파일을 다음
과 같이 수정한다.

```objc
#import "ViewController.h"

@interface ViewController ()

@end

@implementation ViewController
@synthesize mySwitch, textField;

- (void)viewDidLoad
{
    [super viewDidLoad];

    [mySwitch setOn:NO];
    textField.text = @"OFF";
}

- (void)didReceiveMemoryWarning
{
    [super didReceiveMemoryWarning];
    // Dispose of any resources that can be recreated.
```

```
}

- (IBAction)switchChanged:(id)sender
{
    UISwitch *currentSW = sender;

    if (currentSW.on)
        textField.text = @"ON";
    else
        textField.text = @"OFF";
}
@end
```

⓫ 이제 Product 메뉴–Run 혹은 Run 버튼을 눌러 실행시킨다. Switch를 왼쪽
혹은 오른쪽으로 이동해보면서 텍스트 필드에 ON 혹은 OFF가 출력되는지 살
펴본다.

▶그림 3.45 SwitchExample 프로젝트의 결과

ON 혹은 OFF 값으로 변경할 수 있는 UISwitch 클래스는 인스턴스 객체로 생성하기 위해 다음과 같이 사용된다.

```
UISwitch *mySwitch = [[UISwitch alloc] initWithFrame:CGRectMake(130, 200, 51, 31)];
...
[self.view addSubview:mySwitch];
```

위의 과정은 캔버스에 Switch 컨트롤을 위치시키고 드래그-앤-드롭으로 도움 에디터에 떨어뜨리는 과정으로 동일한 기능을 처리할 수 있다.

또한, 코드로 이벤트 처리를 하기 위해서는 다음과 같이 addTarget 메소드에 원하는 이벤트 함수 이름과 이벤트 이름을 지정한다.

```
[mySwitch addTarget:self
        action:@selector(switchChange:)
        forControlEvents:UIControlEventValueChanged];
...
```

위에서 사용된 이벤트는 UIControlEventValueChanged이고 이 이벤트에 의해서 실행되는 이벤트 함수는 switchChange가 된다.

뷰 내용을 메모리에 로드시켜 화면에 표시하는 viewDidLoad 메소드에서는 다음과 같이 setOn 메소드에 NO를 지정하여 초기 화면의 스위치를 OFF 상태로 지정한다. 또한, 텍스트 필드의 값에는 "OFF"라고 지정하여 화면에 표시한다.

```
- (void)viewDidLoad
{
    [super viewDidLoad];

    [mySwitch setOn:NO];
    textField.text = @"OFF";
}
```

스위치의 클릭할 때마다 UIControlEventValueChanged 이벤트가 발생되고 이 이벤트를 담당하는 switchChanged 메소드가 실행된다. 이 메소드에는 sender 파라메터를 사용하는데 이 파라메트에는 이 메소드의 주인이 되는 객체가 넘어오게 된다. 그런데 이 객체의 타입이 모든 객체를 받을 수 있는 id이므로 UISwitch 객체로 강제형 변환을 시켜야 한다. 이렇게 해야 UISwitch 객체의 메소드를 사용할 수 있기 때문이다.

UISwitch 객체에서는 현재 스위치의 상태를 알아낼 수 있는 isON 메소드를 제공하는데 이 메소드를 호출하여 현재 상태를 출력한다. 즉, isOn 메소드의 값이 True인 경우 텍스트상자에 "ON", False인 경우 "OFF"를 출력해준다.

```
- (IBAction)switchChanged:(id)sender
{
    UISwitch *currentSW = sender;

    if (currentSW.isOn)
        textField.text = @"ON"; // 텍스트 필드에 ON 표시
    else
        textField.text = @"OFF"; // 텍스트 필드에 OFF 표시
}
```

3-9 UIDatePicker 클래스

날짜는 앱에서 상당히 중요한 기능을 차지한다. 성적이라든지 급료, 계획 등 거의 모든 분야에서 날짜를 기준으로 하기 때문이다. 그러므로 날짜는 텍스트 필드와 같은 일반적인 컨트롤에서 입력받지 않고 날짜를 처리할 수 있는 특수한 컨트롤을 사용하여 정확한 날짜를 입력받는 것이 좋다. UIDatePicker 클래스에서 바로 이 날짜를 입력받는 기능을 제공한다. 주의해야 할 점은 이 클래스 이름이 UIDatePicker라고 해서 날짜만 처리하는 것이 아니라 시간까지도 처리할 수 있는 유용한 클래스이다.

UIDatePicker 클래스의 주요 속성, 메소드는 다음과 같다.

▶ 표 3.8 : UIDatePicker 클래스의 주요 속성, 메소드

UIDatePicker 클래스의 속성, 메소드	설명
date	DatePicker에서 선택되는 날짜
locale	DataPicker에서 표시되는 출력 형식(국가별)
DatePickerMode	DatePicker에서 설정 가능한 모드에는 UIDatePickerModeTime, UIDatePickerModeDate, UIDatePickerModeDateAndTime 등이 있다. 디폴트 값은 UIDatePickerModeDateAndTime이다.

UIDatePicker를 사용한 코드 예제는 다음과 같다.

```
UIDatePicker *datePicker = [[UIDatePicker alloc] initWithFrame:CGRectMake(0,
250, 325, 250)];
datePicker.datePickerMode = UIDatePickerModeDate;
datePicker.date = [NSDate date];
[datePicker addTarget:self
            action:@selector(changeDatePicker:)
            forControlEvents:UIControlEventValueChanged];
[self.view addSubview:datePicker];

- (void) changeDatePicker:(id)sender
{
        // 현재 선택된 날짜 값 변경되었을 때 처리
}
```

먼저 UIDatePicker 클래스를 사용하기 위해서는 alloc를 사용하여 객체 인스턴스를 생성한다. 생성한 뒤에는 addTarget 메소드를 사용하여 현재 스위치 값이 변경될 때 발생하는 UIControlEventValueChanged 이벤트와 이 이벤트를 처리하는 함수 changeDatePicker를 지정한다.

UIDatePicker 클래스에서는 여러 가지 모드를 지원하는데 날짜를 처리하기 위해

서는 datePickerMode 속성에 UIDatePickerModeDate를 지정한다. 또한, 현재 날짜를 출력하기 위해서는 NSData 객체의 date 값을 지정하여 현재 날짜와 시간을 읽어 현재 DatePicker 객체의 date 속성에 지정한다.

날짜 선택을 하는 컨트롤은 DatePicker 컨트롤인데 이 컨트롤을 사용하기 위해서는 .xib 파일 혹은 .storyboard 파일을 선택한 뒤 오른쪽 아래에 있는 Object 라이브러리에서 DatePicker 컨트롤을 캔버스에 떨어뜨리면 된다.

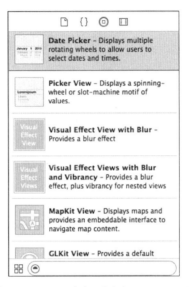

▶그림 3.46 Object 라이브러리의 DatePicker 컨트롤

▌그대로 따라 하기

❶ Xcode에서 File-New-Project를 선택한다. 계속해서 왼쪽에서 iOS-Application 을 선택하고 오른쪽에서 Single View Application을 선택한다. 이어서 Next 버튼 을 누르고 Product Name에 "DatePickerExample"이라고 지정한다.

아래쪽에 있는 Language 항목은 "Objective-C", Devices 항목은 "iPhone"으로 설정하고 Next 버튼을 눌러 프로젝트를 생성한다.

▶그림 3.47 DatePickerExample 프로젝트 생성

❷ 왼쪽 프로젝트 탐색기에서 Main.storyboard를 클릭한 뒤, 오른쪽 아래 라이브
러리 표시 창에서 세 번째 있는 Object 라이브러리(동그라미 모양 아이콘)를
선택하고 여러 라이브러리 중에서 Text Field, Date Picker, Button 1개씩을
다음 그림을 참조하여 캔버스 위쪽에 알맞게 위치시킨다.

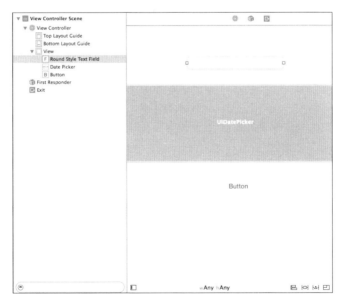

▶그림 3.48 Text Field, Date Picker, Button 컨트롤을 캔버스에 위치

❸ 먼저 Text Field를 선택한 상태에서 캔버스 아래 오
토 레이아웃 메뉴의 두 번째 Pin을 선택하고 "제약
조건 설정" 창이 나타나면 다음 그림과 같이 북쪽 위
치상자에 25를 입력하고 I 빔에 체크한다. 또한, 그
아래 Width와 Height 항목에 체크한 다음 "Add 3
Constraints" 버튼을 클릭한다. 이는 Text Field
컨트롤을 위쪽 가장자리에서 25픽셀 아래쪽에 위치
시키고 Text Field의 높이와 너비를 고정한다는 의
미이다.

▶그림 3.49 Text Field 컨
트롤 제약조건 설정

❹ 다시 Text Field 컨트롤을 선택한 상태에서 캔버스
아래 오토 레이아웃 메뉴의 첫 번째 Align을 선택
하고 "배열 제약조건 설정" 창이 나타나면 다음과 같이
"Horizontal Center in Container"를 선택하고 아래
쪽 "Add 1 Constraint" 버튼을 클릭한다.

▶그림 3.50 Horizontal Center
in Container 항목 선택

❺ 이제 Date Picker 컨트롤을 선택한 상태에서 캔버스
아래 오토 레이아웃 메뉴의 두 번째 Pin을 선택한다.
"제약조건 설정" 창이 나타나면 다음 그림과 같이 동,
서, 북 위치상자에 모두 25를 입력하고 각각의 I 빔에
체크하고 아래쪽 "Add 3 Constraints" 버튼을 클릭
한다.

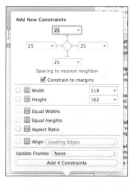

▶그림 3.51 Date Picker 컨
트롤 제약조건 설정

❻ 그 아래 Button을 선택하고 ❸과 ❹에서 처리한 제약조건을 그대로 처리한다. 이어서 오토 레이아웃 메뉴에서 세 번째인 Issues를 선택하고 "All Views in View Controller"의 "Update Frames" 항목을 선택한다.

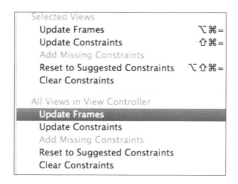

▶그림 3.52 "Update Frames" 항목 선택

❼ 오른쪽 Attributes 인스펙터를 선택하고 Title 속성을 "select"로 변경한다.

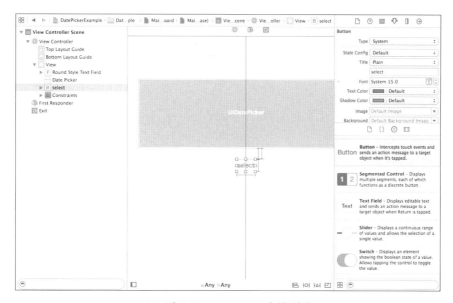

▶그림 3.53 Button Title 속성 변경

❽ 프로젝트 탐색기 오른쪽 위에 있는 도움 에디터Assistant Editor를 선택하여 도움 에
디터를 불러낸다. 도움 에디터의 파일이 ViewController.h 파일임을 확인하고
위쪽 Text Field 컨트롤을 선택한다. 이어서 Ctrl 키와 함께 그대로 도움 에디
터의 @interface 아래쪽으로 드래그-엔-드롭 처리한다. 이때 도움 에디터 연
결 패널이 나타나는데 Name 항목에 textField라고 입력하고 Connect 버튼을
눌러 연결 코드를 생성한다.

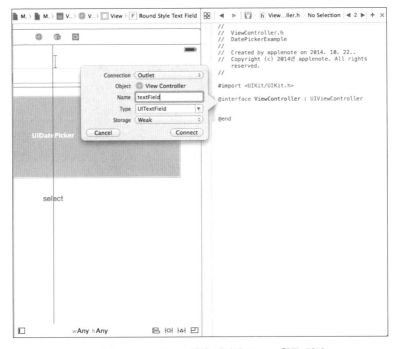

▶그림 3.54 Text Field 연결 패널에 Name 항목 입력

❾ 이번에는 Text Field 컨트롤 아래쪽에 있는 Date Picker 컨트롤을 선택하고
Ctrl 키와 함께 도움 에디터의 @interface 아래쪽으로 드래그-엔-드롭 처리
한다. 도움 에디터 연결 패널이 나타나면 datePicker라는 이름으로 Name 항
목에 입력하고 Connect 버튼을 누른다.

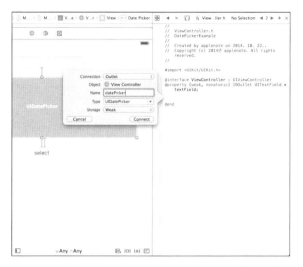

▶그림 3.55 Date Picker 연결 패널에 Name 항목 입력

❿ 마지막으로 캔버스의 Button을 선택하고 오른쪽 마우스 버튼을 누르고 Send
Events 안에 있는 Touch Up Inside 항목을 선택하고 그대로 도움 에디터의
@interface 아래쪽으로 드래그-엔-드롭 처리한다. 도움 에디터 연결 패널이 나
타나면 Name 항목에 clickCompleted라고 입력하고 Connect 버튼을 누른다.

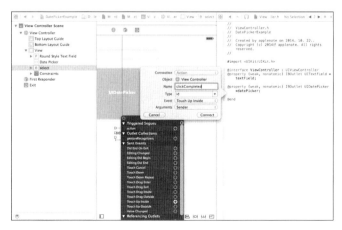

▶그림 3.56 Button 연결 패널에 Name 항목 입력

⓫ 이제 ViewController.h 파일의 소스 코드는 다음과 같다.

```
#import <UIKit/UIKit.h>

@interface ViewController : UIViewController
@property (weak, nonatomic) IBOutlet UITextField *textField;
@property (weak, nonatomic) IBOutlet UIDatePicker *datePicker;
- (IBAction)clickCompleted:(id)sender;

@end
```

⓬ 이제 다시 표준 에디터Standard Editor를 선택하고 ViewController.m 파일을 다음과 같이 수정한다.

```
#import "ViewController.h"

@interface ViewController ()

@end

@implementation ViewController
@synthesize textField, datePicker;

- (void)viewDidLoad
{
    [super viewDidLoad];

    NSLocale *koLocale = [[NSLocale alloc]
                        initWithLocaleIdentifier:@"ko_KO"];
    datePicker.datePickerMode = UIDatePickerModeDate;
    datePicker.locale = koLocale;
}

- (void)didReceiveMemoryWarning
{
    [super didReceiveMemoryWarning];
    // Dispose of any resources that can be recreated.
```

```
}

- (IBAction)clickCompleted:(id)sender
{
    NSDate *currentDate = [datePicker date];

    NSDateFormatter *dateFormat = [[NSDateFormatter alloc] init];
    [dateFormat setDateFormat:@"yyyy-MM-dd"];
    NSString *selectDate = [dateFormat stringFromDate:currentDate];
    textField.text = selectDate;
}

@end
```

⓭ 이제 Product 메뉴-Run 혹은 Run 버튼을 눌러 실행시킨다. Date Picker를 위, 아래로 이동해보고 원하는 날짜를 선택한 뒤 Select 버튼을 눌러본다.

▶그림 3.57 DatePickerExample 프로젝트의 결과

▌원리 설명

날짜 혹은 시간을 표시하고 선택할 수 있는 UIDatePicker 클래스는 인스턴스 객체를 생성하기 위해 다음과 같이 사용된다.

```
UIDatePicker *datePicker = [[UIDatePicker alloc] initWithFrame:CGRectMake(0,
250, 325, 250)];
...
[self.view addSubview:datePicker];
```

위의 과정은 캔버스에 Date Picker 컨트롤을 위치시키고 드래그-엔-드롭으로 도움 에디터에 떨어뜨리는 과정으로 동일한 기능을 처리할 수 있다.

또한, 코드로 이벤트 처리하기 위해서는 다음과 같이 addTarget 메소드에 원하는 이벤트 함수 이름과 이벤트 이름을 지정한다.

```
[datePicker addTarget:self
            action:@selector(changeDatePicker:)
            forControlEvents:UIControlEventValueChanged];
...
```

위에서 사용된 이벤트는 UIControlEventValueChanged이고 이 이벤트에 의해서 실행되는 이벤트 함수는 changeDatePicker가 된다.

뷰 내용을 메모리에 로드시켜 화면에 표시하는 viewDidLoad 메소드에서는 먼저 다음과 같이 NSLocale 객체를 생성하고 UIDatePicker 객체의 locale 속성에 그 객체를 지정한다.

```
- (void)viewDidLoad
{
    [super viewDidLoad];
```

```
NSLocale *koLocale = [[NSLocale alloc] initWithLocaleIdentifier:@"ko_KO"];
datePicker.locale = koLocale;
...
```

NSLocale 객체는 각 나라에 대한 언어, 문화, 전통, 표준에 대한 정보를 가지고 있다. 즉, 특정 나라에 대한 통화 표시, 날짜 표시를 하기 위해서는 반드시 NSLocale 객체를 참조해야만 한다. NSLocale 객체를 생성할 때, initWithLocaleIdentifier를 사용하여 원하는 국가의 로케일 코드locale code를 입력한다. 대한민국은, "ko_KO"를 사용한다.

다음 표는 주요 국가의 로케일 코드이다.

▶ 표 3.9 : 주요 국가의 로케일 코드

국가	로케일 코드
한국	ko_KR
미국	en_US
일본	ja_JP
독일	de_DE
프랑스	fr_FR
이탈리아	it_IT

그다음, UIDatePicker 객체의 datePickerMode 속성에 UIDatePickerMode Date를 지정하여 날짜만 표시되도록 한다.

```
    datePicker.datePickerMode = UIDatePickerModeDate;
}
```

UIPickerDate의 날짜를 클릭할 때마다 UIControlEventValueChanged 이벤트가 발생되는데 여기서는 이 이벤트를 사용하지 않고 버튼을 눌렀을 때 발생되는 Button의 이벤트 함수 clickCompleted를 사용한다.

이 함수에서는 먼저 UIDatePicker 객체의 date를 사용하여 현재 선택된 날짜를 읽어온다.

```
- (IBAction)clickCompleted:(id)sender
{
    NSDate *currentDate = [datePicker date];
    ...
```

그다음, 원하는 날짜 형식으로 출력하기 위해 NSDateFormatter 객체를 생성하고 setDataDateFormat을 사용하여 형식을 결정한다.

```
    NSDateFormatter *dateFormat = [[NSDateFormatter alloc] init];
    [dateFormat setDateFormat:@"yyyy-MM-dd"];
    ...
```

위에서 알 수 있듯이 setDateFormat은 원하는 날짜 형식을 결정하는 파라메터 값을 문자열 형식으로 받아들이는데, 만일 "2014-08-20"과 같은 형식으로 날짜를 출력하기 원한다면 NSDateFormatter 형식 값인 "yyyy-MM-dd"를 지정해준다. 다음 표는 NSDateFormatter 객체의 setDateFormat에서 사용 가능한 형식들이다.

▶ 표 3.10 : 주요 NSDateFormatter 형식

NSDateFormatter 형식	설명
yyyy	4자리 연도
yy	2자리 연도
MM	1~12 월
MMM	Jan/Feb/Mar/Apr/May/Jun..
MMMM	January/February/March...
mm	0~59분
dd	1~31
ss	0~59초

마지막으로 stringFromDate 메소드를 사용하여 NSDate 형식의 자료를 NSString 으로 변경한다. 변경된 자료를 텍스트 필드의 text 속성에 지정하여 화면에 표시 된다.

```
    NSString *selectDate = [dateFormat stringFromDate:currentDate];
    textField.text = selectDate;
}
```

3-10 UIPickerView 클래스

위에서 설명한 UIDatePicker 클래스의 기능이 날짜/시간을 선택하기 위한 것이라 고 한다면, 이 절에서 설명하는 UIPickerView 클래스는 문자열 자료를 표시할 수 있고 원하는 항목을 선택할 수 있는 아주 유용한 클래스이다.

UIPickerView 클래스의 주요 속성, 메소드는 다음과 같다.

▶ 표 3.11 : UIPickerView 클래스의 주요 속성, 메소드

UIPickerView 클래스의 속성, 메소드	설명
delegate	UIPickerViewDelegate 프로토콜을 설정하고 관련된 메 소드 실행
DataSource	UIPickreViewDataSource 프로토콜을 설정하고 관련된 메 소드 실행
showsSelectionIndicator	각 항목마다 선택 구분선을 표시할지를 결정

UIPickerView를 사용한 코드 예제는 다음과 같다.

```
UIPickerView *myPickerView = [[UIPickerView alloc]
        initWithFrame:CGRectMake(0, 200, 320, 200)];
myPickerView.delegate = self;
```

```
myPickerView.datasource = self;
myPickerView.showsSelectionIndicator = YES;
[self.view addSubview:myPickerView];

// DataSource 프로토콜 함수들
- (NSInteger)pickerView:(UIPickerView *)pickerView
        numberOfRowsInComponent:(NSInteger)component {
    return 3; // 컴포넌트 첫 번째 몇 개의 자료가 있는지 설정
}

- (NSInteger)numberOfComponentsInPickerView:
        (UIPickerView *)pickerView {
    return 1; // pickerview에 몇 개의 컴포넌트를 둘지를 설정
}

// Delegate 프로토콜 함수들
- (void)pickerView:(UIPickerView *)pickerView
        didSelectRow: (NSInteger)row inComponent:(NSInteger)component {
    // 항목을 선택했을 때 처리
}

- (NSString *)pickerView:(UIPickerView *)pickerView
        titleForRow:(NSInteger)row forComponent:(NSInteger)component {
    NSString *title;
    title = [@"" stringByAppendingFormat:@"%d", row];
    return title; // 각 컴포넌트에 표시될 타이틀 설정
}
```

먼저 UIPickerView 클래스를 사용하기 위해서는 alloc를 사용하여 객체 인스턴스를 생성한다. 사실 이 UIPickerView 클래스에서 사용할 수 있는 속성과 메소드는 많지 않다. 이 예제에서 사용된 것은 showsSelectionIndicator 속성으로 구분선을 지정하는 기능을 제공한다. 나머지는 delegate와 dataSource로 프로토콜을 설정하여 자동으로 지정된 메소드를 실행시키는 기능을 제공한다. 즉, delegate 속성과 dataSource 속성에 현재 클래스 위치를 의미하는 self를 지정하면 관련된 프로토콜 메소드가 자동으로 실행된다.

피커 뷰를 표시하는 컨트롤은 Picker View 컨트롤인데 이 컨트롤을 사용하기 위해서는 .xib 파일 혹은 .storyboard 파일을 선택한 뒤 오른쪽 아래에 있는 Object 라이브러리에서 Picker View 컨트롤을 캔버스에 떨어뜨리면 된다.

▌그대로 따라 하기

❶ Xcode에서 File-New-Project를 선택한다. 계속해서 왼쪽에서 iOS-Application을 선택하고 오른쪽에서 Single View Application을 선택한다. 이어서 Next 버튼을 누르고 Product Name에 "PickerViewExample"이라고 지정한다. 아래쪽에 있는 Language 항목은 "Objective-C", Devices 항목은 "iPhone" 으로 설정하고 Next 버튼을 눌러 프로젝트를 생성한다.

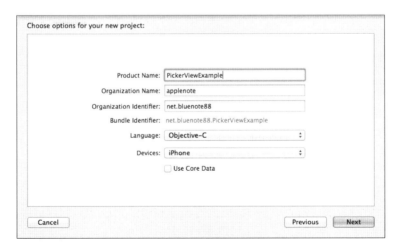

▶ 그림 3.59 PickerViewExample 프로젝트 생성

❷ 왼쪽 프로젝트 탐색기에서 Main.storyboard를 클릭한 뒤, 오른쪽 아래 라이브 러리 표시 창에서 세 번째 있는 Object 라이브러리(동그라미 모양 아이콘)를 선택하고 여러 라이브러리 중에서 Text Field, Picker View 1개씩을 다음 그림 을 참조하여 캔버스 뷰 위쪽에 알맞게 위치시킨다.

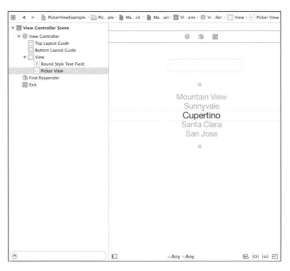

▶그림 3.60 Text Field, Picker View 컨트롤을 캔버스에 위치

❸ 먼저 Text Field를 선택한 상태에서 캔버스 아래 오토 레이아웃 메뉴의 두 번째 Pin을 선택하고 "제 약조건 설정" 창이 나타나면 다음 그림과 같이 북쪽 위치상자에 25를 입력하고 I 빔에 체크한다. 또한, 그 아래 Width와 Height 항목에 체크한 다음 "Add 3 Constraints" 버튼을 클릭한다. 이는 Text Field 컨트롤을 위쪽 가장자리에서 25픽셀 아래쪽에 위치시키고 Text Field의 높이와 너비를 고정시킨다는 의미이다.

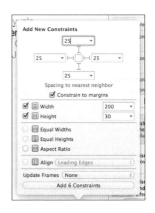

▶그림 3.61 Text Field 컨트롤 제약조건 설정

❹ 다시 Text Field 컨트롤을 선택한 상태에서 캔버스 아래 오토 레이아웃 메뉴의 첫 번째 Align을 선택하고 "배열 제약조건 설정" 창이 나타나면 다음과 같이 "Horizontal Center in Container"를 선택하고 아래쪽 "Add 1 Constraint" 버튼을 클릭한다.

▶그림 3.62 Horizontal Center in Container 항목 선택

❺ 이제 Picker View 컨트롤을 선택하고 캔버스 아래 오토 레이아웃 메뉴의 두 번째 Pin을 선택한다. "제약조건 설정" 창이 나타나면 다음 그림과 같이 동, 서, 북 위치상자에 모두 25를 입력하고 각각의 I 빔에 체크하고 아래쪽 "Add 3 Constraints" 버튼을 클릭한다.

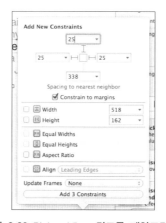

▶그림 3.63 Picker View 컨트롤 제약조건 설정

❻ 이어서 오토 레이아웃 메뉴에서 세 번째인 Issues를 선택하고 "All Views in View Controller"의 "Update Frames" 항목을 선택한다.

❼ 프로젝트 탐색기 오른쪽 위에 있는 도움 에디터Assistant Editor를 선택하여 도움 에디터를 불러낸다. 도움 에디터의 파일이 ViewController.h 파일임을 확인하고 위쪽 Text Field 컨트롤을 선택한다. 이어서 Ctrl 키와 함께 그대로 도움 에디터의 @interface 아래쪽으로 드래그-엔-드롭 처리한다. 이때 도움 에디터 연결 패널이 나타나는데 Name 항목에 textField라고 입력하고 Connect 버튼을 눌러 연결 코드를 생성한다.

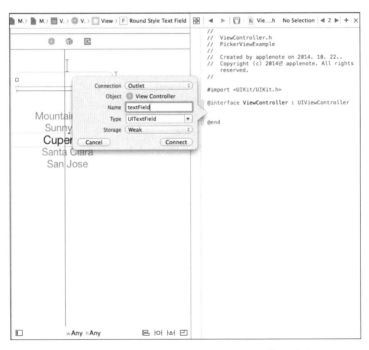

▶그림 3.64 Text Field 연결 패널에 Name 항목 입력

❽ 이번에는 Text Field 컨트롤 아래쪽에 있는 Picker View 컨트롤을 선택한 상태에서 오른쪽 마우스 버튼을 누르고 Picker View 연결상자의 Outlets 아래쪽에

278

있는 dataSource와 delegate를 각각 왼쪽 View Controller Scene 아래쪽에
있는 View Controller에 연결한다.

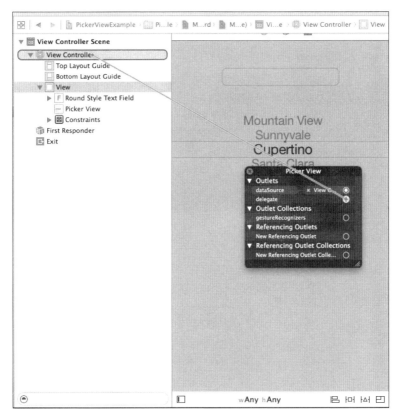

▶그림 3.65 dataSource와 delegate를 View Controller와 연결

❾ 이제 ViewController.h 파일의 소스 코드는 다음과 같다.

```objc
#import <UIKit/UIKit.h>

@interface ViewController : UIViewController
@property (weak, nonatomic) IBOutlet UITextField *textField;
@end
```

⑩ 이제 다시 표준 에디터Standard Editor를 선택하고 ViewController.m 파일을 다음과
같이 수정한다.

```objc
#import "ViewController.h"

@interface ViewController ()
{
    NSArray *dispNumber;
    NSArray *dispNumWords;
}
@end

@implementation ViewController
@synthesize textField;

- (void)viewDidLoad
{
    [super viewDidLoad];

    dispNumber = [[NSArray alloc]
                    initWithObjects:
                    @"1", @"2", @"3", @"4", @"5",
                    @"6", @"7", @"8", @"9", @"10", nil];
    dispNumWords = [[NSArray alloc]
                initWithObjects:
                @"one", @"two", @"three", @"four", @"five", nil];

}

- (void)didReceiveMemoryWarning
{
    [super didReceiveMemoryWarning];
    // Dispose of any resources that can be recreated.
}

- (NSInteger)numberOfComponentsInPickerView:
(UIPickerView *)pickerView
{
    return 2;
}
```

```objc
- (NSInteger)pickerView:(UIPickerView *)pickerView
numberOfRowsInComponent:(NSInteger)component
{
    int count;
    if (component == 0)
        count = 10;
    else
        count = 5;
    return count;
}

- (NSString *)pickerView:(UIPickerView *)pickerView
            titleForRow:(NSInteger)row
          forComponent:(NSInteger)component
{
    NSString *result;

    if (component == 0)
        result = [dispNumber objectAtIndex:row];
    else
        result = [dispNumWords objectAtIndex:row];
    return result;
}

-(void)pickerView:(UIPickerView *)pickerView didSelectRow:(NSInteger)row
     inComponent:(NSInteger)component
{
    NSString *resultString;

    if (component == 0)
        resultString = [NSString stringWithFormat:@"%@",
                    [dispNumber objectAtIndex:row]];
    else
        resultString = [NSString stringWithFormat:@"%@",
                    [dispNumWords objectAtIndex:row]];

    textField.text = resultString;
}

@end
```

⓫ 이제 Product 메뉴-Run 혹은 Run 버튼을 눌러 실행시킨다. Picker View에 표시되는 자료를 위, 아래로 이동해보고 원하는 항목을 선택한 뒤 그 숫자 혹은 문자가 Text Field에 출력되는지 살펴본다.

▶그림 3.66 PickerViewExample 프로젝트의 결과

▌원리 설명

원하는 어떤 항목이든지 모두 표시하고 선택할 수 있는 UIPickerView 클래스는 그 인스턴스 객체를 생성하기 위해 다음과 같이 사용된다.

```
UIPickerView *myPickerView = [[UIPickerView alloc]
        initWithFrame:CGRectMake(0, 200, 320, 200)];
...
[self.view addSubview:myPickerView];
```

또한, 소스 코드를 사용하여 UIPickerViewDelegate, UIPickerViewDataSource 프로토콜을 설정하고 관련된 메소드 실행시키기 위해 다음과 같이 설정할 수 있다.

```
myPickerView.delegate = self;
myPickerView.dataSource = self;
```

위의 과정은 그림 3.65의 Picker View 컨트롤에서 드래그-엔-드롭으로 delegate 와 dataSource 항목을 각각 View Controller Scene 아래 ViewController와 연결 시키는 것과 동일한 기능이다. 한 가지 주의해야 할 점은 Picker View 컨트롤은 가로 와 세로를 일정한 비율로 크기를 유지하고 있는 컨트롤이므로 제약조건을 지정할 때 동, 서, 북 방향으로만 지정하도록 한다.

먼저, ViewController.m 파일 위쪽 @interface 부분을 살펴보자. @interface 안쪽에 NSArray 객체 변수 dispNumber를 선언한다. 이처럼 .h 파일이 아닌 @interface 안쪽에 변수를 선언하는 까닭은 Objective C의 카테고리 기능을 사용하 여 private 선언 기능처럼 사용하기 위함이다.

```
@interface ViewController ()
{
    NSArray *dispNumber;
    NSArray *dispNumWords;
}
@end
```

그다음, 뷰 내용을 메모리에 로드시켜 화면에 표시하는 viewDidLoad 메소드에서 문자열 "1"에서 "10"까지 자료와 "one", "two"…와 같은 영단어 자료를 각각 dispNumer와 dispNumWords에 각각 지정한다. 이 자료들이 바로 Picker View에 서 각각 왼쪽, 오른쪽에 보일 것이다.

```
- (void)viewDidLoad
{
    [super viewDidLoad];

    dispNumber = [[NSArray alloc]
                    initWithObjects:
                    @"1", @"2", @"3", @"4", @"5",
                    @"6", @"7", @"8", @"9", @"10", nil];
    dispNumWords = [[NSArray alloc]
                    initWithObjects:
                    @"one", @"two", @"three", @"four", @"five", nil];

}
```

이제 DataSource 프로토콜 관련 함수들을 작성해보자. 이 함수들은 이미 위에서 dataSource 속성을 처리하였으므로 단지 선언하고 구현만 해주면 자동으로 실행된다.

첫 번째는 pickerview에 컴포넌트의 개수를 결정하는 함수이다. 컴포넌트는 출력할 자료의 그룹을 의미한다. 여기서는 숫자 표시와 문자 표시 즉, 2개의 그룹으로 자료를 출력하고자 하므로 2를 지정한다.

```
- (NSInteger)numberOfComponentsInPickerView:
        (UIPickerView *)pickerView {
    return 2;
}
```

그다음, 두 번째는 각 컴포넌트에 해당하는 자료 개수를 결정하는 함수이다. 어떤 컴포넌트인지 구별하는 방법은 파라메터로 넘어오는 component를 조사하면 된다. 이 값에 따라 맞는 자료 수를 지정한다. 즉, 0이면 숫자형 데이터이고 1이면 문자형 데이터이다. (숫자형인 dispNumber가 자동으로 0이 된다.) 그러므로 첫 번째 컴포넌트의 수는 10이고 두 번째 컴포넌트의 수는 5가 된다.

```
- (NSInteger)pickerView:(UIPickerView *)pickerView
numberOfRowsInComponent:(NSInteger)component
```

```
{
    int count;
    if (component == 0)
        count = 10;
    else
        count = 5;
    return count;
}
```

그다음은 Delegate 프로토콜 관련 함수들을 작성해보자.

첫 번째는 컴포넌트별로 Picker View 컨트롤에 출력하는 함수이다. 위와 마찬가지로 파라미터 compoenent를 사용하여 컴포넌트를 구별할 수 있고 해당하는 값을 출력해준다. 이때 출력되는 값은 NSArray 배열 타입인데 특정 위치에 있는 배열 값을 가지고 오기 위해 objectAtIndex를 사용한다. 즉, objectAtIndex에 원하는 인덱스 값을 지정해서 그 인덱스에 있는 값을 가져와 출력시킨다. 이 메소드는 데이터 개수만큼 반복 처리된다.

```
- (NSString *)pickerView:(UIPickerView *)pickerView
            titleForRow:(NSInteger)row
          forComponent:(NSInteger)component
{
    NSString *result;

    if (component == 0)
        result = [dispNumber objectAtIndex:row];
    else
        result = [dispNumWords objectAtIndex:row];
    return result;
}
```

마지막으로, 원하는 Picker View 항목을 선택했을 때 그 항목을 텍스트 필드에 출력하는 기능을 처리해보자. 다른 메소드와 마찬가지로 파라미터 component로 컴포넌트를 구분할 수 있고 파라메터 row 값으로 선택한 인덱스 값을 알 수 있다. objectAtIndex 메소드에 이 인덱스 값을 적용하여 해당하는 NSArray의 값을 읽어 텍스트 필드에 지정해준다.

```
-(void)pickerView:(UIPickerView *)pickerView didSelectRow:(NSInteger)row
    inComponent:(NSInteger)component
{
    NSString *resultString;

    if (component == 0)
        resultString = [NSString stringWithFormat:@"%@",
                            [dispNumber objectAtIndex:row]];
    else
        resultString = [NSString stringWithFormat:@"%@",
                            [dispNumWords objectAtIndex:row]];

    textField.text = resultString;
}
```

3-11 | UIImageView 클래스

앱 작성에서 많이 사용되는 기능 중 하나는 이미지 출력 기능이다. 아이폰에서는 이미지를 쉽게 화면을 출력할 수 있는데 바로 UIImageView 클래스를 사용하는 방법이다.

UIImageView 클래스의 주요 속성, 메소드는 다음과 같다.

▶ 표 3.12 : UIImageView 클래스의 주요 속성, 메소드

UIImageView 클래스의 속성, 메소드	설명
image	출력하고자 하는 UIImage 객체 변수
setContentMode	부모 뷰 크기에 따라 그 내용을 어떻게 지정할지를 결정 (UIView 속성)

UIImageView를 사용한 코드 예제는 다음과 같다.

```
CGRect imgFrame = CGRectMake(10.0f, 10.0f, 200.0f, 300.0f);
UIImageView *imageView = [[UIImageView alloc] initWithFrame:imgFrame];
UIImage *image = [UIImage imageNamed:@"cat.jpg"];
imageView.image = image;
[imageView setContentMode:UIViewContentModeScaleAspectFit];
[self.view addSubview:imageView];
```

먼저, GGRectMake를 사용하여 원하는 이미지 크기를 생성한 뒤 initWithFrame과 함께 UIImageView 객체를 생성한다. 또한, UIImage 객체를 사용하여 원하는 이미지에 대한 UIImage 객체를 생성한 다음 UIImage 객체의 image 속성에 이 객체를 지정한다. 또한, setContentMode 속성을 사용하여 이미지 뷰 크기의 가로와 세로 비율이 다를 때 어떻게 표시할지를 결정한다.

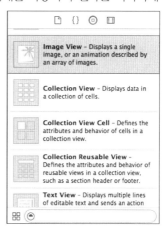

이미지 뷰를 표시하는 컨트롤은 Image View 컨트롤인데 이 컨트롤을 사용하기 위해서는 .xib 파일 혹은 .storyboard 파일을 선택한 뒤 오른쪽 아래에 있는 Object 라이브러리에서 Image View 컨트롤을 캔버스에 떨어뜨리면 된다.

▶그림 3.67 Object 라이브러리의 Image View 컨트롤

▌그대로 따라 하기

❶ Xcode에서 File-New-Project를 선택한다. 계속해서 왼쪽에서 iOS-Application을 선택하고 오른쪽에서 Single View Application을 선택한다. 이어서 Next 버튼을 누르고 Product Name에 "ImageViewExample"이라고 지정한다. 아래쪽에 있는 Language 항목은 "Objective-C", Devices 항목은 "iPhone"으

로 설정하고 Next 버튼을 눌러 프로젝트를 생성한다.

▶그림 3.68 ImageViewExample 프로젝트 생성

❷ 왼쪽 프로젝트 탐색기에서 Main.storyboard를 클릭한 뒤, 오른쪽 아래 라이브
러리 표시 창에서 세 번째 있는 Object 라이브러리(동그라미 모양 아이콘)를
선택하고 여러 라이브러리 중에서 Image View 하나를 다음 그림을 참조하여
캔버스 뷰 위에 알맞게 위치시킨다.

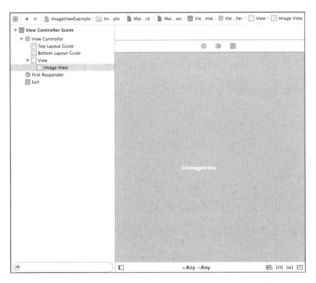

▶그림 3.69 Image View 컨트롤을 캔버스에 위치

❸ 이제 도큐먼트 아웃라인 창에서 Image View를 선택한 상태에서 캔버스 아래 오토 레이아웃 메뉴에서 두 번째 Pin을 선택하고 "제약조건 설정" 창이 나타나면 다음 그림과 같이 동, 서, 남, 북 모든 위치상자에 25를 입력하고 각각의 I 빔에 체크한다. 설정이 끝나면 아래쪽 "Add 4 Constraints" 버튼을 클릭한다.

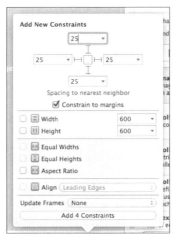

▶그림 1.70 동, 서, 남, 북 모든 방향으로 설정

❹ 이어서 오토 레이아웃 메뉴에서 세 번째인 Issues를 선택하고 "All Views in View Controller"의 "Update Frames" 항목을 선택한다.

❺ 프로젝트 탐색기 오른쪽 위에 있는 도움 에디터Assistant Editor를 선택하여 도움 에디터를 불러낸다. 도움 에디터의 파일이 ViewController.h 파일임을 확인하고 Image View 컨트롤을 선택한다. 이어서 Ctrl 키와 함께 그대로 도움 에디터의 @interface 아래쪽으로 드래그-엔-드롭 처리한다. 이때 도움 에디터 연결 패널이 나타나는데 Name 항목에 imageView라고 입력하고 Connect 버튼을 눌러 연결 코드를 생성한다.

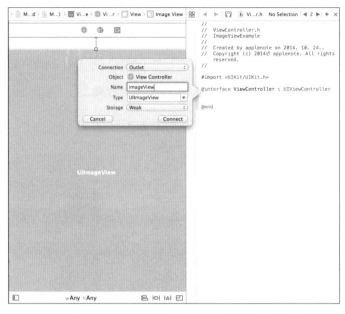

▶그림 3.71 Image View 연결 패널에 Name 항목 입력

❻ 프로젝트 탐색기 위쪽 프로젝트 이름(파란색 아이콘)을 선택하고 오른쪽 마우스 버튼을 누르고 New Group을 선택하고 "Resources"라는 이름으로 그룹을 생성한다.

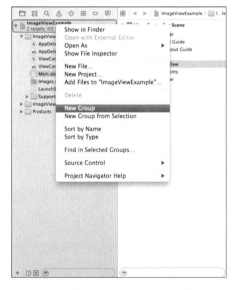

▶그림 3.72 New Group 선택

❼ 여기서는 "cat.jpg"라는 이름의 그림 파일을 드래그-엔-드롭으로 Resources
그룹 안쪽에 떨어뜨린다.

▶그림 3.73 원하는 그림 파일을 Resources 그룹에 위치

❽ 이제 ViewController.h 파일의 소스 코드는 다음과 같다.

```
#import <UIKit/UIKit.h>

@interface ViewController : UIViewController
@property (weak, nonatomic) IBOutlet UIImageView *imageView;
@end
```

❾ 표준 에디터Standard Editor를 선택한 상태에서 ViewController.m 파일을 다음과
같이 수정한다.

```objc
#import "ViewController.h"

@interface ViewController ()

@end

@implementation ViewController
@synthesize imageView;

- (void)viewDidLoad
{
    [super viewDidLoad];
        // Do any additional setup after loading the view, typically from a nib.
    UIImage *img = [UIImage imageNamed:@"cat.jpg"];
    imageView.image = img;
    [imageView setContentMode:UIViewContentModeScaleAspectFit];

}

- (void)didReceiveMemoryWarning
{
    [super didReceiveMemoryWarning];
    // Dispose of any resources that can be recreated.
}

@end
```

⓾ 이제 Product 메뉴–Run 혹은 Run 버튼을 눌러 실행시킨다. 지정된 이미지가 뷰에 출력되는지 살펴본다.

▶그림 3.74 ImageViewExample 프로젝트의 결과

▎원리 설명

원하는 그림을 표시할 수 있는 UIImageView 클래스는 그 인스턴스를 생성하기 위해 다음과 같이 사용된다. 즉, 출력하고자 하는 이미지를 사용하여 UIImage 객체를 생성하고 이 객체를 UIImageView 객체 생성할 때 이용한다.

```
CGRect imgFrame = CGRectMake(10.0f, 10.0f, 200.0f, 300.0f);
UIImageView *imageView = [[UIImageView alloc] initWithFrame:imgFrame];
...
[self.view addSubview:imageView];
```

위의 과정은 캔버스에 Image View 컨트롤을 위치시키고 드래그-엔-드롭으로 도움 에디터에 떨어뜨리는 과정으로 동일한 기능을 처리할 수 있다.

먼저 뷰 내용을 메모리에 로드시켜 화면에 표시하는 viewDidLoad 메소드를 살펴보자. 이 메소드에서는 먼저 다음과 같이 UIImage 객체를 사용하여 그림 파일을 생성한다. 생성된 UIImage 객체 변수 UIImageView 객체의 image 속성에 지정함으로써 이미지가 Image View에 보이게 된다. 마지막으로 setContentMode에 UIViewContentModeScaleAspectFit 값을 지정함으로서 그림 크기가 변경되더라도 이미지가 긴 부분이 화면 전체에 출력될 수 있도록 가로와 세로 비율을 똑같이 유지시키도록 한다. 이미지 모드에 대한 설명은 표 1.24의 "Image View 컨트롤에서 이미지 모드"를 참조하기 바란다.

```
- (void)viewDidLoad
{
  ...
  UIImage *image = [UIImage imageNamed:@"cat.jpg"];
  imageView.image = image;
  [imageView setContentMode:UIViewContentModeScaleAspectFit];
}
```

UIImageView와 함께 자주 사용되는 클래스가 있다면 바로 웹 페이지 내용을 보여주는 UIWebView 클래스이다. 이름에서 말해주듯이 이 클래스를 사용하여 웹 브라우저 기능을 쉽게 구현할 수 있다.

UIWebView 클래스의 주요 속성, 메소드는 다음과 같다.

▶ 표 3.13 : UIWebView 클래스의 주요 속성, 메소드

UIImageView 클래스의 속성, 메소드	설명
loadRequest	클라이언트 요구를 초기화하고 주어진 URL에 연결
reload	현재 페이지를 다시 로드
stopLoading	웹 콘텐츠 로드를 정지

UIWebView를 사용한 코드 예제는 다음과 같다.

```
UIWebView *webView = [[UIWebView alloc] initWithFrame:CGRectMake(0, 0, 320,
480)];
NSURL *url = [NSURL URLWithString: @"http://www.naver.com/"];
NSURLRequest *requestObj = [NSURLRequest requestWithURL: url];
[webView loadRequest:requestObj];
[self.view addSubview: webView];
```

먼저, CGRectMake를 사용하여 원하는 이미지 크기를 생성한 뒤 initWithFrame과 함께 UIWebView 객체를 생성한다. 그다음, 원하는 웹 주소를 파라메터로 하는 NSURL 객체를 생성하고 이 NSURL 객체 변수를 이용하여 다시 NSURLRequest 객체를 생성한다. 이 객체 변수를 UIWebView 객체의 loadRequest 메소드의 파라메터에 넘겨주면 원하는 주소를 표시할 수 있게 된다.

웹 뷰를 표시하는 컨트롤은 Web View 컨트롤인데 이 컨트롤을 사용하기 위해서는 .xib 파일 혹은 .storyboard 파일을 선택한 뒤 오른쪽 아래에 있는 Object 라이브러리에서 Web View 컨트롤을 캔버스에 떨어뜨리면 된다.

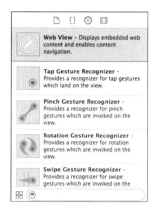

▶ 그림 3.75 Object 라이브러리의 Web View 컨트롤

▌그대로 따라 하기

❶ Xcode에서 File-New-Project를 선택한다. 계속해서 왼쪽에서 iOS-Application
을 선택하고 오른쪽에서 Single View Application을 선택한다. 이어서 Next
버튼을 누르고 Product Name에 "WebViewExample"이라고 지정한다.
아래쪽에 있는 Language 항목은 "Objective-C", Devices 항목은 "iPhone"
으로 설정하고 Next 버튼을 눌러 프로젝트를 생성한다.

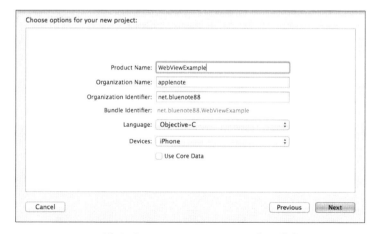

▶ 그림 3.76 WebViewExample 프로젝트 생성

❷ 왼쪽 프로젝트 탐색기에서 Main.storyboard를 클릭한 뒤, 오른쪽 아래 라이브
러리 표시 창에서 세 번째 있는 Object 라이브러리(동그라미 모양 아이콘)를
선택하고 여러 라이브러리 중에서 Text Field, Button, Web View 1개씩을
다음 그림을 참조하여 캔버스 뷰 위에 알맞게 위치시킨다.

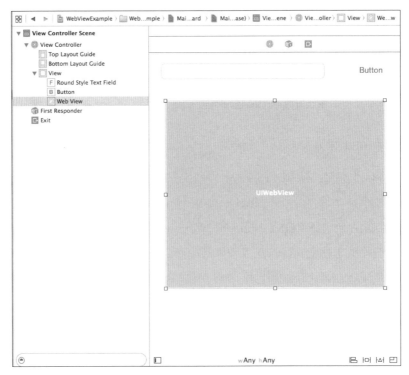

▶그림 3.77 Text Field, Button, Web View 컨트롤을 캔버스에 위치

❸ 이제 Button을 선택한 상태에서 오른쪽 Attributes 인스펙터를 선택하고 Title
속성을 "Search"로 변경한다.

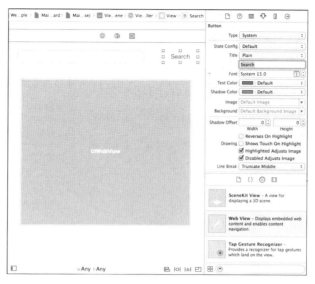

▶그림 3.78 Button Title 속성 변경

❹ 먼저 왼쪽 Text Field 컨트롤을 선택한 상태에서 캔버스 아래 오토 레이아웃 메뉴에서 두 번째 Pin을 선택하고 "제약조건 설정" 창이 나타나면 다음 그림과 같이 북쪽에서 25, 서쪽 위치상자에 25를 입력하고 I 빔에 각각 체크한다. 그다음 Height에 체크한 뒤, "Add 3 Constraints" 버튼을 클릭한다.

▶그림 3.79 Text Field 컨트롤 제약조건 설정

❺ 이어서 Button 컨트롤을 선택한 상태에서 캔버스 아래 오토 레이아웃 메뉴에서 두 번째 Pin을 선택하고 "제약조건 설정" 창이 나타나면 다음 그림과 같이 북쪽에서 25, 동쪽 위치상자에 25를 입력하고 각각 I 빔에 체크한다. 또한, 그 아래 Width, Height 항목에 체크한 다음 "Add 4 Constraints" 버튼을 클릭한다.

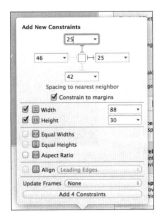

▶그림 3.80 Button 컨트롤 제약 조건 설정

❻ 이번에는 Text Field 컨트롤을 Ctrl 버튼과 함께 마우스로 선택하고 드래그-엔-드롭으로 Button에 떨어뜨린다. 이때 다음과 같이 설정 창이 나타나는데 가장 위에 있는 Horizontal Spacing을 선택한다.

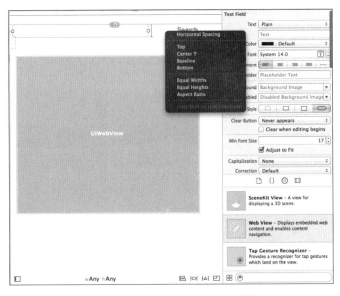

▶그림 3.81 Horizontal Spacing 선택

❼ 이제 도큐먼트 아웃라인 창에서 Web View를 선택한 상태에서 캔버스 아래 오토 레이아웃 메뉴에서 두 번째 Pin을 선택하고 "제약조건 설정" 창이 나타나면 다음 그림과 같이 동, 서, 남, 북 모든 위치상자에 25를 입력하고 각각의 I 빔에 체크한다. 설정이 끝나면 아래쪽 "Add 4 Constraints" 버튼을 클릭한다.

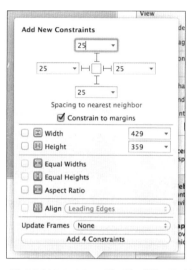

▶그림 3.82 Web View 컨트롤 제약조건 설정

❽ 이제 캔버스 아래 오토 레이아웃 메뉴에서 세 번째인 Issues를 선택하고 "All Views in View Controller"의 "Update Frames" 항목을 선택한다.

❾ 프로젝트 탐색기 오른쪽 위에 있는 도움 에디터Assistant Editor를 선택하여 도움 에디터를 불러낸다. 도움 에디터의 파일이 ViewController.h 파일임을 확인하고 위쪽 Text Field 컨트롤을 선택한다. 이어서 Ctrl 키와 함께 그대로 도움 에디터의 @interface 아래쪽으로 드래그-엔-드롭 처리한다. 이때 도움 에디터 연결 패널이 나타나는데 Name 항목에 textField라고 입력하고 Connect 버튼을 눌러 연결 코드를 생성한다.

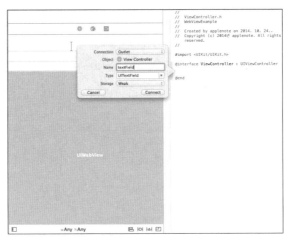

▶그림 3.83 Text Field 연결 패널에 Name 항목 입력

❿ 그다음, 옆에 있는 Button을 선택하고 오른쪽 마우스 버튼을 누르고 Send
Events 안에 있는 Touch Up Inside 항목을 선택하고 그대로 도움 에디터의
@interface 아래쪽으로 드래그—엔—드롭 처리한다. 도움 에디터 연결 패널이 나
타나면 Name 항목에 clickCompleted라고 입력하고 Connect 버튼을 누른다.

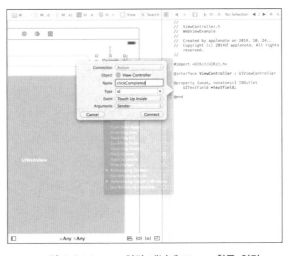

▶그림 3.84 Button 연결 패널에 Name 항목 입력

⑪ 이어서 아래쪽 Web View 컨트롤을 선택하고 Ctrl 키와 함께 그대로 도움 에디터의 @interface 아래쪽으로 드래그-엔-드롭 처리한다. 이때 도움 에디터 연결 패널이 나타나는데 Name 항목에 webView라고 입력하고 Connect 버튼을 눌러 연결 코드를 생성한다.

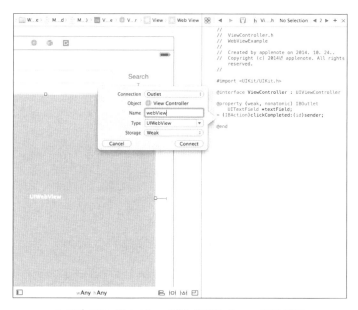

▶그림 3.85 Web View 연결 패널에 Name 항목 입력

⑫ 이제 ViewController.h 파일의 소스 코드는 다음과 같다.

```
#import <UIKit/UIKit.h>

@interface ViewController : UIViewController

@property (weak, nonatomic) IBOutlet UITextField *textField;
@property (weak, nonatomic) IBOutlet UIWebView *webView;
- (IBAction)clickCompleted:(id)sender;

@end
```

⑬ 표준 에디터Standard Editor를 선택한 상태에서 ViewController.m 파일을 다음과
같이 수정한다.

```objc
#import "ViewController.h"

@interface ViewController ()
@end

@implementation ViewController
@synthesize textField, webView;

- (void)viewDidLoad
{
    [super viewDidLoad];
        // Do any additional setup after loading the view, typically from a nib.
}

- (void)didReceiveMemoryWarning
{
    [super didReceiveMemoryWarning];
    // Dispose of any resources that can be recreated.
}

- (IBAction)clickCompleted:(id)sender
{
    NSString *strURL = textField.text;
    NSURL *url = [NSURL URLWithString:strURL];
    NSURLRequest *requestObj = [NSURLRequest requestWithURL:url];
    [webView loadRequest:requestObj];
}
@end
```

⑭ 이제 Product 메뉴-Run 혹은 Run 버튼을 눌러 실행시킨다. 텍스트 필드에
임의의 URL 주소를 입력하고 Search 버튼을 눌러 결과를 확인한다. 다음 그림
은 "http://www.naver.com"을 입력한 결과이다.

▶그림 3.86 WebViewExample 프로젝트의 결과

▍원리 설명

앱에서 원하는 웹 페이지를 표시할 수 있는 UIWebView 클래스는 그 인스턴스 객체를 생성하기 위해 다음과 같이 사용된다.

```
UIWebView *webView = [[UIWebView alloc] initWithFrame:CGRectMake(0, 0, 320,
480)];
...
[self.view addSubview: webView];
```

위의 과정은 캔버스에 Web View 컨트롤을 위치시키고 드래그–엔–드롭으로 도움에디터에 떨어뜨리는 과정으로 동일한 기능을 처리할 수 있다.

텍스트 필드에 표시하기 원하는 웹사이트의 주소를 입력하고 옆에 있는 Search 버튼을 누르면 다음과 같이 clickCompleted 메소드를 실행한다.

```
- (IBAction)clickCompleted:(id)sender
{
...
```

이 메소드에서는 먼저 다음과 같이 텍스트 필드에 입력한 주소에 대한 NSURL 객체를 생성한다.

```
NSString *strURL = textField.text;
NSURL *url = [NSURL URLWithString:strURL];
...
```

그다음, 생성된 NSURL 객체 변수 url을 NSURLRequest 객체의 request WithURL과 함께 호출하여 NSURLRequest 객체 변수 requestObj를 생성한다. 이 객체 변수를 UIWebView의 loadRequest에 지정하면 원하는 웹 페이지가 나타난다.

```
NSURLRequest *requestObj = [NSURLRequest requestWithURL:url];
[webView loadRequest:requestObj];
}
```

3-13 UIProgressView 클래스

많은 양의 자료를 처리할 때에는 상당한 시간이 요구되는데 처리 과정을 보여주지 않는 경우, 사용자는 현재 작업이 제대로 처리되고 있는지 알 수 없을 것이다. 이러한 작업 처리 과정을 보여주는 것이 바로 UIProgressView 클래스이다. 보통 가로 방향의 막대 모양으로 처리해야 할 전체량을 미리 보여주고 현재까지 처리된 양을 다른 색깔로 표시해 현재 어디까지 처리되었는지를 쉽게 알 수 있다.

UIProgressView 클래스의 주요 속성, 메소드는 다음 표와 같다.

▶ 표 3.14 : UIProgressView 클래스의 주요 속성, 메소드

UIProgressView 클래스의 속성, 메소드	설명
progress	현재 처리된 양을 표시. 0.0에서 1.0까지의 값. 이 값을 증가시킴에 따라 프로그래스 바 값이 변경됨
setProgressViewStyle	프로그래스 바에 설정할 수 있는 스타일 값 UIProgressViewStyleDefault(디폴트 값)와 UIProgress ViewStyleBar(툴 바 스타일) 두 종류 제공
setProgressTintColor	처리된 양을 표시해주는 프로그래스 바 색깔
setTrackTintColor	처리되지 않은 양을 표시해주는 프로그래스 바 색깔

UIProgressView를 사용한 코드 예제는 다음과 같다.

```
UIProgressView *progressView;
...
progressView = [[UIProgressView alloc]
               initWithFrame: CGRectMake(100,100,100,20)];
progressView.progress=0.0f;
[progressView setProgressViewStyle:UIProgressViewStyleBar];
[self.view addSubview:progressView];
NSTimer *timer = [NSTimer scheduledTimerWithTimeInterval:0.10
                 target:self
                 selector:@selector(setStartProgress)
                 userInfo:nil
                 repeats:YES];


- (void) setStartProgress
{
    progressView.progress = progressView.progress + 0.1; // 프로그래스 바 증가
    ...
}
```

먼저, CGRectMake를 사용하여 원하는 이미지 크기를 생성한 뒤 initWithFrame 과 함께 UIProgressView 객체를 생성한다. 그다음, progress 속성을 사용하여 현재 프로그래스 뷰의 초깃값을 설정하고 setProgressViewStyle을 사용하여 프로그래스 뷰의 스타일을 지정한다.

여기서 주의해야 할 것은 프로그래스 바 값을 증가시키기 위해서는 반드시 스레드 혹은 타이머를 사용하여 현재 메인 스레드가 아닌 다른 스레드를 사용하여 증가시켜 야만 한다는 점이다. 이 예제에서는 NSTimer를 사용하여 0.1초 단위로 setStart Progress라는 메소드를 실행시킨다. 그러므로 이 메소드 안쪽에 반드시 프로그래스 뷰에서 처리하는 증가 값이 있어야만 한다.

프로그래스 뷰를 표시하는 컨트롤은 Progress View 컨트롤인데 이 컨트롤을 사용하기 위해서는 .xib 파일 혹은 .storyboard 파일을 선택한 뒤 오른쪽 아래에 있 는 Object 라이브러리에서 Progress View 컨트롤을 캔 버스에 떨어뜨리면 된다.

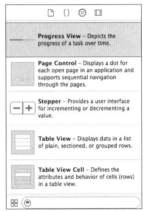

▶그림 3.87 Object 라이브러리 의 Progress View 컨트롤

▌그대로 따라 하기

❶ Xcode에서 File-New-Project를 선택한다. 계속해서 왼쪽에서 iOS-Application 을 선택하고 오른쪽에서 Single View Application을 선택한다. 이어서 Next 버튼을 누르고 Product Name에 "ProgressViewExample"이라고 지정한다. 아래쪽에 있는 Language 항목은 "Objective-C", Devices 항목은 "iPhone" 으로 설정하고 Next 버튼을 눌러 프로젝트를 생성한다.

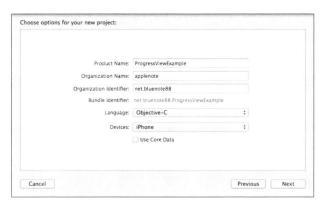

▶그림 3.88 ProgressViewExample 프로젝트 생성

❷ 왼쪽 프로젝트 탐색기에서 Main.storyboard를 클릭한 뒤, 오른쪽 아래 라이브
러리 표시 창에서 세 번째 있는 Object 라이브러리(동그라미 모양 아이콘)를
선택하고 여러 라이브러리 중에서 Progress View, Button 1개씩을 다음 그림
을 참조하여 캔버스 뷰 위에 알맞게 위치시킨다.

▶그림 3.89 Progress View, Button 컨트롤을 캔버스에 위치

❸ Button을 선택한 상태에서 오른쪽 Attributes 인스펙터를 선택하고 Title 속성을 "Start"로 변경한다.

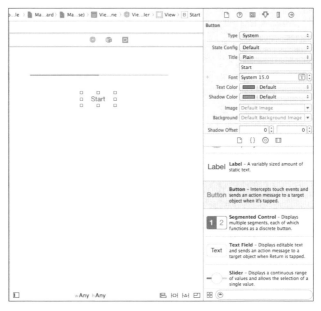

▶그림 3.90 Button Title 속성 변경

❹ 먼저 Progress View 컨트롤을 선택한 상태에서 캔버스 아래 오토 레이아웃 메뉴에서 두 번째 Pin을 선택하고 "제약조건 설정" 창이 나타나면 다음 그림과 같이 북, 동, 서 위치상자에 각각 25를 입력하고 I 빔에 체크한다. 또한, 그 아래 Height 항목에 체크한 다음 "Add 4 Constraints" 버튼을 클릭한다.

▶그림 3.91 Progress View 컨트롤 제약조건 설정

❺ 동일한 방법으로 Button을 선택한 상태에서 캔버스 아래 오토 레이아웃 메뉴에서 두 번째 Pin을 선택하고 "제약조건 설정" 창이 나타나면 다음 그림과 같이 북쪽 위치상자에 25를 입력하고 I 빔에 체크한다. 또한, 그 아래 Width와 Height 항목에 체크한 다음 "Add 3 Constraints" 버튼을 클릭한다.

▶그림 3.92 Button 컨트롤 제약조건 설정

❻ 다시 Button 컨트롤을 선택한 상태에서 캔버스 아래 오토 레이아웃 메뉴에서 첫 번째 Align을 선택하고 "배열 제약조건 설정" 창이 나타나면 다음과 같이 "Horizontal Center in Container"를 선택하고 아래쪽 "Add 1 Constraint" 버튼을 클릭한다.

▶그림 3.93 Horizontal Center in Container 항목 선택

❼ 이제 캔버스 아래 오토 레이아웃 메뉴에서 세 번째인 Issues를 선택하고 "All Views in View Controller"의 "Update Frames" 항목을 선택한다.

❽ 프로젝트 탐색기 오른쪽 위에 있는 도움 에디터Assistant Editor를 선택하여 도움 에디터를 불러낸다. 도움 에디터의 파일이 ViewController.h 파일임을 확인하고 위쪽 Progress View 컨트롤을 선택한다. 이어서 Ctrl 키와 함께 그대로 도움 에디터의 @interface 아래쪽으로 드래그-엔-드롭 처리한다. 이때 도움 에디터 연결 패널이 나타나는데 Name 항목에 progressView라고 입력하고 Connect 버튼을 눌러 연결 코드를 생성한다.

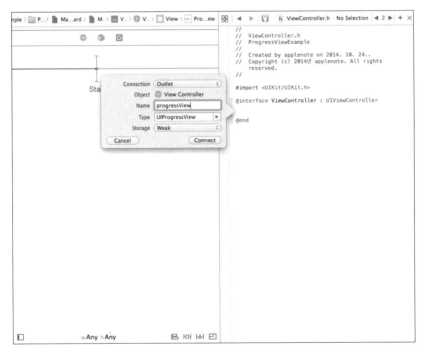

▶그림 3.94 Progress View 연결 패널에 Name 항목 입력

❾ 그다음, 아래쪽에 있는 Button을 선택하고 오른쪽 마우스 버튼을 누르고 Send Events 안에 있는 Touch Up Inside 항목을 선택하고 그대로 도움 에디터의

@interface 아래쪽으로 드래그–엔–드롭 처리한다. 도움 에디터 연결 패널이 나타나면 Name 항목에 clickCompleted라고 입력하고 Connect 버튼을 누른다.

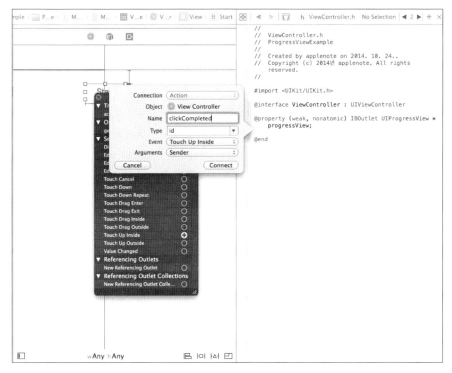

▶그림 3.95 Button 연결 패널에 Name 항목 입력

❿ 이제 ViewController.h 파일의 소스 코드는 다음과 같다.

```
#import <UIKit/UIKit.h>

@interface ViewController : UIViewController
@property (strong, nonatomic) IBOutlet UIView *progressView;
- (IBAction)clickCompleted:(id)sender;
@end
```

⓫ 표준 에디터Standard Editor를 선택한 상태에서 ViewController.m 파일을 다음과 같이 수정한다.

```objc
#import "ViewController.h"

@interface ViewController ()
{
    NSTimer *timer;
}
@end

@implementation ViewController
@synthesize progressView;

- (void)viewDidLoad
{
    [super viewDidLoad];

    progressView.progress = 0.0;
}

- (void)didReceiveMemoryWarning
{
    [super didReceiveMemoryWarning];
    // Dispose of any resources that can be recreated.
}

- (IBAction)clickCompleted:(id)sender
{
    timer = [NSTimer scheduledTimerWithTimeInterval:0.10
                target:self
                selector:@selector(setStartProgress)
                userInfo:nil
                repeats:YES];
}

- (void) setStartProgress
{
    progressView.progress = progressView.progress + 0.1;
```

```
    if (progressView.progress == 1.0)
    {
        [timer invalidate];
    }
}
@end
```

⑫ 이제 Product 메뉴–Run 혹은 Run 버튼을 눌러 실행시킨다. Start 버튼을 눌러 프로그래스 바가 왼쪽에서 오른쪽으로 진행하는지 확인해본다.

▶그림 3.96 ProgressViewExample 프로젝트의 결과

▌원리 설명

시간이 걸리는 작업을 처리할 때 사용되는 UIProgressView 클래스는 그 인스턴스 객체를 생성하기 위해 다음과 같이 사용된다.

```
UIProgressView *progressView = [[UIProgressView alloc]
                initWithFrame: CGRectMake(100,100,100,20)];
...
[self.view addSubview:progressView];
```

위의 과정은 캔버스에 Progress View 컨트롤을 위치시키고 드래그-엔-드롭으로 도움 에디터에 떨어뜨리는 과정으로 동일한 기능을 처리할 수 있다.

먼저, 뷰 내용을 메모리에 로드시켜 화면에 표시하는 viewDidLoad 메소드를 살펴보자. 이 메소드에서는 다음과 같이 UIProgressView의 progress 속성을 사용하여 프로그래스 뷰의 값을 0.0으로 초기화하는 기능을 처리한다.

```
- (void)viewDidLoad
{
    [super viewDidLoad];
    progressView.progress = 0.0;
}
```

그다음, 중앙에 있는 Start 버튼을 눌렀을 때 처리되는 clickCompleted 메소드를 살펴보자. 이 메소드에서는 프로그래스 바를 진행시키기 위하여 필요한 타이머기능을 제공하는 NSTimer 객체를 생성한다.

NSTimer 호출은 일반적으로 5개의 파라메터를 사용한다. 첫 번째 파라메터는 타이머를 호출할 시간 간격으로 초 단위를 사용하여 지정한다. 두 번째 파라메터는 타이머 함수가 위치할 클래스를 지정하는데, self로 지정하는 경우에는 현재 클래스에 위치한다는 의미이다. 세 번째 파라메터는 실행될 타이머 함수이다. 네 번째 파라메터는 함수에 전달할 값이고 다섯 번째 파라메터는 이 타이머를 반복할 것인지를 결정한다. YES인 경우 반복되고 NO인 경우에는 1번만 실행된다.

```
- (IBAction)clickCompleted:(id)sender
{
    [progressView setProgress:0.0];
    timer = [NSTimer
            scheduledTimerWithTimeInterval:0.10  // 타이머를 호출할 시간 간격
            target:self                          // 타이머 함수가 위치할 클래스
            selector:@selector(setStartProgress) // 타이머 함수
            userInfo:nil                         // 함수에 전달할 값
            repeats:YES];                        // 반복
}
```

마지막으로 타이머에서 호출되는 setStartProgress 메소드를 살펴보자. 메소드에서는 UIProgressView 객체의 progress 속성을 이용하여 진행된 양을 증가시키고 만일 프로그래스 바의 끝(progress 값이 1.0)까지 온 경우, 타이머를 종료시킨다. 타이머 종료는 NSTime 객체의 invalidate 메소드를 호출하여 처리한다.

```
- (void) setStartProgress
{
    progressView.progress = progressView.progress + 0.1;

    if (progressView.progress == 1.0)
    {
        [timer invalidate];
    }
}
```

3-14 MKMapView 클래스

스마트폰에서 GPS를 이용하여 지도를 표시하여 원하는 곳을 볼 수 있는 기능들은 더 이상 신기하지도 새롭지도 않다. 스마트폰의 발달로 가장 획기적으로 발전한 부분 중 하나는 바로 스마트폰에서 제공하는 지도일 것이다. 아이폰에서는 이러한 지도 기능

을 MKMapView 클래스를 사용하여 쉽게 처리할 수 있다.

이 MKMapView 클래스를 Xcode에서 사용하기 위해서는 소스 코드 위쪽에 다음을 import 처리하고 Xcode 안에 MapKit.Framework 프레임워크를 별도로 설치해만 한다.

```
#import <MapKit/MapKit.h>
```

또한, 지도 화면을 처리하기 위해서는 UIMapView 객체뿐만 아니라 이 객체에서 사용하는 MKCoordinateRegion, MKCoordinateSpan, CLLocationCoordinate2D 등의 여러 구조체 사용법도 알아야 한다.

UIMapView 객체의 주요 속성, 메소드는 다음과 같다.

▶ 표 3.15 : MKMapView 객체의 주요 속성, 메소드

MKMapView 클래스의 속성, 메소드	설명
setRegion	MKCoordinateRegion 객체에 설정된 값의 지도를 표시

MKMapView를 사용한 코드 예제는 다음과 같다.

```
MKMapView *mapView = [[MKMapView alloc]
                initWithFrame: CGRectMake(0, 0, 320, 568)];
[self.view addSubview:mapView];
[NSThread
        detachNewThreadSelector:@selector(displayMyMap)
        toTarget:self
        withObject:nil]; // Thread 사용
}

-(void)displayMyMap
{
    ...
```

```
    MKCoordinateRegion region;
    MKCoordinateSpan span;
    span.latitudeDelta=0.2;    // 화면 표시 위쪽과 아래쪽 위도(실거리 20km)
    span.longitudeDelta=0.2; //화면 표시 좌측과 우측 경도(실거리 20km)
    CLLocationCoordinate2D location;
    location.latitude = 37.564747 ;    // 서울 위도
    location.longitude = 126.939602; // 서울 경도
    region.span=span;
    region.center=location;
    [mapView setRegion:region animated:TRUE]; // 지도 표시
}
```

우선 지도를 표시하기 위해서는 메인 스레드가 아닌 별도의 스레드를 생성하여 출력한다. 먼저 MKCoordinateSpan 구조체를 사용하여 현재 맵에 표시될 위도와 경도에 대한 표시 크기를 설정하고 CLLocationCoordinate2D 구조체를 사용하여 표시하고자 하는 위도와 경도를 설정한다. 마지막으로 위에서 설정된 자료를 MKCoordinateRegion 구조체로 지정한 뒤 UIMapView 객체의 setRegion에 설정하면 원하는 지도가 표시된다.

지도를 표시하는 컨트롤은 MapKit View인데 이 컨트롤을 사용하기 위해서는 .xib 파일 혹은 .storyboard 파일을 선택한 뒤 오른쪽 아래에 있는 Object 라이브러리에서 MapKit View 컨트롤을 캔버스에 떨어뜨리면 된다.

▶그림 3.97 Object 라이브러리의 MapKit View 컨트롤

▌그대로 따라 하기

❶ Xcode에서 File-New-Project를 선택한다. 계속해서 왼쪽에서 iOS-Application
을 선택하고 오른쪽에서 Single View Application을 선택한다. 이어서 Next
버튼을 누르고 Product Name에 "MapViewExample"이라고 지정한다.
아래쪽에 있는 Language 항목은 "Objective-C", Devices 항목은 "iPhone"
으로 설정하고 Next 버튼을 눌러 프로젝트를 생성한다.

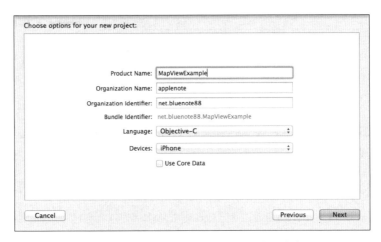

▶그림 3.98 MapViewExample 프로젝트 생성

❷ 프로젝트를 이상 없이 생성하였다면, MapViewExample 프로젝트 속성의 첫
번째인 General이 표시된다. 이 프로젝트 속성의 다섯 번째 Build Phases를
선택한다. 이때 세 번째 줄에 있는 "Link Binary With Libraries(3 items)" 왼쪽
에 있는 삼각형을 클릭한 뒤 아래쪽에 있는 + 버튼을 눌러 MapKit.framework를
추가시킨다.

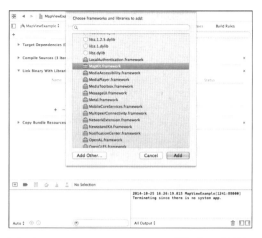

▶그림 3.99 Link Binary With Libraries 항목에 프레임워크 추가

❸ 왼쪽 프로젝트 탐색기에서 Main.storyboard를 클릭한 뒤, 오른쪽 아래 라이브
러리 표시 창에서 세 번째 있는 Object 라이브러리(동그라미 모양 아이콘)를
선택하고 여러 라이브러리 중에서 MapKit View를 다음 그림을 참조하여 캔버
스 뷰 위에 알맞게 위치시킨다.

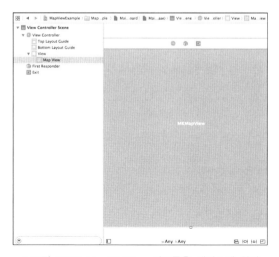

▶그림 3.100 MapKit View 컨트롤을 캔버스에 위치

❹ 이제 도큐먼트 아웃라인 창에서 MapView를 선택한 상태에서 캔버스 아래 오토 레이아웃 메뉴에서 두 번째 Pin을 선택하고 "제약조건 설정" 창이 나타나면 다음 그림과 같이 동, 서, 남, 북 모든 위치상자에 25를 입력하고 각각의 I 빔에 체크한다. 설정이 끝나면 아래쪽 "Add 4 Constraints" 버튼을 클릭한다.

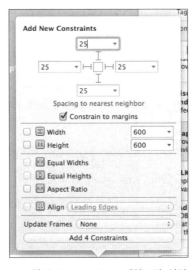

▶그림 3.101 MapView 제약조건 설정

❺ 이제 캔버스 아래 오토 레이아웃 메뉴에서 세 번째인 Issues를 선택하고 "All Views in View Controller"의 "Update Frames" 항목을 선택한다.

❻ 프로젝트 탐색기 오른쪽 위에 있는 도움 에디터Assistant Editor를 선택하여 도움 에디터를 불러낸다. 도움 에디터의 파일이 ViewController.h 파일임을 확인하고 위쪽 Map View 컨트롤을 선택한다. 이어서 Ctrl 키와 함께 그대로 도움 에디터의 @interface 아래쪽으로 드래그-엔-드롭 처리한다. 이때 도움 에디터 연결 패널이 나타나는데 Name 항목에 mapView라고 입력하고 Connect 버튼을 눌러 연결 코드를 생성한다.

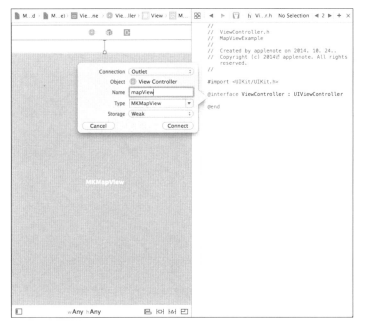

▶그림 3.102 Map View 연결 패널에 Name 항목 입력

❼ 또한, ViewController.h 파일 위쪽에 다음과 같은 import 문장을 추가해준다.

```
#import <UIKit/UIKit.h>
#import <MapKit/MapKit.h>
...
```

❽ 이제 ViewController.h 파일의 소스 코드는 다음과 같다.

```
#import <UIKit/UIKit.h>
#import <MapKit/MapKit.h>

@interface ViewController : UIViewController
@property (weak, nonatomic) IBOutlet MKMapView *mapView;

@end
```

❾ 표준 에디터Standard Editor를 선택한 상태에서 ViewController.m 파일을 다음과
같이 수정한다.

```objc
#import "ViewController.h"

@interface ViewController ()
@end

@implementation ViewController
@synthesize mapView;

- (void)viewDidLoad
{
    [super viewDidLoad];
        // Do any additional setup after loading the view, typically from a nib.

    [NSThread detachNewThreadSelector:@selector(displayMyMap)
            toTarget:self
            withObject:nil];
}

- (void)didReceiveMemoryWarning
{
    [super didReceiveMemoryWarning];
    // Dispose of any resources that can be recreated.
}

-(void)displayMyMap
{
    MKCoordinateRegion region;
    MKCoordinateSpan span;
    span.latitudeDelta=0.2;
    span.longitudeDelta=0.2;

    CLLocationCoordinate2D location;

    location.latitude = 37.564747 ;
    location.longitude = 126.939602;
```

```
    region.span=span;
    region.center=location;

    [mapView setRegion:region animated:TRUE];
}

@end
```

⑩ 이제 Product 메뉴-Run 혹은 Run 버튼을 눌러 실행시켜 서울을 중심으로
하는 지도가 잘 나타나는지 확인해본다.

▶그림 3.103 MapViewExample 프로젝트의 결과

▌원리 설명

지도를 표시하고자 할 때 사용되는 MKMapView 클래스는 그 인스턴스 객체를 생
성하기 위해 다음과 같이 사용된다.

```
MKMapView *mapView = [[MKMapView alloc]
                initWithFrame: CGRectMake(0, 0, 320, 568)];
[self.view addSubview:mapView];
```

위의 과정은 캔버스에 MapKit View 컨트롤을 위치시키고 드래그-엔-드롭으로 도움 에디터에 떨어뜨리는 과정으로 동일한 기능을 처리할 수 있다.

먼저, 뷰 내용을 메모리에 로드시켜 화면에 표시하는 viewDidLoad 메소드를 살펴보자.

이 메소드에서는 먼저 다음과 같이 NSThread 객체를 생성하여 별도의 스레드를 사용하여 지도를 그려준다. 지도를 그릴 때 상당한 시간과 리소스가 필요하므로 반드시 별도의 스레드를 사용하여 지도를 그려준다. @selector 항목에 스레드 처리하고자 하는 메소드 이름 즉, displayMyMap을 지정하고 toTarget에는 이 메소드가 위치하는 클래스를 설정한다. 여기서는 동일한 클래스에 위치하는 것이므로 self 값을 지정한다. withObject에는 파라메터 값을 지정하는데, 여기서는 별다른 값이 없으므로 nil을 지정한다.

```
[NSThread detachNewThreadSelector:@selector(displayMyMap)
        toTarget:self
        withObject:nil];
}
```

먼저, 지도 처리에 필요한 MKCoordinateRegion 구조체, MKCoordinateSpan 구조체, CLLocationCoordinate2D 구조체 등의 속성, 메소드, 필드 등은 다음과 같다.

MKCoordinateRegion 구조체의 주요 필드는 다음과 같다.

▶ 표 3.16 : MKCoordinateRegion 구조체의 필드

MKCoordinateRegion 속성, 메소드	설명
span	표시하고자 하는 맵 크기 설정
center	원하는 지역의 중앙 점

MKCoordinateSpan 구조체의 주요 필드는 다음과 같다.

▶ 표 3.17 : MKCoordinateSpan 구조체의 주요 필드

MKCoordinateSpan 구조체	설명
latitudeDelta	위도(세로)의 크기 설정
longitudeDelta	경도(가로)의 크기 설정

CLLocationCoordinate2D 구조체의 주요 필드는 다음과 같다.

▶ 표 3.18 : CLLocationCoordinate2D 구조체의 주요 필드

CLLocationCoordinate2D 필드	설명
latitude	위도 값
longitude	경도 값

이제 실제로 지도를 생성하는 displayMyMap 메소드를 살펴보자. 먼저 표 3.17에서 소개한 MKCoordinateSpan 구조체를 생성하고 지도에 표시될 위도와 경도 크기를 설정한다. latitudeDelta와 longitudeDelta에 지정되는 위도와 경도의 1도 값은 약 100km(정확히 111km)이므로 0.2로 지정되면 약 20km 크기로 표시된다.

```
-(void)displayMyMap
{
    MKCoordinateRegion region;
    MKCoordinateSpan span;
    span.latitudeDelta=0.2;
    span.longitudeDelta=0.2;
    ...
```

그다음, 표 3.18에서 소개한 CLLocationCoordinate2D 구조체를 사용하여 지도에 표시할 위도와 경도 값을 지정한다. 여기서 표시될 값은 대한민국 서울 위치에 대한 위도와 경도 값이다.

```
    CLLocationCoordinate2D location;
    location.latitude = 37.564747;
    location.longitude = 126.939602;
    ..
```

이제 지정된 값을 표 3.16에서 소개한 MKCoordinateRegion 구조체의 span과 center 필터에 지정한다. 마지막으로 MKMapView의 setRegion 메소드를 호출하면 원하는 위치가 표시된다. 여기서는 서울을 중심으로 하는 지도가 나타난다. 이때 animated 속성에 TRUE 값을 지정하면 화면이 부드럽게 바뀌면서 지도를 표시할 수 있다.

```
    MKCoordinateRegion region;
    region.span=span;
    region.center=location;
    [mapView setRegion:region animated:TRUE];
}
```

3-15 | UIPageControl 클래스

아이폰 앱에서 출력할 자료가 많은 경우에는 페이지 단위로 여러 장으로 출력한다. 이때 각 페이지에 대한 위치를 관리할 수 있는 기능을 제공하는데 이것이 바로 UIPageControl 클래스이다. 즉, 뷰 아래쪽에 페이지를 의미하는 작은 점들과 함께 별도의 다른 색으로 표시되는 현재 페이지가 표시되는데 이 작은 점들을 클릭하거나 혹은 페이지를 넘기는 스와이프swipe 기능을 사용하여 현재 몇 페이지를 보고 있는지를 쉽게 알 수 있다. 물론 넘기는 기능을 별도로 구현해야만 한다.

UIPageControl 클래스의 주요 속성, 메소드는 다음과 같다.

UIPageControl 클래스의 속성, 메소드	설명
currentPage	현재 페이지
numnerOfPages	페이지 컨트롤의 전체 페이지 수

UIPageControl를 사용한 코드 예제는 다음과 같다.

```
UIPageControl *pageControl;
pageControl = [[UIPageControl alloc] initWithFrame: CGRectMake(5,5,305,400)];
pageControl.numberOfPages = 5;
pageControl.currentPage = 0;
[self.view addSubview:pageControl];
[pageControl addTarget:self
        action:@selector(pageMove:)
        forControlEvents:UIControlEventValueChanged];

-(void)pageMove:(UIPageControl *) page
{
}
```

먼저, CGRectMake를 사용하여 원하는 이미지 크기를 생성한 뒤 initWithFrame과 함께 UIPageControl 객체를 생성한다. numberOfPages 속성을 사용하여 전체 페이지 값을 설정하고 currentPage 속성을 사용하여 현재 페이지 값을 지정할 수 있다. 다른 컨트롤과 마찬가지로 UIControlEventValueChanged 이벤트를 사용하여 페이지가 변경되었을 때 pageMove라는 이벤트 메소드를 실행시킬 수 있다. 이 메소드에 페이지 변경 처리에 필요한 기능을 추가한다.

페이지를 표시하는 컨트롤은 Page Control 컨트롤인데 이 컨트롤을 사용하기 위해서는 .xib 파일 혹은 .storyboard 파일을 선택한 뒤 오른쪽 아래에 있는 Object 라이브러리에서 Page Control 컨트롤을 캔버스에 떨어뜨리면 된다.

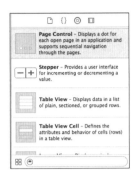

▶그림 3.104 Object 라이브러리의 Page Control 컨트롤

▌그대로 따라 하기

❶ Xcode에서 File-New-Project를 선택한다. 계속해서 왼쪽에서 iOS-Application 을 선택하고 오른쪽에서 Single View Application을 선택한다. 이어서 Next 버튼을 누르고 Product Name에 "PageControlExample"이라고 지정한다. 아래쪽에 있는 Language 항목은 "Objective-C", Devices 항목은 "iPhone"으로 설정하고 Next 버튼을 눌러 프로젝트를 생성한다.

▶그림 3.105 PageControlExample 프로젝트 생성

❷ 왼쪽 프로젝트 탐색기에서 Main.storyboard를 클릭한 뒤, 오른쪽 아래 라이브 러리 표시 창에서 세 번째 있는 Object 라이브러리(동그라미 모양 아이콘)를

선택하고 여러 라이브러리 중에서 Label, Page Control 1개씩을 다음 그림을 참조하여 캔버스 뷰 아래쪽에 알맞게 위치시킨다.

▶그림 3.106 Label, Page Control 컨트롤을 캔버스에 위치

❸ 이제 Label을 선택하고 오른쪽 Attributes 인스펙터를 선택하고 Title 속성을 "1 Page"로 변경하고 alignment 역시 중앙으로 선택한다.

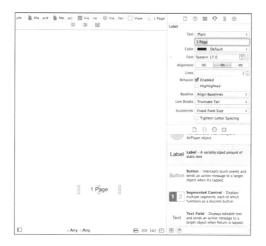

▶그림 3.107 Label Title 속성 변경

❹ 이어서 아래쪽 Page Control을 선택한 상태에서 오른쪽 Attributes 인스펙터를 선택하고 Tint Color와 Current Page의 색깔을 각각 파랑, 빨강으로 변경한다. Tint Color 혹은 Current Page 오른쪽 화살표를 누르면 색 선택 창이 나오는데 가장 아래쪽 other를 선택한다. 이때 Color 변경 창이 나오는데 세 번째 Color Palettes를 선택하고 원하는 색을 선택하면 된다.

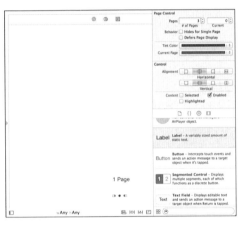

▶그림 3.108 Page Control의 Tint Color와 Current Page의 색깔 변경

❺ 먼저 아래쪽 Page Control을 선택한 상태에서 캔버스 아래 오토 레이아웃 메뉴에서 두 번째 Pin을 선택하고 "제약조건 설정" 창이 나타나면 다음 그림과 같이 남쪽에서 25, 동쪽에서 25, 서쪽에서 25를 입력하고 I 빔에 각각 체크한다. 그 다음 Height에 체크한 뒤, "Add 4 Constraints" 버튼을 클릭한다.

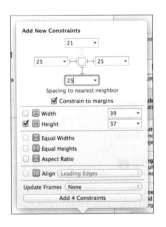

▶그림 3.109 Page Control 컨트롤 제약조건 설정

❻ 그다음, 그 위쪽 Label 컨트롤을 선택한 상태에서 캔버스 아래 오토 레이아웃 메뉴에서 두 번째 Pin을 선택하고 "제약조건 설정" 창이 나타나면 다음 그림과 같이 남쪽에서 25를 입력하고 I 빔에 체크한다. 그다음 Width와 Height에 체크한 뒤, "Add 3 Constraints" 버튼을 클릭한다.

▶그림 3.110 Label 컨트롤 제약조건 설정

❼ 다시 Label 컨트롤을 선택한 상태에서 캔버스 아래 오토 레이아웃 메뉴에서 첫 번째 Align을 선택하고 "배열 제약조건 설정" 창이 나타나면 다음과 같이 "Horizontal Center in Container"를 선택하고 아래쪽 "Add 1 Constraint" 버튼을 클릭한다.

▶그림 3.111 Horizontal Center in Container 항목 선택

❽ 이제 캔버스 아래 오토 레이아웃 메뉴에서 세 번째인 Issues를 선택하고 "All Views in View Controller"의 "Update Frames" 항목을 선택한다.

❾ 프로젝트 탐색기 오른쪽 위에 있는 도움 에디터Assistant Editor를 선택하여 도움 에디터를 불러낸다. 도움 에디터의 파일이 ViewController.h 파일임을 확인하고 위쪽 Label 컨트롤을 선택한다. 이어서 Ctrl 키와 함께 그대로 도움 에디터의 @interface 아래쪽으로 드래그-엔-드롭 처리한다. 이때 도움 에디터 연결 패널이 나타나는데 Name 항목에 label이라고 입력하고 Connect 버튼을 눌러 연결 코드를 생성한다.

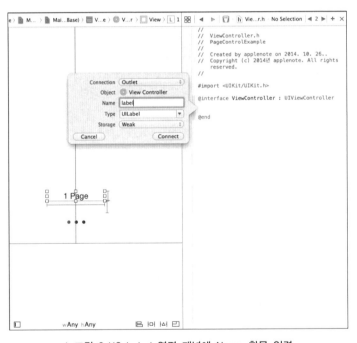

▶그림 3.112 Label 연결 패널에 Name 항목 입력

❿ 그다음, 아래쪽에 있는 Page Control 컨트롤을 선택하고 Ctrl 키와 함께 그대로 도움 에디터의 @interface 아래쪽으로 드래그-엔-드롭 처리한다. 이때 도

움 에디터 연결 패널이 나타나는데 Name 항목에 pageControl이라고 입력하고 Connect 버튼을 눌러 연결 코드를 생성한다.

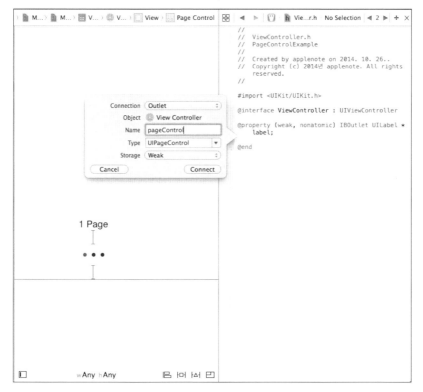

▶그림 3.113 Page Control 연결 패널에 Name 항목 입력

⑪ 계속해서 캔버스의 Page Control에서 오른쪽 마우스 버튼을 누른 상태에서 Send Events 안에 있는 Value Changed 항목을 선택하고 Ctrl 키와 함께 그대로 도움 에디터의 @interface 아래쪽으로 드래그-엔-드롭 처리한다. 이때 도움 에디터 연결 패널이 나타나면 Name 항목에 pageChanged라고 입력하고 Connect 버튼을 누른다.

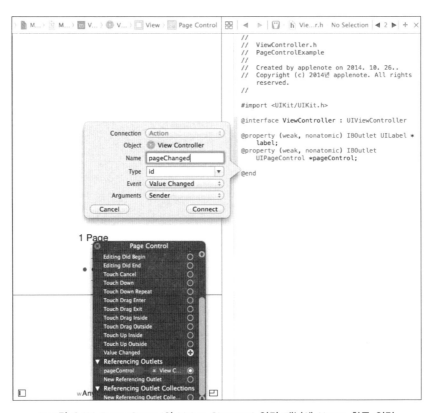

▶그림 3.114 Page Control의 Value Changed 연결 패널에 Name 항목 입력

⓬ 이제 ViewController.h 파일의 소스 코드는 다음과 같다.

```
U#import <UIKit/UIKit.h>
@interface ViewController : UIViewController
@property (weak, nonatomic) IBOutlet UILabel *label;
@property (weak, nonatomic) IBOutlet UIPageControl *pageControl;
- (IBAction)pageChanged:(id)sender;
@end
```

⓭ 이어서 ViewController.m 파일을 다음과 같이 수정한다.

```objectivec
#import "ViewController.h"

@interface ViewController ()

@end

@implementation ViewController
@synthesize pageControl, label;

- (void)viewDidLoad
{
    [super viewDidLoad];
        // Do any additional setup after loading the view, typically from a nib.
    long page = [self.pageControl currentPage] + 1;
    self.label.text = [NSString stringWithFormat:@"%li 페이지", page];
}

- (void)didReceiveMemoryWarning
{
    [super didReceiveMemoryWarning];
    // Dispose of any resources that can be recreated.
}

- (IBAction)pageChange:(id)sender
{
    long page = [self.pageControl currentPage] + 1;
    self.label.text = [NSString stringWithFormat:@"%li 페이지", page];
}
@end
```

⓮ 이제 Product 메뉴–Run 혹은 Run 버튼을 눌러 실행시킨다. 마우스를 사용하여 페이지 컨트롤의 점들을 선택하여 페이지를 이동해본다.

▶그림 3.115 PageControlExample 프로젝트의 결과

▌원리 설명

처리할 자료가 많은 경우, 페이지 관리를 할 수 있는 UIPageControl 클래스는 그 인스턴스 객체를 생성하기 위해 다음과 같이 사용된다.

```
UIPageControl *pageControl;
pageControl = [[UIPageControl alloc] initWithFrame: CGRectMake(5,5,305,400)];
[self.view addSubview:pageControl];
```

위의 과정은 캔버스에 Page Control 컨트롤을 위치시키고 드래그-엔-드롭으로 도움 에디터에 떨어뜨리는 과정으로 동일한 기능을 처리할 수 있다.

먼저, 뷰 내용을 메모리에 로드시켜 화면에 표시하는 viewDidLoad 메소드를 살펴보자.

현재 페이지를 보여주는 UIPageControl 객체의 currentPage 속성을 읽어 1을 더해준다. 1을 더하는 이유는 페이지가 0부터 시작하기 때문이다. 읽은 페이지 값을 NSString 객체의 stringWithFormat 메소드를 사용하여 "1페이지"와 같은 형식으로 만들어 그대로 라벨의 text 속성에 출력한다.

```
- (void)viewDidLoad
{
   ...
   long page = [self.pageControl currentPage] + 1;
   self.label.text = [NSString stringWithFormat:@"%li 페이지", page];

}
```

그다음, Page Control을 선택할 때마다 UIControlEventValueChanged 이벤트가 발생하면서 다음 pageChanged 메소드가 실행된다. 이 메소드가 실행되면 현재 페이지 값을 읽어온 뒤 1을 더해준다. viewDidLoad 메소드와 마찬가지로 stringWithFormat 을 사용하여 "1페이지"와 같은 형식으로 생성한 뒤, 라벨에 출력해준다.

```
- (IBAction)pageChanged:(id)sender
{
   long page = [self.pageControl currentPage] + 1;
   self.label.text = [NSString stringWithFormat:@"%li 페이지", page];
}
```

3-16 UIScrollView 클래스

처리할 자료가 많은 경우, 위에서도 설명하였듯이 UIPageControl 클래스를 사용한다고 하였는데 이 객체와 함께 많이 사용되는 클래스가 바로 UIScrollView이다. 이름이 의미하듯이 원하는 방향으로 눌러주면 화면이 스크롤되어 다음 화면을 보여주게 된다.

UIScrollView 클래스의 주요 속성, 메소드는 다음과 같다.

▶ 표 3.20 : UIScrollView 객체의 주요 속성, 메소드

UIScrollView 클래스의 속성, 메소드	설명
contentSize	스크롤 뷰의 전체 크기 설정
scrollEnabled	스크롤을 처리할지 결정
pagingEndabled	페이지 단위로 구분할지 결정 이동 크기에 따라 자동으로 페이지를 결정

UIScrollView를 사용한 코드 예제는 다음과 같다.

```
UIScrollView *scrollview = [[UIScrollView alloc]
                initWithFrame:CGRectMake(0, 0, 320, 568)];
UIView *myView1 = [[UIView alloc] initWithFrame:CGRectMake(0, 0,
                self.view.frame.size.width, self.view.frame.size.height)];

myView1.backgroundColor = [UIColor greenColor];
[scrollview addSubview:myView1];
UIView *myView2 = [[UIView alloc] initWithFrame:CGRectMake(0, 568,
                self.view.frame.size.width, self.view.frame.size.height)];

myView2.backgroundColor = [UIColor redColor];
[scrollview addSubview:myView2];

scrollview.contentSize =
CGSizeMake(self.view.frame.size.width, self.view.frame.size.height * 2);
[self.view addSubview: scrollView];
```

먼저, CGRectMake를 사용하여 원하는 이미지 크기를 생성한 뒤 initWithFrame 과 함께 UIScrollView 객체를 생성한다. 그다음, 스크롤 뷰에 올릴 뷰를 2개 생성한다. 즉, 이처럼 스크롤 뷰는 현재 스크린 화면보다 더 큰 자료를 보여주고자 할 때 사용된다. 여기서는 스크롤 기능을 사용하여 첫 번째 뷰와 두 번째 뷰를 위, 아래로 연결하여 모두 보여줄 수 있다.

첫 번째 뷰는 (0, 0)에서 시작하는 녹색 뷰이고 이 뷰 아래쪽에 있는 두 번째 뷰는 (0, 568)에서 시작하는 빨간색 뷰이다. 두 뷰 모두 addSubView를 사용하여 scrollView에 지정한다. 마지막으로 스크롤 뷰의 contentSize 속성에 이 실제 스크롤 뷰의 크기이자 두 뷰의 전체 크기인(320, 568 * 2)를 지정한다. 이렇게 지정하면 위, 아래 방향으로 스크롤되면서 녹색 뷰와 빨간색 뷰를 보여준다.

스크롤 뷰를 표시하는 컨트롤은 Scroll View 컨트롤인데 이 컨트롤을 사용하기 위해서는 .xib 파일 혹은 .storyboard 파일을 선택한 뒤 오른쪽 아래에 있는 Object 라이브러리에서 Scroll View 컨트롤을 캔버스에 떨어뜨리면 된다.

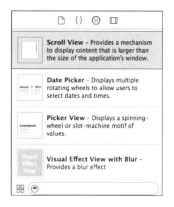

▶ 그림 3.116 Object 라이브러리의 Scroll View 컨트롤

위에서 세로 스크롤 예제를 소개했으니 이제 가로 방향 스크롤 예제를 처리해보자. 다음 예제에서는 스크롤 뷰를 사용하여 빨강, 파랑, 녹색 3개의 뷰를 가로 방향으로 보여주는 예제이다.

█ 그대로 따라 하기

❶ Xcode에서 File−New−Project를 선택한다. 계속해서 왼쪽에서 iOS−Application을 선택하고 오른쪽에서 Single View Application을 선택한다. 이어서 Next 버튼을 누르고 Product Name에 "ScrollViewExample"이라고 지정한다. 아래쪽에 있는 Language 항목은 "Objective−C", Devices 항목은 "iPhone"으로 설정하고 Next 버튼을 눌러 프로젝트를 생성한다.

▶그림 3.117 ScrollViewExample 프로젝트 생성

❷ 왼쪽 프로젝트 탐색기에서 Main.storyboard를 클릭한 뒤, 오른쪽 아래 라이브 러리 표시 창에서 세 번째 있는 Object 라이브러리(동그라미 모양 아이콘)를 선택하고 여러 라이브러리 중에서 Scroll View 1개를 다음 그림을 참조하여 캔 버스 뷰 위에 알맞게 위치시킨다.

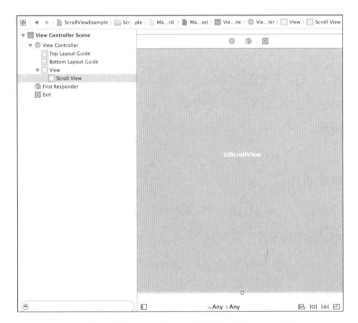

▶그림 3.118 Scroll View 컨트롤을 캔버스에 위치

❸ 이제 도큐먼트 아웃라인 창에서 Scroll View를 선택한 상태에서 캔버스 아래 오토 레이아웃 메뉴에서 두 번째 Pin을 선택하고 "제약조건 설정" 창이 나타나면 먼저 "Constrain to margins" 체크상자의 체크를 해제한다. 그다음, 다음 그림과 같이 동, 서, 남, 북 모든 위치상자에 0을 입력하고 각각의 I 빔에 체크한다. 설정이 끝나면 아래쪽 "Add 4 Constraints" 버튼을 클릭한다.

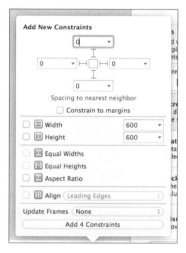

▶그림 3.119 Scroll View 제약조건 설정

❹ 이제 캔버스 아래 오토 레이아웃 메뉴에서 세 번째인 Issues를 선택하고 "All Views in View Controller"의 "Update Frames" 항목을 선택한다.

❺ 프로젝트 탐색기 오른쪽 위에 있는 도움 에디터Assistant Editor를 선택하여 도움 에디터를 불러낸다. 도움 에디터의 파일이 ViewController.h 파일임을 확인하고 Scroll View 컨트롤을 선택한다. 이어서 Ctrl 키와 함께 그대로 도움 에디터의 @interface 아래쪽으로 드래그-엔-드롭 처리한다. 이때 도움 에디터 연결 패널이 나타나는데 Name 항목에 scrollView라고 입력하고 Connect 버튼을 눌러 연결 코드를 생성한다.

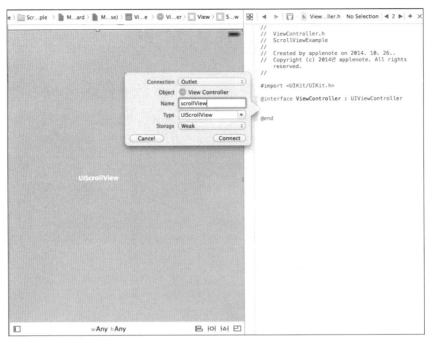

▶그림 3.120 Scroll View 연결 패널에 Name 항목 입력

❻ 이제 ViewController.h 파일의 소스 코드는 다음과 같다.

```
#import <UIKit/UIKit.h>

@interface ViewController : UIViewController
@property (weak, nonatomic) IBOutlet UIScrollView *scrollView;
@end
```

❼ 다시 표준 에디터를 선택하고 ViewController.m 파일을 다음과 같이 수정한다.

```
#import "ViewController.h"

@interface ViewController ()
```

```
@end

@implementation ViewController
@synthesize scrollView;

- (void)viewDidLoad
{
    [super viewDidLoad];

    self.scrollView.pagingEnabled = YES;
    for (int i = 0; i < 3; i++) {
        CGFloat startX = i * self.view.frame.size.width;
        UIView *colorView = [[UIView alloc] initWithFrame:CGRectMake(startX, 0,
self.view.frame.size.width, self.view.frame.size.height)];
        switch (i) {
            case 0:
                colorView.backgroundColor = [UIColor redColor];
                break;
            case 1:
                colorView.backgroundColor = [UIColor blueColor];
                break;
            case 2:
                colorView.backgroundColor = [UIColor greenColor];
                break;
            default:
                break;
        }
        [scrollView addSubview:colorView];
    }
    self.scrollView.contentSize = CGSizeMake(self.view.frame.size.width * 3,
  self.view.frame.size.height);
}

- (void)didReceiveMemoryWarning
{
    [super didReceiveMemoryWarning];
    // Dispose of any resources that can be recreated.
}
@end
```

❽ 이제 Product 메뉴-Run 혹은 Run 버튼을 눌러 실행시킨다. 위, 아래 방향으로 스크롤해본다.

▶그림 3.121 ScrollViewExample 프로젝트의 결과

▌원리 설명

자료가 많은 경우에 사용할 수 있는 스크롤 기능은 UIScrollView 클래스에서 제공된다. 이 클래스는 그 인스턴스 객체를 생성하기 위해 다음과 같이 사용된다.

```
UIScrollView *scrollview = [[UIScrollView alloc]
            initWithFrame:CGRectMake(0, 0, 320, 568)];
[self.view addSubview: scrollView];
```

위의 과정은 캔버스에 Scroll View 컨트롤을 위치시키고 드래그-엔-드롭으로 도움 에디터에 떨어뜨리는 과정으로 동일한 기능을 처리할 수 있다.

스크롤 뷰 제약조건을 처리할 때 한 가지 주의해야 할 점은 다음과 같이 "Constrain to margins" 체크 항목을 제거시키는 것이다.

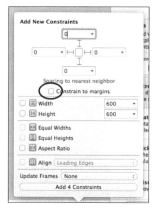

▶그림 3.122 레이아웃 마진 기능 제거

이 레이아웃 마진 기능은 iOS8에서 처음 발표된 기능으로 기본적으로 뷰 위에 컨트롤들을 위치시킬 때 가장자리에 공백을 지정한다. 스크롤 뷰와 같은 컨트롤은 뷰 전체를 사용하는 컨트롤이므로 가장자리 공백이 없는 것이 더 깔끔하고 보기 좋으므로 이 레이아웃 마진 기능을 제거하는 것이 좋다.

먼저, 뷰 내용을 메모리에 로드시켜 화면에 표시하는 viewDidLoad 메소드를 살펴보자.

pagingEnabled 속성에 YES를 지정하면 페이지를 이동하여 한 페이지와 다른 페이지의 중간에 있을 때 자동으로 가까운 페이지로 이동하도록 만들 수 있다. 이 속성에 YES를 지정하지 않으면 한 페이지와 다른 페이지에 걸쳐서 표시될 수도 있다.

```
- (void)viewDidLoad
{
    [super viewDidLoad];

    self.scrollView.pagingEnabled = YES;
    ...
```

그다음, for 문장을 사용하여 UIView 뷰 객체를 생성한다. 스크롤 뷰 위에 지정되는 뷰는 컨트롤 보다는 코드를 사용하는 것이 좋다.

for 문장으로 3번 반복하면서 3개의 뷰 객체를 생성한다. 각 뷰의 x 좌표 위치를 startX에 지정한다. self.view.frame.size.width는 아이폰의 너비이므로 i 값이 1씩 증가하면서 첫 번째 뷰의 x 좌표 시작 위치는 0, 두 번째 뷰의 x 좌표 시작 위치는 (너비 * 1), 세 번째 뷰의 x 좌표 시작 위치는 (너비 * 2)가 된다. self.view.frame.size.width와 self.view.frame.size.height는 현재 뷰 크기이다.

```
for (int i = 0; i < 3; i++) {
    CGFloat startX = i * self.view.frame.size.width;
    UIView *colorView = [[UIView alloc] initWithFrame:CGRectMake(startX, 0,
    self.view.frame.size.width, self.view.frame.size.height)];
....
```

그다음, for 문장의 i 변숫값을 체크하여 각 뷰의 배경색을 빨강, 파랑, 녹색으로 설정한다.

```
switch (i) {
    case 0:
        colorView.backgroundColor = [UIColor redColor];
        break;
    case 1:
        colorView.backgroundColor = [UIColor blueColor];
        break;
    case 2:
        colorView.backgroundColor = [UIColor greenColor];
        break;
    default:
        break;
}
...
```

생성된 뷰는 스크롤 뷰에 추가시킨다.

```
        [scrollView addSubview:colorView];
    }
...
```

마지막으로 UIScrollView의 contentSize 속성에 스크롤의 뷰의 크기가 아닌 실제로 보여주는 크기를 지정한다. 스크롤 뷰의 실제 크기는 가로 방향으로 연속되는 일반 뷰의 3개의 크기이므로 (너비 길이 * 3) 즉, (self.view.frame.size.width * 3) 크기를 contentSize 속성의 너비에 지정한다. 높이는 스크롤되지 않으므로 self.view.frame.size.height를 그대로 지정한다.

```
    self.scrollView.contentSize = CGSizeMake(self.view.frame.size.width * 3,
                                    self.view.frame.size.height);
}
```

3-17 UIScrollView와 UIPageControl 클래스를 함께 사용

이제 위에서 사용한 UIScrollView와 UIPageControl 기능을 함께 사용해보자. 두 객체 모두 자료가 화면 크기보다 많은 경우에 사용되므로 이 두 객체를 함께 사용하면 더 간편하고 직관적으로 페이지 이동을 할 수 있다.

▌그대로 따라 하기

❶ Xcode에서 File−New−Project를 선택한다. 계속해서 왼쪽에서 iOS−Application 을 선택하고 오른쪽에서 Single View Application을 선택한다. 이어서 Next 버튼을 누르고 Product Name에 "ScrollPageExample"이라고 지정한다. 아래쪽에 있는 Language 항목은 "Objective−C", Devices 항목은 "iPhone"으로 설정하고 Next 버튼을 눌러 프로젝트를 생성한다.

▶그림 3.123 ScrollPageExample 프로젝트 생성

❷ 왼쪽 프로젝트 탐색기에서 Main.storyboard를 클릭한 뒤, 오른쪽 아래 라이브
러리 표시 창에서 세 번째 있는 Object 라이브러리(동그라미 모양 아이콘)를
선택하고 여러 라이브러리 중에서 Scroll View와 Page Control 1개씩을 다음
그림을 참조하여 캔버스 뷰 위에 알맞게 위치시킨다.

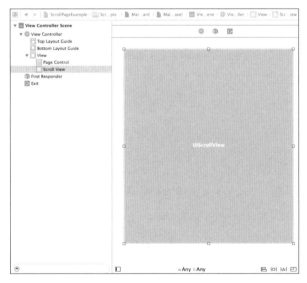

▶그림 3.124 Scroll View와 Page Control 컨트롤을 캔버스에 위치

❸ 먼저 아래쪽 Page Control을 선택한 상태에서 오른쪽 Attributes 인스펙터를 선택하고 Tint Color와 Current Page의 색깔을 각각 파랑, 빨강으로 변경한다. Tint Color 혹은 Current Page 오른쪽 화살표를 누르면 색 선택 창이 나오는데 가장 아래쪽 other를 선택한다. 이때 Color 변경 창이 나오는데 세 번째 Color Palettes를 선택하고 원하는 색을 선택하면 된다.

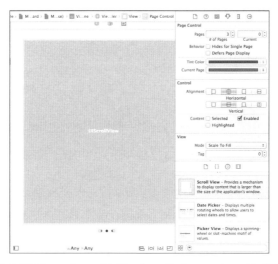

▶그림 3.125 Page Control의 Tint Color와 Current Page의 색깔 변경

❹ 계속해서 Page Control을 선택한 상태에서 캔버스 아래 오토 레이아웃 메뉴에서 두 번째 Pin을 선택하고 "제약조건 설정" 창이 나타나면 다음 그림과 같이 남쪽에 25, 동쪽에 25, 서쪽에 25를 입력하고 I 빔에 각각 체크한다. 그다음 Height에 체크한 뒤, "Add 4 Constraints" 버튼을 클릭한다.

▶그림 3.126 Text Field 컨트롤 제약조건 설정

❺ 그다음, 그 위쪽 Scroll View 컨트롤을 선택한 상태에서 캔버스 아래 오토 레이아웃 메뉴에서 두 번째 Pin을 선택하고 "제약조건 설정" 창이 나타나면 먼저 "Constrain to margins" 체크상자의 체크를 해제한다. 그다음, 다음 그림과 같이 동쪽에 0, 서쪽에 0, 남쪽에 10, 북에 0을 입력하고 각각의 I 빔에 체크한다. 설정이 끝나면 아래쪽 "Add 4 Constraints" 버튼을 클릭한다.

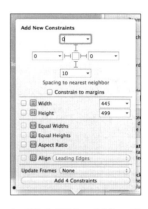

▶그림 3.127 Scroll View 제약조건 설정

❻ 이제 캔버스 아래 오토 레이아웃 메뉴에서 세 번째인 Issues를 선택하고 "All Views in View Controller"의 "Update Frames" 항목을 선택한다.

❼ 이제 위쪽에 있는 Scroll View를 선택하고 오른쪽 위에 있는 Connections 인스펙터를 선택한다. 위쪽 Outlets의 delegate를 선택하고 드래그-엔-드롭으로 가운데 View Controller Scene 아래에 있는 View Controller 항목에 떨어뜨린다.

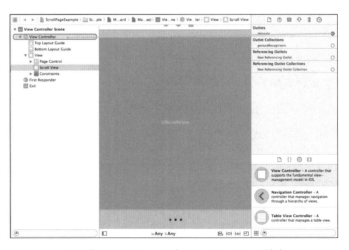

▶그림 3.128 delegate와 View Controller 연결

❽ 프로젝트 탐색기 오른쪽 위에 있는 도움 에디터Assistant Editor를 선택하여 도움 에디터를 불러낸다. 도움 에디터의 파일이 ViewController.h 파일임을 확인하고 위쪽 Scroll View 컨트롤을 선택한다. 이어서 Ctrl 키와 함께 그대로 도움 에디터의 @interface 아래쪽으로 드래그-엔-드롭 처리한다. 이때 도움 에디터 연결 패널이 나타나는데 Name 항목에 scrollView라고 입력하고 Connect 버튼을 눌러 연결 코드를 생성한다.

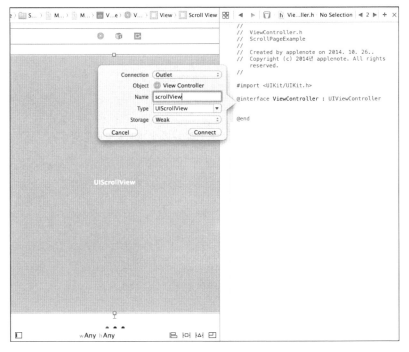

▶ 그림 3.129 Scroll View 연결 패널에 Name 항목 입력

❾ 그다음, 아래쪽에 있는 Page Control 컨트롤을 선택하고 Ctrl 키와 함께 그대로 도움 에디터의 @interface 아래쪽으로 드래그-엔-드롭 처리한다. 이때 도움 에디터 연결 패널이 나타나는데, Name 항목에 pageControl이라고 입력하고 Connect 버튼을 눌러 연결 코드를 생성한다.

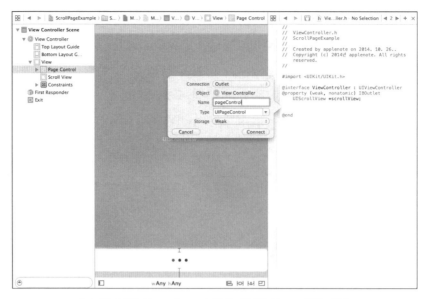

▶그림 3.130 Page Control 연결 패널에 Name 항목 입력

⑩ 이제 ViewController.h 파일의 소스 코드는 다음과 같다.

```objc
#import <UIKit/UIKit.h>

@interface ViewController : UIViewController
@property (weak, nonatomic) IBOutlet UIScrollView *scrollView;
@property (weak, nonatomic) IBOutlet UIPageControl *pageControl;
@end
```

⑪ 이어서 다시 표준 에디터를 선택하고 프로젝트 탐색기에서 ViewController.m 파일을 선택하여 다음과 같이 수정한다.

```objc
#import "ViewController.h"

@interface ViewController ()
```

```
@end

@implementation ViewController
@synthesize scrollView, pageControl;

- (void)viewDidLoad
{
    [super viewDidLoad];
    scrollView.pagingEnabled = YES;

    for (int i = 0; i < 3; i++) {
        CGFloat startX = i * self.view.frame.size.width;
        UIView *colorView = [[UIView alloc] initWithFrame:CGRectMake(startX, 0,
self.view.frame.size.width, self.view.frame.size.height)];
        switch (i) {
            case 0:
                colorView.backgroundColor = [UIColor redColor];
                break;
            case 1:
                colorView.backgroundColor = [UIColor blueColor];
                break;
            case 2:
                colorView.backgroundColor = [UIColor greenColor];
                break;
            default:
                break;
        }
        [scrollView addSubview:colorView];
    }
    scrollView.contentSize = CGSizeMake(self.view.frame.size.width * 3,
                            self.view.frame.size.height);
    [pageControl setNumberOfPages:3];
    [pageControl setCurrentPage:0];
}

- (void)didReceiveMemoryWarning
{
    [super didReceiveMemoryWarning];
    // Dispose of any resources that can be recreated.
```

```
}

-(void)scrollViewDidScroll:(UIScrollView *)sclView
{
    int page = floor(sclView.contentOffset.x /
                    [UIScreen mainScreen].bounds.size.width);
    [pageControl setCurrentPage:page];
}

@end
```

⑫ 이제 Product 메뉴-Run 혹은 Run 버튼을 눌러 실행시킨다. 좌, 우 방향으로 스크롤해본다.

▶그림 3.131 ScrollPageExample 프로젝트의 결과

▌원리 설명

이전 프로젝트 때와 마찬가지로 스크롤 뷰 제약조건을 처리할 때 "Constrain to margins" 체크 항목을 제거하여 스크롤 뷰의 가장자리에 공백을 지정되지 않고 전체 뷰를 모두 사용하도록 지정한다.

먼저, 뷰 내용을 메모리에 로드시켜 화면에 표시하는 viewDidLoad 메소드를 살펴보자.

pagingEnabled 속성에 YES를 지정하여 스크롤 했을 때 페이지 크기에 맞게 표시 되도록 한다. 이 속성에 YES를 지정하지 않으면 페이지에 맞지 않아 한 페이지와 다른 페이지에 걸쳐서 표시될 수도 있다.

```
- (void)viewDidLoad
{
    [super viewDidLoad];
    scrollView.pagingEnabled = YES;
    ...
```

그다음, for 문장을 사용하여 UIView 뷰 객체를 생성한다. 스크롤 뷰 위에 지정되는 뷰는 컨트롤보다는 코드를 사용하는 것이 좋다.

for 문장으로 3번 반복하면서 3개의 뷰 객체를 생성한다. 각 뷰의 x 좌표 위치를 startX에 지정한다. self.view.frame.size.width는 아이폰의 너비이므로 i 값이 1씩 증가하면서 첫 번째 뷰의 x 좌표 시작 위치는 0, 두 번째 뷰의 x 좌표 시작 위치는 (너비 * 1), 세 번째 뷰의 x 좌표 시작 위치는 (너비 * 2)가 된다. self.view.frame.size. width와 self.view. frame.size.height는 현재 뷰 크기이다.

```
    for (int i = 0; i < 3; i++) {
        CGFloat startX = i * self.view.frame.size.width;
        UIView *colorView = [[UIView alloc] initWithFrame:CGRectMake(startX, 0,
    self.view.frame.size.width, self.view.frame.size.height)];
    ...
```

그다음, for 문장의 i 변숫값을 체크하여 각 뷰의 배경색을 빨강, 파랑, 녹색으로 설정한다.

또한, 생성된 뷰는 스크롤 뷰에 추가시킨다.

```
    switch (i) {
        case 0:
            colorView.backgroundColor = [UIColor redColor];
            break;
        case 1:
            colorView.backgroundColor = [UIColor blueColor];
            break;
        case 2:
            colorView.backgroundColor = [UIColor greenColor];
            break;
        default:
            break;
    }
    [scrollView addSubview:colorView];
}
...
```

마지막으로 UIScrollView의 contentSize 속성에 스크롤의 뷰의 크기가 아닌 실제로 보여주는 크기를 지정한다. 스크롤 뷰의 실제 크기는 가로 방향으로 연속되는 일반 뷰의 3개의 크기이므로 (너비 길이 * 3) 즉, (self.view.frame.size.width * 3) 크기를 contentSize 속성의 너비에 지정한다. 높이는 스크롤되지 않으므로 self.view.frame.size.height를 그대로 지정한다.

```
    scrollView.contentSize = CGSizeMake(self.view.frame.size.width * 3,
            self.view.frame.size.height);
...
```

이번에는 Page Control을 처리해보자. 계속해서 viewDidLoad 메소드에서 UIPage Control 클래스의 setNumberOfPages 속성에 3을 지정하여 전체 페이지를 3개로 지정하고 setCurrentPage 메소드로 현재 페이지를 0페이지로 지정한다.

```
    [pageControl setNumberOfPages:3];
    [pageControl setCurrentPage:0];
}
```

〈그대로 따라 하기〉 절에서 Connections 인스펙터를 사용하여 위쪽 Outlets의 delegate를 선택하고 드래그-엔-드롭으로 가운데 View Controller Scene 아래에 있는 View Controller 항목에 떨어뜨린 것을 기억해보자.

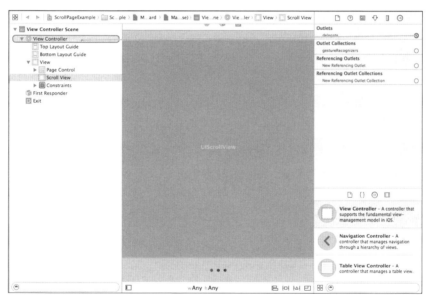

▶그림 3.132 delegate 항목에서 View Controller 항목 연결

이 기능은 UIScrollView의 프로토콜을 설정하여 관련된 메소드 즉, scrollView DidScroll 메소드를 자동으로 실행하게 된다. 즉, 마우스를 사용하여 왼쪽 혹은 오른쪽으로 뷰 화면을 스크롤시킬 때 위에서 지정한 scrollViewDidScroll 메소드가 자동으로 실행하게 된다.

문제는 스크롤 시킬 때 페이지 크기의 반 정도만 이동되었다고 했을 때, 이것을 다음 페이지 아니면 현재 페이지로 표시할지를 결정해야 한다. 스크롤 뷰 자체는 pagingEnabled 속성에 YES를 지정하였으므로 조금이라도 가까운 페이지로 자동으로 이동되지만, 문제는 페이지 컨트롤의 현재 페이지이다. 즉, 페이지 컨트롤의 현재 페이지 값을 이 메소드에서 결정해 주어야 한다.

scrollViewDidScroll 메소드에서는 현재 사용 중인 스크롤 뷰의 객체가 파라메터로 넘어오는데 contentOffset.x를 사용하여 현재 스크롤되어 이동 중인 스크롤러의 x 좌표를 알아낼 수 있다. 우선 UIScreen 객체에서 제공하는 [UIScreen mainScreen]. bounds.size.width를 사용하여 현재 기기의 전체 너비를 알아낸 뒤, 이 x 좌표의 값을 현재 기기의 전체 너비 길이로 나누어 반올림하면 현재 표시하고자 하는 페이지 번호가 된다.

예를 들어, 현재 기기의 너비가 320픽셀이고 현재 스크롤이 x 방향으로 200픽셀 이동되었다고 했을 때 표시하고자 하는 페이지는 200 / 320 = 0.625이다. 이 0.625 를 반올림하면 1이므로 페이지 컨트롤의 현재 페이지는 1이 되는 것이다. 이때 나눈 값을 반올림하는 기능은 floor 함수를 사용한다.

```
-(void)scrollViewDidScroll:(UIScrollView *)scrollView
{
    int page = floor(scrollView.contentOffset.x /
                  [UIScreen mainScreen].bounds.size.width);
...
```

이동하고자 하는 페이지를 계산하였으므로 UIPageControl의 setCurentPage를 사용하여 계산된 값을 지정한다.

```
    [pageControl setCurrentPage:page];
}
```

이 장에서는 앱 제작에 가장 기본에 되고 꼭 필요한 클래스를 소개하고 간단한 예제를 통하여 작성하는 방법을 배워보았다. 기본 컨테이너 기능을 제공하는 UIView, 텍스트를 출력할 때 사용되는 UILabel, 자료를 입력받을 때 사용되는 UITextField, 원하는 기능을 동작시키는 UIButton, 원하는 크기를 지정할 때 사용되는 UISlider, On 혹은 Off 기능을 제공하는 UISwitch, 날짜를 선택하는 UIDatePicker, 문자열 자료를 표시하고 선택할 수 있는 UIPickerView, 이미지를 표시하는 UIImageView. 웹 페이지 내용을 보여주는 UIWebView, 작업 처리 과정을 보여주는 UIProgressView, 지도를 표시하는 MKMapView, 현재 페이지 위치를 보여주는 UIPageControl, 자료를 스크롤해주는 UIScrollView 등의 클래스들을 이 장에서 소개하였다. 또한, 각 클래스에 해당하는 컨트롤을 사용하여 작성하는 방법뿐만 아니라 코딩을 이용하여 객체를 생성하는 방법까지 알아보았다.

스토리보드와 xib 파일

아이폰 앱의 인터페이스를 구현하는 방법으로는 크게 스토리보드를 사용하거나 혹은 xib 파일을 사용하여 구현하는 방법이 있다. xib 파일은 아이폰 앱의 사용자 인터페이스를 담당하는 파일로 Xcode 4.x까지는 기본으로 사용되어왔다. 즉, 이 파일에 원하는 컨트롤을 마우스를 사용하여 위치시킴으로써 화면을 코드로 처리해야만 하는 일을 상당히 줄일 수 있었다. 또한, 이전 버전부터 계속 사용해왔던 기능이라 아이폰 앱의 구성 원리를 쉽게 이해할 수 있는 장점을 가지고 있다.

그러나 Xcode 5.x부터는 xib 파일보다는 스토리보드를 기본으로 사용하도록 권장하고 있다. 스토리보드는 xib 파일을 가지고 있는 화면 인터페이스 처리 기능뿐만 아니라 세구에segue라는 것을 이용하여 코딩을 거의 하지 않고 뷰와 뷰 사이의 전환 과정을 쉽게 연결시킬 수 있는 장점이 있다. 또한, 이렇게 연결된 보드로 전체 화면 구성도를 한눈에 알 수 있어서 앱이 어떠한 형식으로 구성되어 있는지 쉽게 파악할 수 있는 장점을 가지고 있다.

이 장에서는 앱 사용자 인터페이스 작성에 기본이 되는 스토리보드와 xib 파일의 기본 기능을 배워보도록 할 것이다.

xib 파일을 이용한 간단한 계산기

xib는 neXt Interface Builder의 약자로 인터페이스 빌더Interface Builer라는 툴에서 사용자 인터페이스를 제작하기 위한 파일 형식이다. 즉, 소스 코드와 별도로 사용자 화면을 xib 파일로 제작하고 소스 코드와 연결시켜 앱을 작성한다.

다음은 xib 파일을 사용하여 간단한 덧셈을 처리하는 계산기 예제이다.

┃그대로 따라 하기

❶ Xcode에서 File-New-Project를 선택한다. 계속해서 왼쪽에서 iOS-Application을 선택하고 오른쪽에서 Single View Application을 선택한다. 이어서 Next 버튼을 누르고 Product Name에 "AddtionXibExample"이라고 지정한다. 아래쪽에 있는 Language 항목은 "Objective-C", Devices 항목은 "iPhone"으로 설정하고 Next 버튼을 눌러 프로젝트를 생성한다.

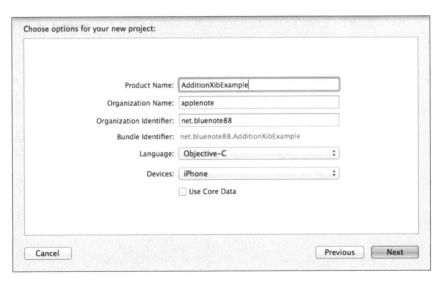

▶그림 4.1 AdditionXibExample 프로젝트 생성

❷ 프로젝트를 생성하면 기본적으로 프로젝트 속성의 General 탭 내용을 보여주는
데 중간에 있는 Main Interface 항목을 삭제한다.

▶그림 4.2 Main Interface 항목 삭제

❸ 프로젝트 탐색기에서 ViewController.h, ViewController.m, Main.stroyboard,
LaunchScreen.xib 파일을 선택하고 delete 키를 눌러 삭제한다. 삭제 대화상
자가 나오면 가장 오른쪽 "Move to Trash" 버튼을 눌러 완전히 삭제한다.

▶그림 4.3 4개 파일 삭제

❹ 프로젝트 탐색기의 AdditionXibExample(노란색 아이콘)에서 오른쪽 마우스 버튼을 누르고 New File 항목을 선택한다. 이때 템플릿 선택 대화상자가 나타나면 왼쪽에서 iOS-Source를 선택하고 오른쪽에서 Cocoa Touch Class를 선택한 뒤, Next 버튼을 누른다. 이때 새 파일 이름을 입력하라는 대화상자가 나타나면 다음 그림과 같이 ViewController를 입력한다. 이때 그 아래쪽 Subclass of 항목에 UIViewController를 지정하는 것과 "Also create XIB file" 체크 상자에 체크하는 것을 잊지 않도록 한다. 그 아래 항목은 iPhone을 선택하고 Language 항목은 Objective-C를 선택한다. 이상이 없으면 Next 버튼을 눌러 파일을 생성한다.

▶그림 4.4 ViewController 파일 생성

❺ 이제 프로젝트 탐색기에서 생성된 ViewController.xib를 선택하고 오른쪽 아래 있는 Object 라이브러리에서 Text Field 3개, Button 컨트롤 1개씩을 다음 그림과 같이 뷰에 위치시킨다. 이어서 Attributes 인스펙터를 사용하여 다음 그림과 같이 Button 컨트롤의 Title 속성을 "Add"로 변경시킨다.

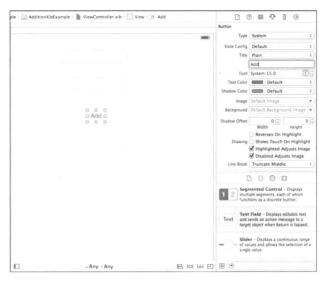

▶그림 4.5 Text Field 3개, Button 1개 컨트롤 추가

❻ 이제 Text Field 컨트롤을 선택한 상태에서 캔버스 아래 오토 레이아웃 메뉴에서 두 번째 Pin을 선택하고 "제약조건 설정" 창이 나타나면 다음 그림과 같이 북쪽에 25, 동쪽에 25, 서쪽에 25를 입력하고 각각 I 빔에 체크한다. 또한, 그 아래 Height 항목에 체크한 다음 "Add 4 Constraints" 버튼을 클릭한다. 이어서 아래쪽 Text Field 2개와 Button 역시 모두 동일한 방법으로 처리한다.

▶그림 4.6 Text Field 컨트롤 제약조건 설정

❼ 이제 캔버스 아래 오토 레이아웃 메뉴에서 세 번째인 Issues를 선택하고 "All Views in View Controller"의 "Update Frames" 항목을 선택하면 캔버스는 다음과 같이 표시된다.

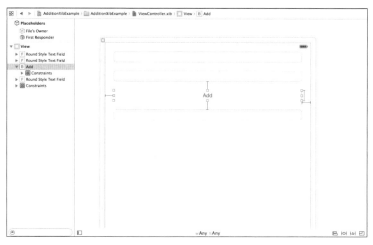

▶그림 4.7 오토 레이아웃이 적용된 캔버스

❽ 프로젝트 탐색기에서 AppDelegate.h 파일을 선택하고 다음 코드를 추가한다.

```objc
#import <UIKit/UIKit.h>

@class ViewController;

@interface AppDelegate : UIResponder <UIApplicationDelegate>
@property (strong, nonatomic) UIWindow *window;
@property (strong, nonatomic) ViewController *viewController;
@end
```

❾ 프로젝트 탐색기에서 AppDelegate.m 파일을 선택하고 다음 코드를 추가한다.

```objc
#import "AppDelegate.h"
#import "ViewController.h"

@interface AppDelegate ()
@end
```

```
@implementation AppDelegate

- (BOOL)application:(UIApplication *)application
        didFinishLaunchingWithOptions:(NSDictionary *)launchOptions
{
    self.window = [[UIWindow alloc] initWithFrame:[[UIScreen mainScreen] bounds]];
    self.viewController = [[ViewController alloc]
                            initWithNibName:@"ViewController" bundle:nil];
    self.window.rootViewController = self.viewController;
    [self.window makeKeyAndVisible];
    return YES;
}
```

❿ 이제 프로젝트 탐색기에서 ViewController.xib 파일을 선택하고 프로젝트 탐
색기 오른쪽 위에 있는 도움 에디터Assistant Editor를 클릭하여 도움 에디터를 불러
낸다. 도움 에디터의 파일이 ViewController.h 파일을 확인한 상태에서 Text
Field 컨트롤을 선택한다. 이어서 Ctrl 키와 함께 그대로 도움 에디터의
@interface 아래쪽으로 드래그-엔-드롭 처리한다. 이때 도움 에디터 연결 패
널이 나타나는데 Name 항목에 textField1이라고 입력하고 Connect 버튼을 눌
러 연결 코드를 생성한다. 동일한 방법으로 나머지 2개의 Text Field 컨트롤을
처리하고 Name 항목에 각각 textField2, textField3이라고 입력한다.

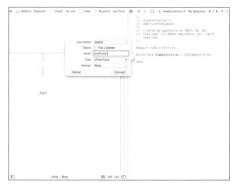

▶그림 4.8 Text Field 연결 패널에 Name 항목 입력

⑪ 이번에는 캔버스의 Button을 선택하고 오른쪽 마우스 버튼을 누르고 Send Events 안에 있는 Touch Up Inside 항목을 선택하고 그대로 도움 에디터의 @interface 아래쪽으로 드래그-엔-드롭 처리한다. 도움 에디터 연결 패널이 나타나면 Name 항목에 clickCompleted라고 입력하고 Connect 버튼을 누른다.

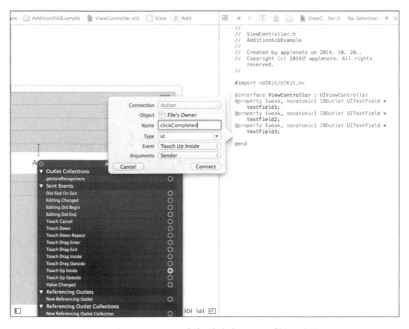

▶그림 4.9 Button 연결 패널에 Name 항목 입력

⑫ 이제 프로젝트 탐색기에서 ViewController.h 파일은 다음과 같다.

```
#import <UIKit/UIKit.h>

@interface ViewController : UIViewController
@property (weak, nonatomic) IBOutlet UITextField *textField1;
@property (weak, nonatomic) IBOutlet UITextField *textField2;
@property (weak, nonatomic) IBOutlet UITextField *textField3;
- (IBAction)clickCompleted:(id)sender;
@end
```

⑬ 다시 표준 에디터로 변경하고 프로젝트 탐색기에서 ViewController.m 파일을
선택하여 다음 코드를 추가한다.

```objc
#import "ViewController.h"

@interface ViewController ()

@end

@implementation ViewController
@synthesize textField1;
@synthesize textField2;
@synthesize textField3;

- (void)viewDidLoad {
    [super viewDidLoad];
    // Do any additional setup after loading the view from its nib.
}

- (void)didReceiveMemoryWarning {
    [super didReceiveMemoryWarning];
    // Dispose of any resources that can be recreated.
}

- (IBAction)clickCompleted:(id)sender
{
    int first = [textField1.text intValue];
    int second = [textField2.text intValue];
    int result = first + second;
    textField3.text = [NSString stringWithFormat:@"%d", result];
}
@end
```

⑭ 모든 입력이 끝났다면 Command-R을 눌러 실행시키면 다음 그림과 같이 간단
한 계산기 화면이 나타난다. 첫 번째와 두 번째 상자에 각각 임의의 숫자를 입력
하고 Add 버튼을 눌러 덧셈이 처리되는지 확인해본다.

▶그림 4.10 AdditionXibExample 프로젝트 실행

▌원리 설명

위에서 설명했듯이 xib 파일은 화면을 담당하는 파일이다. 사용자 화면 구성을 소스 코드에서 처리하지 않고 별도로 분리하는 이유는 앱 제작에 대한 효율성을 높이기 위함이다. 만일 화면 작성 기능을 코드로 처리하고자 한다면 화면 구성 문제로 인하여 수많은 코드 수정이 발생될 것이다. 그 수정된 코드가 다른 기능과 분리되어있다면 그나마 다행이지만 다른 코드에 영향을 주는 코드라면 더 많은 문제가 발생 될 수도 있다. 이러한 이유로 인하여 코드와 인터페이스 화면을 분리시키는 것이 효율적인 면에서 훨씬 뛰어나다.

모든 아이폰 앱은 UIApplication에서부터 시작한다. 이 UIApplication 클래스에서 프로젝트의 AppDelegate 클래스를 호출하고 이 AppDelegate 클래스에서는 UIWindow 클래스와 기본이 되는 UIViewController 클래스를 생성하게 된다.

일반적으로 AppDelegate 클래스의 didFinishLaunchingWithOptions 메소드에서 이러한 클래스 생성을 처리한다. Xcode 6.x부터는 이 메소드의 코드를 사용하지 않고 바로 info.plist 파일의 "Main storyboard file base name" 키 값에 지정된 스토리보드로 이동하지만, 이 메소드에 코드가 있는 경우, 지정된 스토리보드를 사용하지 않아도 된다.

그 대신, 이미 다음과 같이 프로젝트 속성의 Main Interface 항목에 설정된 스토리보드 이름을 제거하고 didFinishLaunchingWithOptions 메소드 안에 스토리보드 대신 사용할 수 있는 별도의 코드를 작성해야 한다.

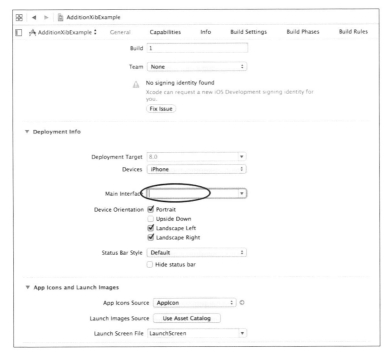

▶그림 4.11 Main Interface 항목 제거

이제 didFinishLaunchingWithOptions 메소드 내용을 살펴보자. 먼저, 다음과 같이 아이폰 앱의 골격이 되는 UIWindow 객체를 생성한다.

```objc
- (BOOL)application:(UIApplication *)application
    didFinishLaunchingWithOptions:(NSDictionary *)launchOptions
{
    self.window = [[UIWindow alloc] initWithFrame:[[UIScreen mainScreen] bounds]];
...
```

그다음, UIViewController 객체인 ViewController를 생성하는데 다음과 같이 initWithNibName을 호출하여 사용자 인터페이스 파일인 ViewController.xib를 참조한다.

```objc
    self.viewController = [[ViewController alloc]
        initWithNibName:@"ViewController" bundle:nil];
    ...
```

화면을 담당하는 ViewController를 생성하였으므로 이 객체를 UIWindow 객체의 rootViewController로 지정함으로써 앱의 첫 번째 화면에 표시되도록 지정한다.

```objc
    self.window.rootViewController = self.viewController;
    ...
```

마지막으로 UIWindow 객체의 makeKeyAndVisible을 호출하여 위에서 지정된 뷰 컨트롤러가 모든 키 입력을 받아들이고 화면이 표시되도록 지정한다. 이러한 형식이 앱에서 첫 번째 화면을 출력하는 가장 일반적인 과정이라고 할 수 있다.

```objc
    [self.window makeKeyAndVisible];
    return YES;
}
```

이 프로젝트에서는 일부러 기존에 존재하고 있는 스토리보드와 관련 파일을 삭제하고 ViewController라는 이름의 뷰 컨트롤러를 새로 생성해 보았다.

이 컨트롤러는 Xcode에서 File 메뉴-New-File...을 사용하여 생성하였는데 이때 다음과 같이 "Also create XIB file" 체크상자에 체크하면 객체 소스 파일과 xib 파일이 자동으로 연결된 상태로 객체 파일과 xib 파일이 만들어지게 된다.

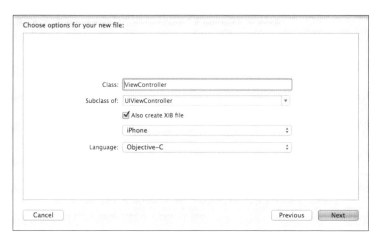

▶그림 4.12 xib 파일 자동 생성 체크상자

그렇다면 어디에서 ViewController.xib 파일과 ViewController.h, ViewController.m 파일과 연결될까? 프로젝트 탐색기의 ViewController.xib를 선택한 상태에서 도큐먼트 아웃라인 창에서 File's Owner를 선택한다. 이어서 오른쪽 위에 있는 Identity 인스펙터를 보면 이 xib 파일과 연결된 클래스 이름을 알 수 있다. 여기서는 ViewController라는 클래스가 지정되어 있으므로 이 클래스와 연결되어 있음을 알 수 있다.

▶그림 4.13 ViewController.xib와 ViewController 클래스 연결

또 하나 알아두어야 할 부분은 텍스트 필드, 버튼 컨트롤들과 객체 변수의 연결처리이다. 이미 1장에서 설명했던 스토리보드 처리와 마찬가지로 .xib 파일에서도 도움에디터의 연결 패널을 이용하여 캔버스의 지정된 컨트롤을 도움 에디터의 헤더 파일에 드래그-엔-드롭으로 떨어드리면 자동으로 객체 변수가 생성된다.

자동 생성된 객체 변수는 그대로 캔버스의 컨트롤과 연결되어 변수에 입력된 자료는 바로 컨트롤에 표시되고 캔버스에 있는 버튼을 누르면 바로 소스 코드의 메소드가 실행된다. 이 프로젝트의 캔버스의 Add 버튼을 누르면 이 버튼과 연결된 click

Completed 메소드가 실행된다.

이 메소드에서는 먼저 텍스트 필드에 입력된 두 개의 숫자를 가져와 정수로 변경한다. 텍스트 필드에 지정된 값 즉, textField1.text는 NSString 스트링 값이므로 덧셈을 처리하기 위해서는 반드시 숫자로 변경해야 한다. 이때 NSString 객체에서 제공하는 intValue 메소드를 사용하여 바로 정수로 변경할 수 있다.

```
- (IBAction)clickCompleted:(id)sender
{
    int first = [textField1.text intValue];
    int second = [textField2.text intValue];
    ...
```

텍스트 필드에 입력된 자료를 숫자로 바꾸었으므로 덧셈을 처리한다. 처리된 결과는 바로 텍스트 필드에 저장하지 못하고 NSString 객체의 stringWithFormat을 사용하여 다시 NSString 스트링 형태로 바꾸어준 뒤 텍스트 필드에 지정한다.

```
    int result = first + second;
    textField3.text = [NSString stringWithFormat:@"%d",result];
}
```

4-2 | 스토리보드를 이용한 화면 전환

이제 스토리보드를 사용해서 화면을 작성해보자. 스토리보드를 사용해보면 위에서 설명한 xib 파일과 비슷하지만, 더 많은 기능이 추가된 더 진보된 기능을 제공해주고 있음을 바로 알 수 있을 것이다.

먼저 스토리보드를 사용해서 뷰 컨트롤러와 뷰 컨트롤러 사이의 화면 전환 방법에 대하여 알아보도록 하자. 첫 번째 뷰에서 버튼을 하나 만들고 그 버튼을 눌러 두 번째 뷰로 이동하고 다시 두 번째 뷰에 있는 버튼을 누르면 다시 첫 번째 뷰로 되돌아오는 간단한 앱을 작성해 볼 것이다.

▌그대로 따라 하기

❶ Xcode에서 File-New-Project를 선택한다. 계속해서 왼쪽에서 iOS-Application 을 선택하고 오른쪽에서 Single View Application을 선택한다. 이어서 Next 버튼 을 누르고 Product Name에 "StoryboardViewConnect"라고 지정한다. 아래쪽에 있는 Language 항목은 "Objective-C", Devices 항목은 "iPhone"으 로 설정하고 Next 버튼을 눌러 프로젝트를 생성한다.

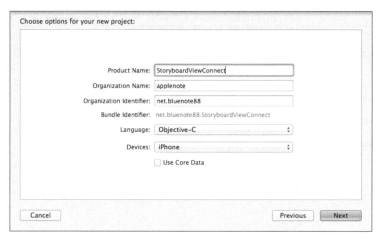

▶그림 4.14 StoryboardViewConnect 프로젝트 생성

❷ 프로젝트 탐색기에서 Main.storyboard 파일을 선택한다. 오른쪽 아래에 있는 오브젝트 라이브러리에서 Label 하나를 선택하고 캔버스에 위치시키고 Attributes 인스펙터의 Text 항목에 "First View"라고 입력한다. 또한, Alignment 속성을 중앙으로 지정한다.

▶그림 4.15 Label 컨트롤 추가

❸ 이어서 이번에는 오른쪽 아래 Object 라이브러리에서 Button 컨트롤 하나를 선택하여 캔버스 Label 컨트롤 아래쪽에 위치시킨 뒤에 Attributes 인스펙터를 선택하여 그 Title 항목을 "Next"로 수정한다.

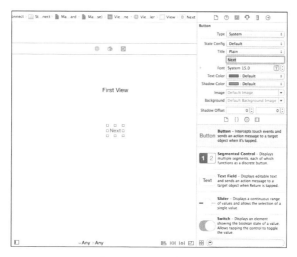

▶그림 4.16 Button 컨트롤 추가

❹ 먼저 Label 컨트롤을 선택한 상태에서 캔버스 아래 오토 레이아웃 메뉴에서 두 번째 Pin을 선택하고 "제약조건 설정" 창이 나타나면 다음 그림과 같이 북쪽 위치상자에 100을 입력하고 I 빔에 체크한다. 또한, 그 아래 Width와 Height 항목에 체크한 다음 "Add 3 Constraints" 버튼을 클릭한다.

▶그림 4.17 Label 컨트롤 제약조건 설정

❺ 이어서 Label 컨트롤을 선택한 상태에서 캔버스 아래 오토 레이아웃 메뉴에서 첫 번째 Align을 선택하고 "배열 제약조건 설정" 창이 나타나면 다음과 같이 "Horizontal Center in Container"를 선택하고 아래쪽 "Add 1 Constraint" 버튼을 클릭한다.

▶그림 4.18 Horizontal Center in Container 항목 선택

❻ 그다음, 아래쪽 Button 컨트롤을 선택한 상태에서 캔버스 아래 오토 레이아웃 메뉴에서 두 번째 Pin을 선택하고 "제약조건 설정" 창이 나타나면 다음 그림과 같이 북쪽 위치상자에 25를 입력하고 I 빔에 체크한다. 또한, 그 아래 Width와 Height 항목에 체크한 다음 "Add 3 Constraints" 버튼을 클릭한다.

▶그림 4.19 Button 컨트롤 제약조건 설정

❼ 이어서 Button 컨트롤을 선택한 상태에서 캔버스 아래 오토 레이아웃 메뉴에서 첫 번째 Align을 선택하고 "배열 제약조건 설정" 창이 나타나면 다음과 같이 "Horizontal Center in Container"를 선택하고 아래쪽 "Add 1 Constraint" 버튼을 클릭한다.

▶그림 4.20 Horizontal Center in Container 항목 선택

❽ 이제 캔버스 아래 오토 레이아웃 메뉴에서 세 번째인 Issues를 선택하고 "All Views in View Controller"의 "Update Frames" 항목을 선택하면 캔버스는 다음과 같이 나타난다.

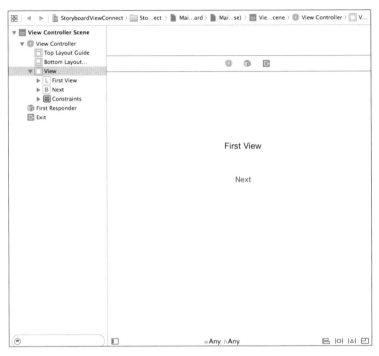

▶그림 4.21 오토 레이아웃이 적용된 캔버스 화면

❾ 화면 작성이 끝났으므로 작성된 컨트롤에 대한 객체를 생성해보자. 오른쪽 위에 있는 도움 에디터 버튼을 누르면 기본적으로 현재 스토리보드에 해당하는 소스 파일(.m)을 보여주는데 여기서는 ViewController.m 파일이 나타난다. 도움 에디터 위쪽에 있는 검은색 화살표를 눌러 헤더 파일인 ViewController.h 파일로 변경한다. 이제 위에서 생성한 Label 컨트롤을 Ctrl 키와 함께 마우스로 선택하고 드래그-엔-드롭으로 도움 에디터의 @interface ViewController 아래쪽에 위치시킨다.

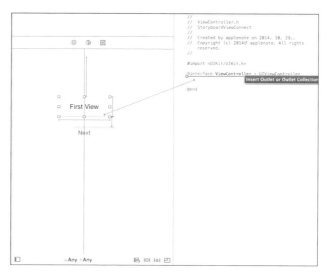

▶그림 4.22 Label 컨트롤을 도움 에디터로 드래그-엔-드롭

⑩ 이제 다음과 같이 도움 에디터 연결 패널이 나타나면 Name 항목에 firstLabel 이라고 입력하고 Connect 버튼을 누른다.

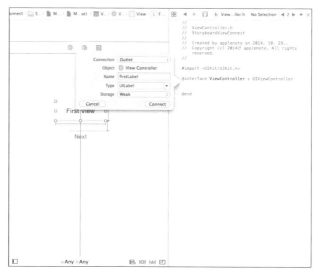

▶그림 4.23 Name 항목에 firstLabel 입력

⓫ 이제 다시 표준 에디터 아이콘을 눌러 표준 에디터로 돌아와서 오른쪽 아래에 있는 Object 라이브러리에서 View Controller 하나를 선택하고 기존 뷰 컨트롤러 오른쪽 옆쪽에 위치시킨다.

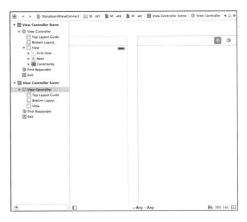

▶그림 4.24 두 번째 View Controller 추가

⓬ 첫 번째 뷰와 마찬가지로 오브젝트 라이브러리에서 Label 하나와 Button 하나를 추가시키고 각각 "Second View", "Previous"라는 각 컨트롤 속성을 변경한다. Label 컨트롤의 Alignment는 중앙으로 변경한다.

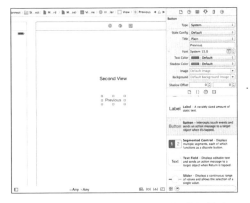

▶그림 4.25 두 번째 뷰에 라벨과 버튼 추가

⓭ Label과 Button에 대한 제약조건을 ❹에서 ❽까지 동일하게 적용시킨다. 완성된 캔버스는 다음 그림과 같다.

▶그림 4.26 오토 레이아웃이 적용된 두 번째 View Controller

⓮ 이제 이 상태에서 왼쪽 첫 번째 뷰 컨트롤러에서 오른쪽 두 번째 뷰 컨트롤러로 화면 전환을 처리해보자. 스토리보드에서 왼쪽 뷰 컨트롤러의 버튼 즉, Next 버튼을 Ctrl 키와 함께 선택하고 그대로 마우스 드래그-엔-드롭으로 두 번째 뷰 컨트롤 위까지 이어주면 된다.

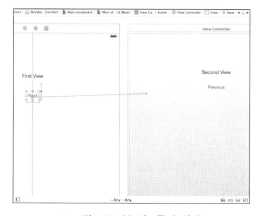

▶그림 4.27 뷰 컨트롤러 연결

⓯ 이때 두 번째 뷰 컨트롤에서 마우스를 풀어주면 다음 그림과 같이 show, show detail, present modally, popover presentation, custom 중 하나를 선택하라고 하는 액션 세구에(Action Segue) 메뉴가 나타나는데 여기서는 present modally를 선택해준다.

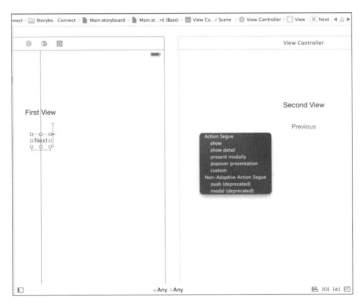

▶그림 4.28 액션 세구에(Action Segue) 메뉴

⓰ 이제 두 번째 뷰 컨트롤러 스토리보드에 대응되는 클래스 파일을 생성해보자. 프로젝트 탐색기의 StoryboardViewConnect에서 오른쪽 마우스 버튼을 클릭하고 New File 항목을 선택한다. 템플릿 대화상자의 왼쪽에서 iOS-Source를 선택하고 오른쪽에서 Cocoa Touch를 선택한 뒤, Next 버튼을 누른다. 새로운 클래스 이름을 SecondViewController라고 지정하고 Subclass of 항목에서 UIViewController 선택하여 새로운 클래스 파일을 생성한다. 이때 "Also create XIB file" 체크상자는 체크하지 않도록 하고 Language 항목은 Objective-C로 설정한다.

▶그림 4.29 SecondViewController 클래스 파일 생성

⑰ 이제 새로 생성된 파일과 뷰 컨트롤러를 연결해보자. 먼저 프로젝트 탐색기에서 Main.storyboard를 선택하고 가운데 도큐먼트 아웃라인 창에서 두 번째 ViewController를 선택한다. 그다음, 오른쪽 위에 있는 Identity 인스펙터를 클릭하여 Class 이름을 SecondViewController로 바꾸어 생성된 파일과 연결시켜준다.

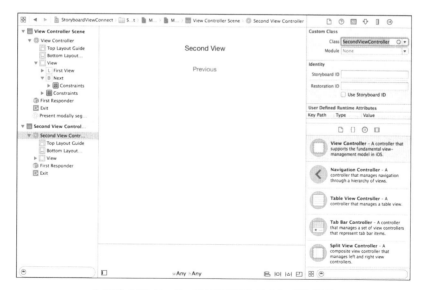
▶그림 4.30 Identity 인스펙터에서 클래스 이름 변경

⓲ 마지막으로 두 번째 뷰에서 버튼을 눌렀을 때 첫 번째 뷰로 돌아가는 기능을 처리해보자.

첫 번째 컨트롤로 돌아왔을 때 실행되는 backToController 메소드를 첫 번째 뷰 컨트롤러인 ViewController.m 파일 내부에 다음과 같이 작성한다. 즉, 첫 번째 뷰로 돌아오면서 "Return to First"라는 메시지를 라벨에 출력할 것이다. 메소드 이름은 어떤 것으로 해도 상관없지만, UIStoryboardSegue 타입의 파라메터를 사용하는 것을 잊지 않도록 한다.

```objc
#import "ViewController.h"

@interface ViewController ()

@end

@implementation ViewController
@synthesize firstLabel;

- (IBAction) backToController:(UIStoryboardSegue *) unwindSegue
{
    firstLabel.text = @"Return to First";
}

- (void)viewDidLoad
{
    [super viewDidLoad];
        // Do any additional setup after loading the view, typically from a nib.
}

- (void)didReceiveMemoryWarning
{
    [super didReceiveMemoryWarning];
    // Dispose of any resources that can be recreated.
}

@end
```

⓳ 이제 스토리보드 캔버스에서 두 번째 컨트롤러 뷰 SecondViewController을
선택한다. 이어서 다음 그림과 같이 Ctrl 버튼과 함께 마우스를 사용하여
Previous 버튼을 클릭하고 컨트롤러 뷰 위쪽 세 번째 빨간색 아이콘 Exit 버튼
까지 연결시킨다.

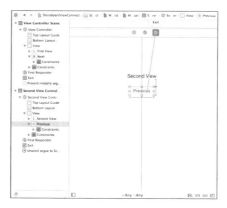

▶그림 4.31 Previous 버튼과 Exit 버튼 연결

⓴ 이때 마우스를 풀어주면 "Action Segue backToController:"라는 표시가 나타
나는데 이 표시를 클릭해서 연결한다.

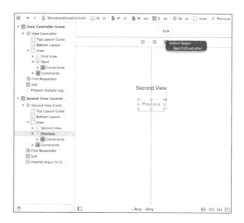

▶그림 4.32 Action Segue 표시

㉑ 이제 Xcode에서 Command-B를 눌러 빌드 처리하고 Command-R을 눌러 실행시킨다. Next 버튼을 클릭하면 바로 그다음 두 번째 뷰로 넘어간다. 두 번째 뷰의 Previous 버튼을 클릭하면 다시 첫 번째 뷰로 넘어가 "Return to First"가 표시된다.

▶그림 4.33 SyoryboardViewConnect 프로젝트 실행

▌원리 설명

이전 xib 파일을 사용할 때에는 다음과 같이 AppDelegate 객체의 didFinishLaunching WithOptions에서 UIWindow 객체와 UIViewController를 직접 코딩을 사용하여 뷰 컨트롤러를 생성하였다.

```
- (BOOL)application:(UIApplication *)application
        didFinishLaunchingWithOptions:(NSDictionary *)launchOptions
{
    self.window = [[UIWindow alloc] initWithFrame:[[UIScreen mainScreen] bounds]];
    self.viewController = [[FirstViewController alloc]
                initWithNibName:@"FirstViewController" bundle:nil];
...
}
```

이에 반하여 스토리보드에서는 이미 위의 모든 기능이 자동 처리되어 있으므로 사용자가 처리할 것이 없다. 이전에 설명하였듯이 Info.plist 파일에서 설정된 "Main storyboard file base name" 항목에 지정된 스토리보드 파일이 자동으로 실행된다.

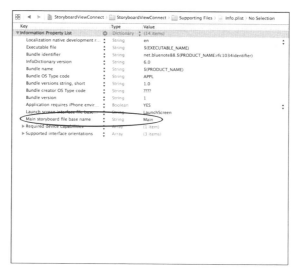

▶그림 4.34 Info.plist 파일의 "Main storyboard file base name" 항목

또한, 스토리보드에서는 하나의 뷰 컨트롤러에서 다른 뷰 컨트롤러로 화면을 전환하는 방법은 아주 간단하고 쉽다. 즉, 첫 번째 뷰 컨트롤러의 버튼을 Ctrl 키와 함께 마우스로 선택하고 드래그-엔-드롭으로 다른 뷰 컨트롤러로 연결시키면, 세구에segue 가 생성되면서 이 두 뷰 컨트롤러는 연결된다. 별도의 코드는 조금도 필요하지 않다.

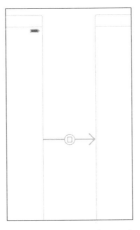

▶그림 4.35 세구에(segue)

액션 세구에의 기능은 다음 표 4.1과 같다.

📑 표 4.1 : 액션 세구에의 기능

액션 세구에	기능
show	UINavigationController를 사용하는 경우, 뷰 컨트롤러에서 내비게이션 버튼을 눌렀을 때 다른 뷰 컨트롤러로 전환하는 기능. 이전 push와 동일한 기능 제공

표 4.1 : 액션 세구에의 기능(계속)

액션 세구에	기능
show detail	UISplitViewController를 사용하는 경우, 마스터 뷰 컨트롤러에서 버튼을 선택했을 때 디테일 뷰 컨트롤러를 다른 뷰 컨트롤로 전환하는 기능. 이전 replace와 동일한 기능 제공
present modally	UITabBarController를 사용하는 경우 아래쪽 탭 바를 누르거나, 혹은 일반 버튼을 클릭했을 때 화면 전환하는 기능
popover presentation	UIPopoverController를 사용하는 경우, 팝 오버 기능 제공
custom	위 방법을 제외한 컨트롤러에 애니메이션 전환 기능을 표시할 때 사용

위 표 4.1에서 설명했듯이 액션 세구에 화면 전환 기능은 show, show detail, present modally, popover presentation 등이 있는데 이 기능을 제외한 여러 가지 애니메이션 전환 기능 즉, 왼쪽, 오른쪽으로 뒤집는 기능, 페이지를 넘기는 기능 등을 사용하기 위해서는 custom을 사용한다. 여기서는 present modally 세구에를 사용하여 화면 전환 기능을 처리한다. present modally 세구에는 마치 윈도우의 모달modal 대화상자처럼 현재 뷰 위에 새로운 뷰를 추가하여 제어 권한을 갖는 기능을 제공한다.

마지막으로 두 번째 뷰 컨트롤러에서 다시 첫 번째 컨트롤러로 되돌아가기 위해서 언와인딩 세구에unwinding segue 기능을 사용한다. 언와인딩 세구에 기능은 계속해서 다른 컨트롤러로 이동한 뒤에 이전을 원하는 컨트롤러로 이동할 수 있는 기능이다. 단계가 많은 경우, 단번에 가장 첫 번째 컨트롤러로 이동할 수도 있고 바로 전 단계의 컨트롤러로도 이동할 수도 있다.

도착하고자 하는 컨트롤러 즉, 첫 번째 뷰 컨트롤러에 다음과 같이 backToController 메소드를 작성한다. 메소드 이름을 변경해도 상관없지만, 파라메터는 반드시 UIStoryboard Segue 타입을 사용해야 한다.

```
- (IBAction) backToController:(UIStoryboardSegue *) unwindSegue
{
    firstLabel.text = @"Return to First";
}
```

이렇게 위의 코드를 작성한 뒤에 Main.storyboard를 선택하고 두 번째 View Controller에서 Ctrl 키와 함께 원하는 버튼을 선택하고 아래쪽 Exit 버튼까지 연결시켜주면 된다.

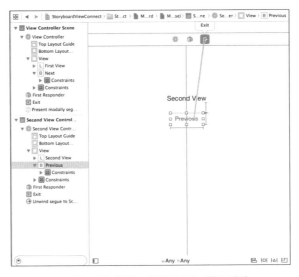

▶그림 4.36 원하는 버튼과 Exit 버튼 연결

4-3 스토리보드를 사용한 파라메터 값 전송

이번에는 스토리보드를 이용하여 화면 전환을 처리하면서 파라메터도 함께 넘겨보자. 여기서는 사용자 이름과 전화번호를 입력받을 수 있는 텍스트 필드를 뷰에 입력한다음 그 자료를 그대로 다른 뷰로 전송한 뒤에 출력해 볼 것이다.

▌그대로 따라 하기

❶ Xcode에서 File-New-Project를 선택한다. 계속해서 왼쪽에서 iOS-Application을 선택하고 오른쪽에서 Single View Application을 선택한다. 이어서 Next

버튼을 누르고 Product Name에 "StoryboardParameter"라고 지정한다.
아래쪽에 있는 Language 항목은 "Objective-C", Devices 항목은 "iPhone"으
로 설정하고 Next 버튼을 눌러 프로젝트를 생성한다.

▶그림 4.37 StoryboardParameter 프로젝트 생성

❷ 이제 프로젝트 탐색기를 살펴보면 Main.storyboard라는 파일이 생성된 것을
알 수 있다. 이 파일을 클릭하여 스토리보드 캔버스 인터페이스가 나타나면
Label 2개, Text Field 2개, Button 1개 등을 위치시킨다. Label을 선택하고
Attributes 인스펙터의 Text 속성을 각각 "Name", "Phone" 등으로 변경하고
Button을 선택하고 그 Title 속성을 "Transfer"로 변경시킨다.

▶그림 4.38 스토리보드 캔버스에 Name, Phone 입력 인터페이스 작성

❸ 위쪽 Label 컨트롤을 선택한 상태에서 오른쪽 위 Size 인스펙터를 선택한다. 그 아래 Height 속성 값을 30으로 변경한다. 그리고 Label 컨트롤을 다시 선택하고 키보드에서 위쪽 화살표 키를 눌러 Y 좌표를 Text Field와 동일하게 맞춘다. 높이가 동일하게 맞는 순간 두 컨트롤 사이에 연결 줄이 나타난다. 나머지 아래쪽 Label 컨트롤도 동일하게 처리한다.

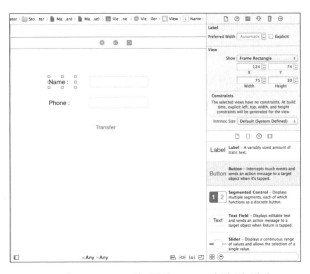

▶그림 4.39 Label 컨트롤의 Height 속성 값 변경

❹ 이어서 Label 컨트롤을 선택한 상태에서 캔버스 아래 오토 레이아웃 메뉴에서 두 번째 Pin을 선택하고 "제약조건 설정" 창이 나타나면 다음 그림과 같이 북쪽에서 25, 서쪽 위치상자에 25를 입력하고 각각 I 빔에 체크한다. 또한, 그 아래 Width, Height 항목에 체크한 다음 "Add 4 Constraints" 버튼을 클릭한다.

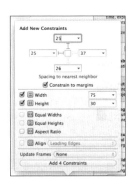

▶그림 4.40 Label 컨트롤 제약조건 설정

❺ 이번에는 오른쪽 Text Field 컨트롤을 선택한 상태
에서 캔버스 아래 오토 레이아웃 메뉴에서 두 번째
Pin을 선택하고 "제약조건 설정" 창이 나타나면 다
음 그림과 같이 북쪽에서 25, 동쪽 위치상자에 25
를 입력하고 I 빔에 각각 체크한다. 그다음 Height
에 체크한 뒤, "Add 3 Constraints" 버튼을 클릭
한다.

▶그림 4.41 Text Field 컨트롤
제약조건 설정

❻ 이번에는 Label 컨트롤을 Ctrl 버튼과 함께 마우스로 선택하고 드래그-엔-드
롭으로 Text Field에 떨어뜨린다. 이때 다음과 같이 설정 창이 나타나는데 가장
위에 있는 Horizontal Spacing을 선택한다.

▶그림 4.42 Horizontal Spacing 항목 선택

❼ 이제 아래쪽에 있는 Label 컨트롤과 Text Field 컨트롤을 ❹에서 ❻까지 동일하게 처리한다.

❽ 이번에는 Button을 선택한 상태에서 캔버스 아래 오토 레이아웃 메뉴에서 두 번째 Pin을 선택하고 "제약조건 설정" 창이 나타나면 다음 그림과 같이 북쪽 위치상자에 25를 입력하고 I 빔에 체크한다. 또한, 그 아래 Width와 Height 항목에 체크한 다음 "Add 3 Constraints" 버튼을 클릭한다.

▶그림 4.43 Button 컨트롤 제약조건 설정

❾ 다시 Button 컨트롤을 선택한 상태에서 캔버스 아래 오토 레이아웃 메뉴에서 첫 번째 Align을 선택하고 "배열 제약조건 설정" 창이 나타나면 다음과 같이 "Horizontal Center in Container"를 선택하고 아래쪽 "Add 1 Constraint" 버튼을 클릭한다.

▶그림 4.44 Horizontal Center in Container 항목 선택

⑩ 이제 캔버스 아래 오토 레이아웃 메뉴에서 세 번째인 Issues를 선택하고 "All Views in View Controller"의 "Update Frames" 항목을 선택하면 캔버스의 화면은 다음과 같다.

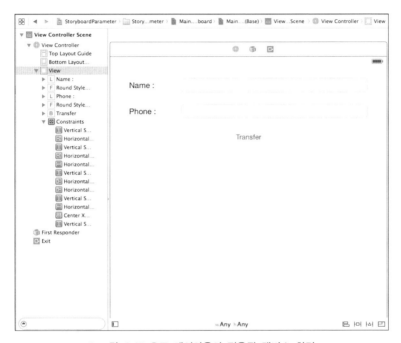

▶그림 4.45 오토 레이아웃이 적용된 캔버스 화면

⑪ 이제 오른쪽 위의 도움 에디터 아이콘을 선택하여 도움 에디터를 표시한다. 도움 에디터 오른쪽 위 화살표를 선택하여 ViewController.h 파일이 표시되도록 한다. 이어서 첫 번째 Text Field 하나를 Ctrl 키와 함께 마우스로 선택하고 @Interface 아래쪽으로 드래그-엔-드롭 처리하여 코드를 생성한다. 이때 도움 에디터 연결 패널이 나타나는데 Name 항목에 textName이라고 입력하고 Connect 버튼을 눌러 연결 코드를 생성한다. 동일한 방법으로 아래쪽 Text Field 컨트롤 역시 연결 패널의 Name 항목에 textPhone이라고 입력하고 연결 코드를 생성한다.

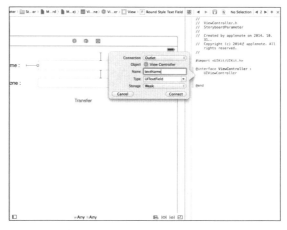

▶그림 4.46 Text Field 객체 변수 자동 생성

⓬ 다시 표준 에디터 아이콘을 눌러 표준 에디터로 변경한다. 오른쪽 아래 오브젝
트 라이브러리에서 View Controller 하나를 스토리보드 캔버스에 떨어뜨리고
오브젝트 라이브러리의 Label 2개를 새로운 View Controller에 위치시킨다.
역시 Attributes 인스펙터를 이용하여 Text 속성을 변경하여 각각 "Name",
"Phone"으로 변경하고 Alignment 역시 중앙으로 변경한다.

▶그림 4.47 새로운 View Controller을 캔버스에 추가

⓭ 먼저 첫 번째 Label 컨트롤을 선택한 상태에서 캔버스 아래 오토 레이아웃 메뉴에서 두 번째 Pin을 선택하고 "제약조건 설정" 창이 나타나면 다음 그림과 같이 북쪽 위치상자에 25를 입력하고 I 빔에 체크한다. 또한, 그 아래 Width와 Height 항목에 체크한 다음 "Add 3 Constraints" 버튼을 클릭한다.

▶그림 4.48 첫 번째 Label 컨트롤 제약조건 설정

⓮ 다시 첫 번째 Lable 컨트롤을 선택한 상태에서 캔버스 아래 오토 레이아웃 메뉴에서 첫 번째 Align을 선택하고 "배열 제약조건 설정" 창이 나타나면 다음과 같이 "Horizontal Center in Container"를 선택하고 아래쪽 "Add 1 Constraint" 버튼을 클릭한다.

▶그림 4.49 Horizontal Center in Container 항목 선택

⑮ 두 번째 Label 컨트롤을 선택하고 ⑬에서 ⑭까지 동일한 과정을 처리한다.

⑯ 이제 캔버스 아래 오토 레이아웃 메뉴에서 세 번째인 Issues를 선택하고 "All Views in View Controller"의 "Update Frames" 항목을 선택하면 캔버스의 화면은 다음과 같다.

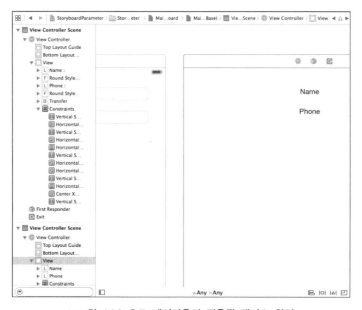

▶그림 4.50 오토 레이아웃이 적용된 캔버스 화면

⑰ 프로젝트 탐색기의 StoryboardParameter(노란색 아이콘) 프로젝트에서 오른쪽 마우스 버튼을 클릭하고 New File 항목을 선택한다. 템플릿 대화상자의 왼쪽에서 iOS-Source를 선택하고 오른쪽에서 Cocoa Touch Class를 선택한다. 이어서 Next 버튼을 눌러 새로운 클래스 이름을 SecondViewController라고 지정한다. 이때 Subclass of 항목은 UIViewController, Language 항목은 Objecitve-C로 설정하고 "Also create XIB file" 체크 항목은 체크하지 않고 그대로 둔다. Next 버튼을 눌러 새로운 클래스 파일을 생성한다.

▶그림 4.51 새로운 클래스 파일 생성

⑱ 프로젝트 탐색기에서 Main.storyboard를 선택하고 스토리보드 캔버스에서 두 번째 뷰 컨트롤러를 선택한다(도큐먼트 아웃라인 창에서 두 번째 View Controller 를 선택한다). 그리고 오른쪽 위 Identity 인스펙터를 선택하고 Class 이름을 SecondViewController으로 변경한다.

▶그림 4.52 두 번째 뷰 컨트롤러의 Class 이름을 SecondViewController로 변경

⑲ 다시 도움 에디터로 변경한다. SecondViewController.h 파일을 확인하고 두 번째 뷰 컨트롤러의 Label 하나를 Ctrl 키와 함께 마우스로 선택하고 도움 에디 터의 @Interface 아래쪽으로 드래그-엔-드롭 처리하여 코드를 생성한다. 남

아있는 다른 Label도 드래그-엔-드롭 처리한다. 그 Name 속성 이름을 각각 lblName와 lblPhone으로 지정하고 Connect 버튼을 눌러준다.

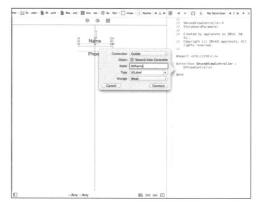

▶그림 4.53 Label 객체 변수 자동 생성

❷⓿ 이제 이 두 뷰 컨트롤러를 연결시켜보자. 첫 번째 뷰 컨트롤러의 Transfer 버튼을 Ctrl 키와 함께 마우스로 클릭하고 그대로 끌어서 두 번째 뷰 컨트롤러 위에 떨어뜨린다. 이때 Action Segue 표시가 나타나면 present modally를 선택한다.

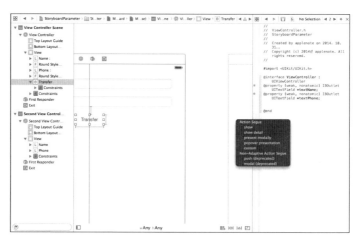

▶그림 4.54 present modally를 선택하여 두 컨트롤러 연결

402

㉑ 다시 표준 에디터를 선택하고 파라메터를 전송하기 위해 ViewController.m 파일에 다음과 같이 코드를 추가해준다. 즉, SecondViewController로 입력한 값을 보내는 prepareForSegue라는 이벤트 함수를 작성해준다.

```objc
#import "ViewController.h"
#import "SecondViewController.h"

@interface ViewController ()

@end

@implementation ViewController
@synthesize textName, textPhone;

- (void)viewDidLoad
{
    [super viewDidLoad];
        // Do any additional setup after loading the view, typically from a nib.
}

- (void)didReceiveMemoryWarning
{
    [super didReceiveMemoryWarning];
    // Dispose of any resources that can be recreated.
}

- (void)prepareForSegue:(UIStoryboardSegue *)segue sender:(id)sender
{
    SecondViewController *secondController = [segue destinationViewController];
    secondController.passedName = self.textName.text;
    secondController.passedPhone = self.textPhone.text;
}

@end
```

㉒ 파라메터를 받는 쪽 즉, SecondViewController.h에는 다음과 같이 NSString 타입의 멤버 변수 passedName, passedPhone을 선언해준다.

```objc
#import <UIKit/UIKit.h>

@interface SecondViewController : UIViewController
@property (weak, nonatomic) IBOutlet UILabel *lblName;
@property (weak, nonatomic) IBOutlet UILabel *lblPhone;

@property (strong, nonatomic) NSString *passedName;
@property (strong, nonatomic) NSString *passedPhone;

@end
```

㉓ 마지막으로 SecondViewController.m 파일을 다음과 같이 수정한다.

```objc
#import "SecondViewController.h"

@interface SecondViewController ()
@end

@implementation SecondViewController
@synthesize passedName, passedPhone;

- (id)initWithNibName:(NSString *)nibNameOrNil bundle:(NSBundle
   *)nibBundleOrNil
{
    self = [super initWithNibName:nibNameOrNil bundle:nibBundleOrNil];
    if (self) {
        // Custom initialization
    }
    return self;
}

- (void)viewDidLoad
{
    [super viewDidLoad];
```

```
    self.lblName.text = passedName;
    self.lblPhone.text = passedPhone;
}

- (void)didReceiveMemoryWarning
{
    [super didReceiveMemoryWarning];
    // Dispose of any resources that can be recreated.
}

@end
]
```

㉓ 이제 Xcode에서 Command-B를 눌러 빌드 처리하고 Command-R을 눌러
실행시킨다.

이름과 전화번호를 입력하고 Transfer 버튼을 클릭하면 바로 두 번째 뷰를 표
시하면서 첫 번째 화면에 입력한 이름과 전화번호가 그대로 표시되는 것을 알
수 있다. 그림 4.55, 4.56은 첫 번째 뷰 컨트롤러 화면과 두 번째 뷰 컨트롤러
화면을 보여준다.

▶그림 4.55 첫 번째 뷰 컨트롤러 화면   ▶그림 4.56 두 번째 뷰 컨트롤러 화면

▌원리 설명

스토리보드의 일반적인 기능을 위에서 설명했으므로 여기서는 스토리보드를 이용하여 파라메터를 전송하는 부분에 대하여 알아보자.

자료를 보내는 쪽의 뷰 컨트롤러에 있는 버튼이 눌러지면 보내는 쪽의 컨트롤러 즉, ViewController 내부에 있는 prepareForSegue:sender 메소드가 자동으로 호출된다. 이 메소드에서는 파라메터 값으로 전달되는 UIStoryboardSegue의 객체 변수 segue를 이용하여 destinationViewController 메소드를 호출하는데 이 메소드에서 자료를 받는 뷰 컨트롤러 즉, SecondViewController 클래스에 대한 주소 값을 돌려준다.

```
- (void)prepareForSegue:(UIStoryboardSegue *)segue sender:(id)sender
{
    SecondViewController *secondController = [segue destinationViewController];
    ...
```

이제 이 SecondViewController 클래스를 가리키는 객체 변수 secondController를 사용하여 두 번째 뷰 컨트롤러의 객체 변수에 원하는 값을 지정할 수 있다. 텍스트 필드에 입력된 이름과 전화 값을 두 번째 뷰 컨트롤러 passedName과 passedPhone 변수에 각각 지정한다.

```
    secondController.passedName = self.txtName.text;
    secondController.passedPhone = self.txtPhone.text;
}
```

물론, 위에서 사용된 passName과 passPhone 변수는 SecondViewController.h 파일에서 다음과 같이 선언해야만 한다.

```
@interface SecondViewController : UIViewController
...
```

```
@property (strong, nonatomic) NSString *passedName;
@property (strong, nonatomic) NSString *passedPhone;

@end
```

이제 두 번째 뷰 컨트롤러인 SecondViewController의 viewDidLoad 이벤트가
실행되기 전에 이미 passedName과 passedPhone 변수에는 이름과 전화번호 값이
지정되므로 이 값들을 그대로 lblName, lblPhone 컨트롤의 text 속성에 각각 지정
하여 SecondViewController의 뷰에 이름과 전화번호를 표시한다.

```
- (void)viewDidLoad
{
    [super viewDidLoad];

    self.lblName.text = passedName;
    self.lblPhone.text = passedPhone;
}
```

정리

아이폰 앱의 인터페이스를 처리하기 위한 것으로 .xib 파일을 사용하는 방법과 스토리보드를
사용하는 방법이 있다. 이 장에서는 Xcode 4.x까지는 기본으로 사용되어 왔던 .xib 파일을
사용하여 간단한 계산기 예제를 작성해 보았고 스토리보드를 사용하여 하나의 화면에서 다른
화면으로 전환하는 방법과 함께 다시 이전 화면으로 되돌아가는 예제를 만들어 보았다. 마지막
으로 스토리보드에서 하나의 화면에 입력된 자료를 다음 화면에 전달하고 그 자료를 출력하는
기능까지 다루어 보았다.

기본 컨트롤러

아이폰에서는 여러 가지 기본 컨트롤러 기능을 제공한다. 컨트롤러는 만들고자 하는 앱의 가장 기본 골격을 만들어주는 것으로 컨트롤러의 선택에 따라서 원하는 형태의 앱을 쉽게 만들 수 있지만, 반대로 잘못된 컨트롤러의 선택은 프로그램을 어렵게 하고 원하는 기능을 완벽하게 구현하지 못할 수도 있다. 원하는 형태에 따라 어떤 컨트롤러를 사용해야 하는지 명확하게 파악하는 것은 프로그램 개발 시 반드시 생각해두어야 할 중요한 요소이다. 일반적으로 아이폰에서 자주 사용되는 형식으로 탭 바^TabBar와 내비게이션^Navigation 형식이 있다. 한 화면에서 버튼을 선택하여 여러 가지 다른 화면을 보여주기 위해서는 탭 바 형식을 사용하는 것이 좋고 테이블 형식으로 자료를 표시하고 그 표시된 자료를 선택할 때마다 다른 화면을 보여주고자 한다면 내비게이션 형식을 선택하는 것이 좋을 것이다. 이 장에서는 아이폰에서 제공하는 이러한 기본 컨트롤러 기능들을 이전부터 제공되었던 .xib 파일로 구현해보고 또한, 스토리보드를 사용하여 구현해볼 것이다.

탭 바 컨트롤러와 내비게이션 컨트롤러

아이폰에서 자주 사용되는 컨트롤러는 탭 바 컨트롤러와 내비게이션 컨트롤러가 있다. 탭 바 컨트롤러는 뷰 아래쪽에 여러 아이콘이 있어서 원하는 여러 가지 메뉴를 선택할 수 있도록 해주는 유용한 UI^User Interface 화면 중 하나이다. 그림 5.1은 탭 바 컨트롤러를 사용한 앱을 보여준다.

▶ 그림 5.1 탭 바 컨트롤러를 사용한 앱

만일 화면 크기의 제한으로 인하여 자료가 많은 경우, 하나의 화면에 모두 표시할 수 없는데, 많은 자료를 출력하기 위해서는 테이블의 각 항목 끝에 화살표 모양을 표시하고 이 화살표를 선택해 다음 페이지로 이동하여 더 많은 정보를 보여줄 수 있다. 이러한 기능을 하는 것이 바로 내비게이션 컨트롤러이다. 그림 5.2는 내비게이션 컨트롤러를 보여준다. 각 테이블의 항목을 선택할 때마다 선택된 항목에 대한 더 많은 정보를 보여주는 화면으로 이동된다.

▶ 그림 5.2 내비게이션 컨트롤러를 사용한 앱

5-2   .xib 파일을 이용한 탭 바 컨트롤러(UITabBarController)

탭 바 컨트롤러를 사용하기 위해서 Xcode에서는 "Tabbed Application"이라는 템플릿을 제공하고 있어 이것을 사용하면 쉽게 탭 바 애플리케이션을 만들 수 있다.

위에서 설명하였듯이 탭 바 애플리케이션은 .xib 파일을 사용하여 구현할 수도 있고 스토리보드를 사용하여 구현할 수도 있다. 여기서는 먼저 .xib 파일을 사용하여 3개의 화면으로 구성되는 뷰 컨트롤러를 제어할 수 있는 탭 바 컨트롤러를 만들어볼 것이다. 또한, 이 xib 파일을 통하여 탭 바 컨트롤러를 구현해봄으로써 탭 바 컨트롤러의 구성 원리를 쉽게 이해할 수 있을 것이다.

▌그대로 따라 하기

❶ Xcode에서 File−New−Project를 선택한다. 계속해서 왼쪽에서 iOS−Application 을 선택하고 오른쪽에서 Single View Application을 선택한다. 이어서 Next 버튼을 누르고 Product Name에 "TabBarXibExample"이라고 지정한다. 아래쪽에 있는 Language 항목은 "Objective−C", Devices 항목은 "iPhone"으로 설정하고 Next 버튼을 눌러 프로젝트를 생성한다.

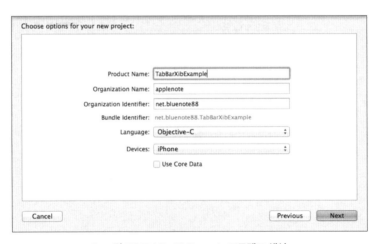

▶ 그림 5.3 TabBarXibExample 프로젝트 생성

❷ 프로젝트를 생성하면 기본적으로 프로젝트 속성의 General 탭 내용을 보여주는데 중간에 있는 Main Interface 항목을 삭제한다.

▶ 그림 5.4 Main Interface 항목 삭제

❸ 프로젝트 탐색기에서 ViewController.h, ViewController.m, Main.stroyboard, LaunchScreen.xib 파일을 선택하고 delete 키를 눌러 삭제한다. 삭제 대화상자가 나오면 가장 오른쪽 "Move to Trash" 버튼을 눌러 완전히 삭제한다.

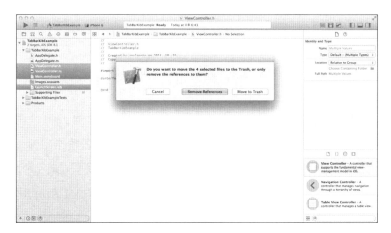

▶ 그림 5.5 4개 파일 삭제

❹ 프로젝트 탐색기의 TabBarXibExample(노란색 아이콘) 프로젝트에서 오른쪽 마우스 버튼을 누르고 New File 항목을 선택한다. 이때 템플릿 선택 대화상자 가 나타나면 왼쪽에서 iOS-Source를 선택하고 오른쪽에서 Cocoa Touch Class를 선택한 뒤, Next 버튼을 누른다. 이때 새 파일 이름을 입력하라는 대화 상자가 나타나면 다음 그림과 같이 FirstViewController를 입력한다. 이때 그 아래쪽 Subclass of 항목에 UIViewController를 지정하는 것과 "Also create XIB file" 체크상자에 체크하는 것을 잊지 않도록 한다. 그 아래 항목은 iPhone 을 선택하고 Language 항목은 Objective-C를 선택한다. 이상이 없으면 Next 버튼을 눌러 파일을 생성한다.

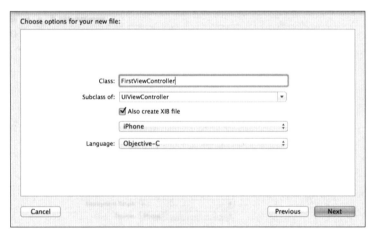

▶ 그림 5.6 FirstViewController 파일 생성

❺ 프로젝트 탐색기에서 생성된 FirstViewController.xib를 선택하고 오른쪽 아래 있는 Object 라이브러리에서 Label 컨트롤 하나를 뷰 중앙에 위치시킨 다. 그 라벨을 선택하고 Attributes 인스펙터를 선택하여 다음과 같이 Font를 "System 36.0"으로 수정하고 Text 항목에 "First View"라고 입력한다. 또한, 아래쪽에 있는 Alignment 속성을 중앙으로 지정한다.

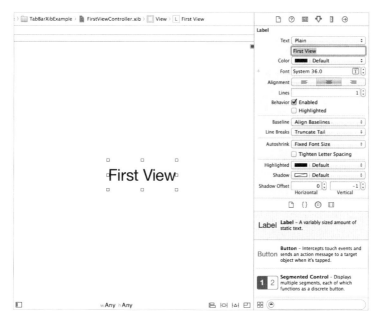

Label

Text	Plain
	First View
Color	Default
Font	System 36.0
Alignment	
Lines	1
Behavior	☑ Enabled
	☐ Highlighted
Baseline	Align Baselines
Line Breaks	Truncate Tail
Autoshrink	Fixed Font Size
	☐ Tighten Letter Spacing
Highlighted	Default
Shadow	Default
Shadow Offset	0 Horizontal −1 Vertical

Label — A variably sized amount of static text.

Button — Intercepts touch events and sends an action message to a target object when it's tapped.

Segmented Control — Displays multiple segments, each of which functions as a discrete button.

First View

w Any h Any

▶ 그림 5.7 FirstViewController의 Label 컨트롤 속성 수정

❻ 계속 Label 컨트롤을 선택한 상태에서 캔버스 아래 오토 레이아웃 메뉴에서 첫
번째 Align을 선택하고 "배열 제약조건 설정" 창이 나타나면 다음과 같이
"Horizontal Center in Container"와 "Vertical Center in Container" 항목
에 체크하고 아래쪽 "Add 2 Contstraints" 버튼을 누른다.

Add New Alignment Constraints

- ☐ Leading Edges
- ☐ Trailing Edges
- ☐ Top Edges
- ☐ Bottom Edges
- ☐ Horizontal Centers
- ☐ Vertical Centers
- ☐ Baselines
- ☑ Horizontal Center in Container 0
- ☑ Vertical Center in Container 0

Update Frames None

Add 2 Constraints

▶ 그림 5.8 수평과 수직 중앙에 위치 항목 체크

❼ 이제 캔버스 아래 오토 레이아웃 메뉴에서 세 번째인 Issues를 선택하고 "All Views in View Controller"의 "Update Frames" 항목을 선택하면 캔버스 화면은 다음과 같다.

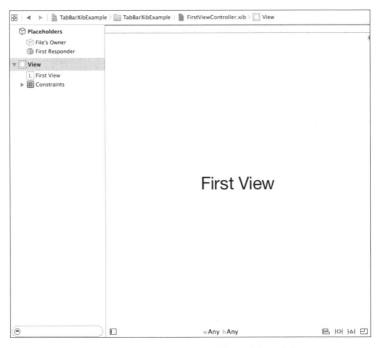

▶ 그림 5.9 오토 레이아웃이 적용된 캔버스 화면

❽ 이번에는 SecondViewController 클래스를 생성하고 ❺에서 ❼까지 동일하게 처리한다. 이 컨트롤러의 Label 컨트롤에는 "Second View"라고 표시한다.

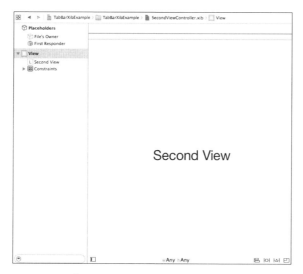

▶ 그림 5.10 SecondViewController 캔버스 화면

❾ 위와 동일한 방법을 사용하여 ThirdViewController 클래스를 생성한다. 이 컨트롤러의 Label 컨트롤에는 "Third View"라고 표시한다.

▶ 그림 5.11 ThirdViewController 캔버스 화면

⑩ 프로젝트 탐색기의 프로젝트 이름(파란색 아이콘)에서 오른쪽 마우스 버튼을 누르고 New Group 항목을 선택한다. 이름을 Resources라고 변경하고 그림 first.png, first@2x.png, second.png, second@2x.png 파일을 Resources 폴더 아래쪽에 드래그-엔-드롭으로 떨어뜨린다. 옵션 상자가 나타나면 Finish 버튼을 누른다.

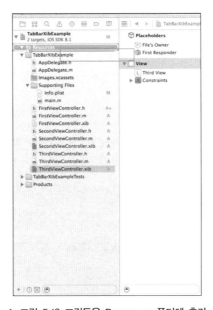

▶ 그림 5.12 그림들을 Resources 폴더에 추가

⑪ 이제 프로젝트 탐색기에서 AppDelegate.h 파일을 선택하고 다음 코드를 추가한다.

```
#import <UIKit/UIKit.h>

@interface AppDelegate : UIResponder <UIApplicationDelegate>
@property (strong, nonatomic) UIWindow *window;
@property (strong, nonatomic) UITabBarController *tabBarController;
@end
```

⑫ 다시 프로젝트 탐색기에서 AppDelegate.m 파일을 선택하고 다음 코드를 추가한다.

```objc
#import "AppDelegate.h"
#import "FirstViewController.h"
#import "SecondViewController.h"
#import "ThirdViewController.h"

@implementation AppDelegate

- (BOOL)application:(UIApplication *)application
        didFinishLaunchingWithOptions:(NSDictionary *)launchOptions
{
    self.window = [[UIWindow alloc] initWithFrame:[[UIScreen mainScreen] bounds]];
    // Override point for customization after application launch.
    UIViewController *viewController1 = [[FirstViewController alloc]
                                    initWithNibName:@"FirstViewController"
                                            bundle:nil];
    UIViewController *viewController2 = [[SecondViewController alloc]
                                    initWithNibName:@"SecondViewController"
                                            bundle:nil];
    UIViewController *viewController3 = [[ThirdViewController alloc]
                                    initWithNibName:@"ThirdViewController"
                                            bundle:nil];
    self.tabBarController = [[UITabBarController alloc] init];
    self.tabBarController.viewControllers = @[viewController1, viewController2,
            viewController3];
    self.window.rootViewController = self.tabBarController;
    [self.window makeKeyAndVisible];
    return YES;
}
...
```

⑬ 프로젝트 탐색기에서 FirstViewController.m 파일을 클릭하고 다음 코드를 입력한다.

```objc
#import "FirstViewController.h"
```

```
@interface FirstViewController ()
@end

@implementation FirstViewController

- (id)initWithNibName:(NSString *)nibNameOrNil bundle:(NSBundle *)nibBundleOrNil
{
    self = [super initWithNibName:nibNameOrNil bundle:nibBundleOrNil];
    if (self) {
        self.title = NSLocalizedString(@"First", @"First");
        self.tabBarItem.image = [UIImage imageNamed:@"first"];
    }
    return self;
}

- (void)viewDidLoad
{
    [super viewDidLoad];
    // Do any additional setup after loading the view from its nib.
}

- (void)didReceiveMemoryWarning
{
    [super didReceiveMemoryWarning];
    // Dispose of any resources that can be recreated.
}
```

⓮ 프로젝트 탐색기에서 SecondViewController.m 파일을 클릭하고 다음 코드를
입력한다.

```
#import "SecondViewController.h"
@interface SecondViewController ()

@end

@implementation SecondViewController

- (id)initWithNibName:(NSString *)nibNameOrNil bundle:(NSBundle *)nibBundleOrNil
```

```
{
    self = [super initWithNibName:nibNameOrNil bundle:nibBundleOrNil];
    if (self) {
        self.title = NSLocalizedString(@"Second", @"Second");
        self.tabBarItem.image = [UIImage imageNamed:@"second"];
    }
    return self;
}

- (void)viewDidLoad
{
    [super viewDidLoad];
    // Do any additional setup after loading the view from its nib.
}


- (void)didReceiveMemoryWarning
{
    [super didReceiveMemoryWarning];
    // Dispose of any resources that can be recreated.
}

@end
```

⓯ 프로젝트 탐색기에서 ThirdViewController.m 파일을 클릭하고 다음 코드를 입력한다.

```
#import "ThirdViewController.h"

@interface ThirdViewController ()

@end

@implementation ThirdViewController

- (id)initWithNibName:(NSString *)nibNameOrNil bundle:(NSBundle *)nibBundleOrNil
{
    self = [super initWithNibName:nibNameOrNil bundle:nibBundleOrNil];
    if (self) {
```

```
        self.title = NSLocalizedString(@"Third", @"Third");
        self.tabBarItem.image = [UIImage imageNamed:@"first"];
    }
    return self;
}

- (void)viewDidLoad
{
    [super viewDidLoad];
    // Do any additional setup after loading the view from its nib.
}

- (void)didReceiveMemoryWarning
{
    [super didReceiveMemoryWarning];
    // Dispose of any resources that can be recreated.
}

@end
```

⓮ 모든 입력이 끝났다면 Command-R을 눌러
실행시키면 첫 번째 FirstView Controller 뷰
가 나타난다. 아래쪽 다른 탭 바 버튼을 누르면
누를 때마다 다른 뷰 컨트롤러가 나타나는 것
을 알 수 있다. 다음 그림은 두 번째 버튼을 눌
렀을 때 나타나는 컨트롤러이다.

▶ 그림 5.13 TabBarXibExample 프로젝트 실행

▌원리 설명

뷰 아래쪽에 여러 개의 탭 바 버튼을 보여주고 선택할 수 있도록 지정하는 UITabBarController 객체는 이전에 설명한 UIViewController와 달리 화면에 직접 표시되는 컨트롤러가 아니다. 실제 화면에 출력되는 컨트롤러는 FirstView Controller, SecondViewController, ThirdViewController이고 UITabBarController 는 아래쪽 탭 바 버튼을 눌렀을 때, 어떤 화면을 표시할지를 결정하는 출력 제어 컨트 롤러라고 할 수 있다. 이 컨트롤러는 메인 폼에 표시되기 전에 실행되고 처리되는 AppDelegete 클래스에서 실행되어야만 한다.

우선 메인에 출력되는 ViewController를 결정하는 AppDelegate 객체(AppDelegate. m 파일)의 didFinishLaunchingWithOptions 메소드부터 살펴보자. 이 메소드에서 는 컨트롤러의 골격을 처리하는 UIWindow 클래스를 먼저 생성한다.

```
- (BOOL)application:(UIApplication *)application
        didFinishLaunchingWithOptions:(NSDictionary *)launchOptions
{

    self.window = [[UIWindow alloc] initWithFrame:[[UIScreen mainScreen] bounds]];
    ...
```

그다음, UITabBarController 클래스에서 처리할 컨트롤러 클래스 즉, FirstView Controller, SecondViewController, ThirdViewController 클래스들을 먼저 생성 한다.

```
    UIViewController *viewController1 = [[FirstViewController alloc]
initWithNibName:@"FirstViewController" bundle:nil];
    UIViewController *viewController2 = [[SecondViewController alloc]
 initWithNibName:@"SecondViewController" bundle:nil];
    UIViewController *viewController3 = [[ThirdViewController alloc]
 initWithNibName:@"ThirdViewController" bundle:nil];
....
```

이어서 위 클래스를 관리하는 UITabBarController 클래스를 생성하고 이 객체의 viewControllers 속성에 표시하고자 하는 컨트롤러 객체 변수 즉, viewController1, viewController2, viewController3를 NSArray 타입의 배열 형식으로 지정한다.

```
self.tabBarController = [[UITabBarController alloc] init];
self.tabBarController.viewControllers = @[viewController1, viewController2,
viewController3];
...
```

UITabBarController 클래스의 viewControllers 속성

UITabBarController 클래스의 viewControllers 속성은 그 클래스에서 다음과 같이 속성으로 선언되고 표시되는 컨트롤러들을 NSArray 타입으로 지정한다.

```
@property(nonatomic, copy) NSArray *viewControllers;
```

NSArray 타입이므로 원하는 만큼의 ViewController 객체의 포인터를 지정할 수 있다.

그다음, 현재 window 객체의 rootViewController 속성에 위에서 생성한 tabBar Controller를 지정하여 기본 뷰 컨트롤러를 탭 바 컨트롤러를 지정하고 현재 윈도우를 키 입력을 받는 메인 윈도우로 지정한다. 이렇게 함으로써 윈도우 객체 위에 탭 바 컨트롤러가 지정되고 탭 바 컨트롤러는 viewController1, viewController2, viewController3 등으로 구성된다.

```
self.window.rootViewController = self.tabBarController;
[self.window makeKeyAndVisible];
...
```

위 코드에서 볼 수 있듯이 AppDelegate 객체의 didFinishLaunchingWithOptions 메소드에서는 FirstViewController 객체 등을 생성할 때 initWithNibName 메소드를 호출한다.

```
UIViewController *viewController1 = [[FirstViewController alloc]
                                     initWithNibName:@"FirstViewController"
                                     bundle:nil];
...
```

FirstViewController 객체의 initWithNibName 메소드는 파라메터 값을 이용하여 참조하고자 하는 xib 파일을 읽고 그 xib 파일의 기본 객체에 대한 주소 값을 얻는다. 여기서는 파라메터 값으로 "FirstViewController"를 지정하였으므로 FirstViewController.xib를 읽고 이 객체에 대한 주소 값을 얻는다.

```
- (id)initWithNibName:(NSString *)nibNameOrNil bundle:(NSBundle *)nibBundleOrNil
{
    self = [super initWithNibName:nibNameOrNil bundle:nibBundleOrNil];
    ...
```

xib 파일에 대한 주소 값을 얻었으므로 이 값으로 title 속성에 원하는 문자열을 설정하여 제목을 지정할 수 있다. 여기서 지정된 문자열은 바로 탭 바 버튼의 제목이 된다.

이때 여러 나라의 문자를 표시할 수 있는 NSLocalizedString이라는 메소드를 사용하는데 이 메소드를 사용하면 영어뿐만 아니라 일본어, 중국어 등 여러 나라의 문자를 버튼에 표시할 수 있다. 이를 위하여 Localizable.strings라는 지역화 스트링 파일을 별도도 생성해야 한다.

이 메소드는 두 개의 파라메터를 사용하는데 첫 번째 파라메터는 지역화 스트링 파일 즉, Localizable.strings 대한 키 값, 두 번째 파라메터는 키 값에 대한 설명을 지정한다. 즉, 제목을 출력하기 위해 지역화 스트링 파일 내부에 "First"라는 이름의 키를 생성해야 한다는 의미이다.

```
    if (self) {
        self.title = NSLocalizedString(@"First", @"First");

    ...
```

만일 여러 나라 문자를 표시할 필요가 없어 지역화 스트링 파일을 생성하지 않았다면 두 번째 파라메터 값이 자동으로 출력된다. 여기서는 두 번째 스트링 값 "First"가 버튼 타이틀 값으로 출력된다.

참고　　NSLocalizedString 메소드

아이폰 앱을 여러 나라에서 출시하기 위해서는 그 나라에 맞는 문자를 사용해야만 하는 데 이때 사용되는 것이 문자열 지역화이다. 즉, 다음과 같이 NSLocalizedString 메소드를 키 값과 그 설명을 지정하여 호출해준다.

NSLocalizedString (@"키 값", @"설명")

이 메소드를 사용하기 위해 리소스 지정 디렉토리에 나라별로 Localizable.strings 파일을 생성해 주어야 하는데 이 파일 안에 키를 생성하고 키에 해당하는, 출력하고자 하는 값을 지정하면 된다.
예를 들어, 다음과 같이 greeting이라는 키를 사용한다고 가정하면, 키 값은 greeting이 되고 이 키에 대한 설명은 "greeting is localized"가 된다.

label1.text = NSLocalizedString(@"greeting", @"greeting is localized")

그다음, Localizable.strings 파일을 클릭하고 이 파일 내부에 다음과 같이 지정해준다.

"greeting"="Hello!"

또한, 한글만을 지정하는 Localizable.strings 파일을 별도로 생성하고 다음과 같이 입력한다.

"greeting"="안녕!"

위와 같이 지정하면 영어를 사용하는 아이폰에서는 "Hello!"라고 출력되고 한국어를 사용하는 아이폰에서는 "안녕"이라는 메시지가 출력되어 동일한 소스 코드를 이용하여 그 국가에 해당하는 언어를 각각 표시할 수 있다.

여기서 각 ViewController 객체의 탭 바 버튼은 tabBarItem 속성을 사용하여 참조할 수 있는데 이 tabBarItem의 image 속성에 원하는 이미지를 지정하면 버튼 안에 이미지 아이콘을 표시할 수 있다. 물론 여기서 사용된 first.png 파일은 실행하기 전에 반드시 프로젝트 탐색기의 Resources 폴더에 등록해야만 한다.

```
        self.tabBarItem.image = [UIImage imageNamed:@"first"];
    }
    return self;
}
```

동일한 방법으로 SecondViewController의 initWithNibName 메소드를 다음과 같이 작성해준다. 버튼 제목에 "Second"가 표시되고 이미지로 second.png 파일이 표시된다.

```
..
@implementation SecondViewController

- (id)initWithNibName:(NSString *)nibNameOrNil bundle:(NSBundle
    *)nibBundleOrNil
{
    self = [super initWithNibName:nibNameOrNil bundle:nibBundleOrNil];
    if (self) {
        self.title = NSLocalizedString(@"Second", @"Second");
        self.tabBarItem.image = [UIImage imageNamed:@"second"];
    }
    return self;
}
...
```

나머지 ThirdViewController 역시 SecondViewController와 동일하게 처리해준다. 여기서 버튼에 보여주는 이미지는 first.png를 사용한다.

```
...
@implementation ThirdViewController

- (id)initWithNibName:(NSString *)nibNameOrNil bundle:(NSBundle
  *)nibBundleOrNil
{
    self = [super initWithNibName:nibNameOrNil bundle:nibBundleOrNil];
    if (self) {
        self.title = NSLocalizedString(@"Third", @"Third");
        self.tabBarItem.image = [UIImage imageNamed:@"first"];
    }
    return self;
}
...
```

5-3 │ 스토리보드를 사용한 탭 바 컨트롤러

이번에는 xib 파일이 아닌 스토리보드를 생성해서 동일한 기능을 구현해보자. 사실
스토리보드는 Xcode 5.x부터 제공되어왔지만, 호환성 문제로 인하여 별도로 체크를
해야 사용할 수 있었다. 하지만 Xcode 5.x부터는 체크 필요 없이 기본적으로 스토리
보드를 사용할 수 있게 되었을 뿐만 아니라 거의 모든 기능이 스토리보드를 기본으로
사용할 수 있도록 변경되었다. 스토리보드는 xib 파일의 디자인 기능보다 강력한 기
능을 제공하고 모든 처리 과정을 한눈에 알 수 있는 것이 스토리보드가 가진 가장
큰 장점 중 하나이다.

▌그대로 따라 하기

❶ Xcode에서 File−New−Project를 선택한다. 계속해서 왼쪽에서 iOS−Application
을 선택하고 오른쪽에서 Tabbed Application을 선택한다. 이어서 Next 버튼

을 선택한다.

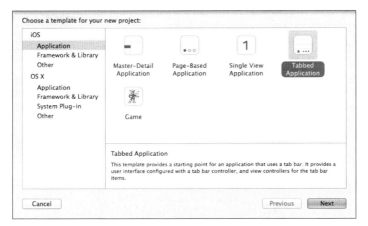

▶ 그림 5.14 Tabbed Application 선택

❷ 프로젝트 옵션 선택 대화상자가 나타나면 Product Name 항목에 "TabBar StroyboardExample"이라고 입력하고 아래쪽에 있는 Language 항목은 "Objective-C", Devices 항목은 "iPhone"으로 설정하고 Next 버튼을 눌러 프로젝트를 생성한다.

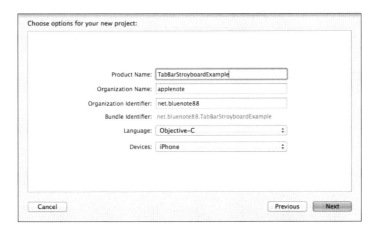

▶ 그림 5.15 TabBarStoryboardExample 프로젝트 생성

❸ 프로젝트 탐색기를 살펴보면 이전 TabBarXibExample 프로젝트와 다르게 FirstViewController와 SecondViewController가 자동으로 만들어진 것을 알 수 있다. 프로젝트 탐색기의 Main.storyboard를 클릭해보면 캔버스에도 위 파일들과 대응되는 First ViewController와 Second ViewController 그림이 만들어진 것을 알 수 있다. 또한, Images.xcassets 파일을 클릭하면 이전에 별도로 지정하였다. 탭에 사용되는 first.png와 second.png 그림 파일 역시 자동으로 추가된 것을 알 수 있다.

▶ 그림 5.16 자동으로 생성된 FirstViewController와 SecondViewController

❹ 프로젝트 탐색기의 TabBarStoryboardExample(노란색 아이콘)에서 오른쪽 마우스 버튼을 누르고 New File 항목을 선택한다. 이때 템플릿 선택 대화상자 가 나타나면 왼쪽에서 iOS-Source를 선택하고 오른쪽에서 Cocoa Touch

Class를 선택한 뒤, Next 버튼을 누른다. 이때 새 파일 이름을 입력하라는 대화상자가 나타나면 다음 그림과 같이 ThirdViewController를 입력한다. 이때 그 아래쪽 "Subclass of" 항목에 UIViewController를 지정하도록 하고 "Also create XIB file" 체크상자에는 체크하지 않도록 한다. 그 아래 Language 항목은 Objective-C를 선택한다. 이상이 없으면 Next 버튼을 눌러 파일을 생성한다.

▶ 그림 5.17 ThirdViewController 파일 생성

❺ 이제 프로젝트 탐색기의 Main.storyboard를 클릭하고 오른쪽 아래 오브젝트 라이브러리에서 ViewController 하나를 스토리보드 캔버스에 떨어뜨려 Second ViewController 아래쪽에 위치시킨다. 이어서 오른쪽 아래 있는 Object 라이브러리에서 Label 컨트롤 하나를 뷰 중앙에 위치시킨다. 그 라벨을 선택하고 Attributes 인스펙터를 선택하여 다음과 같이 Font를 "System 36.0"으로 수정하고 Text 항목에 "Third View"라고 입력한다. 또한, 아래쪽에 있는 Alignment도 중앙으로 지정한다.

▶ 그림 5.18 세 번째 View Controller 추가

❻ 계속 Label 컨트롤을 선택한 상태에서 캔버스 아래 오토 레이아웃 메뉴에서 첫
번째 Align을 선택하고 "배열 제약조건 설정" 창이 나타나면 다음과 같이
"Horizontal Center in Container"와 "Vertical Center in Container" 항목
에 체크하고 아래쪽 "Add 2 Contstraints" 버튼을 누른다.

▶ 그림 5.19 수평과 수직 중앙에 위치 항목 체크

❼ 이제 캔버스 아래 오토 레이아웃 메뉴에서 세 번째인 Issues를 선택하고 "All Views in View Controller"의 "Update Frames" 항목을 선택하면 캔버스 화면은 다음과 같다.

▶ 그림 5.20 오토 레이아웃이 적용된 캔버스 화면

❽ 도큐먼트 아웃라인 창에서 새로 생성한 세 번째 View Controller를 선택하고 오른쪽 위 Identity 인스펙터를 선택한다. 이때 Custom Class 항목의 Class 상자에 위에서 생성한 ThirdViewController를 입력하거나 지정한다.

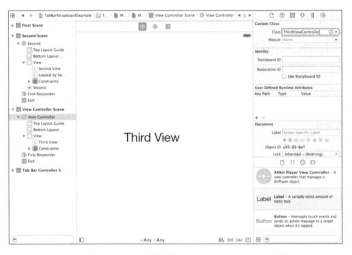

▶ 그림 5.21 Class 상자에 ThirdViewController 지정

❾ Main.storyboard를 선택한 상태에서 Ctrl 키와 Tab Bar Controller를 선택한
상태에서 그대로 드래그–엔–드롭으로 새로 생성한 Third View Controller에
떨어뜨린다.

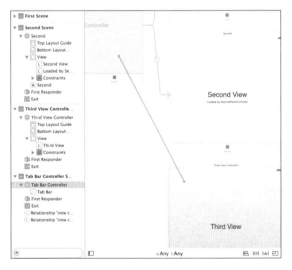

▶ 그림 5.22 Tab Bar Controller에서 Third View Controller 연결

❿ 이때 세구에 연결 선택상자가 나타나면 "Relationship Segue" 아래쪽에 있는 "view controllers" 항목을 선택한다.

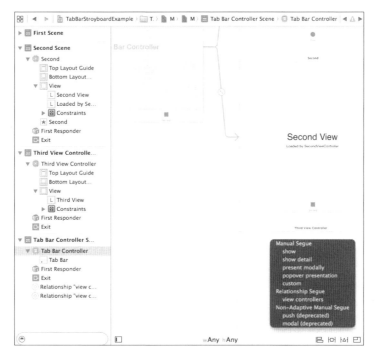

▶ 그림 5.23 세구에 연결 선택상자

⓫ 다시 캔버스 왼쪽에 있는 도큐먼트 아웃라인Document Outline 창에서 Third View Controller Scene 아래쪽에 Tab Bar Item 항목을 선택한다. 이 상태에서 오른쪽 Attributes 인스펙터를 선택하면 다음 그림과 같이 Bar Item 설정 항목이 나오는데 Title 상자에 "Third", Image 상자는 "first"를 선택한다.

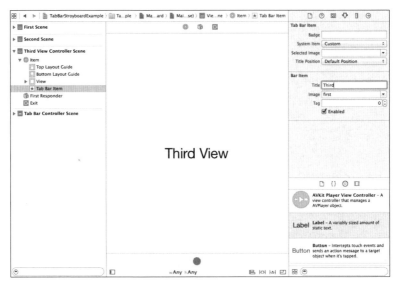

▶ 그림 5.24 Tab Bar Item 설정

⑫ 모든 입력이 끝났다면 Command-R을 눌러 실행시키면 첫 번째 FirstViewController 뷰가 나타난다. 이전 코드를 변경한 것과 동일한 기능을 제공하는 것을 알 수 있다. 즉, 아래쪽 다른 바 버튼을 누르면, 누를 때마다 다른 뷰 컨트롤러가 나타난다. 다음 그림은 세 번째 ThirdViewController이다.

▶ 그림 5.25 TabBarStoryboardExample 프로젝트 실행

▌원리 설명

탭 바 컨트롤러 원리는 이미 위에서 자세히 설명하였으니 여기서는 .xib 파일로 구현한 것과 스토리보드로 구현한 것을 비교하여 그 차이를 중점으로 설명한다.

모든 아이폰 앱은 UIApplication에서부터 시작한다. 이 UIApplication 클래스에서 프로젝트의 AppDelegate 클래스를 호출하고 이 AppDelegate 클래스에서는 UIWindow 클래스와 UITabBarController 클래스를 호출하게 된다. xib 파일을 사용했을 때, AppDelegate 클래스의 didFinishLaunchingWithOptions 메소드에서 다음과 같이 뷰 컨트롤러를 생성하였다.

```
UIViewController *viewController3 = [[ThirdViewController alloc]
                                      initWithNibName:@"ThirdViewController"
                                      bundle:nil];
```

즉, initWithNibName 메소드를 호출하여 뷰 컨트롤러를 생성할 때, 원하는 xib 이름을 지정하여 그 xib 파일에 작성된 인터페이스 화면을 그대로 출력할 수 있었다. 또한, xib 파일을 사용할 때에는 3개의 모든 뷰 컨트롤러를 작성하였지만, 스토리보드에서는 이미 2개의 뷰 컨트롤러를 제공하므로 1개의 뷰 컨트롤러만 작성하면 된다.

스토리보드에서 뷰 컨트롤러 생성은 다음과 같이 간단히 처리할 수 있다. 즉, 스토리보드 캔버스 위에 View Controller 하나를 추가하고 프로젝트 탐색기에서 ViewController 클래스를 생성하여 Identity 인스펙터에서 캔버스의 View Controller와 연결시키면 위 코드와 동일한 기능이 처리된다.

▶ 그림 5.26 스토리보드 캔버스에 ViewController 생성

▶ 그림 5.27 Class 상자에 ThirdViewController 지정

그다음, UITabBarController 클래스에서 여러 View Controller를 지정하여 버튼을 눌렀을 때, 여러 화면을 사용하는 방법에 대해 알아보자. xib 파일을 사용했을 때에는 다음과 같이 UITabBarController 객체의 viewControllers 속성에 보여주고자 하는 ViewController 변수들을 NSArray 배열 형식으로 지정하였다.

```
self.tabBarController.viewControllers = @[viewController1, viewController2,
  viewController3];
```

이에 반하여 스토리보드에서는 다음과 같이 Ctrl 키와 함께 Tab Bar Controller 객체를 선택한 상태에서 드래그-엔-드롭으로 원하는 View Controller 객체 즉, ThirdViewController에 떨어뜨리면 된다.

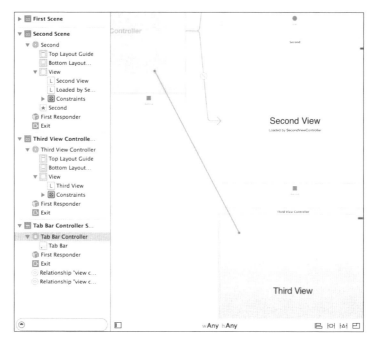

▶ 그림 5.28 Tab Bar Controller 객체에서 ThirdViewController와 연결

이때 Tab Bar Controller 객체와 ThirdViewController와 연결은 "Relationship Segue"의 view controllers를 선택한다.

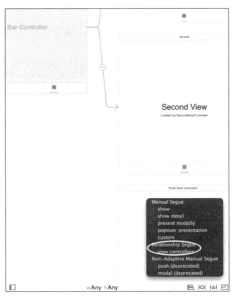

▶ 그림 5.29 "Relationship Segue"의 view controllers 선택

마지막으로 각 탭 바 버튼의 타이틀 이름과 아이콘 그림을 지정하는 방법에 대해 알아보자. xib 파일을 사용할 때에는 각 ViewController 객체의 initWithNibName 메소드에 다음과 같은 코드를 사용하여 타이틀과 이미지 아이콘을 지정하였다.

```
- (id)initWithNibName:(NSString *)nibNameOrNil bundle:(NSBundle
  *)nibBundleOrNil
{
    ...
    self.title = NSLocalizedString(@"Third", @"Third");
    self.tabBarItem.image = [UIImage imageNamed:@"first"];
}
    return self;
}
```

440

이에 반하여 스토리보드에서는 도큐먼트 아웃라인Document Outline 창의 Tab Bar Item을 클릭하고 오른쪽 위의 Attributes 인스펙터를 선택해서 Title 항목과 Image 항목을 "Third"와 "first"를 각각 지정해주면 버튼에 "Third" 텍스트와 first.png 이미지가 표시된다.

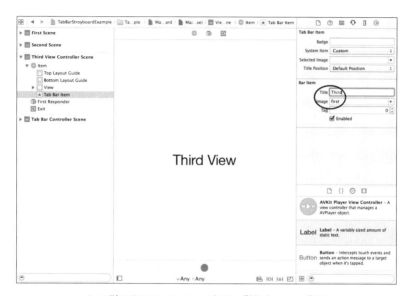

▶ 그림 5.30 Tab Bar Item의 Title 항목과 Image 항목

5-4 .xib 파일을 이용한 내비게이션 컨트롤

내비게이션 컨트롤러는 아이폰에서 가장 많이 사용되는 UIUser Interface 화면 중 하나이다. 화면의 크기가 제한되어 있어 더 많은 자료를 표시할 수 없을 경우, 현재 선택된 항목을 누르거나 혹은 관련된 버튼을 눌러 다음 페이지로 이동하여 표시할 수밖에 없는데, 이러한 기능을 하는 것이 바로 내비게이션 컨트롤러이다. 즉, 이 내비게이션 컨트롤러를 사용하여 제한된 화면에서 많은 기능을 사용할 수 있을 뿐만 아니라 선택된 항목에 대한 더 세부적인 정보를 얻을 수 있다.

내비게이션 컨트롤 역시 .xib 파일 혹은 스토리보드를 사용하여 동일한 기능을 구현할 수도 있는데 여기서는 먼저 .xib 파일을 사용하여 구현해 볼 것이다. 여기서 구현하는 기능은 페이지마다 위쪽에 바 버튼bar button을 표시하고 그 버튼을 눌렀을 때 다음 화면으로 이동하는 간단한 예제이다.

▌그대로 따라 하기

❶ Xcode에서 File-New-Project를 선택한다. 계속해서 왼쪽에서 iOS-Application을 선택하고 오른쪽에서 Single View Application을 선택한다. 이어서 Next 버튼을 누르고 Product Name에 "NavigationXibExample"이라고 지정한다. 아래쪽에 있는 Language 항목은 "Objective-C", Devices 항목은 "iPhone"으로 설정하고 Next 버튼을 눌러 프로젝트를 생성한다.

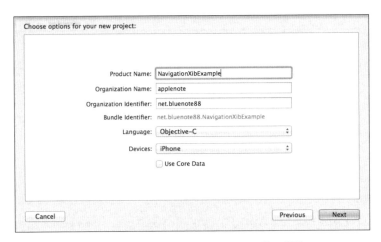

▶ 그림 5.31 NavigationXibExample 프로젝트 생성

❷ 프로젝트를 생성하면 기본적으로 프로젝트 속성의 General 탭 내용을 보여주는데 중간에 있는 Main Interface 항목을 삭제한다.

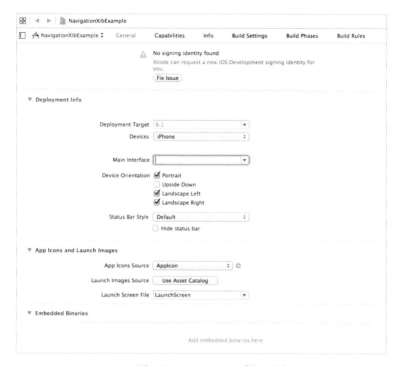

▶ 그림 5.32 Main Interface 항목 삭제

❸ 프로젝트 탐색기에서 ViewController.h, ViewController.m, Main.stroyboard, LaunchScreen.xib 파일을 선택하고 delete 키를 눌러 삭제한다. 삭제 대화상자가 나오면 가장 오른쪽 "Move to Trash" 버튼을 눌러 완전히 삭제한다.

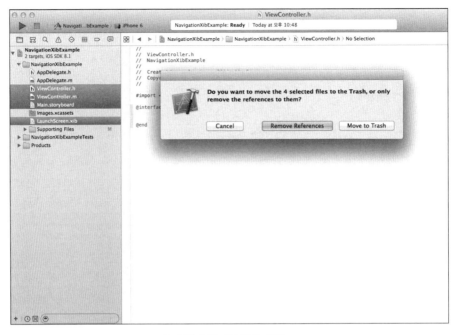

▶ 그림 5.33 4개 파일 삭제

❹ 프로젝트 탐색기의 NavigationXibExample(노란색 아이콘) 프로젝트에서 오
른쪽 마우스 버튼을 누르고 New File 항목을 선택한다. 이때 템플릿 선택 대화
상자가 나타나면 왼쪽에서 iOS-Source를 선택하고 오른쪽에서 Cocoa Touch
Class를 선택한 뒤, Next 버튼을 누른다. 이때 새 파일 이름을 입력하라는 대화
상자가 나타나면 다음 그림과 같이 FirstViewController를 입력한다. 이때 그
아래쪽 Subclass of 항목에 UIViewController를 지정하는 것과 "Also create
XIB file" 체크상자에 체크하는 것을 잊지 않도록 한다. 그 아래 항목은 iPhone
을 선택하고 Language 항목은 Objective-C를 선택한다. 이상이 없으면 Next
버튼을 눌러 파일을 생성한다.

444

▶ 그림 5.34 FirstViewController 파일 생성

❺ 프로젝트 탐색기에서 생성된 FirstViewController.xib를 선택하고 오른쪽 아래 있는 Object 라이브러리에서 Label 컨트롤 하나를 뷰 중앙에 위치시킨다. 그 라벨을 선택하고 Attributes 인스펙터를 선택하여 다음과 같이 Font를 "System 36.0"으로 수정하고 Text 항목에 "First View"라고 입력한다. 또한, 아래쪽에 있는 Alignment 속성을 중앙으로 지정한다.

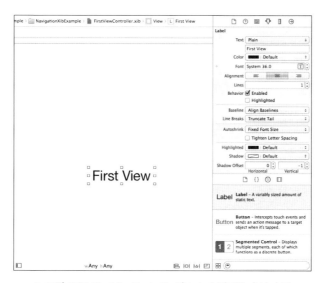

▶ 그림 5.35 FirstViewController의 Label 컨트롤 속성 수정

❻ 계속 Label 컨트롤을 선택한 상태에서 캔버스 아래 오토 레이아웃 메뉴에서 첫 번째 Align 을 선택하고 "배열 제약조건 설정" 창이 나 타나면 다음과 같이 "Horizontal Center in Container"와 "Vertical Center in Container" 항목에 체크하고 아래쪽 "Add 2 Contstraints" 버튼을 누른다.

▶ 그림 5.36 수평과 수직 중앙에 위치 항목 체크

❼ 이제 캔버스 아래 오토 레이아웃 메뉴에서 세 번째인 Issues를 선택하고 "All Views in View Controller"의 "Update Frames" 항목을 선택하면 캔버스 화 면은 다음과 같다.

▶ 그림 5.37 오토 레이아웃이 적용된 캔버스 화면

❽ 이번에는 SecondViewController 클래스를 생성하고 ❺에서 ❼까지 동일하게 처리한다. 이 컨트롤러의 Label 컨트롤에는 "Second View"라고 표시한다.

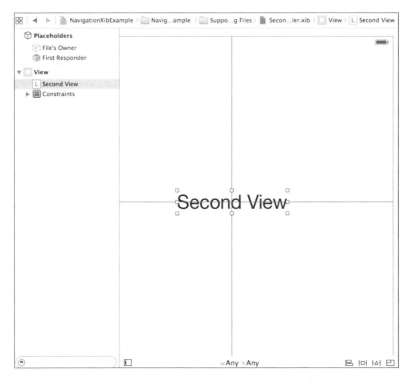

▶ 그림 5.38 SecondViewController 캔버스 화면

❾ 위와 동일한 방법을 사용하여 ThirdViewController 클래스를 생성한다. 이 컨 트롤러의 Label 컨트롤에는 "Third View"라고 표시한다.

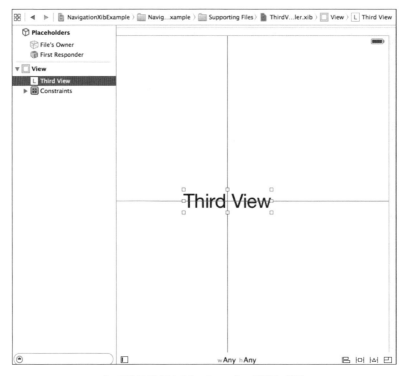

▶ 그림 5.39 ThirdViewController 캔버스 화면

⑩ 이제 프로젝트 탐색기에서 AppDelegate.h 파일을 선택하고 다음 코드를 추가한다.

```objc
#import <UIKit/UIKit.h>

@class FirstViewController;

@interface AppDelegate : UIResponder <UIApplicationDelegate>

@property (strong, nonatomic) UIWindow *window;
@property (strong, nonatomic) FirstViewController *viewController;

@end
```

⓫ 다시 프로젝트 탐색기에서 AppDelegate.m 파일을 선택하고 다음 코드를 추가
한다.

```objc
#import "AppDelegate.h"
#import "FirstViewController.h"

@implementation AppDelegate

- (BOOL)application:(UIApplication *)application
        didFinishLaunchingWithOptions:(NSDictionary *)launchOptions
{
    self.window = [[UIWindow alloc] initWithFrame:[[UIScreen mainScreen] bounds]];
    self.viewController = [[FirstViewController alloc]
            initWithNibName:@"FirstViewController" bundle:nil];
    UINavigationController *navigatinController = [[UINavigationController alloc]
            initWithRootViewController:self.viewController];
    self.window.rootViewController = navigatinController;
    [self.window makeKeyAndVisible];
    return YES;
}
...
```

⓬ 프로젝트 탐색기에서 FirstViewController.m 파일을 클릭하고 다음 코드를 입
력한다.

```objc
#import "FirstViewController.h"
#import "SecondViewController.h"

@interface FirstViewController ()

@end

@implementation FirstViewController

- (id)initWithNibName:(NSString *)nibNameOrNil bundle:(NSBundle *)nibBundleOrNil
{
    self = [super initWithNibName:nibNameOrNil bundle:nibBundleOrNil];
```

```
    if (self) {
        // Custom initialization
    }
    return self;
}

- (void)viewDidLoad
{
    [super viewDidLoad];
    UIBarButtonItem *moveButton = [[UIBarButtonItem alloc]
                                  initWithTitle: @"Page2"
                                  style:UIBarButtonItemStylePlain
                                  target:self
                                  action:@selector(moveNextPage:)];
    self.navigationItem.rightBarButtonItem = moveButton;
}

- (void)didReceiveMemoryWarning
{
    [super didReceiveMemoryWarning];
    // Dispose of any resources that can be recreated.
}

- (void) moveNextPage:(id) sender
{
    SecondViewController *secondViewController = [[SecondViewController alloc]
                initWithNibName:@"SecondViewController" bundle:nil];
    [self.navigationController pushViewController:secondViewController
                animated:YES];
}

@end
```

⑬ 프로젝트 탐색기에서 SecondViewController.m 파일을 클릭하고 다음 코드를 입력한다.

```
#import "SecondViewController.h"
#import "ThirdViewController.h"
```

```objc
@interface SecondViewController ()

@end

@implementation SecondViewController

- (id)initWithNibName:(NSString *)nibNameOrNil bundle:(NSBundle *)nibBundleOrNil
{
    self = [super initWithNibName:nibNameOrNil bundle:nibBundleOrNil];
    if (self) {
        // Custom initialization
    }
    return self;
}

- (void)viewDidLoad
{
    [super viewDidLoad];

    UIBarButtonItem *moveButton = [[UIBarButtonItem alloc]
                                   initWithTitle: @"Page3"
                                   style:UIBarButtonItemStylePlain
                                   target:self
                                   action:@selector(moveNextPage:)];
    self.navigationItem.rightBarButtonItem = moveButton;
}

- (void)didReceiveMemoryWarning
{
    [super didReceiveMemoryWarning];
    // Dispose of any resources that can be recreated.
}

- (void) moveNextPage:(id) sender
{
    ThirdViewController *thirdViewController = [[ThirdViewController alloc]
                         initWithNibName:@"ThirdViewController" bundle:nil];
    [self.navigationController pushViewController:thirdViewController animated:YES];
}

@end
```

⓮ 모든 입력이 끝났다면 Command–R을 눌러 실행시키면 첫 번째 ViewController 인 FirstViewController가 나타난다. 오른쪽 위에 있는 Page2 버튼을 누르면 두 번째 페이지로 이동되고 또 그 페이지 오른쪽 위에 있는 Page3 버튼을 누르면 세 번째 페이지로 이동된다. 이때 각 페이지의 왼쪽 위에는 Back 버튼이 생성되는데, 이 버튼을 누르면 이전 페이지로 이동되는지를 확인한다. 다음 그림은 두 번째 SecondViewController를 보여준다.

▶ 그림 5.40 NavigationXibExample 프로젝트 실행

▌원리 설명

NavigationXibExample 역시 UIApplication 객체로부터 시작하여 AppDelegate 객체의 didFinishLaunchingWithOptions 메소드가 실행된다. 이 메소드에서는 먼저 뷰 컨트롤러의 골격이 되는 UIWindow 객체를 생성한다.

```
- (BOOL)application:(UIApplication *)application
didFinishLaunchingWithOptions:(NSDictionary *)launchOptions
{
    self.window = [[UIWindow alloc] initWithFrame:[[UIScreen mainScreen] bounds]];
    ..
```

그다음, 내비게이션 컨트롤러에서 첫 번째 페이지로 표시할 ViewController를 생성한다.

```
    self.viewController = [[FirstViewController alloc]
                    initWithNibName:@"FirstViewController" bundle:nil];
    ...
```

이어서 내비게이션 컨트롤러 클래스 객체 변수 navigationController를 생성하는데 이때 파라메터 값으로 initWithRootViewController에 위에서 생성한 첫 번째 표시 컨트롤러 viewController 객체 변수를 지정한다. 이렇게 처리함으로써 위쪽에 내비게이션 상태 바와 함께 첫 번째 컨트롤러인 viewController가 표시되어 그다음 페이지로 이동할 수 있는 기본이 만들어진다. 이 UINavigationController 객체 역시 UITabBarController 객체와 마찬가지로 화면에 직접 표시되지 않고 내부에서 다른 컨트롤러들을 관리하는 객체이다.

```
    UINavigationController *navigationController = [[UINavigationController alloc]
    initWithRootViewController:self.viewController];
    ...
```

이제 UIWindow의 rootViewController에 navigationController를 지정함으로써 기본 루트 컨트롤러를 내비게이션 컨트롤러로 설정한다. 즉, 지정된 내비게이션 컨트롤러가 기본 화면으로 지정되고 모든 키 입력을 받을 수 있게 된다.

```
    self.window.rootViewController = navigationController;
     [self.window makeKeyAndVisible];
    return YES;
}
```

그다음, 첫 번째 페이지로 지정된 ViewController.m을 살펴보자. 뷰가 시작될 때 실행되는 viewDidload 메소드에 다음과 같이 UIBarButtonItem 객체 변수 moveButton을 생성한다.

```
- (void)viewDidLoad
{
    [super viewDidLoad];

    UIBarButtonItem *moveButton = [[UIBarButtonItem alloc]
                              initWithTitle: @"Page2"
                              style:UIBarButtonItemStylePlain
                              target:self
                              action:@selector(moveNextPage:)];
...
```

생성된 바 버튼은 위쪽 내비게이션 바에 추가되고 intiWithTitle에 지정된 값 "Page2" 라고 표시된다. 또한, 이 버튼을 눌렀을 때 실행시키는 메소드는 action : @selector()에 지정하는데 여기에 moveNextPage라는 이름의 메소드를 지정하여 눌렀을 때 moveNextPage 메소드로 이동될 수 있도록 한다.

바 버튼 객체의 위치는 rightBarButtonItem으로 지정할 수 있다. UIBarButtonItem 객체 변수 moveButton을 생성한 다음, navigationItem 객체의 rightBarButtonItem 에 지정하여 내비게이션 바 오른쪽에 표시될 수 있도록 지정한다. 참고로 여기서 사용된 navigationitem은 ViewController 객체에서 내비게이션 기능을 위해 만들어 놓은 속성이다.

```
    self.navigationItem.rightBarButtonItem = moveButton;
}
```

바 버튼은 오른쪽 외에 여러 곳에 지정할 수 있는데 navigationItem 객체에서 지정할 수 있는 버튼 관련 속성은 다음과 같다.

▶ 표 5.1 navigationItem 객체 버튼 관련 속성

버튼 관련 속성	설명
backBarButtonItem	내비게이션 바에 사용자 백 버튼(back button)을 표시한다.
hideBackButton	백 버튼을 숨길지를 설정한다.
leftBarButtonItem	내비게이션 바 왼쪽에 버튼을 표시한다.
rightBarButtonItem	내비게이션 바 오른쪽에 버튼을 표시한다.

이제 바 버튼을 눌렀을 때 다음 페이지로 이동을 처리해보자. 내비게이션 바 오른쪽 위에 있는 "Page2" 버튼을 누르면 moveNextPage 메소드가 실행되는데 이 메소드에서는 먼저 두 번째 페이지인 SecondViewController 객체를 생성한다.

```
- (void) moveNextPage:(id) sender
{
    SecondViewController *secondViewController = [[SecondViewController alloc]
        initWithNibName:@"SecondViewController" bundle:nil];
        ...
```

그다음, 현재 UINavigationController 객체의 pushViewController에 위에서 생성한 secondViewController 객체를 지정하여 내비게이션 스택에 저장한다. 이렇게 저장된 객체 변수는 다음 페이지 왼쪽 위에 자동으로 생성되는 백 버튼back button을 눌렀을 때 스택으로부터 바로 팝pop되어 원래 뷰 컨트롤러 위치로 되돌아올 수 있도록 해준다.

```
    [self.navigationController pushViewController:secondViewController
        animated:YES];
}
```

pushViewController 메소드와 popViewControllerAnimated 메소드

이 두 메소드는 UINavigationController의 가장 대표적인 메소드이다. pushViewController 메소드는 현재 뷰와 관련된 모든 설정을 스택에 저장하고 다음 페이지로 이동하는 메소드이고 popViewControllerAnimated 메소드는 스택 가장 위에 저장된 뷰를 가져와 이전 상태로 그대로 복구하는 메소드이지만, 거의 자동으로 처리되므로 별도로 호출하여 사용할 경우는 드물다.

pushViewController 메소드에서는 animated 파라메터를 지정할 수 있는데 이 값에 YES 값을 지정하면 화면 전환을 부드럽게 움직이도록 처리할 수 있다. 또한, popViewControllerAnimated 메소드 실행 중 스택에 저장된 자료가 없는 경우에는 스택으로부터 가져올 것이 없으므로 아무런 기능도 실행되지 않는다.

또한, pushViewController 메소드를 여러 번 사용하여 스택에 많은 뷰가 쌓여있는 상태에서 스택의 모든 자료를 제거하고 원래 상태 즉, 가장 상위 뷰로 한 번에 되돌아가길 원한다면 다음과 같이 popToRootViewControllerAnimated 메소드를 사용하면 된다.

```
[self.navigationController popToRootViewControllerAnimated:YES];
```

SecondViewController 객체 역시 FirstViewController에서 사용하였던 것과 동일한 코드로 ThirdViewController 객체로 이동된다. 위에서 처리한 SecondView
Controller 호출 관련 코드를 ThirdViewController로 변경시키면 된다.

```
- (void)viewDidLoad
{
    [super viewDidLoad];

    UIBarButtonItem *moveButton = [[UIBarButtonItem alloc]
                                   initWithTitle: @"Page3"
                                   style:UIBarButtonItemStylePlain
                                   target:self
                                   action:@selector(moveNextPage:)];
    self.navigationItem.rightBarButtonItem = moveButton;
}
...

- (void) moveNextPage:(id) sender
{
    ThirdViewController *thirdViewController = [[ThirdViewController alloc]
        initWithNibName:@"ThirdViewController" bundle:nil];
```

```
        [self.navigationController pushViewController:thirdViewController animated:YES];
}
```

스토리보드를 이용한 내비게이션 컨트롤러

이전 절에서는 .xib 파일을 가지고 내비게이션 컨트롤러 기능을 구현해보았는데
탭 바 컨트롤러 때와 마찬가지로 스토리보드를 사용하여 내비게이션 컨트롤러 기능을
구현할 수 있다.

이번에는 스토리보드를 사용하여 동일한 기능을 처리해 볼 것이다.

▌그대로 따라 하기

❶ Xcode에서 File-New-Project를 선택한다. 계속해서 왼쪽에서 iOS-Application
을 선택하고 오른쪽에서 Single View Application을 선택한다. 이어서 Next 버튼
을 누르고 Product Name에 "NavigationStroyboardExample"이라고 지정한다.
아래쪽에 있는 Language 항목은 "Objective-C", Devices 항목은 "iPhone"으
로 설정하고 Next 버튼을 눌러 프로젝트를 생성한다.

▶ 그림 5.41 NavigationStroyboardExample 프로젝트 생성

❷ 이제 프로젝트 탐색기의 Main.storyboard를 클릭하고 오른쪽 아래 있는 Object 라이브러리에서 Label 컨트롤 하나를 뷰 캔버스 중앙에 위치시킨다. 그 라벨을 선택하고 Attributes 인스펙터를 선택하여 다음과 같이 Font를 "System 36.0"으로 수정하고 Text 항목에 "First View"라고 입력한다. 또한, 아래쪽에 있는 Alignment도 중앙으로 지정한다.

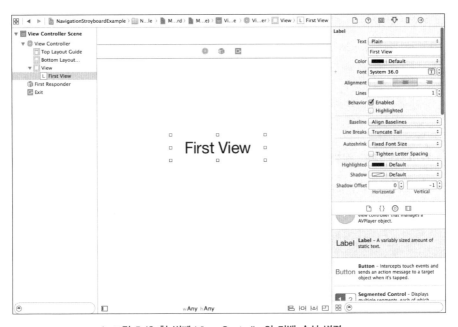

▶ 그림 5.42 첫 번째 View Controller의 라벨 속성 변경

❸ 계속 Label 컨트롤을 선택한 상태에서 캔버스 아래 오토 레이아웃 메뉴에서 첫 번째 Align을 선택하고 "배열 제약조건 설정" 창이 나타나면 다음과 같이 "Horizontal Center in Container"와 "Vertical Center in Container" 항목에 체크하고 아래쪽 "Add 2 Contstraints" 버튼을 누른다.

▶ 그림 5.43 수평과 수직 중앙에 위치 항목 체크

❹ 이제 캔버스 아래 오토 레이아웃 메뉴에서 세 번째인 Issues를 선택하고 "All Views in View Controller"의 "Update Frames" 항목을 선택하면 캔버스 화면은 다음과 같다.

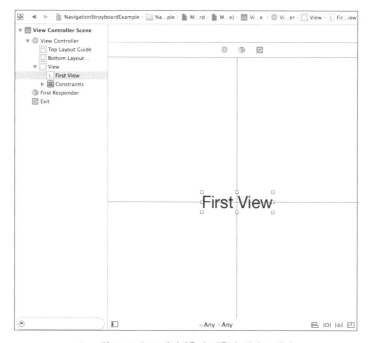

▶ 그림 5.44 오토 레이아웃이 적용된 캔버스 화면

❺ 프로젝트 탐색의 Main.storyboard를 선택한 상태에서 Xcode의 Editor 메뉴
-Embed In-Navigation Controller를 선택하여 내비게이션 컨트롤러를 추가
시킨다. 이때 추가된 내비게이션 컨트롤러는 자동으로 현재 위치하는 뷰 컨트롤
러와 연결된다.

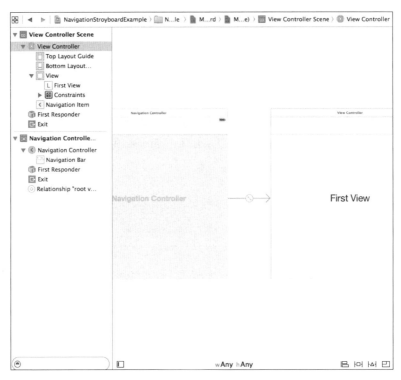

▶ 그림 5.45 내비게이션 컨트롤러 추가

❻ 이제 오른쪽 아래 오브젝트 라이브러리에서 View Controller 하나를 스토리보
드 캔버스의 첫 번째 View Controller 오른쪽에 위치시킨다. 첫 번째 컨트롤러
와 마찬가지로 오브젝트 라이브러리로부터 Label 컨트롤을 하나 떨어뜨리고
Attributes 인스펙터를 선택해서 Text 속성과 Font 크기를 각각 "Second View",
"System 36.0"으로 변경시킨 뒤, 위 ❸, ❹를 다시 실행하여 오토 레이아웃을 적

용시킨다. 다음 그림은 오토 레이아웃을 적용된 두 번째 View Controller이다.

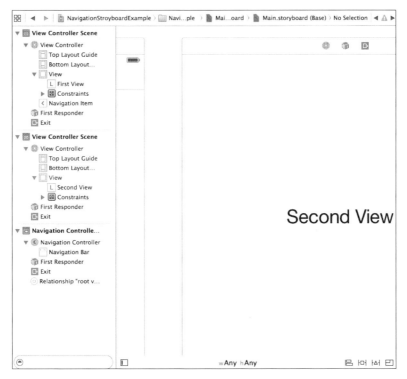

▶ 그림 5.46 오토 레이아웃을 적용된 두 번째 View Controller

❼ 동일한 방법으로 다시 오른쪽 아래 오브젝트 라이브러리에서 View Controller 하나를 스토리보드 캔버스의 두 번째 View Controller 오른쪽에 위치시킨다. 이번에도 역시 오브젝트 라이브러리로부터 Label 컨트롤을 하나 떨어뜨리고 Attributes 인스펙터를 선택해서 Text 속성과 Font 크기를 각각 "Third View", "System 36.0"으로 변경시킨 뒤, 위 ❸, ❹를 다시 실행하여 오토 레이아웃을 적용시킨다. 다음 그림은 오토 레이아웃을 적용된 세 번째 View Controller이다.

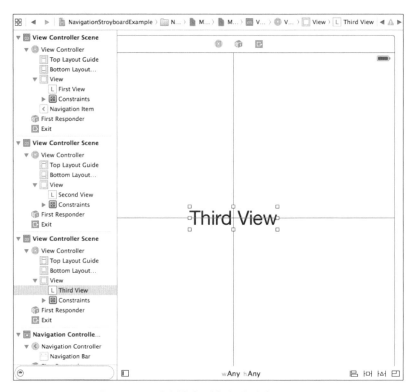

▶ 그림 5.47 오토 레이아웃을 적용된 세 번째 View Controller

❽ 프로젝트 탐색기의 NavigationStoryboardExample(노란색 아이콘) 프로젝트
에서 오른쪽 마우스 버튼을 누르고 New File 항목을 선택한다. 이때 템플릿
선택 대화상자가 나타나면 왼쪽에서 iOS-Source를 선택하고 오른쪽에서
Cocoa Touch Class를 선택한 뒤, Next 버튼을 누른다. 이때 새 파일 이름을
입력하라는 대화상자가 나타나면 다음 그림과 같이 SecondViewController를
입력한다. 이때 그 아래쪽 "Subclass of" 항목에 UIViewController를 지정하
도록 하고 "Also create XIB file" 체크상자에는 체크하지 않도록 한다. 그 아
래 Language 항목은 Objective-C를 선택한다. 이상이 없으면 Next 버튼을
눌러 파일을 생성한다.

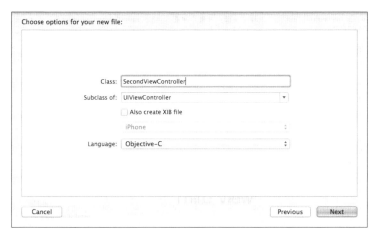

▶ 그림 5.48 SecondViewController 클래스 생성

❾ 동일한 방법으로 ThirdViewController 클래스도 생성한다.

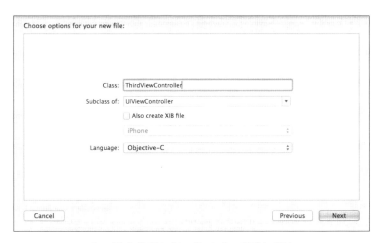

▶ 그림 5.49 ThirdViewController 클래스 생성

❿ 이제 다시 Main.storyboard를 선택하고 두 번째 ViewController를 선택한 상태에서 오른쪽 위 Identity 인스펙터를 선택한다. Custom Class의 Class 항목에 SecondViewController를 입력하거나 선택한다.

▶ 그림 5.50 Class 항목에 SecondViewController 입력 및 선택

⓫ 동일한 방법으로 세 번째 ViewController를 선택하고 Custom Class의 Class
항목에 ThirdViewController를 지정한다.

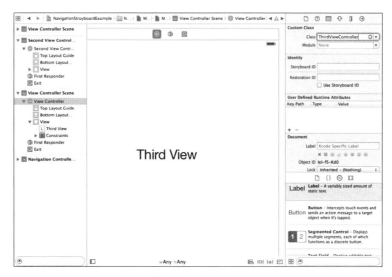

▶ 그림 5.51 Class 항목에 ThirdViewController 입력 및 선택

⓬ 이제 오른쪽 아래 Object 라이브러리에서 Bar Button Item을 선택하고 첫 번째 View Controller 위쪽 내비게이션 바 오른쪽에 떨어뜨린다. 또한, Attributes 인스펙터를 사용하여 Title 속성을 "Page 2"로 변경시킨다.

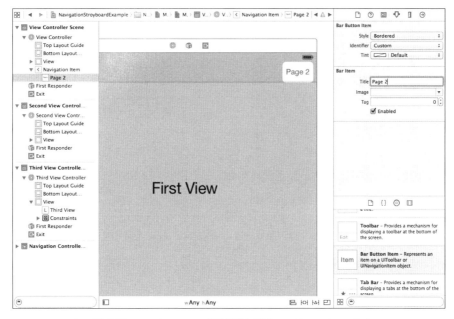

▶ 그림 5.52 View Controller 내비게이션 바에 Bar Button Item 추가

⓭ 그다음, Ctrl 버튼을 누른 상태에서 View Controller 위쪽의 Bar Button Item "Page 2"를 클릭하고 드래그-엔-드롭으로 Second View Controller 위에 떨어뜨린다. 이때 Action 세구에 연결 선택상자가 나타나면 show 항목을 선택한다.

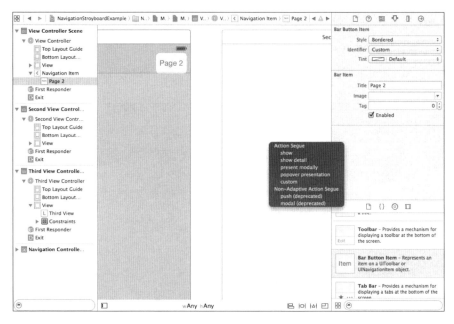

▶ 그림 5.53 세구에 연결 선택상자에서 show 항목 선택

⓮ 이번에는 오른쪽 아래 Object 라이브러리에서 Navigation Item을 선택하고 두 번째 Second View Controller 위쪽 내비게이션 바 위에 떨어뜨린다. Attributes 인스펙터를 사용하여 Title 속성 값은 지운다. 이어서 Object 라이브러리에서 Bar Button Item을 선택하고 위쪽 내비게이션 오른쪽에 떨어뜨린다. 또한, Attributes 인스펙터를 사용하여 Title 속성을 "Page 3"으로 변경시킨다.

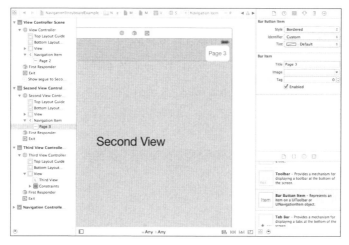

▶ 그림 5.54 Navigation Item과 Bar Button Item 추가

⓯ 동일한 방법으로 Ctrl 버튼을 누른 상태에서 Second View Controller 위쪽
의 Bar Button Item "Page 3"을 클릭하고 드래그-엔-드롭으로 Third View
Controller 위에 떨어뜨린다. 이때 Action 세구에 연결 선택상자가 나타나면
show 항목을 선택한다.

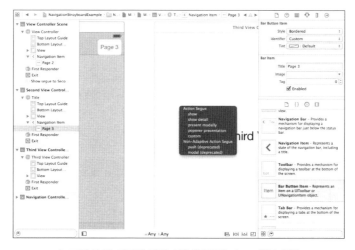

▶ 그림 5.55 세구에 연결 선택상자에서 show 항목 선택

⓰ 모든 입력이 끝났다면 Command-R을 눌러 실행시키면 첫 번째 ViewController 인 FirstViewController가 나타난다. 오른쪽 위에 있는 Page 2 버튼을 누르면 두 번째 페이지로 이동되고 또 그 페이지 오른쪽 위에 있는 Page 3 버튼을 누르면 세 번째 페이지로 이동된다. 이때 각 페이지의 왼쪽 위에는 Back 버튼이 생성되는데 이 버튼을 누르면 이전 페이지로 이동되는지를 확인한다.

▶ 그림 5.56 NavigationStoryboardExample 프로젝트 실행

▌원리 설명

내비게이션 컨트롤러 실행 원리는 이미 NavigationXibExample에서 자세히 설명하였으니 여기서는 .xib 파일로 구현한 것과 스토리보드를 사용하여 구현한 것을 비교하여 그 차이를 중점으로 설명한다.

.xib 파일을 이용한 내비게이션 컨트롤러에서는 우선 AppDelegate 객체의

UIWindow 클래스 생성한다고 설명하였다. 이어서 UINavigationController 객체를 생성하고 그 루트 컨트롤러를 viewController로 지정하였다.

```
self.window = [[UIWindow alloc] initWithFrame:[[UIScreen mainScreen] bounds]];
UINavigationController *navigationController = [[UINavigationController alloc]
        initWithRootViewController:self.viewController];
self.window.rootViewController = navigationController;
...
```

위 코드와 동일한 기능을 스토리보드에서는 다음과 같이 처리한다. 스토리보드 캔버스 상태에서 Xcode의 Editor 메뉴-Embed In-Navigation Controller 항목을 선택하여 내비게이션 컨트롤러를 추가시키면 추가되면서 자동으로 View Controller와 연결된다. 즉, 이 하나의 동작으로 위 코드와 동일한 기능이 처리된다.

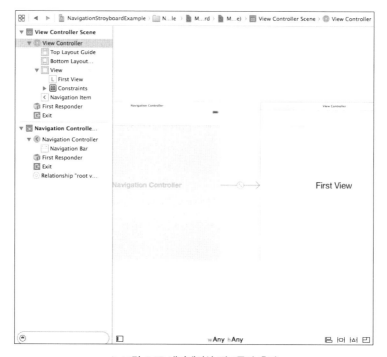

▶ 그림 5.57 내비게이션 컨트롤러 추가

그다음, 첫 번째 ViewController에서 두 번째 SecondViewController로 넘어가는 부분을 살펴보자. xib 파일을 사용할 때에는 다음과 같이 viewDidLoad 메소드에서 UIBarButtonItem 객체를 생성하고 그 버튼을 눌렀을 때 moveNextPage 이벤트 함수로 이동한다. 이 함수에서는 pushViewController를 사용하여 현재 뷰 상태를 스택에 저장하고 다음 뷰 화면으로 이동한다.

```
- (void)viewDidLoad
{
    [super viewDidLoad];
    UIBarButtonItem *moveButton = [[UIBarButtonItem alloc]
                                   initWithTitle: @"Page2"
                                   style:UIBarButtonItemStylePlain
                                   target:self
                                   action:@selector(moveNextPage:)];
    self.navigationItem.rightBarButtonItem = moveButton;

}

- (void) moveNextPage:(id) sender
{
    SecondViewController *secondViewController = [[SecondViewController alloc]
         initWithNibName:@"SecondViewController" bundle:nil];
    [self.navigationController pushViewController:secondViewController
                animated:YES];
}
```

이에 반하여 스토리보드에서는 뷰 위쪽에 있는 Bar Button Item을 선택하고 Ctrl 키와 함께 원하는 SecondViewController에 떨어뜨리면 위와 동일한 기능을 그대로 사용할 수 있다.

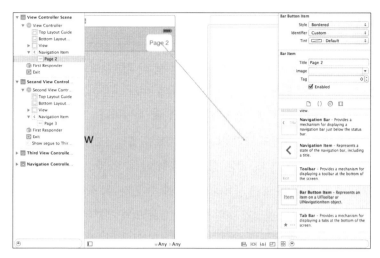

▶ 그림 5.58 Bar Button Item에서 Ctrl 키와 함께 SecondViewController에 연결

이때 다음과 같이 Action 세구에 연결 선택상자가 나타나는데 show 항목을 사용하여 선택한다. 내비게이션 컨트롤러에서 각 뷰 컨트롤러 사이의 연결은 show 항목으로 처리한다.

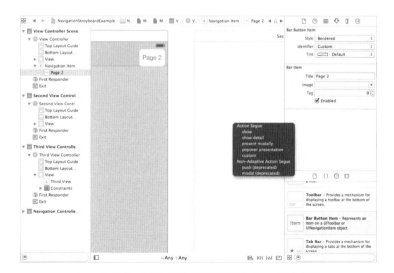

▶ 그림 5.59 세구에 연결 선택상자에서 show 항목 선택

이 장에서는 아이폰의 가장 대표적인 컨트롤러인 탭 바 컨트롤러와 내비게이션 컨트롤러를 다루어 보았다. 탭 바 컨트롤러는 뷰 아래쪽에 여러 버튼이 있어서 원하는 메뉴를 선택할 수 있는 유용한 UI(User Interface) 화면 중 하나이다.

내비게이션 컨트롤러는 화면의 크기보다 많은 자료를 출력하고자 할 때, 원하는 항목을 선택하면 그다음 페이지에서 더 많은 정보를 출력하는 기능을 제공한다. 이 두 컨트롤 모두 xib 파일 혹은 스토리보드를 사용하여 구현할 수 있다. 이 장에서는 xib 파일과 소스 코드를 입력하여 탭 바 컨트롤러와 내비게이션 컨트롤러의 세부적인 동작 방법을 자세히 설명하였고, 스토리보드를 통하여 쉽고 간단하게 처리하는 방법을 서로 비교하면서 처리해보았다.

테이블 뷰 컨트롤러

이전 장에서 아이폰의 대표적인 기본 컨트롤러인 탭 바 뷰 컨트롤러와 내비게이션 뷰 컨트롤러에 대하여 알아보았다. 대부분 아이폰 앱에서는 이러한 뷰 컨트롤러를 사용하여 사용자들에게 편리한 인터페이스 환경과 멋진 화면을 제공하고 있다.

그러나 이러한 컨트롤러들에 절대 뒤지지 않는 또 다른 컨트롤러가 하나 있다. 바로 테이블 뷰 컨트롤러이다. 자료를 테이블 형식으로 나열하는 기능을 처리하기 위해서 이 테이블 컨트롤러의 기능은 거의 빠질 수 없는 핵심 중 핵심이라고 할 수 있다. 이 장에서는 이러한 테이블 기능을 구현하는 여러 가지 방법에 대해서 알아볼 것이다. 그리고 이러한 테이블 뷰 컨트롤러와 항상 함께 사용되는 것이 이전 장에서 배웠던 내비게이션 컨트롤러이다. 이 장 뒷부분에서는 테이블 컨트롤러와 내비게이션 뷰 컨트롤러와 함께 사용하여 이미지 자료를 선택했을 때 그 이미지에 대한 부가적인 자료를 처리할 수 있는 간단한 예제를 하나 만들어볼 것이다.

테이블 뷰 컨트롤러UITableViewController는 자료를 테이블 형식으로 나열하는 기능을 제
공하는 화면 UI 방법의 하나이다. 다음 그림은 테이블 뷰 컨트롤러를 사용한 예이다.

▶ 그림 6.1 테이블 뷰 컨트롤러 예

테이블 뷰 컨트롤러는 마치 줄 쳐진 노트와 같이 여러 가지 자료를 테이블 단위로
표시한다. 일반적으로 이전 장에서 배웠던 내비게이션 뷰 컨트롤러와 결합하여 원하
는 항목을 선택하였을 때, 다른 페이지로 이동하여 관련된 자료를 보여줄 때 자주
사용된다. 테이블 뷰 컨트롤러는 한 줄 텍스트뿐만 아니라 여러 줄의 텍스트, 이미지
등을 원하는 위치에 표시할 수 있는 아주 유용한 기능들을 제공한다.

테이블 뷰 컨트롤러 역시 xib 파일 혹은 스토리보드 등을 이용하여 구현할 수 있다.
이 장에서는 xib 파일과 스토리보드를 모두 사용하여 이 테이블 뷰 컨트롤러 기능을
구현해볼 것이다. 또한, 테이블 뷰 컨트롤러와 내비게이션 뷰 컨트롤러를 같이 사용하
는 방법까지도 알아볼 것이다.

먼저 .xib 파일을 이용하여 테이블 뷰 컨트롤러를 작성해본다. 다음 테이블 뷰 컨트롤러 예제에서는 동물, 식물 이미지와 그 이미지 제목을 테이블 형식으로 표시하고 원하는 항목을 선택하였을 때 선택된 제목을 Xcode 아래쪽 화면 출력 창에 표시하는 기능을 구현해볼 것이다.

▌그대로 따라 하기

❶ Xcode에서 File-New-Project를 선택한다. 계속해서 왼쪽에서 iOS-Application 을 선택하고 오른쪽에서 Single View Application을 선택한다. 이어서 Next 버튼을 누르고 Product Name에 "TableViewXibExample"이라고 지정한다. 아래쪽에 있는 Language 항목은 "Objective-C", Devices 항목은 "iPhone"으로 설정하고 Next 버튼을 눌러 프로젝트를 생성한다.

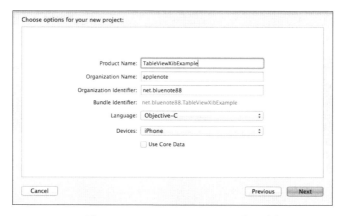

▶그림 6.2 TableViewXibExample 프로젝트 생성

❷ 프로젝트를 생성하면 기본적으로 프로젝트 속성의 General 탭 내용을 보여주는데 중간에 있는 Main Interface 항목을 삭제한다.

▶그림 6.3 Main Interface 항목 삭제

❸ 프로젝트 탐색기에서 ViewController.h, ViewController.m, Main.stroyboard,
LaunchScreen.xib 파일을 선택하고 delete 키를 눌러 삭제한다. 삭제 대화상자
가 나오면 가장 오른쪽 "Move to Trash" 버튼을 눌러 완전히 삭제한다.

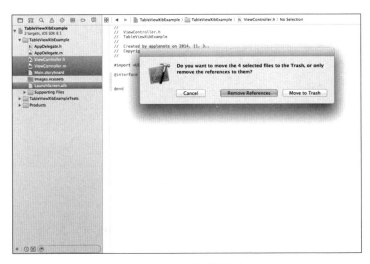

▶그림 6.4 4개 파일 삭제

❹ 프로젝트 탐색기에서 프로젝트 이름(파란색 아이콘)에서 오른쪽 마우스 버튼을 누르고 New Group 항목을 선택해서 Resources라는 이름으로 새로운 그룹을 만든다. 제공되는 예제 파일로부터 "감나무.jpg", "배나무.jpg", "사과나무.jpg", "토끼.jpg", "햄스터.jpg", "호랑이.jpg" 파일 등을 파란색 기준 줄을 새로 생성한 Resources 폴더 아래쪽에 위치시켜 드래그-엔-드롭으로 복사한다. 이 Resources 폴더는 이미지를 복사한 것이 아니라 그 위치만 연결한 가상 폴더이므로 실제 폴더의 이미지들을 지우면 Resources 폴더 이미지 역시 지워지므로 이미지가 있는 실제 장소를 잘 보관해야만 한다.

▶그림 6.5 이미지 복사를 끝낸 프로젝트 탐색기

❺ 프로젝트 관리자의 TableViewXibExample(노란색 아이콘) 프로젝트에서 오른쪽 마우스 버튼을 클릭하고 New File 항목을 선택한다. 템플릿 대화상자의

왼쪽에서 iOS-Source를 선택하고 오른쪽에서 Cocoa Touch Class를 선택한 뒤, Next 버튼을 누른다. 새로운 클래스 이름을 TableViewController라고 지정한다. 이때 그 아래쪽 Subclass of 항목에 UITableViewController를 지정하는 것과 "Also create XIB file" 체크상자에 체크하는 것을 잊지 않도록 한다. 그 아래 항목은 iPhone을 선택하고 Language 항목은 Objective-C를 선택한다. 이상이 없으면 Next 버튼을 눌러 파일을 생성한다.

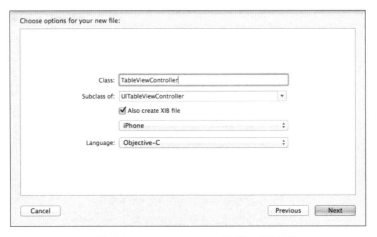

▶그림 6.6 TableViewController 클래스 파일 생성

❻ 프로젝트 탐색기에서 AppDelegate.h 파일을 선택하고 다음 코드를 입력한다.

```
#import <UIKit/UIKit.h>

@class TableViewController;
@interface AppDelegate : UIResponder <UIApplicationDelegate>

@property (strong, nonatomic) UIWindow *window;
@property (strong, nonatomic) TableViewController *viewController;

@end
```

❼ 이번에는 프로젝트 탐색기에서 AppDelegate.m 파일을 선택하고 다음 코드를 입력한다.

```
#import "AppDelegate.h"
#import "TableViewController.h"

@implementation AppDelegate

- (BOOL)application:(UIApplication *)application
        didFinishLaunchingWithOptions:(NSDictionary *)launchOptions
{
    self.window = [[UIWindow alloc] initWithFrame:[[UIScreen mainScreen] bounds]];
    self.viewController = [[TableViewController alloc]
        initWithNibName:@"TableViewController" bundle:nil];
    self.window.rootViewController = self.viewController;
    [self.window makeKeyAndVisible];
    return YES;
}
```

❽ 마지막으로 프로젝트 탐색기에서 TableViewController.m 파일을 선택하고 다음 코드를 입력한다.

```
#import "TableViewController.h"

@interface TableViewController ()
{
    NSArray *plantData, *animalData;
}
@end

@implementation TableViewController

- (void)viewDidLoad
{
    [super viewDidLoad];
```

```
    if ([[[UIDevice currentDevice] systemVersion] floatValue] >= 7.0) {
        self.tableView.contentInset = UIEdgeInsetsMake(20.0f, 0.0f, 0.0f, 0.0f);
    }

    plantData = [[NSArray alloc] initWithObjects:
                @"감나무",
                @"배나무",
                @"사과나무", nil];
    animalData = [[NSArray alloc] initWithObjects:
                @"호랑이",
                @"토끼",
                @"햄스터", nil];
}

- (void)didReceiveMemoryWarning
{
    [super didReceiveMemoryWarning];
    // Dispose of any resources that can be recreated.
}

#pragma mark - Table view data source

- (NSInteger)numberOfSectionsInTableView:(UITableView *)tableView
{
    // Return the number of sections.
    return 2;
}

- (NSInteger)tableView:(UITableView *)tableView
        numberOfRowsInSection:(NSInteger)section
{
    // Return the number of rows in the section.
    switch (section) {
        case 0 :
            return plantData.count;
            break;
        case 1 :
            return animalData.count;
            break;
```

```
    }
    return 0;
}

- (UITableViewCell *)tableView:(UITableView *)tableView
        cellForRowAtIndexPath:(NSIndexPath *)indexPath
{
    static NSString *CellIdentifier = @"Cell";

    UITableViewCell *cell = [tableView
                 dequeueReusableCellWithIdentifier:CellIdentifier];
    if (cell == nil) {
        cell = [[UITableViewCell alloc]
   initWithStyle:UITableViewCellStyleDefault
                 reuseIdentifier:CellIdentifier];
    }

    NSString *cellValue;

    long row = indexPath.row;
    long section = indexPath.section;

    switch (section) {
        case 0 :
            cellValue = [plantData objectAtIndex: row];
          break;
        case 1 :
            cellValue = [animalData objectAtIndex: row];
            break;
    }

    cell.textLabel.text = cellValue;
    NSString *imageName = [cellValue stringByAppendingString:@".jpg"];
    UIImage *image = [UIImage imageNamed: imageName];
    cell.imageView.image = image;
    return cell;
}

#pragma mark - Table view delegate
```

```
- (void)tableView:(UITableView *)tableView
   didSelectRowAtIndexPath:(NSIndexPath
         *)indexPath
{

   NSString *cellValue;

   int row = indexPath.row;
   int section = indexPath.section;

   switch (section) {
      case 0 :
         cellValue = [plantData objectAtIndex: row];
         break;
      case 1 :
         cellValue = [animalData objectAtIndex: row];
         break;
   }

   NSString *selectImages = [NSString stringWithFormat:@"%@가 선택되었습니다.",
cellValue];
   NSLog(@"%@", selectImages);
}

@end
```

❾ 모든 입력이 끝났다면 Command-R을 눌러 실행시키면 다음 그림 6.7과 같이
   이미지와 제목이 표시되는 테이블 뷰가 나타난다. 이미지와 텍스트를 표시해주
   는 가장 일반적인 형태의 테이블 뷰 모습이다. 원하는 테이블의 그림을 선택하
   면 Xcode의 출력 창에 선택되었다는 표시가 출력된다.

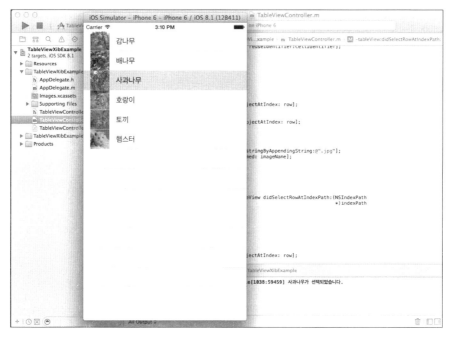

▶그림 6.7 TableViewXibExample 프로젝트 실행

▌원리 설명

우선 가장 먼저 실행되는 AppDelegate 클래스부터 살펴보자.

일반적으로 AppDelegate 클래스의 didFinishLaunchingWithOptions 메소드에서 다음과 같이 골격을 담당하는 UIWindow 객체를 생성한다.

```
- (BOOL)application:(UIApplication *)application
        didFinishLaunchingWithOptions:(NSDictionary *)launchOptions
{
    self.window = [[UIWindow alloc] initWithFrame:[[UIScreen mainScreen] bounds]];
    ...
```

그다음, 테이블 뷰를 구현하는 UITabeViewController 객체로부터 계승 받는 TableViewController 객체를 생성한다.

```
self.viewController = [[TableViewController alloc]
                initWithNibName:@"TableViewController" bundle:nil];
   ...
```

생성된 TableViewController 객체 변수를 UIWindow 객체의 rootViewController 속성에 지정하고 makeKeyAndVisible을 호출하여 이 뷰 컨트롤러를 기본으로 표시하고 키보드 입력을 받도록 지정한다.

```
    self.window.rootViewController = self.viewController;
    [self.window makeKeyAndVisible];
    return YES;
}
```

위에서도 설명했듯이 테이블 뷰 컨트롤러는 자료를 테이블 형식으로 나열하는 기능을 제공하는 뷰 컨트롤러는 텍스트뿐만 아니라 그림을 표시할 수도 있는 유용한 기능을 제공한다.

테이블 뷰 컨트롤을 사용하기 위해서는 템플릿에서 Objective-C 클래스를 생성할 때 UITableViewController로부터 계승 생성하면 된다.

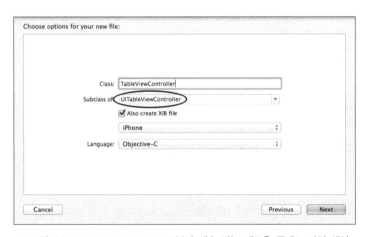

▶그림 6.8 UITableViewController로부터 계승 받는 새로운 클래스 파일 생성

위에서 생성된 테이블 뷰 컨트롤러는 자동으로 UITableViewDelegate와 UITable ViewDataSource 프로토콜이 설정된다. 프로토콜은 자바의 인터페이스 기능과 비슷한 것으로 지정된 이벤트가 발생될 수 있도록 만들어 놓은 메소드를 구현하는 기능이다. 즉, 테이블 뷰 컨트롤러에 UITableViewDelegate와 UITableViewDataSource 프로토콜이 실행되도록 지정한 뒤, 이러한 프로토콜에 해당하는 메소드를 작성해주면, 자동으로 그 메소드가 실행되면서 테이블 컨트롤의 형태를 구성하고 그 내용을 출력해준다.

먼저, UITableViewDelegate 객체 프로토콜은 테이블 높이, 헤더header, 푸터footer 출력 등의 작업을 처리하는데 이 객체에서 제공하는 주요 메소드 핸들러는 다음과 같다. 즉, 이 메소드를 만들어주면 자동으로 테이블의 항목 높이, 선택한 항목을 처리할 수 있는 기능이 실행된다는 의미이다.

▶ 표 6.1 UITableViewDelegate 객체의 주요 메소드

메소드 이름	설명
tableView:heightForRowAtIndexPath:	테이블의 항목 높이 설정
tableView:willSelectRowAtIndexPath:	선택될 테이블 항목 처리
tableView:didSelectRowAtIndexPath:	선택한 테이블 항목 처리
tableVIew:editStyleForRowAtIndexPath:	행 편집 스타일 지정

또 다른 프로토콜인 UITableViewDataSource는 섹션의 개수, 출력할 항목의 개수, 테이블 제목 등 실제 테이블의 출력에 대한 여러 메소드 핸들러를 제공한다. 이 객체에서 제공하는 주요 메소드는 다음과 같다. 역시 만들어주면 자동으로 섹션의 개수, 출력할 항목을 개수, 테이블 제목 등을 처리하는 기능이 실행된다.

▶ 표 6.2 UITableViewDataSource 객체의 주요 메소드

메소드 이름	설명
numberOfRowsInSection:	각 섹션 첫 번째 항목의 개수 리턴
cellForRowAtIndexPath:	인덱스에 해당하는 항목의 셀 정보 리턴
numberOfSectionsInTableView:	현재 테이블 뷰의 섹션 수 리턴
titleForHeaderInSection	현재 테이블 뷰의 제목 리턴

테이블은 다음 그림과 같이 여러 개의 섹션section으로 구성된다. 섹션은 다시 헤더 header, 본문, 푸터footer 등으로 나누어진다.

▶그림 6.9 테이블의 구조

이제 위의 메소드를 적용한 TableViewController.m 파일을 살펴보도록 하자. 먼저 뷰가 생성될 때 실행되는 viewDidLoad 메소드를 살펴보자.

이 메소드에는 먼저 이 앱을 실행시키는 디바이스의 iOS 시스템 버전이 7.0 이상인지를 체크한다.

```
- (void)viewDidLoad
{
    [super viewDidLoad];

    if ([[[UIDevice currentDevice] systemVersion] floatValue] >= 7.0) {
    ...
```

iOS 시스템 7.0부터 뷰의 크기를 위쪽 상태 바 크기를 포함해서 시작한다. 그러므로 이전과 같이 상태 바 아래쪽부터 뷰 크기를 지정하고자 한다면, contentInset를 사용하여 높이가 20픽셀 되는 여백 공간을 추가해 주어야 한다. contentInset 속성은 바깥쪽 여백을 지정할 때 사용된다. 여기서는 여백을 상태 바 크기(20픽셀)보다 내리면 되므로 top 좌표에 해당하는 값만 20픽셀로 지정하면 된다. 실제 뷰 크기는 이 여백을 뺀 나머지 부분으로 구성된다.

```
        self.tableView.contentInset = UIEdgeInsetsMake(20.0f, 0.0f, 0.0f, 0.0f);
    }
    ...
```

참고 UIEdgeInsetsMake 함수

여백을 지정하는 UIEdgeInsetsMake 함수는 다음과 같이 구성되어있다. 즉, (top, left) 좌표로 부터 (bottom, right) 크기의 사각의 여백을 만들 수 있다. 실제 뷰 크기는 이 여백을 뺀 나머지 부분으로 구성된다.

```
UIEdgeInsets UIEdgeInsetsMake(top, left, bottom, right)il];
```

그다음, NSArray 객체 변수 plantData와 animalData를 생성하고 각각 이미지 제목 자료를 추가하여 초기화한다. 제목이 의미하듯이 plantData는 나무 이미지이고 animalData는 동물 이미지이다.

```
    plantData = [[NSArray alloc] initWithObjects:
                @"감나무",
                @"배나무",
                @"사과나무", nil];
    animalData = [[NSArray alloc] initWithObjects:
                @"호랑이",
                @"토끼",
                @"햄스터", nil];
}
...
```

이제 UITableViewDataSource 프로토콜에 대한 객체 이벤트 함수를 하나씩 작성해보자. 위에서 설명했듯이 프로토콜 이벤트 함수는 작성하면 자동으로 수행되는 함수이다.

먼저, 테이블을 구성하는 섹션의 수를 지정하는 numberOfSectionsInTableView를 다음과 같이 작성한다. 섹션은 테이블 자료를 출력하는 일종의 그룹 데이터이다. 여기서는 식물 데이터와 동물 데이터 즉, 2개의 그룹을 사용하므로 2개의 섹션으로 구성된다.

```
- (NSInteger)numberOfSectionsInTableView:(UITableView *)tableView
{
    // Return the number of sections.
    return 2;
}
```

그다음, 지정된 섹션에 출력한 테이터 수를 지정한다. numberOfRowsInSection에서는 section이라는 파라메터를 사용하여 섹션을 구분할 수 있는데 이 값에 따라 식물 자료와 동물 자료의 개수를 plantData와 animalData의 count 속성을 이용하여 돌려준다.

```
- (NSInteger)tableView:(UITableView *)tableView
numberOfRowsInSection:(NSInteger)section
{
    // Return the number of rows in the section.
    switch (section) {
        case 0 : // 섹션1
            return plantData.count; // 식물 자료 개수
            break;
        case 1 : // 섹션2
            return animalData.count; // 동물 자료 개수
            break;
    }
    return 0;
}
```

그다음, 실제로 자료를 출력하는 cellForRowAtIndexPath 메소드를 살펴보자. 즉, 이 메소드는 (섹션 수 * 자료의 수)만큼 반복 호출되는데 반복 처리할 때마다 변경되는 섹션 정보와 인덱스 정보는 파라메터 값인 indexPath 객체를 이용하여 알아낼 수 있다. 섹션에 따라 배열 변수 이름을 결정하고 배열 변수에 인덱스 값을

적용하여 제목과 이미지 파일 정보를 얻고 그 자료를 UITavleViewCell 객체의 textLabel.text와 imageView.image에 각각 넘겨주면 화면의 셀마다 원하는 텍스트와 이미지를 출력할 수 있다.

먼저 셀을 초기화하여 현재 셀 스타일을 UITableViewCellStyleDefault으로 지정하고 reuseIndentifier를 사용하여 셀을 재활용 가능할 수 있도록 UITableViewCell 객체를 생성한다. 테이블에서 셀을 구성할 때 거의 동일한 셀 형태를 사용하므로 한번 생성된 셀 객체는 reuseIndentifier를 사용하여 별도로 생성할 필요 없이 그대로 사용할 수 있다

```objc
- (UITableViewCell *)tableView:(UITableView *)tableView
        cellForRowAtIndexPath:(NSIndexPath *)indexPath
{
    static NSString *CellIdentifier = @"Cell";

    UITableViewCell *cell = [tableView
        dequeueReusableCellWithIdentifier:CellIdentifier];
    if (cell == nil) {
        cell = [[UITableViewCell alloc]
    initWithStyle:UITableViewCellStyleDefault
                reuseIdentifier:CellIdentifier];
    }
    ...
```

파라메터로 전달되는 NSIndexPath 객체 변수 indexPath의 row 속성과 section 속성을 이용하여 현재 출력되는 자료의 인덱스 순서와 현재 어떤 섹션을 처리하는지를 알아낼 수 있다.

```objc
    NSString *cellValue;

    long row = indexPath.row;
    long section = indexPath.section;
    ...
```

그 섹션 값에 따라 plantData를 사용할지 아니면 animalData를 사용할지를 결정하고 objectAtIndex 메소드를 사용하여 배열 변수로부터 원하는 위치의 자료를 얻을 수 있다.

```
switch (section) {
    case 0 : // 섹션1
        cellValue = [plantData objectAtIndex: row];
        break;
    case 1 : // 섹션2
        cellValue = [animalData objectAtIndex: row];
        break;
}
```

참고   NSArray의 objectAtIndex 메소드

NSArray 배열에 있는 자료 중에서 index 번호에 해당하는 자료를 얻고자 할 때 사용된다. 만일 배열의 끝을 넘어서게 되면 NSRangeException 예외가 발생한다.

이 메소드는 다음과 같은 형식을 가진다.

-(id) objectAtIndex:(NSInteger) index

예를 들어, 위의 animalData를 사용하여 다음과 같이 지정되었다고 가정했을 때,

        cellValue = [animalData objectAtIndex: 0];

cellValue 값은 첫 번째 배열 자료인 "호랑이"를 얻을 수 있다.

테이블 셀에 자료를 출력하기 위해서는 위에서 얻은 셀 자료를 UITableViewCell 객체의 textLabel의 text 속성에 지정하면 된다.

```
cell.textLabel.text = cellValue;
    ...
```

그다음, 이미지 아이콘을 셀 왼쪽에 붙이는 작업을 처리해보자. 이미지 파일 이름은 셀 제목 값에 .jpg를 붙인 것이므로 셀 제목 값에 ".jpg" 문자열을 결합시키기 위해서 다음과 같이 stringByAppendingString 메소드를 사용한다. stringBy

AppendingString 메소드는 앞쪽에 지정된 문자열과 뒤쪽 문자열을 합치는 기능을 제공하는 함수로 셀 제목에 ".jpg"를 합쳐 원하는 이미지 파일이름을 얻을 수 있다.

```
NSString *imageName = [cellValue stringByAppendingString:@".jpg"];
...
```

이미지 파일 이름을 구한 다음에는 UIImage 객체 imageName 메소드를 사용하여 UIImage 객체를 생성하고 UITableViewCell 객체의 imageView의 image 속성에 지정한다. 그다음, 설정된 셀을 리턴 처리해준다.

```
UIImage *image = [UIImage imageNamed: imageName];
cell.imageView.image = image;
return cell;
}
```

이제 마지막으로 섹션 수, 헤더header, 푸터footer 출력 등의 작업을 처리할 때 사용되는 UITableViewDelegate 객체 프로토콜 메소드를 작성해보자.

여기서 사용된 UITableViewDelegate 객체 프로토콜 메소드는 출력된 여러 셀 중 하나를 선택할 때마다 실행되는 didSelectRowAtIndexPath 메소드이다. 이 메소드 역시 파라메터로 전달되는 NSIndexPath 객체 변수 indexPath의 row 속성과 section 속성을 이용하여 현재 출력되는 자료의 인덱스 순서와 현재 어떤 섹션인지를 알아낼 수 있다.

```
- (void)tableView:(UITableView *)tableView didSelectRowAtIndexPath:
        (NSIndexPath *)indexPath
{
    NSString *cellValue;

    int row = indexPath.row;
    int section = indexPath.section;
    ...
```

그 섹션에 따라 plantData를 사용할지 아니면 animalData를 사용할지를 결정하고 objectAtIndex 메소드를 사용하여 배열에서 원하는 위치의 자료를 얻을 수 있다.

```
switch (section) {
    case 0 :
        cellValue = [plantData objectAtIndex: row];
        break;
    case 1 :
        cellValue = [animalData objectAtIndex: row];
        break;
}
```

얻어진 cellValue를 stringWithFormat 메소드에 적용하여 출력할 문자열을 작성하고 NSLog 메소드를 사용하여 Xcode의 출력 창에 출력한다.

```
NSString *selectImages = [NSString stringWithFormat:@"%@가 선택되었습니다.",
cellValue];
    NSLog(@"%@", selectImages);
}
@end
```

6-3 스토리보드를 사용한 테이블 뷰 컨트롤러

지금까지 처리한 것과 동일한 기능을 스토리보드를 사용해서 구현해 보자. 단지 달라진 점이 있다면 이번 예제에서는 이전 절 예제와는 달리 테이블의 셀의 높이를 더 큰 값으로 변경해보고 각 섹션마다 제목을 붙여볼 것이다. 나머지 선택된 항목을 출력하는 기능은 이전과 동일하다.

▌그대로 따라 하기

❶ Xcode에서 File-New-Project를 선택한다. 계속해서 왼쪽에서 iOS-Application

을 선택하고 오른쪽에서 Single View Application을 선택한다. 이어서 Next
버튼을 누르고 Product Name에 "TableViewStoryboardExample"이라고 지
정한다. 아래쪽에 있는 Language 항목은 "Objective-C", Devices 항목은
"iPhone"으로 설정하고 Next 버튼을 눌러 프로젝트를 생성한다.

▶그림 6.10 TableViewStoryboardExample 프로젝트 생성

❷ 프로젝트 탐색기의 프로젝트 이름(파란색 아이콘)에서
오른쪽 마우스 버튼을 누르고 New Group 항목을 선택
해서 Resources라는 이름을 새로운 그룹을 만들고 제
공되는 예제 파일로부터 "감나무.jpg", "배나무.jpg",
"사과나무.jpg", "토끼.jpg", "햄스터.jpg", "호랑이.jpg"
파일 등을 새로 생성한 Resources 폴더에 드래그-엔-
드롭으로 복사한다.

▶그림 6.11 그림 파일을 Resources 폴더에 추가

❸ 프로젝트 탐색기에서 Main.storyboard를 선택하고 오른쪽 아래쪽에 있는 Object 라이브러리로부터 Table View를 선택하고 뷰 캔버스에 떨어뜨린다. 이어서 오른쪽 Size 인스펙터를 선택하여 Table View 시작점 X, Y와 너비, 높이가 (0, 0, 600, 600)을 확인한다.

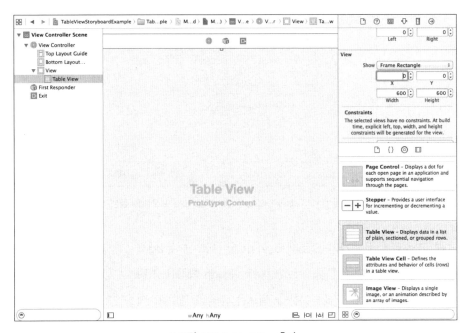

▶그림 6.12 Table View 추가

❹ Main.storyboard를 선택한 상태에서 도큐먼트 아웃라인Document outline 창에서 Table View를 선택한다. 이어서 오른쪽 Connections 인스펙터를 선택한 상태에서 다음 그림과 같이 Outlets의 dataSource를 선택하고 중앙 Document outline 창에 있는 ViewController에 드래그-엔-드롭으로 떨어뜨린다.

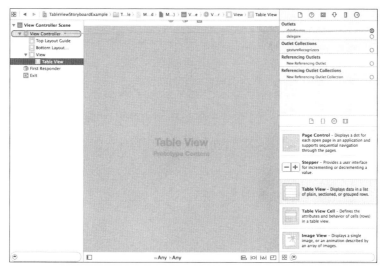

▶그림 6.13 dataSource 항목을 ViewController와 연결

❺ 동일한 방법으로 dataSource 아래 delegate를 선택하고 ViewController에 드래그–엔–드롭으로 떨어뜨린다.

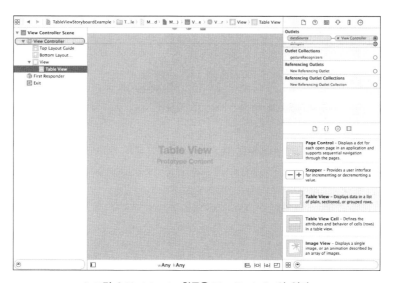

▶그림 6.14 delegate 항목을 ViewController와 연결

❻ 계속해서 프로젝트 탐색기에서 Main.storyboard 파일을 선택한 상태에서 프로젝트 탐색기 오른쪽 위에 있는 도움 에디터Assistant Editor를 클릭하여 도움 에디터를 불러낸다. 도움 에디터의 파일이 ViewController.h 파일임을 확인하고 Table View 컨트롤을 선택한다. 이어서 Ctrl 키와 함께 그대로 도움 에디터의 @interface 아래쪽으로 드래그-엔-드롭 처리한다. 이때 도움 에디터 연결 패널이 나타나는데 Name 항목에 tbView라고 입력하고 Connect 버튼을 눌러 연결 코드를 생성한다.

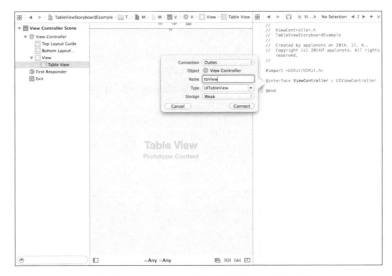

▶그림 6.15 Table View 연결 패널에 Name 항목 입력

❼ 다시 표준 에디터를 선택하고 프로젝트 탐색기에서 ViewController.m 파일을 선택하여 다음과 같은 코드를 추가한다.

```
#import "ViewController.h"

@interface ViewController ()
{
    NSArray *plantData, *animalData;
```

496

```
}

@end

@implementation ViewController
@synthesize tbView;

- (void)viewDidLoad {
    [super viewDidLoad];

    if ([[[UIDevice currentDevice] systemVersion] floatValue] >= 7.0) {
        self.tbView.contentInset = UIEdgeInsetsMake(20.0f, 0.0f, 0.0f, 0.0f);
    }

    plantData = [[NSArray alloc] initWithObjects:
                    @"감나무",
                    @"배나무",
                    @"사과나무", nil];
    animalData = [[NSArray alloc] initWithObjects:
                    @"호랑이",
                    @"토끼",
                    @"햄스터", nil];
}


- (void)didReceiveMemoryWarning {
    [super didReceiveMemoryWarning];
    // Dispose of any resources that can be recreated.
}

#pragma mark - Table view data source

- (NSInteger)numberOfSectionsInTableView:(UITableView *)tableView
{
    // Return the number of sections.
    return 2;
}

- (NSInteger)tableView:(UITableView *)tableView
 numberOfRowsInSection:(NSInteger)section
{
    // Return the number of rows in the section.
```

```
    switch (section) {
        case 0 :
            return plantData.count;
            break;
        case 1 :
            return animalData.count;
            break;
    }
    return 0;
}

- (UITableViewCell *)tableView:(UITableView *)tableView
        cellForRowAtIndexPath:(NSIndexPath *)indexPath
{
    static NSString *CellIdentifier = @"Cell";

    UITableViewCell *cell = [tableView
                            dequeueReusableCellWithIdentifier:CellIdentifier];
    if (cell == nil) {
        cell = [[UITableViewCell alloc]
    initWithStyle:UITableViewCellStyleDefault
                                    reuseIdentifier:CellIdentifier];
    }

    NSString *cellValue;

    long row = indexPath.row;
    long section = indexPath.section;

    switch (section) {
        case 0 :
            cellValue = [plantData objectAtIndex: row];
            break;
        case 1 :
            cellValue = [animalData objectAtIndex: row];
            break;
    }

    cell.textLabel.text = cellValue;
    NSString *imageName = [cellValue stringByAppendingString:@".jpg"];
    UIImage *image = [UIImage imageNamed: imageName];
```

```objectivec
        cell.imageView.image = image;
        return cell;
}


- (NSString *)tableView:(UITableView *)tableView
                    titleForHeaderInSection:(NSInteger)section
{
    // Return the number of rows in the section.
    switch (section) {
        case 0 :
            return @"식물";
            break;
        case 1 :
            return @"동물";
            break;
    }
    return nil;
}


#pragma mark - Table view delegate

- (void)tableView:(UITableView *)tableView didSelectRowAtIndexPath:
(NSIndexPath *)indexPath
{
    NSString *cellValue;
    long row = indexPath.row;
    long section = indexPath.section;

    switch (section) {
        case 0 :
            cellValue = [plantData objectAtIndex: row];
            break;
        case 1 :
            cellValue = [animalData objectAtIndex: row];
            break;
    }

    NSString *selectImages = [NSString stringWithFormat:@"%@가 선택되었습니다.",
    cellValue];
    NSLog(@"%@", selectImages);
}
```

```
- (CGFloat) tableView:(UITableView *)tableView
        heightForRowAtIndexPath:(NSIndexPath *)indexPath
{
    return 90;
}

@end
```

❽ 모든 입력이 끝났다면 Command-R을 눌러 실행시키면 다음 그림 6.16과 같이 이미지와 제목이 표시되는 테이블 뷰가 나타난다. 이전과 다르게 셀의 높이가 커지고 2개의 섹션으로 구성된 각 섹션 위쪽에 제목이 표시됨을 알 수 있다. 이전과 마찬가지로 원하는 항목을 선택하면 선택된 항목 제목이 Xcode 출력 창에 표시된다.

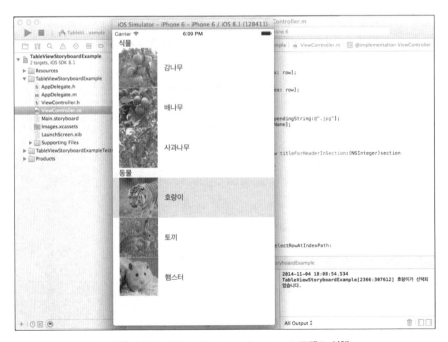

▶그림 6.16 TableViewStoryboardExample 프로젝트 실행

500

▌원리 설명

앞에서 설명한 "xib 파일을 이용한 테이블 뷰 컨트롤러"절의 TableViewXibExample 프로젝트와 이번 프로젝트의 다른 점은 이미 생성되어 있는 UIViewController 위에 UITableView 컨트롤을 추가하고 이 컨트롤과 객체 코드를 서로 연결하였다는 점이다. 이전 TableViewXibExample 프로젝트에서는 처음부터 UITableViewController를 생성하였으므로 별도로 연결할 필요가 없었다. 그러나 이번에 작성한 TableViewStory boardExample에서는 이미 생성된 UIViewController에 UITableView를 그 위에 올리는 처리를 하였으므로 반드시 연결 처리 작업들이 필요하다.

첫 번째 연결 작업은 UITableViewDelegate, UITableViewDataSource 프로토 콜 설정이다. 이미 생성된 UIViewController 위에 UITableView를 추가하였으므로 테이블 뷰에 대한 프로토콜 설정이 적용되지 않는다. 그러므로 별도의 프로토콜 설정이 필요하다. 이때 그림 6.17과 같이 Connection 인스펙터를 사용하여 프로토콜 설정을 할 수 있다.

도큐먼트 아웃라인Document outline 창에서 Table View를 선택한 상태에서 오른쪽 Connections 인스펙터를 선택하고 다음 그림과 같이 Outlets 항목의 dataSource를 선택하고 중앙 도큐먼트 아웃라인 창에 있는 ViewController에 드래그-엔-드롭으로 떨어뜨리는 방법으로 UITableViewDataSource 프로토콜을 설정한다.

이처럼 설정하면 UITableViewDataSource 프로토콜에서 제공하는 섹션의 개수, 출력할 항목의 개수 등의 작업을 처리할 수 있다. 이 절에서는 테이블 제목 처리 코드가 다음과 같이 추가되었다. 테이블 제목 처리는 다음과 같이 titleForHeaderInSection 메소드를 작성하여 구현해주면 된다. 파라메터로 전달되는 section 값에 따라 해당하는 제목 값을 돌려준다. 여기서는 section이 0일 때 "식물", 1일 때 "동물"을 돌려준다.

나머지 섹션의 수를 결정하는 numerOfSectionsInTableView, 각 섹션의 자료 수를 지정하는 numberOfRowsInSection, 테이블 셀에 자료를 출력하는 cellFor RowAtIndexPath 등은 이전 절 코드와 동일하다.

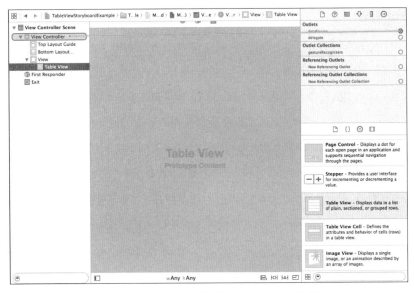

▶그림 6.17 dataSource 항목을 ViewController와 연결

```
- (NSString *)tableView:(UITableView *)tableView
               titleForHeaderInSection:(NSInteger)section
{
    // Return the number of rows in the section.
    switch (section) {
        case 0 :
            return @"식물";
            break;
        case 1 :
            return @"동물";
            break;
    }
    return nil;
}
```

동일한 방법으로 dataSource 아래 delegate를 선택하고 ViewController에 드래
그–엔–드롭으로 떨어뜨려 UITableViewDelegate 프로토콜을 설정한다.

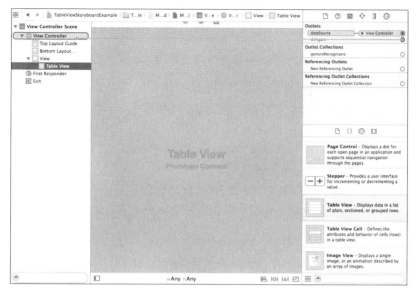

▶그림 6.18 delegate 항목을 ViewController와 연결

이제 UITableViewDelegate 객체 프로토콜에서 제공하는 섹션 수, 헤더header, 푸터footer 출력 등의 작업 역시 처리할 수 있다. 여기서는 각 테이블 셀의 높이 변경기능이 추가되었다. 테이블 셀 높이 처리하기 위해 heightForRowAtIndexPath 메소드를 구현해준다. 이 메소드에 원하는 테이블 셀의 높이를 픽셀 단위로 지정한다. 여기서는 90픽셀이 사용되었는데, 만일 이 메소드가 없는 경우에는 기본 테이블 셀높이인 44픽셀이 사용된다.

```
- (CGFloat) tableView:(UITableView *)tableView
                heightForRowAtIndexPath:(NSIndexPath *)indexPath
{
    return 90;
}
```

나머지 선택 항목을 처리하는 didSelectRowAtIndexPath 메소드는 이전 코드와동일하다.

일반적으로 테이블 뷰 컨트롤러는 홀로 사용되는 경우는 드물고 이전 5장에서 배웠던 탭 바 컨트롤러 혹은 내비게이션 뷰 컨트롤러 등 다른 컨트롤러와 함께 사용된다. 특히 테이블 뷰의 각 항목을 선택했을 때 그다음 화면으로 이동하는데, 이때 내비게이션 기능을 주로 사용한다.

내비게이션 뷰 컨트롤러에서 다음 화면으로 이동한 뒤에는 그 왼쪽 위에 표시되는 Back 버튼을 사용하여 언제든지 바로 그 이전 화면으로 되돌아올 수도 있다. 이번 절에서는 위에서 보여주었던 식물, 동물 예제를 테이블로 표시하고 그 항목을 선택했을 때 다음 페이지로 이동하는 기능을 추가해볼 것이다. 또한, 선택된 항목의 이미지를 다음 페이지에 원래 크기로 보여주는 기능까지도 작성해 볼 것이다.

▌그대로 따라 하기

❶ Xcode에서 File-New-Project를 선택한다. 계속해서 왼쪽에서 iOS-Application을 선택하고 오른쪽에서 Single View Application을 선택한다. 이어서 Next 버튼을 누르고 Product Name에 "TableViewNavigation"이라고 지정한다. 아래쪽에 있는 Language 항목은 "Objective-C", Devices 항목은 "iPhone"으로 설정하고 Next 버튼을 눌러 프로젝트를 생성한다.

▶그림 6.19 TableViewNavigation 프로젝트 생성

❷ 프로젝트 탐색기의 프로젝트 이름(파란색 아이콘)에서 오른쪽 마우스 버튼을 누르고 New Group 항목을 선택해서 Resources라는 이름을 새로운 그룹을 만들고 제공되는 예제 파일로부터 "감나무.jpg", "배나무.jpg", "사과나무.jpg", "토끼.jpg", "햄스터.jpg", "호랑이.jpg" 파일 등을 새로 생성한 Resources 폴더에 드래그-엔-드롭으로 떨어뜨린다. 옵션 선택 대화상자가 나타나면 Finish 버튼을 눌러 복사를 한다.

▶그림 6.20 그림 파일을 Resources 폴더에 추가

❸ 프로젝트 탐색기의 Main.storyboard를 선택한 상태에서 스토리보드 캔버스에서 ViewController를 선택한다. 그다음, Xcode의 Editor 메뉴-Embed In-Navigation Controller를 선택하여 내비게이션 컨트롤러Navigation Controller를 추가시킨다. 이때 추가된 내비게이션 컨트롤러는 자동으로 현재 위치하는 뷰 컨트롤러와 연결된다.

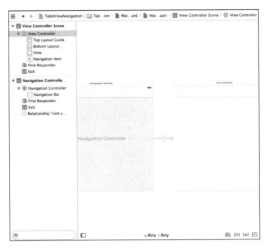

▶그림 6.21 내비게이션 컨트롤러(Navigation Controller) 추가

❹ 이제 오른쪽 아래 오브젝트 라이브러리에서 Table View Controller 하나를
스토리보드 캔버스에 떨어뜨려 이 Table View Controller를 첫 번째 View
Controller 아래쪽에 위치시킨다. 이전과는 달리 새로 생성한 테이블 뷰 컨트롤
러를 첫 번째 화면으로 사용할 것이다.

▶그림 6.22 Table View Controller 추가

❺ 프로젝트 탐색기의 TableViewNaivagation(노란색 아이콘) 프로젝트에서 오른쪽 마우스 버튼을 누르고 New File 항목을 선택한다. 이때 템플릿 선택 대화상자가 나타나면 왼쪽에서 iOS-Source를 선택하고 오른쪽에서 Cocoa Touch Class를 선택한 뒤, Next 버튼을 누른다. 이때 새 파일 이름을 입력하라는 대화상자가 나타나면 다음 그림과 같이 FirstTableViewController를 입력한다. 이때 그 아래쪽 "Subclass of" 항목에 UITableViewController를 지정하도록 하고 "Also create XIB file" 체크상자에는 체크하지 않도록 한다. 그 아래 Language 항목은 Objective-C를 선택한다. 이상이 없으면 Next 버튼을 눌러 파일을 생성한다.

Choose options for your new file:

Class: FirstTableViewController

Subclass of: UITableViewController

☐ Also create XIB file

iPhone

Language: Objective-C

Cancel   Previous   Next

▶그림 6.23 새로운 클래스 FirstViewConroller 생성

❻ 프로젝트 관리자에서 Main.storyboard를 선택하고 스토리보드 캔버스에서 Table View Controller를 선택한다. 그리고 오른쪽 위 Identity 인스펙터를 선택하고 Class 이름을 FirstTableViewController로 변경한다.

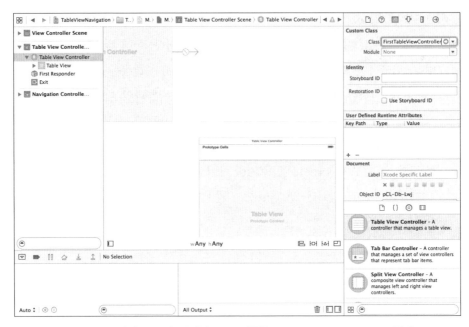

▶그림 6.24 테이블 뷰 컨트롤러의 Class 이름을 FirstTableViewController로 변경

❼ 현재 내비게이션 컨트롤러는 테이블 뷰 컨트롤러인 FirstTableViewController
와 연결되어 있는 것이 아니라 프로젝트와 함께 생성된 ViewController와 연결
되어있다. View Controller와 연결된 세구에를 선택하고 키보드의 Delete 키
를 눌러 연결된 세구에를 삭제한다. 이어서 내비게이션 컨트롤러를 Ctrl 키를
사용하여 마우스로 클릭하고 그대로 이어서 아래쪽에 있는 테이블 뷰 컨트롤러
인 FirstTableViewController에 떨어뜨려 연결시킨다. 이때 세구에 연결 선택
상자가 나타나면 "Relationship Segue" 아래쪽에 있는 "root view controller"
항목을 선택한다.

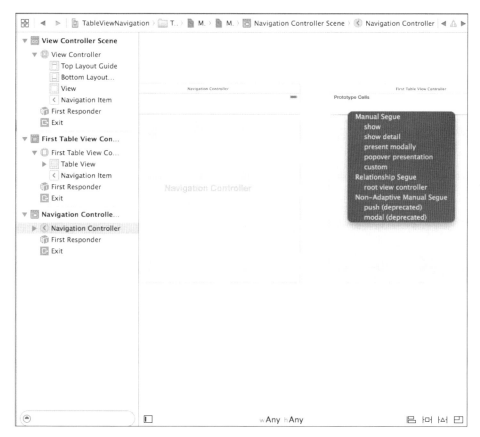

▶그림 6.25 "Relationship Segue"의 "root view controller" 항목을 선택

❽ 동일한 방법으로 FirstTableViewController의 Table View Cell과 ViewController
사이에도 연결시킨다. 즉, 테이블 뷰 컨트롤러인 FirstTableViewController
위쪽에 있는 Table View Cell(Protype Cells라고 표시된 부분)을 Ctrl 키와
함께 선택하고 그대로 이어서 뷰 컨트롤러인 ViewController에 떨어뜨린다.

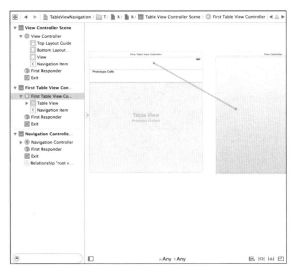

▶그림 6.26 FirstTableViewController의 Table View Cell과 ViewController 사이 연결

❾ 이때 세구에 연결 선택상자가 나타나는데 선택 세구에_{Selection Segue}의 show를 선택한다.

▶그림 6.27 세구에 연결 선택상자에서 Selection Segue의 show 항목 선택

❿ 이때 Xcode 내부에는 2가지 경고가 발생한다. 첫 번째 경고는 "Prototype table cells must have reuse identifiers"라는 경고인데 스토리보드 캔버스 왼쪽에 있는 도큐먼트 아웃라인 창의 First Table View Controller Scene의 Table View Cell 항목을 선택하고 오른쪽 위에 있는 Attributes 인스펙터를 선택하여 Table View Cell의 Identifier의 이름을 지정해주면 경고는 바로 사라진다. 여기서는 "ReusableCellWithIdentifier"라는 이름을 지정한다. 이 이름을 잘 기억해두도록 한다.

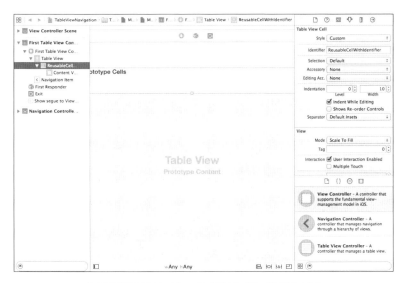

▶그림 6.28 Table View Cell의 Identifier의 이름 지정

⓫ 두 번째 경고는 "Segues initiated directly from view controllers must have an identifier"라는 경고인데 스토리보드 캔버스 왼쪽에 있는 도큐먼트 아웃라인 창의 First Table View Controller Scene의 가장 아래쪽에 있는 "Show segue to View Controller" 항목을 선택하고 오른쪽 위에 있는 Attributes 인스펙터를 선택하여 Table View Cell의 Identifier의 이름을 지정해주면 경고는 바로 사라진다. 여기서는 "TableIdentifier"라는 이름을 지정한다.

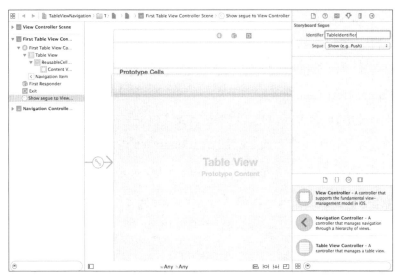

▶그림 6.29 Segue에 대한 Identifier 이름 지정

⓬ 다시 표준 에디터를 선택하고 프로젝트 탐색기의 FirstTableViewController.m
파일을 다음과 같이 수정한다.

```objc
#import "FirstTableViewController.h"
#import "ViewController.h"

@interface FirstTableViewController ()
{
    NSArray *plantData, *animalData;
}
@end

@implementation FirstTableViewController

- (id)initWithStyle:(UITableViewStyle)style
{
    self = [super initWithStyle:style];
    if (self) {
        // Custom initialization
    }
```

```objectivec
    return self;
}

- (void)viewDidLoad
{
    [super viewDidLoad];

    self.navigationItem.title = @"Plant/Animal Image List";
    plantData = [[NSArray alloc] initWithObjects:
                @"감나무",
                @"배나무",
                @"사과나무", nil];
    animalData = [[NSArray alloc] initWithObjects:
                @"호랑이",
                @"토끼",
                @"햄스터", nil];
}

- (void)didReceiveMemoryWarning
{
    [super didReceiveMemoryWarning];
    // Dispose of any resources that can be recreated.
}

#pragma mark - Table view data source

- (CGFloat) tableView:(UITableView *)tableView
        heightForRowAtIndexPath:(NSIndexPath *)indexPath
{
    return 90;
}

- (NSInteger)numberOfSectionsInTableView:(UITableView *)tableView
{
    // Return the number of sections.
    return 2;
}

- (NSInteger)tableView:(UITableView *)tableView
        numberOfRowsInSection:(NSInteger)section
{
    switch (section) {
```

```
        case 0 :
            return plantData.count;
            break;
        case 1 :
            return animalData.count;
            break;
    }
    return 0;
}

- (UITableViewCell *)tableView:(UITableView *)tableView
        cellForRowAtIndexPath:(NSIndexPath *)indexPath
{
    static NSString *CellIdentifier = @"ReusableCellWithIdentifier";
    UITableViewCell *cell = [tableView
    dequeueReusableCellWithIdentifier:CellIdentifier forIndexPath:indexPath];

    NSString *cellValue;

    long row = indexPath.row;
    long section = indexPath.section;

    switch (section) {
        case 0 :
            cellValue = [plantData objectAtIndex: row];
            break;
        case 1 :
            cellValue = [animalData objectAtIndex: row];
            break;
    }

    cell.textLabel.text = cellValue;
    NSString *imageName = [cellValue stringByAppendingString:@".jpg"];
    UIImage *image = [UIImage imageNamed: imageName];
    cell.imageView.image = image;
    return cell;
}

#pragma mark - Navigation

- (void)prepareForSegue:(UIStoryboardSegue *)segue sender:(id)sender
{
```

```
        ViewController *viewController = [segue destinationViewController];
        NSString *cellValue;
        NSIndexPath *currentIndexPath = [self.tableView
    indexPathForSelectedRow];
        long row = currentIndexPath.row;
        long section = currentIndexPath.section;

        switch (section) {
            case 0 :
                cellValue = [plantData objectAtIndex: row];
                break;
            case 1 :
                cellValue = [animalData objectAtIndex: row];
                break;
        }
        viewController.passData = cellValue;
    }
@end
```

⑬ 이어서 프로젝트 탐색기의 ViewController.h 파일에 다음과 같이 코드를 추가
한다.

```
#import <UIKit/UIKit.h>
@interface ViewController : UIViewController
@property (strong, nonatomic) NSString *passData;
@end
```

⑭ 이번에는 ViewController.m 파일을 다음과 같이 코드를 추가한다.

```
#import "ViewController.h"

@interface ViewController ()

@end

@implementation ViewController
@synthesize passData;
```

```
- (void)viewDidLoad
{
    [super viewDidLoad];
    NSString *fileName = [passData stringByAppendingString:@".jpg"];

    CGRect displayFrame = self.view.frame;
    UIImage *img = [UIImage imageNamed: fileName];
    UIImageView *imageView = [[UIImageView alloc] initWithFrame:
                        CGRectMake(0.0, 0.0, displayFrame.size.width,
                        displayFrame.size.height)];
    [imageView setContentMode:UIViewContentModeScaleAspectFit];
    imageView.image = img;
    [self.view addSubview: imageView];
}

- (void)didReceiveMemoryWarning
{
    [super didReceiveMemoryWarning];
    // Dispose of any resources that can be recreated.
}
@end
```

❶❺ 이제 Xcode에서 Command−B를 눌러 빌드 처리하고 Command−R을 눌러 실행시킨다. 그림 6.30은 첫 번째 화면을 보여준다. 테이블에 나타나는 여러 이미지 아이콘 중 하나를 선택하여 다음 화면에서 그 이미지가 큰 화면으로 출력되는지 확인해본다.

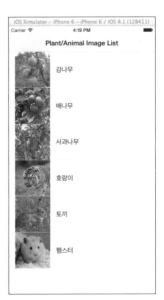

▶그림 6.30 TableViewNavigation 프로젝트의 첫 번째 화면

▌원리 설명

스토리보드에서 내비게이션 컨트롤러를 사용하기 위해서는 먼저 다음과 같이 Xcode의 Editor 메뉴-Embed In-Navigation Controller를 선택하여 내비게이션 컨트롤러Navigation Controller를 추가시키는 것이 필요하다. 이때 추가된 내비게이션 컨트롤러는 자동으로 현재 위치하는 뷰 컨트롤러와 연결된다.

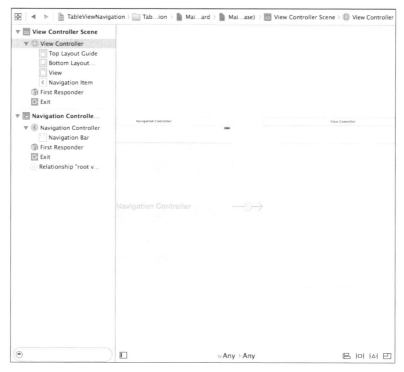

▶그림 6.31 내비게이션 컨트롤러(Navigation Controller) 추가

스토리보드에서 모든 UIViewController는 하나의 장면Scene으로 표시할 수 있고 이러한 장면 사이에 변환 상태를 표시하기 위하여 세구에Segue를 사용하여 표시한다. 내비게이션 컨트롤러와 FirstTableViewController 사이는 Relationship Segue의 root view controller로 연결된다.

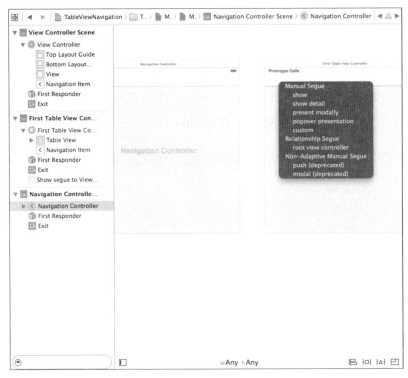

▶그림 6.32 내비게이션 컨트롤러와 FirstTableViewController 사이에 사용된 세구에

그리고 FirstTableViewController와 그림 이미지를 표시하는 View Controller 사이의 세구에는 선택 세구에인 show가 사용된다. 일반적으로 내비게이션 컨트롤러를 사용하는 상태에서 세구에를 연결시키면 선택 세구에Selection Segue와 액세서리 액션 Accessory Action 두 가지 종류가 표시되는데 선택 세구에는 위 예제와 같이 셀 선택에서 사용되고 액세서리 액션은 셀 위에 있는 버튼을 처리할 때 사용된다.

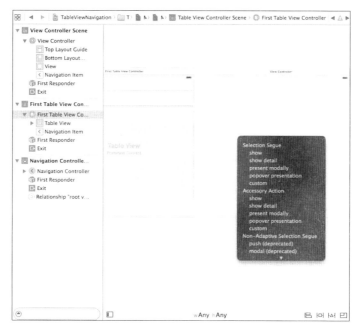

▶그림 6.33 FirstTableViewController와 View Controller 사이에 사용된 세구에

이제 FirstTableViewController부터 살펴보자. 먼저 뷰가 생성할 때 실행되는 viewDidLoad 메소드를 보자. 먼저, self.navigationItem의 title 속성을 사용하여 내비게이션 제목을 "Plant/Animal Image List"으로 지정한다.

```
- (void)viewDidLoad
{
    [super viewDidLoad];

    self.navigationItem.title = @"Plant/Animal Image List";
    ...
```

그다음, NSArray 객체 변수 plantData와 animalData를 생성하고 각각 이미지 제목 자료를 추가하여 초기화한다. 제목이 의미하듯이 plantData는 나무 이미지이고 animalData는 동물 이미지이다.

```
    plantData = [[NSArray alloc] initWithObjects:
            @"감나무",
            @"배나무",
            @"사과나무", nil];
    animalData = [[NSArray alloc] initWithObjects:
            @"호랑이",
            @"토끼",
            @"햄스터", nil];
}
```

이제 UITableViewDataSource 프로토콜에 대한 객체 이벤트 함수를 하나씩 작성해 보자. 위에서 설명했듯이 프로토콜 이벤트 함수는 작성하면 자동으로 수행되는 함수이다.

먼저, 셀의 높이를 지정하는 heightForRowAtIndexPath를 작성한다. 높이를 90픽셀로 지정한다. 만일 이 메소드를 작성하지 않으면 기본 높이 44픽셀로 지정된다.

```
- (CGFloat) tableView:(UITableView *)tableView
        heightForRowAtIndexPath:(NSIndexPath *)indexPath
{
    return 90;
}
```

그다음, 테이블을 구성하는 섹션의 수를 지정하는 numberOfSectionsInTableView를 다음과 같이 작성한다. 섹션은 테이블 자료를 출력하는 일종의 그룹 데이터이다. 여기서는 식물 데이터와 동물 데이터 즉, 2개의 그룹을 사용한다.

```
- (NSInteger)numberOfSectionsInTableView:(UITableView *)tableView
{
    // Return the number of sections.
    return 2;
}
```

그다음, 지정된 섹션에 출력한 데이터 수를 지정한다. numberOfRowsInSection에서는 section이라는 파라메터를 사용하여 섹션을 구분할 수 있는데 그 값에 따라 식물 자료와 동물 자료의 개수를 count 속성으로 돌려준다. 여기서는 0인 경우, 식물 자료를 처리하고 1인 경우 동물 자료를 처리한다.

```objc
- (NSInteger)tableView:(UITableView *)tableView
numberOfRowsInSection:(NSInteger)section
{
    // Return the number of rows in the section.
    switch (section) {
        case 0 :
            return plantData.count; // 식물 자료 개수
            break;
        case 1 :
            return animalData.count; // 동물 자료 개수
            break;
    }
    return 0;
}
```

테이블 뷰는 동일한 형식의 데이터를 반복하여 화면에 출력하는 기능이다. 그러므로 화면에 데이터를 출력하기 위해서는 형태가 동일한 셀을 계속해서 반복하여 생성하고 출력하게 되는데 출력할 때마다 이러한 셀을 생성하게 되면 상당한 메모리 낭비가 발생한다. 이러한 반복 기능과 메모리를 줄이기 위해 테이블 뷰 셀에 대한 Identifier 이름 즉, ReusableCellWithIdentifier를 그 셀 클래스에 지정하고 새로운 셀을 처리할 때 셀을 다시 사용할 수 있는지를 판단하여 이미 한 번 생성된 셀은 다시 생성하지 않도록 한다.

▶그림 6.34 테이블 뷰 셀의 Identifier 이름 지정

이제 UITableViewDataSource 프로토콜 메소드로 셀 자료를 출력을 담당하는 cellForRowAtIndexPath 메소드를 살펴보자. 이제 위에서 지정한 Identifier 이름을 파라메터로 지정하고 UITableView의 dequeueReusableCellWithIdentifier 메소드를 호출하면 반복 사용 가능한 셀을 자동으로 돌려준다.

```
- (UITableViewCell *)tableView:(UITableView *)tableView
cellForRowAtIndexPath:(NSIndexPath *)indexPath
{
    static NSString *CellIdentifier = @"ReusableCellWithIdentifier";
    UITableViewCell *cell = [tableView
        dequeueReusableCellWithIdentifier:CellIdentifier forIndexPath:indexPath];
    ...
```

현재 처리되는 섹션 정보와 자료 인덱스 정보는 파라메터 값인 indexPath 객체를 이용하여 알아낼 수 있다.

```
    NSString *cellValue;
    int row = indexPath.row;
    int section = indexPath.section;
    ...
```

우선 section 변수를 사용하여 현재 출력하고자 하는 것이 식물 이미지인지 혹은 동물 이미지인지를 결정한다. section이 0인 경우, 식물이고 1인 경우, 동물 이미지로 처리한다.

```
    switch (section) {
        case 0 :
            cellValue = [plantData objectAtIndex: row];
            break;
        case 1 :
            cellValue = [animalData objectAtIndex: row];
            break;
    }
```

그다음, row 변수로부터 인덱스 번호를 얻어 이 번호로부터 제목과 이미지 파일 정보를 얻는다. 이미지 정보는 제목 정보에 ".jpg"를 추가하면 얻을 수 있다. 이제 이 자료를 UITavleViewCell 객체의 textLabel.text와 imageView.image에 각각 넘겨주면 화면의 각 셀마다 원하는 텍스트와 이미지를 출력할 수 있다.

```
    cell.textLabel.text = cellValue;
    NSString *imageName = [cellValue stringByAppendingString:@".jpg"];
    UIImage *image = [UIImage imageNamed: imageName];
    cell.imageView.image = image;
    return cell;
}
```

마지막으로 셀 이미지를 선택할 때 그다음 페이지로 전환되는 기능을 알아보자. 테이블의 셀의 이미지를 선택할 때마다 첫 번째 컨트롤러인 FirstViewController 에 있는 prepareForSegue 메소드가 자동 실행되는데 이때 파라메터 값인 segue를 사용하여 destinationViewController 메소드를 호출하면 전환되는 두 번째 컨트롤 러 즉, ViewController에 대한 객체 포인터를 얻을 수 있다.

```
- (void)prepareForSegue:(UIStoryboardSegue *)segue sender:(id)sender
{
    ViewController *viewController = [segue destinationViewController];
    ...
```

참고   세구에 identifier 이름

일반적으로 destinationViewController 메소드를 호출하기 전에 현재 세구에의 이름을 지정하고 테이블 뷰 셀을 클릭하여 다음 페이지로 연결하기 전에 이름이 맞는지를 확인하는 작업이 필요하다. 이것을 위해 다음과 같이 세구에를 선택하고 그 Identifier 이름을 지정한다.

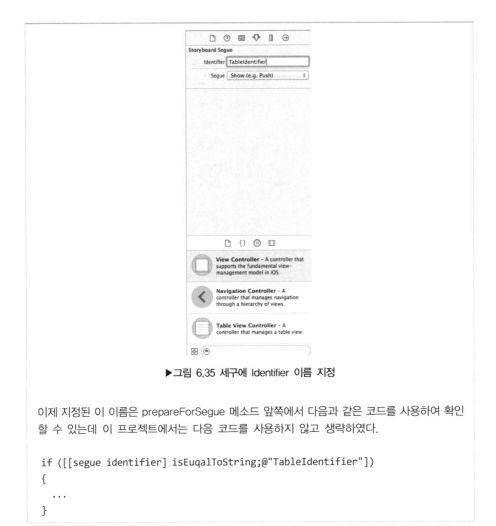

▶그림 6.35 세구에 Identifier 이름 지정

이제 지정된 이 이름은 prepareForSegue 메소드 앞쪽에서 다음과 같은 코드를 사용하여 확인할 수 있는데 이 프로젝트에서는 다음 코드를 사용하지 않고 생략하였다.

```
if ([[segue identifier] isEuqalToString;@"TableIdentifier"])
{
    ...
}
```

그다음, UITableView 객체에서 제공하는 indexPathForSelectedRow 메소드를 호출하여 현재 선택한 셀에 대한 인덱스 정보를 가지고 있는 NSIndexPath 객체를 생성해낸다. 이 객체row 속성은 현재 선택된 셀의 인덱스 번호이고 section 속성은 현재 선택된 셀의 섹션번호이다. 이 두 정보를 사용하여 어떤 이미지를 선택하였는지 objectAtIndex 메소드를 사용하여 알아낼 수 있다.

```
    NSString *cellValue;
    NSIndexPath *currentIndexPath = [self.tableView indexPathForSelectedRow];
    int row = currentIndexPath.row;
    int section = currentIndexPath.section;

    switch (section) {
        case 0 :
            cellValue = [plantData objectAtIndex: row];
            break;
        case 1 :
            cellValue = [animalData objectAtIndex: row];
            break;
    }
    ...
```

선택된 이미지 이름은 다음 페이지 즉, ViewController 객체의 passData에 지정하여 ViewController에 넘겨진다.

```
    viewController.passData = cellValue;
}
```

이제 두 번째 컨트롤러 ViewController 객체를 살펴보자. 뷰가 나타날 때 처리되는 viewDidLoad 메소드에서는 먼저 FirstViewController로부터 받은 passData 값에 ".jpg" 문자열을 추가하여 현재 선택된 이미지의 파일 이름을 알아낼 수 있다.

```
- (void)viewDidLoad
{
    [super viewDidLoad];
    NSString *fileName = [passData stringByAppendingString:@".jpg"];
    ...
```

그다음, self.view.frame을 사용하여 현재 뷰에 프레임 값 즉, 뷰의 크기를 알아낸다. 너비 값은 self.view.frame.size.width이고 높이 값은 self.view.frame.size. height가 된다.

```
CGRect displayFrame = self.view.frame;
...
```

위에서 얻는 이미지를 표시하기 위해 이미지 이름으로부터 UIImage 객체를 생성한다. 이 UIImage 객체는 이미지를 표시할 수 있는 UIImageView 생성 시 파라메터 값으로 지정된다.

```
UIImage *img = [UIImage imageNamed: fileName];
...
```

이미지를 표시하기 위해서는 UIImageView를 생성해야 하는데 이 뷰를 생성할 때 이미지 뷰 크기는 CGRectMake를 사용하여 (displayFrame.size.width, displayFrame.size.height) 크기를 가지는 뷰 즉, 현재 뷰 컨트롤러와 동일한 크기의 이미지 뷰를 생성한다.

```
UIImageView *imageView = [[UIImageView alloc] initWithFrame:
                    CGRectMake(0.0, 0.0, displayFrame.size.width,
                    displayFrame.size.height)];
...
```

UIImageView 객체의 setContentMode에 UIViewContentModeScaleAspectFit를 지정하여 이미지의 가로와 세로 크기가 변경되더라도 이미지가 동일한 비율을 유지하고 모든 내용이 모두 표시되도록 지정한다.

```
[imageView setContentMode:UIViewContentModeScaleAspectFit];
...
```

위에서 생성한 UIImage 객체를 UIImageView에 지정하여 이미지가 이미지 뷰에 표시될 수 있도록 지정하고 생성된 이미지 뷰를 뷰에 추가하면 뷰 위에 이미지가 나타난다.

```
    imageView.image = img;
    [self.view addSubview: imageView];
}
```

자료를 테이블 형식으로 나열하는 기능을 처리하기 위해서 이 테이블 컨트롤러의 기능은 거의 빠질 수 없는 가장 중요한 기능 중 하나라고 할 수 있다.

이 장에서는 이러한 테이블 기능을 구현하는 여러 가지 방법에 대해서 알아보았다. 먼저 이전부터 제공되었던 xib 파일을 이용하여 테이블 뷰 컨트롤러를 만들어보았다. xib 파일과 코드를 사용해봄으로써 테이블 컨트롤러에서 뷰 컨트롤러로 연결되는 과정을 쉽게 이해할 수 있었고 섹션 수, 헤더(header), 푸터(footer) 출력 등의 작업을 처리하는 UITableViewDelegate 객체 프로토콜과 섹션의 개수, 출력할 항목의 개수, 테이블 제목 등 실제 테이블의 출력에 대한 여러 메소드 핸들러를 제공하는 UITableViewDataSource 프로토콜 기능도 배울 수 있었다. 두 번째로 스토리보드를 사용한 테이블 뷰 컨트롤러를 작성해보았다. xib 파일보다 훨씬 진보된 스토리보드를 사용함으로써 간단하게 테이블 컨트롤러와 뷰 컨트롤러를 연결시키는 방법을 익힐 수 있었다. 마지막으로 테이블 뷰 컨트롤러와 내비게이션 뷰 컨트롤러와 함께 사용함으로써 테이블 뷰의 셀을 선택했을 때 그다음 화면으로 전환하는 기능에 대하여 알아보았다. 여기에서는 첫 번째 페이지에서 이미지를 선택하고 선택된 이미지를 UIImageView 객체를 사용하여 이미지를 출력하는 예제를 작성해보았다.

지도 프로그래밍

스마트 폰에서 자주 사용되는 기능 중 하나는 지도이다. 승용차 혹은 대중교통을 이용하여 원하는 곳을 찾아갈 수 있는 기능은 무척 매력적이다. 아이폰에서 제공되는 지도는 구글 맵을 사용하였는데 많은 사용자로부터 사랑을 받아왔다. 그런데 지난 iOS6에서 기존의 구글 맵에서 처음으로 애플에서 제작한 맵으로 변경했는데 사용자들의 기대만큼 좋은 평가를 받지 못하였다.

하지만 그 이후에 계속해서 애플 맵은 계속 업데이트되었고 아직도 기존의 구글 맵이 제공하였던 기능에는 미치지 못하지만, 상당히 많은 부분이 변경되어 머지않은 시일에 이전 지도에 못지않은 좋은 맵이 될 것이라 의심하지 않는다. 이 장에서는 애플에서 지도를 사용하기 위해 제공되는 Map Kit과 관련 클래스 MKMapView와 여러 가지 지도 검색 기능에 대한 예제를 중심으로 프로그래밍 방법에 대하여 알아볼 것이다.

아이폰에서는 모바일 지도 서비스를 제공하기 위해서 Map Kit 프레임워크를 제공하고 있다. 이 프레임워크에서 제공되는 MKMapView 클래스를 사용하면 별도의 코딩 없이 바로 현재 위치뿐만 아니라 전 세계의 모든 지도를 출력할 수 있다.

이러한 MapView를 사용하기 위해서는 프로젝트에 Map Kit 프레임워크를 추가해야 하고 다음과 같이 import 문장을 추가해야만 한다. 프레임워크를 추가하는 방법에 대해서는 다음 프로젝트에서 자세히 설명할 것이다.

```
#import <MapKit/MapKit.h>
```

지도를 찾기 위한 가장 핵심은 원하는 위치의 위도와 경도이다. 이 위도와 경도를 이용하여 어떤 위치든지 탐색할 수 있고 또한, 현재 위치까지 알아낼 수 있다. 아이폰에는 인공위성을 이용하여 현재 위치를 찾을 수 있는 GPSGlobal Positioning System 수신기가 달려있기 때문이다. 물론 위도와 경도를 이 GPS를 통하여 알아낼 수도 있지만, 아이팟 같은 GPS 기능이 없는 기기에서는 Wi-Fi 네트워크에 연결해 인터넷 서비스 제공자로부터 현재 위치를 알아낼 수 있다. 물론 GPS만큼 정확하지 않지만, 현재 위치와 상당히 근접한 정보를 알려준다.

역시 애플에서는 코어 로케이션 프레임워크Core Location Framework라는 것을 제공하여 현재 위치를 알아낼 수 있다. 또한, 특정한 주소를 가지고 위도와 경도를 알아낼 수 있는 지오코딩geocoding 기능과 반대로 위도와 경도를 가지고 그 주소를 알아낼 수 있는 역 지오코딩reverse geocoding 등의 기능을 구현할 수 있다. 이러한 기능을 처리하기 위해서는 소스 코드 상단 부분에 다음과 같은 import 문장을 추가해야만 한다.

```
#import <CoreLocation/CoreLocation,h>
```

먼저 현재 위치에 대한 위도와 경도를 지도에 표시해보고 현재 지도의 위치를 옮겼을 때 그 새로운 위치에 대한 위도와 경도를 출력하는 기능을 구현해보도록 하자.

▌그대로 따라 하기

❶ Xcode에서 File-New-Project를 선택한다. 계속해서 왼쪽에서 iOS-Application을 선택하고 오른쪽에서 Single View Application을 선택한다. 이어서 Next 버튼을 누르고 Product Name에 "MapPosition"이라고 지정한다.
아래쪽에 있는 Language 항목은 "Objective-C", Devices 항목은 "iPhone"으로 설정하고 Next 버튼을 눌러 프로젝트를 생성한다.

▶그림 7.1 MapPosition 프로젝트 생성

❷ 프로젝트 탐색기는 기본적으로 프로젝트 속성 중 General 부분을 보여주는데 다섯 번째 탭 Build Phases를 선택한다. 이때 세 번째 줄에 있는 Link Binary With Libraries(x items) 왼쪽에 있는 삼각형을 클릭하면 삼각형 모양이 아

래쪽으로 향하면서 이 프로젝트에서 사용되는 여러 가지 프레임워크가 나타나는데 아래쪽에 있는 + 버튼을 눌러 다음 프레임워크를 추가한다(그림 7.2 참조).

```
MapKit.framework
```

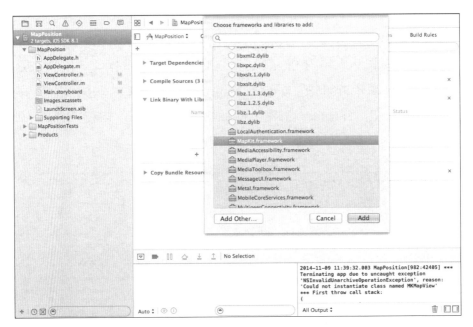

▶그림 7.2 Link Binary With Libraries 항목에서 MapKit.framework 추가

❸ 프로젝트 탐색기에서 Main.Storyboard 파일을 클릭하고 메인 패널 위에 다음 그림과 같이 Label 2개, Text Field 2개, MapKit View 1개를 캔버스 뷰에 위치시킨다. Label 컨트롤은 오른쪽 위 Attributes 인스펙트를 클릭하여 Text 속성 값을 각각 Latitude, Longitude으로 수정한다.

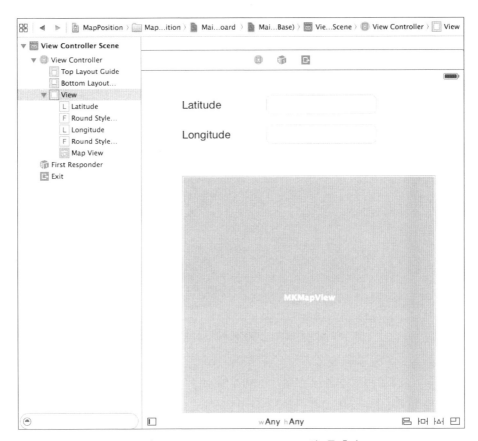

▶그림 7.3 Label, Text Field, Map View 컨트롤 추가

❹ Label 컨트롤을 선택한 상태에서 오른쪽 위 Size 인스펙터를 선택한다. 그 아래 Height 속성 값을 30으로 변경한다. 그리고 Label 컨트롤을 다시 선택하고 키보드에서 위, 아래 화살표 키를 눌러 Y 좌표를 Text Field와 동일하게 맞춘다. 높이가 동일하게 맞는 순간 두 컨트롤 사이에 연결 줄이 나타난다. 그 아래 Label 컨트롤 역시 동일하게 처리한다.

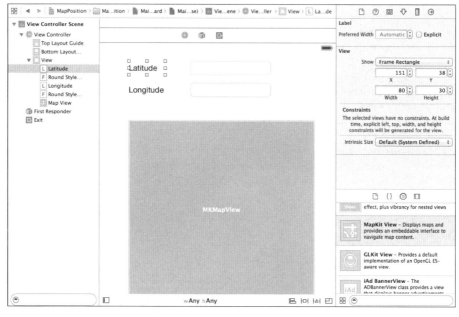

▶그림 7.4 Label 컨트롤의 Height 속성 값 변경

❺ 이어서 Label 컨트롤을 선택한 상태에서 캔버스 아래 오토 레이아웃 메뉴에서
두 번째 Pin을 선택하고 "제약조건 설정" 창이 나타나면 다음 그림과 같이 북쪽
에서 25, 서쪽 위치상자에 25를 입력하고 각각 I 빔에 체크한다. 또한, 그 아래
Width, Height 항목에 체크한 다음 "Add 4
Constraints" 버튼을 클릭한다.

▶그림 7.5 Label 컨트롤 제약조건 설정

534

❻ 이번에는 오른쪽 Text Field 컨트롤을 선택한 상 태에서 캔버스 아래 오토 레이아웃 메뉴에서 두 번째 Pin을 선택하고 "제약조건 설정" 창이 나타 나면 다음 그림과 같이 북쪽에서 25, 동쪽 위치상 자에 25를 입력하고 I 빔에 각각 체크한다. 그다 음 Height에 체크한 뒤, "Add 3 Constraints" 버튼을 클릭한다.

▶그림 7.6 Text Field 컨트롤 제약조건 설정

❼ 이번에는 Label 컨트롤을 Ctrl 버튼과 함께 마우스로 선택하고 드래그—엔—드 롭으로 Text Field에 떨어뜨린다. 이때 다음과 같이 설정 창이 나타나는데 가장 위에 있는 Horizontal Spacing을 선택한다.

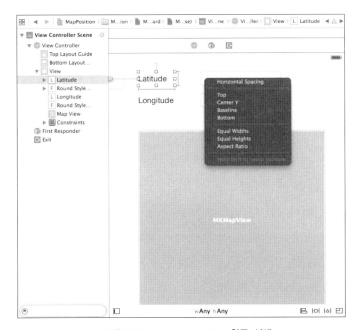

▶그림 7.7 Horizontal Spacing 항목 선택

❽ 이제 아래쪽 Label 컨트롤과 Text Field 컨트롤을 선택하고 ❹에서 ❼까지 반복 처리한다.

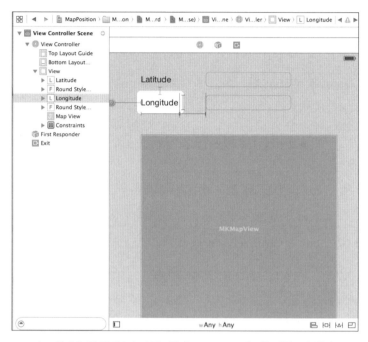

▶그림 7.8 두 번째 Label 컨트롤과 Text Field 컨트롤 제약조건 설정

❾ 이제 도큐먼트 아웃라인 창에서 Map View를 선택한 상태에서 캔버스 아래 오토 레이아웃 메뉴에서 두 번째 Pin을 선택하고 "제약조건 설정" 창이 나타나면 다음 그림과 같이 동, 서, 남, 북 모든 위치상자에 25를 입력하고 각각의 I 빔에 체크한다. 설정이 끝나면 아래쪽 "Add 4 Constraints" 버튼을 클릭한다.

▶그림 7.9 동, 서, 남, 북 모든 방향으로 설정

❿ 이제 캔버스 아래 오토 레이아웃 메뉴에서 세 번째인 Issues를 선택하고 "All Views in View Controller"의 "Update Frames" 항목을 선택하면 캔버스의 화면은 다음과 같다.

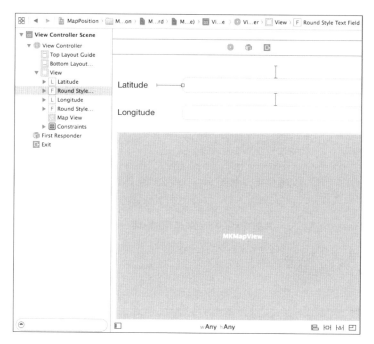

▶그림 7.10 오토 레이아웃이 적용된 캔버스 화면

⓫ 이제 오른쪽 위에 있는 도움 에디터를 눌러 도움 에디터를 표시한다. 오른쪽 위 삼각형 버튼을 눌러 ViewController.h 헤더 파일을 표시한다. 먼저 Ctrl 키와 함께 뷰에 있는 위쪽 텍스트 필드를 선택하고 드래그-엔-드롭으로 ViewController.h 파일의 @interface 아래쪽으로 떨어뜨린다. 다음과 같이 도움 에디터 연결 패널이 나타나면 "txtLatitude"라고 입력하고 Connect 버튼을 누른다.

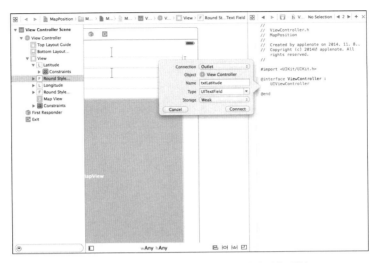

▶그림 7.11 첫 번째 Text Field 컨트롤 연결 변수 생성

⑫ 동일한 방법으로 Ctrl 키와 함께 아래쪽 두 번째 텍스트 필드 역시 ViewController.h 파일의 @interface 아래쪽으로 떨어뜨린 뒤 "txtLongitude"라고 입력하고 Connect 버튼을 누른다.

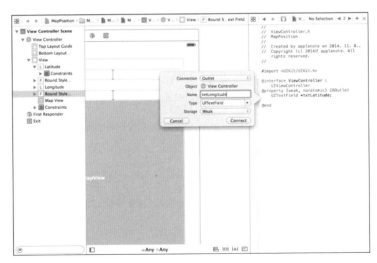

▶그림 7.12 두 번째 Text Field 컨트롤 연결 변수 생성

⓭ 다시 Ctrl 키와 함께 뷰에 있는 Map View 컨트롤을 선택하고 드래그-엔-드롭으로 ViewController.h 파일의 @interface 아래쪽으로 떨어뜨린다. 다음과 같이 도움 에디터 연결 패널이 나타나면 "mapView"라고 입력하고 Connect 버튼을 누른다. 에러가 발생되더라도 우선 무시한다.

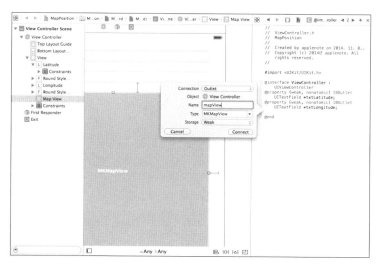

▶그림 7.13 Map View 컨트롤 연결 변수 생성

⓮ 이제 오른쪽 위 표준 에디터를 선택하여 표준 에디터를 표시하고 프로젝트 탐색기에서 ViewController.h 파일을 선택하여 다음을 입력한다.

```
#import <UIKit/UIKit.h>
#import <MapKit/MapKit.h>

@interface ViewController : UIViewController
        <MKMapViewDelegate, CLLocationManagerDelegate>
@property (weak, nonatomic) IBOutlet UITextField *txtLatitude;
@property (weak, nonatomic) IBOutlet UITextField *txtLongitude;
@property (weak, nonatomic) IBOutlet MKMapView *mapView;
@property (strong, nonatomic) CLLocationManager *locationManager;
@end
```

⓯ 다시 프로젝트 탐색기에서 ViewController.m 파일을 클릭하고 다음 코드를 입력한다.

```objc
#import "ViewController.h"

@interface ViewController ()

@end

@implementation ViewController
@synthesize mapView;
@synthesize txtLatitude;
@synthesize txtLongitude;
@synthesize locationManager;

- (void)viewDidLoad
{
    [super viewDidLoad];

    self.locationManager = [[CLLocationManager alloc] init];
    self.locationManager.delegate = self;
    self.locationManager.desiredAccuracy = kCLLocationAccuracyBest;
    self.locationManager.distanceFilter = kCLDistanceFilterNone;
    [self.locationManager requestWhenInUseAuthorization];
    [self.locationManager startUpdatingLocation];

    mapView.delegate = self;
    mapView.mapType = MKMapTypeHybrid;
    mapView.showsUserLocation = YES;
}

- (void)didReceiveMemoryWarning
{
    [super didReceiveMemoryWarning];
    // Dispose of any resources that can be recreated.
}

- (void) mapView:(MKMapView *)mv regionWillChangeAnimated:(BOOL)animated
{
    MKCoordinateRegion region = mapView.region;
```

```
    txtLatitude.text = [NSString stringWithFormat:@"%f",
  region.center.latitude];
    txtLongitude.text = [NSString stringWithFormat:@"%f",
  region.center.longitude];
}


- (void) locationManager:(CLLocationManager *)manager
        didUpdateLocations:(NSArray *)locations
{

    CLLocation *newLocation = [locations lastObject];

    txtLatitude.text = [NSString stringWithFormat:@"%f",
                newLocation.coordinate.latitude];
    txtLongitude.text = [NSString stringWithFormat:@"%f",
                newLocation.coordinate.longitude];

    MKCoordinateSpan span;
    span.latitudeDelta = 0.01;
    span.longitudeDelta = 0.01;

    MKCoordinateRegion region;
    region.center = newLocation.coordinate;
    region.span = span;

    [mapView setRegion:region animated:YES];
}

- (void) locationManager:(CLLocationManager *)manager didFailWithError:
                (NSError *)error
{
    UIAlertView *alert = [[UIAlertView alloc]
                    initWithTitle:@"Error"
                    message:@"Error obtaining location"
                    delegate:nil
                    cancelButtonTitle:@"Done"
                    otherButtonTitles:nil];
    [alert show];
}

@end
```

⑯ 실행하기 전에 프로젝트 탐색기의 Supporting Files 아래쪽에 있는 Info.plist 파일을 선택한다. 그 파일의 Information Property List에서 오른쪽 마우스 버튼을 누르고 Add Row를 눌러 다음 키와 해당하는 값을 추가한다.

▶ 표 7.1 키 추가

키 이름	값
NSLocationWhenInUseUsageDescription	I need Location
NSLocationAlwaysUsageDescription	I need Location

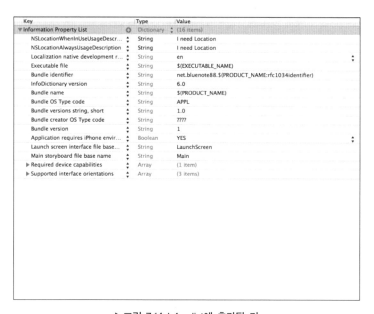

▶그림 7.14 Info.plist에 추가된 키

⑰ 입력이 끝난 뒤 왼쪽 위에 있는 Run 버튼을 눌러 실행시키면 ViewController 가 실행되고 다음 그림과 같이 현재 위치와 함께 현재 위치의 위도와 경도를 보여준다. 만일 실제 기기가 아닌 시뮬레이터에서 실행하면 기본적으로 현재 위치를 애플 본사가 있는 캘리포니아를 보여준다. 또한, 위치를 이동하면 그 위치에 해당하는 위도와 경도를 계속해서 표시해줄 것이다.

아이폰 프로그래밍 한 권으로 끝내기(개정판)

542

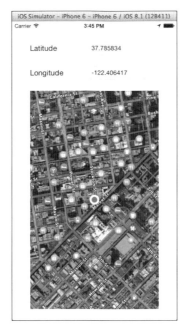

▶그림 7.15 MaPosition 프로젝트 실행화면

▌원리 설명

지도를 처리하기 위해서는 ViewController.h 파일에 다음과 같이 헤더 파일을 추가해준다.

```
#import <MapKit/MapKit.h>
...
```

또한, MKMapViewDelegate와 CLLocationManagerDelegate를 UIViewController 옆에 추가해 주어야 한다.

```
#import <UIKit/UIKit.h>
#import <MapKit/MapKit.h>
```

```
@interface ViewController : UIViewController
<MKMapViewDelegate, CLLocationManagerDelegate> {
...
```

지도 프로그래밍의 가장 중요한 2 클래스는 지도를 표시해주는 MKMapView 클래스와 현재 위치 정보를 알려주는 CLLocationManager 클래스이다. 먼저 CLLocationManager 클래스부터 살펴보자.

CLLocationManager 클래스의 주요 속성과 메소드는 다음과 같다.

▶ 표 7.2 CLLocationManager 클래스의 주요 속성과 메소드

CLLocationManager 클래스 속성, 메소드	설명
desiredAccuracy	지도를 정확하게 표시하기 위한 설정 상수. 디폴트 값으로 kCLLocationAccuracyBest를 지정한다. 나머지 값들은 표 7.3을 참조한다.
distanceFilter	어느 정도 거리를 움직였을 때 업데이트해야 할지를 지정. 원하는 거리를 m 단위로 지정. 만일 모든 거리의 움직임마다 자동으로 업데이트를 하고자 한다면 상숫값 kCLDistanceFilterNone을 지정한다.
startUpdatingLocation	locationManager:didUpdateToLocation 메소드를 호출하여 현재 위치를 업데이트 처리한다.

위 표 7.2의 첫 번째에 소개하는 desiredAccuracy 속성은 지도를 정확하게 표시하기 위한 상수인데 이 속성에 사용할 수 있는 상숫값은 다음 표와 같다.

▶ 표 7.3 desiredAccuracy 속성에 사용할 수 있는 상숫값

desiredAccuracy 상수	설명
kCLLocationAccuracyBestForNavigation	내비게이션 목적으로 가장 높은 정확도를 요구할 때 지정
kCLLocationAccuracyBest	높은 수준의 정확도를 요구할 때 지정
kCLLocationAccuracyNearestTenMeters	10미터 정도의 정확도를 요구할 때 지정
kCLLocationAccuracyHundredMeters	100미터 정도의 정확도를 요구할 때 지정

544

| kCLLocationAccuracyKilometer | 1킬로미터 정도의 정확도를 요구할 때 지정 |
| kCLLocationAccuracyThreeKilometers | 3킬로미터 정도의 정확도를 요구할 때 지정 |

이제 ViewController에서 가장 먼저 실행되는 viewDidLoad 메소드에서 위에 설명한 CLLocationManager 객체를 처리해보자.
먼저 다음과 같이 CLLocationManager 객체를 생성한다.

```
- (void)viewDidLoad
{
    [super viewDidLoad];

    self.locationManager = [[CLLocationManager alloc] init];
    ...
```

CLLocationManager 객체의 delegate에 현재 클래스 포인터인 self를 지정하여 CLLocationManagerDelegate 관련 프로토콜 메소드가 실행되도록 설정한다.

```
self.locationManager.delegate = self;
    ...
```

그다음 CLLocationManager 객체의 desiredAccuracy 속성 값에 높은 수준의 정확도를 요구할 때 지정하는 kCLLocationAccuracyBest를 지정하였고 distanceFilter 속성에 kCLDistanceFilterNone을 지정하여 움직일 때마다 자동으로 업데이트하도록 지정하였다.

```
self.locationManager.desiredAccuracy = kCLLocationAccuracyBest;
    self.locationManager.distanceFilter = kCLDistanceFilterNone;
    ...
```

그다음, iOS8부터 맵 처리를 하기 위해서 requestWhenInUseAuthorization 메소드 호출이 필요하다. 이 메소드는 현재 위치 서비스가 필요한 앱을 사용할 때 사용자로 하여금 그것에 대한 허용을 요구받을 때 사용된다. 즉, 사용자는 허용한다는 버튼을 클릭해야 한다. 또한, Info.plist 파일에 NSLocationWhenInUseUsageDescription와 NSLocationAlwaysUsageDescription 두 개의 키를 만들어주어야만 한다. 키 값 내용은 상관없다.

```
[self.locationManager requestWhenInUseAuthorization];
...
```

이제 startUpdatingLocation 메소드를 호출하여 locationManager:didUpdateToLocation 메소드로 하여금 현재 위치를 업데이트 하도록 처리한다.

```
[self.locationManager startUpdatingLocation];
...
```

이어서 실제적 지도 화면을 표시하는 MKMapView 객체를 처리해보자.

지도 프로그래밍에서 가장 핵심이 되는 클래스가 바로 이 MKMapView 클래스이다. 이 MKMapView 클래스를 사용할 때 알아두어야 할 중요한 속성은 다음과 같다.

▶ 표 7.4 MKMapView의 중요 속성

속성	설명
showUserLocation	맵을 표시할 때 현재 위치를 표시할지를 결정
mapType	맵을 어떤 형식으로 표시할지 그 형식을 결정
region	맵을 표시할 때 표시하고자 하는 지역. region은 현재 위치의 중심이 되는 위도, 경도뿐만 아니라 표시하고자 하는 위치의 범위 정보를 가지고 있다.

위 표에서 알 수 있듯이 지도를 표시하기 위해서는 MKMapView를 위치시키고 현재 위치를 표시하는 showUserLocation 속성에 YES를 지정하고 mapType 속성에 MKMapType 형식의 표시하기 원하는 형태를 지정하면 된다. 사용할 수 있는 MKMapType 형식은 다음 표 7.5와 같다.

▶ 표 7.5 MKMapType 형식

MKMapType 형식	설명
MKMapTypeStandard	모든 길과 지역 이름을 보여주는 일반적인 형식
MKMapTypeSatellite	위성으로 보여주는 형식
MKMapTypeHybrid	위성에서 보여주는 이미지뿐만 아니라 길과 그 지역 이름을 같이 보여주는 형식

이제 위 실제 코드에서 어떻게 사용되었는지 살펴보자. MKMapView 객체 변수 mapView는 뷰 위에 위치시킬 때 이미 생성되었으므로 이 객체 변수를 사용하여 다음과 같이 처리한다.

먼저, MKMapView 객체의 delegate에 self 값을 지정하여 mapView:regionWill ChangeAnimated 프로토콜 이벤트를 호출할 수 있도록 지정한다.

```
-(void) viewDidLoad
  ...
  mapView.delegate = self;
  ...
```

그다음, mapType 속성에 MKMapTypeHybrid를 지정하여 맵의 이미지를 위성 이미지와 여러 가지 길 정보를 함께 보여주도록 지정한다. 또한, showsUserLocation 속성에 YES 값을 지정하여 현재 위치를 함께 보여줄 수 있도록 한다.

```
  mapView.mapType = MKMapTypeHybrid;
  mapView.showsUserLocation = YES;
}
```

이제 자동으로 처리되는 MKMapViewDelegate와 CLLocationManagerDelegate 관련 프로토콜 메소드를 살펴보자. 참고로 이 장에서 사용된 프로토콜 메소드는 다음 표와 같다.

프로토콜 이름	관련 프로토콜 메소드	실행 조건
MKMapViewDelegate	regionWillChangeAnimated	지도를 처음 표시하거나 지도의 위치가 변경될 때
CLLocationManagerDelegate	didUpdateLocations	위치가 변경되어 새로운 데이터가 준비되었을 때 혹은 startUpdatingLocation 메소드가 실행될 때
	didFailWithError	업데이트 도중 위치 데이터를 참조하지 못할 때

위 표에서도 알 수 있듯이 mapView:regionWillChangeAnimated 메소드는 지도의 위치가 변경되거나 처음 표시할 때 실행된다. 이 메소드에서는 mapView 의 region 속성을 사용하여 현재 표시되는 지도 정보를 읽는다.

```
- (void) mapView:(MKMapView *)mv regionWillChangeAnimated:(BOOL)animated
{
    MKCoordinateRegion region = mapView.region;
    ...
```

그다음, 그 자료 중심에 설정된 위도, 경도를 각각 ptLatitude, ptLogitude에 설정 한다. 이때 사용된 MKCoordinateRegion 구조체는 다시 CLLocationCoordinate2D 구조체와 MKCoordinateSpan 구조체로 구성되는 구조체이다.

```
typedef struct {
        CLLocationCoordinate2D center;
        MKCoordinateSpan span;
} MKCoordinateRegion;
```

첫 번째 항목인 CLLocationCoordinate2D 구조체는 위도와 경도 값을 지정할 수 있는 CLLocationDegrees latitude와 CLLocationDegrees longitude를 제공하고 있다.

두 번째 항목인 MKCoordinateSpan 구조체는 지도의 범위 크기를 지정할 수 있는 위도 값 latitudeDelta 값과 경도 값 longitudeDelta으로 구성된다. 여기서는 이 값을 사용하지 않았다. 여기서는 MKCoordinateRegion의 CLLocationCoordinate2D 구조체를 사용하여 현재 지도 중심의 위도와 경도 값을 보관한다.

```
    textLatitude.text = [NSString stringWithFormat:@"%f", region.center.latitude];
    textLongitude.text = [NSString stringWithFormat:@"%f", region.center.longitude];
}
```

CLLocationManager 객체의 delegate에 self를 지정하면, 현재 위치가 변경되어 새로운 데이터가 준비되어 새로운 위치로 업데이트할 수 있는 locationManager:didUpdateLocations 프로토콜 메소드와 이 메소드 처리 중 에러가 발생되었을 때 실행되는 locationManager:didFailWithError 프로토콜 메소드를 처리할 수 있다.

먼저 locationManager:didUpdateLocations 메소드에서는 파라메터 값으로 위치 자료 locations를 넘겨주는데 이 위치 자료에는 최소한 1개의 현재 위치 정보를 포함한다.

먼저 다음과 같이 전송된 위치의 가장 최근 자료를 CLLocation 객체 변수 newLocation에 저장한다.

```
- (void) locationManager:(CLLocationManager *)manager
didUpdateLocations:(NSArray *)locations
{
    CLLocation *newLocation = [locations lastObject];
    ...
```

이 객체 변수를 사용하여 새로운 좌표에 대한 위도와 경도 좌표를 얻어 각 텍스트 필드 객체에 넣어준다.

```
    textLatitude.text = [NSString stringWithFormat:@"%f",
newLocation.coordinate.latitude];
    textLongitude.text = [NSString stringWithFormat:@"%f",
newLocation.coordinate.longitude];
    ...
```

이제 남은 것은 보여줄 지도의 크기를 설정하는 일이다. MKCoordinateSpan 클래스의 latitudeDelta와 longitudeDelta를 사용하여 각각 지도에서 보여줄 위도와 경도의 크기를 결정한다. 즉, latitudeDelta는 화면 표시 범위 위쪽과 표시 범위 아래쪽 사이의 위도 차이를 말하고 longitudeDelta는 화면 표시 범위 좌측과 표시 범위 우측 사이의 경도 차이를 말한다. 이때 위도와 경도에 지정되는 값 1도는 약 111km이므로 만일 다음 코드와 같이 0.01을 지정하였다면 화면 표시 범위를 약 1km 단위로 보여줄 것이다.

```
MKCoordinateSpan span;
span.latitudeDelta = 0.01;
span.longitudeDelta = 0.01;
...
```

위와 같이 위도, 경도 그리고 각각 표시할 크기를 지정하였다면, 이 값을 MKCoordinateRegion 클래스에 지정하고 그 값을 MKMapView 클래스의 setRegion 메소드를 사용하여 지정하면 지도가 설정된 값으로 업데이트된다.

```
MKCoordinateRegion region;
region.center = newLocation.coordinate;
region.span = span;

[mapView setRegion:region animated:YES];
}
```

마지막으로 자료를 업데이트하던 중 에러가 발생하면 다음 didFailWithError 메소드가 실행되는데 이 메소드에서는 다음과 같이 UIAlterView 객체를 사용하여 에러가 발생되었다는 메시지를 표시해준다.

```
- (void) locationManager:(CLLocationManager *)manager didFailWithError:
(NSError *)error
{
    UIAlertView *alert = [[UIAlertView alloc]
                        initWithTitle:@"Error"
```

```
                                   message:@"Error obtaining location"
                                   delegate:nil
                                   cancelButtonTitle:@"Done"
                                   otherButtonTitles:nil];
        [alert show];
}
```

마지막으로 한 번 더 정리해보자. CLLocationManager 객체와 MKMapView 객체를 생성하고 MKMapViewDelegate에서 지정된 regionWillChangeAnimated 메소드를 호출하여 새로운 데이터를 준비한 뒤에 CLLocationManagerDelegate의 didUpdateLocations 메소드를 호출하여 변경된 자료를 처리하게 된다.

7-3   지오코딩(geocoding)

지도 프로그래밍에서 중요한 부분 중 하나는 바로 지오코딩geocoding이다. 지오코딩은 찾고자 하는 주소를 입력하면 그 주소에 해당하는 위도와 경도를 알아내는 것을 말한다. 이 위도와 경도만 알아내면 쉽게 원하는 위치를 MKMapView를 통해서 표시할 수 있으므로 지오코딩을 처리하는 일은 상당히 중요하다. 이번 절에는 이 지오코딩 구현 방법에 대해 알아볼 것이다.

▌그대로 따라 하기

❶ Xcode에서 File-New-Project를 선택한다. 계속해서 왼쪽에서 iOS-Application을 선택하고 오른쪽에서 Single View Application을 선택한다. 이어서 Next 버튼을 누르고 Product Name에 "GeocodingExample"이라고 지정한다.
아래쪽에 있는 Language 항목은 "Objective-C", Devices 항목은 "iPhone"으로 설정하고 Next 버튼을 눌러 프로젝트를 생성한다.

▶그림 7.16 GeocodingExample 프로젝트 생성

❷ 프로젝트 탐색기는 기본적으로 프로젝트 속성 중 General 부분을 보여주는데 다섯 번째 탭 Build Phases를 선택한다. 이때 세 번째 줄에 있는 Link Binary With Libraries(x items) 왼쪽에 있는 삼각형을 클릭하면 삼각형 모양이 아래 쪽으로 향하면서 이 프로젝트에서 사용되는 여러 가지 프레임워크가 나타나는데 아래쪽에 있는 + 버튼을 눌러 다음 프레임워크를 추가한다.

```
MapKit.framework
```

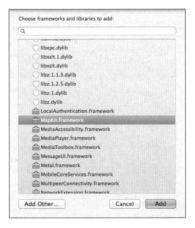

▶그림 7.17 Link Binary With Libraries 항목에서 MapKit.framework 추가

❸ 프로젝트 탐색기에서 Main.storyboard 파일을 클릭하고 메인 패널 위에 다음 그림과 같이 Label 3개, Text Field 1개, Button 1개를 캔버스 뷰에 위치시킨다. Label 컨트롤 3개는 오른쪽 위 Attiributes 인스펙트를 클릭하여 Text 속성 값을 각각 "Address :", "Latitude :", "Longitude :" 등으로 수정하고 Button의 Title 속성은 "Search"로 변경한다.

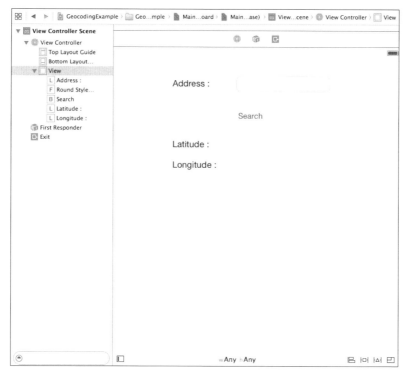

▶그림 7.18 ViewController 화면 작성

❹ 먼저 Address Label 컨트롤을 선택한 상태에서 오른쪽 위 Size 인스펙터를 선택한다. 그 아래 Height 속성 값을 30으로 변경한다. 그리고 Label 컨트롤을 다시 선택하고 키보드에서 위, 아래 화살표 키를 눌러 Y 좌표를 Text Field와 동일하게 맞춘다. 높이가 동일하게 맞는 순간 두 컨트롤 사이에 연결 줄이 나타난다.

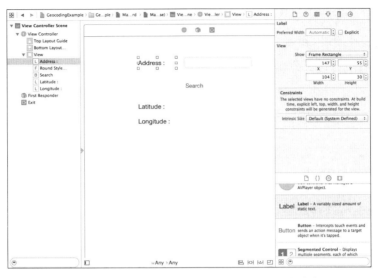

▶그림 7.19 Address Label 컨트롤의 Height 속성 값 변경

❺ 이어서 Address Label 컨트롤을 선택한 상태에서 캔버스 아래 오토 레이아웃 메뉴에서 두 번째 Pin을 선택하고 "제약조건 설정" 창이 나타나면 다음 그림과 같이 북쪽에서 25, 서쪽 위치상자에 25를 입력하고 각각 I 빔에 체크한다. 또한, 그 아래 Width, Height 항목에 체크한 다음 "Add 4 Constraints" 버튼을 클릭한다.

▶그림 7.20 Label 컨트롤 제약조건 설정

❻ 이번에는 오른쪽 Text Field 컨트롤을 선택한 상 태에서 캔버스 아래 오토 레이아웃 메뉴에서 두 번째 Pin을 선택하고 "제약조건 설정" 창이 나타 나면 다음 그림과 같이 북쪽에서 25, 동쪽 위치상 자에 25를 입력하고 I 빔에 각각 체크한다. 그다음 Height에 체크한 뒤, "Add 3 Constraints" 버튼 을 클릭한다.

▶그림 7.21 Text Field 컨트롤 제약조건 설정

❼ 이번에는 Address Label 컨트롤을 Ctrl 버튼과 함께 마우스로 선택하고 드래그 -엔-드롭으로 Text Field에 떨어뜨린다. 이때 다음과 같이 설정 창이 나타나는 데 가장 위에 있는 Horizontal Spacing을 선택한다.

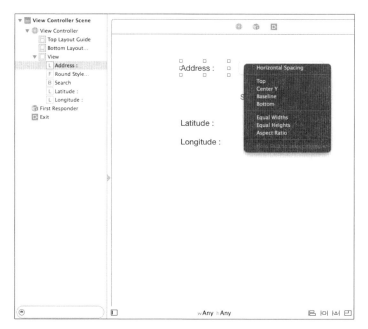

▶그림 7.22 Horizontal Spacing 항목 선택

❽ 이번에는 Button을 선택한 상태에서 캔버스 아래 오토 레이아웃 메뉴에서 두 번째 Pin을 선택하고 "제약조건 설정" 창이 나타나면 다음 그림과 같이 북쪽 위치상자에 25를 입력하고 I 빔에 체크한다. 또한, 그 아래 Width와 Height 항목에 체크한 다음 "Add 3 Constraints" 버튼을 클릭한다.

▶그림 7.23 Button 컨트롤 제약조건 설정

❾ 다시 Button 컨트롤을 선택한 상태에서 캔버스 아래 오토 레이아웃 메뉴에서 첫 번째 Align을 선택하고 "배열 제약조건 설정" 창이 나타나면 다음과 같이 "Horizontal Center in Container"를 선택하고 아래쪽 "Add 1 Constraint" 버튼을 클릭한다.

▶그림 7.24 Horizontal Center in Container 항목 선택

❿ 이어서 그 아래 Latitude Label 컨트롤을 선택한 상태에서 캔버스 아래 오토 레이아웃 메뉴에서 두 번째 Pin을 선택하고 "제약조건 설정" 창이 나타나면 다음 그림과 같이 북쪽에서 25, 동쪽에서 25, 서쪽 위치상자에 25를 입력하고 각각 I 빔에 체크한다. 또한, 그 아래 Height 항목에 체크한 다음 "Add 4 Constraints" 버튼을 클릭한다.

▶그림 7.25 Latitude Label 컨트롤 제약조건 설정

⓫ 그 아래 Longitude Label 컨트롤을 선택하고 위와 동일한 방법으로 컨트롤 제약조건을 설정한다.

▶그림 7.26 Longitude Label 컨트롤 제약조건 설정

⑫ 이제 캔버스 아래 오토 레이아웃 메뉴에서 세 번째인 Issues를 선택하고 "All Views in View Controller"의 "Update Frames" 항목을 선택하면 캔버스의 화면은 다음과 같다.

▶그림 7.27 오토 레이아웃이 적용된 캔버스 화면

⑬ 이제 연결 처리를 해보자. 오른쪽 위에 있는 도움 에디터를 눌러 도움 에디터를 표시한다. 오른쪽 위 삼각형 버튼을 눌러 ViewController.h 헤더 파일을 표시한다. 먼저 Ctrl 키와 함께 뷰에 있는 위쪽 Text Field를 선택하고 드래그-엔-드롭으로 ViewController.h 파일의 @interface 아래쪽으로 떨어뜨린다. 다음과 같이 도움 에디터 연결 패널이 나타나면 "txtAddress"라고 입력하고 Connect 버튼을 누른다.

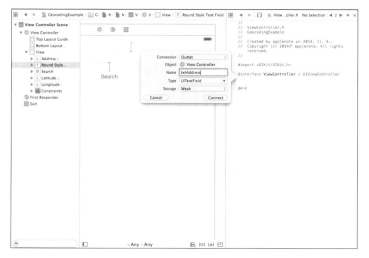

▶그림 7.28 Text Field 컨트롤 연결 변수 생성

⑭ 그다음, Ctrl 키와 함께 아래쪽 첫 번째 Label 컨트롤을 ViewController.h 파일
의 @interface 아래쪽으로 떨어뜨린 뒤 "lblLatitude"라고 입력하고 Connect
버튼을 누른다.

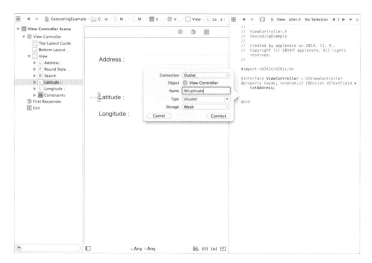

▶그림 7.29 Latitude Label 컨트롤 연결 변수 생성

⑮ 동일한 방법으로 두 번째 Label 컨트롤 역시 ViewController.h 파일의 @interface 아래쪽으로 떨어뜨린 뒤 "lblLongitude"라고 입력하고 Connect 버튼을 누른다.

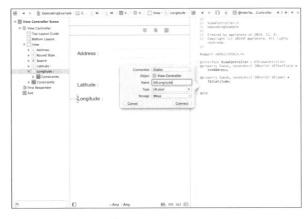

▶그림 7.30 Longitude Label

⑯ 이제 Button을 선택하고 오른쪽 마우스 버튼을 누른다. Sent Events 아래 Touch Up Inside 항목을 선택한 상태에서 ViewController.h 파일의 @interface 아래쪽으로 떨어뜨린 뒤 Name 항목에 "findGeocodeAddress"라고 입력하고 Connect 버튼을 누른다.

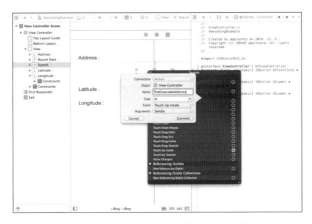

▶그림 7.31 Button 컨트롤 연결 메소드 생성

⑰ 다시 표준 에디터를 선택한다. 프로젝트 탐색기에서 ViewController.m을 선택하고 다음 코드를 입력한다.

```
#import <CoreLocation/CoreLocation.h>
#import "ViewController.h"

@interface ViewController ()
{
    CLGeocoder *geocoder;
}
@end

@implementation ViewController
@synthesize txtAddress;
@synthesize lblLatitude;
@synthesize lblLongitude;

- (void)viewDidLoad
{
    [super viewDidLoad];
        // Do any additional setup after loading the view, typically from a nib.
}

- (void)didReceiveMemoryWarning
{
    [super didReceiveMemoryWarning];
    // Dispose of any resources that can be recreated.
}

- (IBAction)findGeocodeAddress:(id)sender
{
    NSString *address = txtAddress.text;
    if (![address isEqualToString:@""])
        [self getGeocodeLocation: address];
}

- (void)getGeocodeLocation:(NSString *) address
{
    if (!geocoder)
```

```
        geocoder = [[CLGeocoder alloc] init];

    [geocoder geocodeAddressString:address completionHandler:
      ^(NSArray *placemarks, NSError *error){
        if (error)
        {
            return;
        }

        if (placemarks && [placemarks count] > 0)
        {
            CLPlacemark *placemark = placemarks[0];
            CLLocation *location = placemark.location;
            CLLocationCoordinate2D coords = location.coordinate;
            NSLog(@"Latitude = %f, Longitude = %f",
                  coords.latitude, coords.longitude);
            lblLatitude.text = [NSString stringWithFormat:@"Latitude = %f",
                        coords.latitude];
            lblLongitude.text = [NSString stringWithFormat:@"Longitude = %f",
                        coords.longitude];
        }
    }];
}

@end
```

⓲입력이 끝난 뒤 왼쪽 위에 있는 Run 버튼을 눌러 실행시키면 ViewController가
실행되고 다음 그림과 같이 address 항목에 원하는 나라 또는 도시 이름을 입력
하면 입력된 나라 혹은 도시에 대한 위도와 경도를 알려준다. 다음 그림에서는
서울에 대한 위도와 경도를 보여준다.

▶ 그림 7.32 원하는 도시에 대한 위도와 경도 찾기

▌원리 설명

지도 프로그래밍 방법에서 중요한 요소 두 가지는 원하는 주소를 위도, 경도로 바꾸어주는 지오코딩geocoding과 이 기능의 반대인 위도와 경도를 입력받아 주소를 찾아주는 역 지오코딩Reverse geocoding이라고 할 수 있다. 여기서는 원하는 주소를 위도와 경도로 바꾸어주는 지오코딩을 사용하는 간단한 앱을 작성해 볼 것이다. 이 두 가지 기능을 사용하기 위해서 iOS의 CLGeocoder 클래스를 사용한다.

이 CLGeocoder 클래스의 주요 메소드는 다음 표 7.7과 같다. 두 클래스 모두 블록block을 사용하여 호출한다. 블록은 일종의 함수(메소드) 기능을 하는 코드 패키지이다. 즉, 일종의 함수라고 할 수 있다. 블록 사용에 대해서는 제 8장에서 자세히 설명할 것이다.

CLGeocoder 클래스	설명
reverseGeocodeLocation:completionHandler	특정 위치에 대한 위도와 경도를 입력받아 해당하는 주소를 돌려준다.
geocodeAddressString:completionHandler	특정 위치의 주소를 입력받아 순방향 지오코딩 기능 즉, 위도와 경도를 얻는다.

여기서는 위 표에서 소개한 두 메소드 중 geocodeAddressString:completion Handler 메소드를 사용하여 순방향 지오코딩을 사용한다.

참고   geocodeAddressString:completionHandler 메소드

지오코딩을 하고자 할 때 사용되는 geocodeAddressString 메소드는 다음과 같이 사용된다.

```
- (void)geocodeAddressString:(NSString *)addressString
        completionHandler:(CLGeocodeCompletionHandler)completionHandler
```

addressString : 찾고자 하는 주소에 대한 스트링 값
completionHandler : 처리가 끝났을 때 실행되는 블록 코드. 성공 혹은 실패에 대한 결과 값 지정

이 메소드는 원하는 주소 자료를 지오코딩 서버에 비동기적으로 보내고 리턴된다. completionHandler 블록은 처리가 끝났을 때 실행된다.

즉, 원하는 주소를 Text Field에 입력하고 search 버튼을 누르면 다음 findGoecodAddress 메소드가 실행된다. 스트링 메소드인 isEqualToString을 사용하여 입력된 값이 있는지 체크하여 그 입력된 값을 파라메터로 넘겨주는 getGeocodeLoation을 실행시킨다.

```
- (IBAction) findGeocodeAddress:(id) sender
{
    NSString *address = textAddress.text;
    if (![address isEqualToString:@""])
        [self getGeocodeLocation: address];
}
```

이제 getGeocodeLocation 메소드로 넘어가 보자. 이 메소드에서는 CLGeocoder
객체 변수가 생성되지 않았다면 다음과 같이 위도와 경도를 알아내기 위한
CLGeocoder 클래스를 생성한다.

```objc
- (void)getGeocodeLocation:(NSString *) address
{
    if (!geocoder)
        geocoder = [[CLGeocoder alloc] init];
    ...
```

생성된 geocoder 변수를 사용하여 순방향 지오코딩을 처리하는 메소드인 geocode
AddressString:completionHandler를 호출한다. 이 메소드를 사용할 때 블록을 사
용하여 호출한다. 우선 파라메터로 전달된 address 이용하여 순방향 지오코딩을 처
리한다. 만일 이상이 없다면 completionHandler가 실행되는데 에러가 발생하면 바
로 리턴되고 그다음 코드가 실행되지 않는다.

```objc
[geocoder geocodeAddressString:address completionHandler:
  ^(NSArray *placemarks, NSError *error){
    if (error)
    {
        return;
    }
    ...
```

에러가 발생하지 않으면 이상 없이 검색된 것이므로 파라메터 값으로 전달되는
NSArray 타입인 placemark를 사용하여 원하는 검색된 장소의 이름을 알 수 있다. 이
값은 일반적으로 하나이지만, 지정된 위치가 여러 개인 경우에는 여러 개의 값이 될 수도
있다. 그러므로 반드시 이 값이 있는지 확인하고 또한, 그 개수가 0개 이상인지 확인한다.

```objc
        if (placemarks && [placemarks count] > 0)
        {
          ...
```

비록 저장된 자료 즉, placemarks는 NSArray 타입의 배열이지만 그 각각은 실제로 클래스 CLPlacemark 타입이다. 이 클래스 CLPlacemark에는 위도, 경도 정보뿐만 아니라 그 정보에 연관된 나라, 시, 주소 등의 자료까지 포함하고 있다. 다음 표 7.8은 CLPlacemark 클래스의 주요 속성이다.

▶ 표 7.8 CLPlacemark 클래스 주요 속성

CLPlacemark 클래스 주요 속성	설명
country	현재 위치와 관련된 나라 이름
postalCode	현재 위치와 관련된 우편번호
location	현재 위치와 관련된 위도, 경도를 갖는 location 객체
locality	현재 위치와 관련된 도시 이름

자료의 개수가 0개 이상이라면 최소 1개 이상의 자료가 있다는 의미이므로 다음과 같이 첫 번째 자료 즉, 0번 배열에 있는 자료를 사용하여 첫 번째 위치의 위도와 경도를 얻을 수 있다.

```
CLPlacemark *placemark = placemarks[0];
...
```

이제 이 CLPlacemark 객체의 location 속성을 사용하여 위도와 경도를 알아낸다.

```
CLLocation *location = placemark.location;
CLLocationCoordinate2D coords = location.coordinate;
NSLog(@"Latitude = %f, Longitude = %f",
      coords.latitude, coords.longitude);
...
```

알아낸 위도와 경도 값을 바로 각각 labelLatitude.text와 labelLongitude.text에 지정하여 화면에 표시할 수 있다.

```
labelLatitude.text = [NSString stringWithFormat:@"Latitude = %f",
      coords.latitude];
```

```
        labelLongitude.text = [NSString stringWithFormat:@"Longitude = %f",
            coords.longitude];
    }
}];
}
```

7-4 | 작은 지도 검색 앱

이제 위에 보여준 예제 즉, 현재 위치 표시와 위도와 경도를 찾은 지오코딩 기능
을 이용해서 실제로 위치를 검색하여 화면에 표시하는 작은 지도 검색 앱을 만들어
보자. 이 검색 앱은 텍스트 필드에 원하는 주소를 입력하고 검색 버튼을 누르면
그 위치를 찾아서 보여주는 가장 기본적인 기능을 제공하고 있다.

▌그대로 따라 하기

❶ Xcode에서 File-New-Project를 선택한다. 계속해서 왼쪽에서 iOS-Application
을 선택하고 오른쪽에서 Single View Application을 선택한다. 이어서 Next
버튼을 누르고 Product Name에 "SmallMap"이라고 지정한다.

아래쪽에 있는 Language 항목은 "Objective-C", Devices 항목은 "iPhone"으
로 설정하고 Next
버튼을 눌러 프로
젝트를 생성한다.

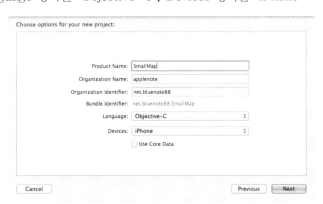

▶ 그림 7.33 SmallMap
  프로젝트 생성

❷ 프로젝트 탐색기는 기본적으로 프로젝트 속성 중 General 부분을 보여주는데 다섯 번째 탭 Build Phases를 선택한다. 이때 3번째 줄에 있는 Link Binary With Libraries(x items) 왼쪽에 있는 삼각형을 클릭하면 삼각형 모양이 아래쪽으로 향하면서 이 프로젝트에서 사용되는 여러 가지 프레임워크가 나타나는데 아래쪽에 있는 + 버튼을 눌러 다음 프레임워크를 추가한다.

```
MapKit.framework
```

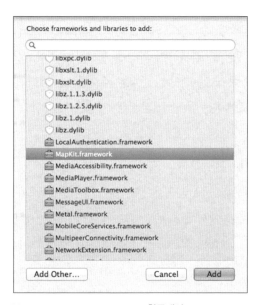

▶그림 7.34 Link Binary With Libraries 항목에서 MapKit.framework 추가

❸ 프로젝트 탐색기에서 Main.storyboard 파일을 클릭하고 메인 패널 위에 다음 그림과 같이 Text Field, Button, MapKit View 각각 1개씩을 캔버스 뷰에 위치시킨다. 이때 Button의 Title 속성은 "Search"로 변경한다(그림 7.35 참조).

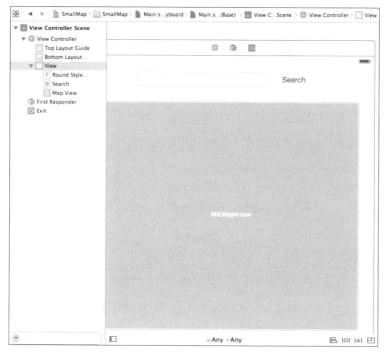

▶그림 7.35 ViewController 화면 작성

❹ 먼저 Text Field 컨트롤을 선택한 상태에서 캔버스 아래 오토 레이아웃 메뉴에
서 두 번째 Pin을 선택하고 "제약조건 설정" 창이 나타나면 다음 그림과 같이
북쪽에서 25, 서쪽 위치상자에 25를 입력하고 각
각 I 빔에 체크한다. 또한, 그 아래 Height 항목
에 체크한 다음 "Add 3 Constraints" 버튼을 클
릭한다.

▶그림 7.36 Text Field 컨트롤 제약조건 설정

❺ 이번에는 오른쪽 Button 컨트롤을 선택한 상태에서 캔버스 아래 오토 레이아웃 메뉴에서 두 번째 Pin을 선택하고 "제약조건 설정" 창이 나타나면 다음 그림과 같이 북쪽에서 25, 동쪽 위치상자에 25를 입력하고 I 빔에 각각 체크한다. 그다음 Width, Height에 각각 체크한 뒤, "Add 4 Constraints" 버튼을 클릭한다.

▶그림 7.37 Button 컨트롤 제약조건 설정

❻ 이번에는 왼쪽 Text Field 컨트롤을 Ctrl 버튼과 함께 마우스로 선택하고 드래그-엔-드롭으로 Button에 떨어뜨린다. 이때 다음과 같이 설정 창이 나타나는데 가장 위에 있는 Horizontal Spacing을 선택한다.

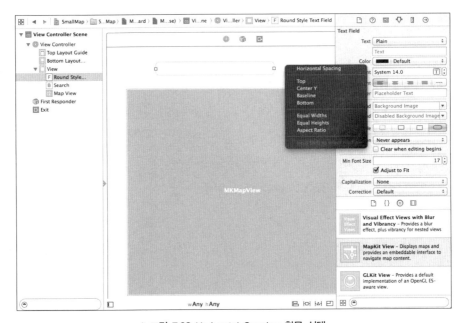

▶그림 7.38 Horizontal Spacing 항목 선택

❼ 이제 도큐먼트 아웃라인 창에서 Map View를 선택한 상태에서 캔버스 아래 오토 레이아웃 메뉴에서 두 번째 Pin을 선택하고 "제약조건 설정" 창이 나타나면 다음 그림과 같이 동, 서, 남, 북 모든 위치상자에 25를 입력하고 각각의 I 빔에 체크한다. 설정이 끝나면 아래쪽 "Add 4 Constraints" 버튼을 클릭한다.

▶그림 7.39 동, 서, 남, 북 모든 방향으로 설정

❽ 이제 캔버스 아래 오토 레이아웃 메뉴에서 세 번째인 Issues를 선택하고 "All Views in View Controller"의 "Update Frames" 항목을 선택하면 캔버스의 화면은 다음과 같다.

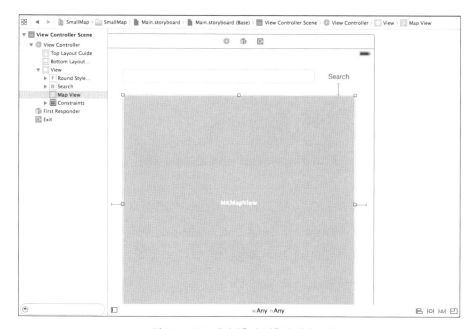

▶그림 7.40 오토 레이아웃이 적용된 캔버스 화면

❾ 이제 연결을 처리해보자. 오른쪽 위에 있는 도움 에디터를 눌러 도움 에디터를 표시한다. 오른쪽 위 삼각형 버튼을 눌러 ViewController.h 헤더 파일을 표시한다. 먼저 Ctrl 키와 함께 뷰에 있는 왼쪽 텍스트 필드를 선택하고 드래그-엔-드롭으로 ViewController.h 파일의 @interface 아래쪽으로 떨어뜨린다. 다음과 같이 도움 에디터 연결 패널이 나타나면 "txtAddress"라고 입력하고 Connect 버튼을 누른다.

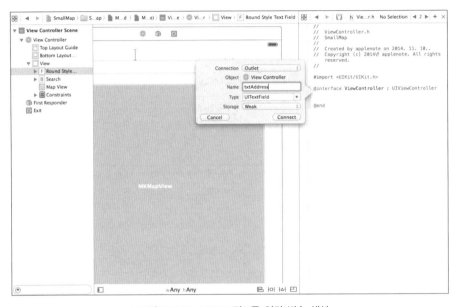

▶그림 7.41 Text Field 컨트롤 연결 변수 생성

❿ 이어서 텍스트 필드 오른쪽에 있는 Button을 선택하고 오른쪽 마우스 버튼을 누른다. Sent Events 아래 Touch Up Inside 항목을 선택한 상태에서 ViewController.h 파일의 @interface 아래쪽으로 떨어뜨린 뒤 Name 항목에 "findGeocodeAddress"라고 입력하고 Connect 버튼을 누른다.

572

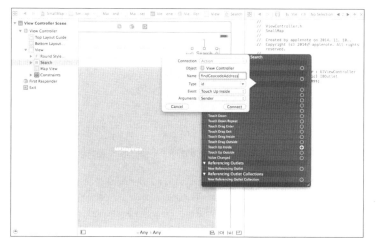

▶그림 7.42 Button 컨트롤 연결 메소드 생성

⓫ 다시 Ctrl 키와 함께 텍스트 필드 아래쪽에 있는 Map View 컨트롤을 선택하고
드래그-엔-드롭으로 ViewController.h 파일의 @interface 아래쪽으로 떨어
뜨린다. 다음과 같이 도움 에디터 연결 패널이 나타나면 "mapView"라고 입력
하고 Connect 버튼을 누른다.

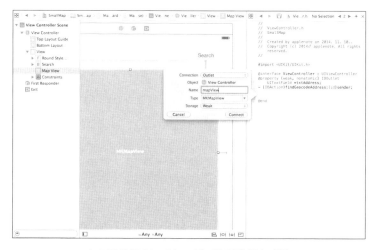

▶그림 7.43 Map View 컨트롤 연결 변수 생성

⑫ 다시 표준 에디터를 선택한다. 프로젝트 탐색기에서 ViewController.h를 선택하고 다음 코드를 입력한다.

```objc
#import <UIKit/UIKit.h>
#import <MapKit/Mapkit.h>

@interface ViewController : UIViewController
    <MKMapViewDelegate, CLLocationManagerDelegate>

@property (weak, nonatomic) IBOutlet UITextField *txtAddress;
@property (weak, nonatomic) IBOutlet MKMapView *mapView;
@property (nonatomic, strong) CLLocationManager *locationManager;
- (IBAction)findGeocodeAddress:(id)sender;
@end
```

⑬ 이번에는 프로젝트 탐색기에서 ViewController.m을 선택하고 다음 코드를 입력한다.

```objc
#import <CoreLocation/CoreLocation.h>
#import "ViewController.h"

@interface ViewController ()
{
    CLGeocoder *geocoder;
    float ptLatitude, ptLogitude;
    BOOL userLocationShown;
}
@end

@implementation ViewController
@synthesize mapView;
@synthesize txtAddress;
@synthesize locationManager;

- (void)viewDidLoad
{
```

```
    [super viewDidLoad];

    userLocationShown = YES;
    self.locationManager = [[CLLocationManager alloc] init];
    self.locationManager.delegate = self;
    self.locationManager.desiredAccuracy = kCLLocationAccuracyBest;
    self.locationManager.distanceFilter = kCLDistanceFilterNone;
    [self.locationManager requestWhenInUseAuthorization];
    [self.locationManager startUpdatingLocation];

    mapView.delegate = self;
    mapView.mapType = MKMapTypeHybrid;
    mapView.showsUserLocation = YES;
}

- (void)didReceiveMemoryWarning
{
    [super didReceiveMemoryWarning];
    // Dispose of any resources that can be recreated.
}

- (IBAction)findGeocodeAddress:(id)sender
{
    NSString *address = txtAddress.text;

    if (![address isEqualToString:@""])
    {
        userLocationShown = NO;
        [txtAddress resignFirstResponder];
        [self getGeocodeLocation: address];
    }
}

- (void) mapView:(MKMapView *)mv regionWillChangeAnimated:(BOOL)animated
{
    MKCoordinateRegion region = mapView.region;
    NSLog(@"Center Latitude = %f, Center Longitude = %f",
          region.center.latitude, region.center.longitude);
    ptLatitude = region.center.latitude;
    ptLogitude = region.center.longitude;
```

```
}

- (void) locationManager:(CLLocationManager *)manager
        didUpdateLocations:(NSArray *)locations
{

    if (!userLocationShown) return;
    CLLocation *newLocation = [locations lastObject];

    NSLog(@"Location Latitude = %f, Location Longitude = %f",
        newLocation.coordinate.latitude, newLocation.coordinate.longitude);

    MKCoordinateSpan span;
    span.latitudeDelta = 0.01;
    span.longitudeDelta = 0.01;

    MKCoordinateRegion region;
    region.center = newLocation.coordinate;
    region.span = span;

    [mapView setRegion:region animated:YES];
}

- (void) locationManager:(CLLocationManager *)manager didFailWithError:
        (NSError *)error
{
    UIAlertView *alert = [[UIAlertView alloc]
                        initWithTitle:@"Error"
                        message:@"Error obtaining location"
                        delegate:nil
                        cancelButtonTitle:@"Done"
                        otherButtonTitles:nil];
    [alert show];
}

- (void)getGeocodeLocation:(NSString *) address
{
    if (!geocoder)
        geocoder = [[CLGeocoder alloc] init];

    [geocoder geocodeAddressString:address completionHandler:
```

```
        ^(NSArray *placemarks, NSError *error){
            if (error)
            {
                return;
            }

            if (placemarks && [placemarks count] > 0)
            {
                CLPlacemark *placemark = placemarks[0];
                CLLocation *location = placemark.location;
                CLLocationCoordinate2D coords = location.coordinate;
                NSLog(@"Latitude = %f, Longitude = %f in getGeocodeLocation",
                        coords.latitude, coords.longitude);
                [self movePositionInMapView: coords.latitude
                        withLogitude:coords.longitude];
            }
        }];
}

- (void) movePositionInMapView:(float) latudute withLogitude:(float) logitude
{
    CLLocation *newLocation = [[CLLocation alloc]
            initWithLatitude:latudute longitude:logitude];
    MKCoordinateSpan span;
    span.latitudeDelta = 0.02;
    span.longitudeDelta = 0.02;

    MKCoordinateRegion region;
    region.center = newLocation.coordinate;
    region.span = span;

    [mapView setRegion:region animated:YES];
    [mapView regionThatFits:region];
}

@end
```

⓮ 입력이 끝난 뒤 왼쪽 위에 있는 Run 버튼을 눌러 실행시키면 ViewController
가 실행된다. Text Field 컨트롤에 검색하기 원하는 나라 혹은 도시 이름을 입

력하고 Search 버튼을 누르면 원하는 지역의 지도가 바로 나타난다. 여기서는 "seoul"을 입력하여 대한민국 수도 서울을 표시하였다.

▶그림 7.44 SmaillMap 프로젝트 실행

▌원리 설명

작은 지도 검색 앱은 위에서 배운 원하는 주소를 위도, 경도로 바꾸어주는 지오코딩geocoding 기능과 UKMapView의 기본 기능을 합쳐서 만든 것이다. 즉, MKMapView의 기본 기능으로 현재 위치를 지도에 표시하고 지오코딩을 이용하여 원하는 지역의 위도, 경도를 알아낸 뒤 그 위도 경도를 사용하여 UKMapView에 새로운 위치를 보여주는 간단한 앱이다.

위도, 경도를 알아내는 지오코딩 기능은 이전 절에서 설명했으니 이 절에서는 알아낸 위도, 경도를 이용하여 어떻게 지도에 표시하는지에 대하여 중점적으로 설명할 것이다.

먼저 MKMapView 클래스와 CLLocationManager 클래스의 Delegate 기능을 사용하기 위해서는 다음과 같이 ViewController.h 파일 앞쪽에 MKMapViewDelegate와 CLLocationManagerDelegate를 선언한다.

```
@interface ViewController : UIViewController <MKMapViewDelegate,
CLLocationManagerDelegate>
...
```

이제 ViewController.m 파일의 viewDidLoad 메소드를 살펴보자.

먼저 별도의 showUserLocation 변수를 생성하고 이 변수에 YES를 설정하여 location:didUpdateLocations 메소드가 호출되도록 지정하여 초기에는 현재 위치를 표시하도록 한다. 이어서 CLLocationManager 클래스를 생성한다.

```
- (void)viewDidLoad
{
    [super viewDidLoad];

    userLocationShown = YES;
    self.locationManager = [[CLLocationManager alloc] init];
    ...
```

이어서 delegate, desiredAccuracy, distanceFilter 속성 값을 설정한다.

```
    self.locationManager.delegate = self;
    self.locationManager.desiredAccuracy = kCLLocationAccuracyBest;
    self.locationManager.distanceFilter = kCLDistanceFilterNone;
    ...
```

그다음, iOS8부터 맵 처리를 하기 위해서 requestWhenInUseAuthorization

메소드 호출이 필요하다. 이 메소드는 현재 위치 서비스가 필요한 앱을 사용할 때 사용자로 하여금 그것에 대한 허용을 요구받을 때 사용된다. 즉, 사용자는 허용한 다는 버튼을 클릭해야 한다. 또한, Info.plist 파일에 NSLocationWhenInUse UsageDescription와 NSLocationAlwaysUsageDescription 두 개의 키를 만들 어주어야만 한다. 키 값 내용은 상관없다.

```
[self.locationManager requestWhenInUseAuthorization];
...
```

이러한 설정이 끝나면 startUpdatingLocation 메소드를 호출한다.

```
[self.locationManager startUpdatingLocation];
...
```

또한, 지도를 표시하는 MKMapView 객체 변수인 mapView도 마찬가지로 delegate, mapType, showsUserLocation 등의 속성 값을 설정하여 변경된 위치를 표시한다. 이때 MKMapView 객체의 showUserLocation 속성에는 YES를 지정하는데 지도 에 현재 위치를 표시하기 위함이다.

```
    mapView.delegate = self;
    mapView.mapType = MKMapTypeStandard;
    mapView.showsUserLocation = YES;
}
```

이 프로젝트에서는 MKMapViewDelegate와 CLLocationManagerDelegate 프로토콜 모두 사용되고 있으므로 순서대로 살펴보자. 먼저 MKMapViewDelegate 의 regionWillChangeAnimated 메소드가 다음과 같이 호출된다.

mapView:regionWillChangeAnimated 메소드는 지도의 위치가 변경되거나 처 음 표시할 때 실행된다. 이 메소드에서는 mapView의 region 속성을 사용하여 현재 표시되는 지도 자료를 읽는다.

```
- (void) mapView:(MKMapView *)mv regionWillChangeAnimated:(BOOL)animated
{
    MKCoordinateRegion region = mapView.region;
    ...
```

그다음, 그 자료 중심에 설정된 위도, 경도를 각각 ptLatitude, ptLogitude에 설정한다. 이때 사용된 MKCoordinateRegion 구조체는 다시 CLLocationCoordinate2D 구조체와 MKCoordinateSpan 구조체로 구성되는 구조체이다.

```
typedef struct {
        CLLocationCoordinate2D center;
        MKCoordinateSpan span;
} MKCoordinateRegion;
```

첫 번째 항목인 CLLocationCoordinate2D 구조체는 위도와 경도 값을 지정할 수 있는 CLLocationDegrees latitude와 CLLocationDegrees longitude를 제공하고 있다.

두 번째 항목인 MKCoordinateSpan 구조체는 지도의 범위 크기를 지정할 수 있는 위도 값 latitudeDelta 값과 경도 값 longitudeDelta로 구성된다. 여기서는 이 값을 사용하지 않았다. 여기서는 MKCoordinateRegion의 CLLocationCoordinate2D 구조체를 사용하여 현재 지도 중심의 위도와 경도 값을 보관한다.

```
    NSLog(@"Center Latitude = %f, Center Longitude = %f",
        region.center.latitude, region.center.longitude);
    ptLatitude = region.center.latitude;
    ptLogitude = region.center.longitude;
}
```

regionWillChangeAnimated 메소드에 이어서 CLLocationManagerDelegate 프로토콜의 didUpdateLocations 메소드가 호출된다. 이때 userLocationShown 변숫값을 체크하여 NO인 경우에는 실행시키지 않는다. 즉, 처음으로 앱이 실행되어 현재 위치를 표시하고자 할 때만 didUpdateLocations 메소드를 실행시킨다.

```
- (void) locationManager:(CLLocationManager *)manager
didUpdateLocations:(NSArray *)locations
{
    if (!userLocationShown) return;
    ...
```

그다음, 파라메터로 받은 현재 위치의 위도와 경도를 알아내어 mapView 객체의 setRegion을 호출하여 변경된 위치를 지도에 반영하면 현재 위치가 표시된다. 물론 시뮬레이터에서는 미국 애플 본사 위치가 표시된다. 자세한 내용은 7.2절의 "경도와 위도 데이터 얻기"에서 제공하는 MapPosition 프로젝트를 참조하도록 한다.

```
    CLLocation *newLocation = [locations lastObject];

    NSLog(@"Location Latitude = %f, Location Longitude = %f",
          newLocation.coordinate.latitude, newLocation.coordinate.longitude);

    MKCoordinateSpan span;
    span.latitudeDelta = 0.01;
    span.longitudeDelta = 0.01;

    MKCoordinateRegion region;
    region.center = newLocation.coordinate;
    region.span = span;

    [mapView setRegion:region animated:YES];
}
```

현재 위치가 표시되었으므로 이제 텍스트 필드에 사용자가 원하는 주소를 입력하고 Search 버튼을 눌렀을 때 그 주소의 위치를 찾아주는 기능을 처리해보자. 우선 자료를 텍스트 필드에 입력하고 버튼을 누르면 다음과 같이 findGeocodeAddress 메소드가 호출한다.

```
(IBAction) findGeocodeAddress:(id) sender
{
    NSString *address = textAddress.text;
    if (![address isEqualToString:@""])
    {
        [self getGeocodeLocation: address];
    }

}
```

이 findGeocodeAddress 메소드에서는 입력한 주소와 함께 getGeocodeLocation 메소드를 실행시킨다.

이제 이 getGeocodeLocation 메소드를 살펴보자. 먼저 CLGeocoder 클래스를 생성하고 geocodeAddressString 메소드를 블록을 사용하여 호출하는데 처리가 끝나면 파라메터로 전달되는 새 주소의 위치 즉, placemarks를 체크하여 새로운 자료가 검색되었는지 확인한다. 참고로 이 geocodeAddressString 메소드는 특정 위치의 주소를 입력받아 순방향 지오코딩 요구를 처리해주는 메소드이다.

```
- (void)getGeocodeLocation:(NSString *) address
{
    if (!geocoder)
        geocoder = [[CLGeocoder alloc] init];

    [geocoder geocodeAddressString:address completionHandler:
     ^(NSArray *placemarks, NSError *error){
        if (error)
        {
            return;
        }

        if (placemarks && [placemarks count] > 0)
        {
         ...
```

NSArray 타입인 placemarks에 검색된 수가 0보다 크다는 의미는 최소 1개 이상의 위치가 검색되었다는 의미이다. 또한, 검색된 주소는 CLPlacemark 클래스 타입으로 넘어오므로 이 클래스의 location 속성을 사용하여 위도와 경도를 알아내어 CLLocation 객체를 거쳐서 CLLocationCoordinate2D 객체 변수 coords에 지정한다.

```
CLPlacemark *placemark = placemarks[0];
CLLocation *location = placemark.location;
CLLocationCoordinate2D coords = location.coordinate;
NSLog(@"Latitude = %f, Longitude = %f",
    coords.latitude, coords.longitude);
  ...
```

참고 | CLPlacemark 객체

CLPlacemark는 위도와 경도 같은 위치 정보를 지정할 때 사용되는 객체이다. 이러한 위치 정보에는 위도와 경도뿐만 아니라 이 좌표와 관계된 국가, 주 이름, 도시 이름 등이 포함된다.

위도와 경도 값을 coords 객체 변수에 지정하였으므로 이제 이 값을 파라메터로 하여 movePositionInMapView 메소드를 호출한다.

```
        [self movePositionInMapView: coords.latitude
            withLogitude:coords.longitude];
    }
  }];
}
```

위도 값과 경도 값을 파라메터로 하는 movePositionInMapView 메소드에서는 새로운 위치에 대한 위도, 경도 값을 갖는 CCLocation 클래스를 생성한다.

```
- (void) movePositionInMapView:(float) latudute withLogitude:(float) logitude
{
```

```
    CLLocation *newLocation = [[CLLocation alloc] initWithLatitude:latudute
longitude:logitude];
..
```

위도와 경도와 더불어 반드시 지정해야 할 값은 바로 스팬span 값이다. 스팬 값은
MKCoordinateSpan 클래스의 latitudeDelta와 logitudeDelta를 사용하여 각각 지
도에서 보여줄 위도와 경도의 크기 범위를 결정한다. 즉, latitudeDelta는 화면 표시
범위 위쪽과 표시 범위 아래쪽 사이의 위도 차이를 말하고 logitudeDelta는 화면 표
시 범위 좌측과 표시 범위 우측 사이의 경도 차이를 말한다. 이때 위도와 경도에 지정
되는 값 1도는 약 111km이므로 만일 다음 코드와 같이 0.02을 지정하였다면, 실제
기기의 화면에는 위도와 경도를 약 2km 간격으로 보여줄 것이다. 이러한 범위 크기
를 MKCoordinateSpan 객체의 변수 span에 지정한다.

```
    MKCoordinateSpan span;
    span.latitudeDelta = 0.02;
    span.longitudeDelta = 0.02;

    MKCoordinateRegion region;
    region.center = newLocation.coordinate;
    region.span = span;
    ...
```

경도, 위도, 스팬 값을 region에 지정한 뒤에는 이 region을 파라메터로 하는
MKMapView 클래스의 setRegion을 호출하여 지도에 표시한다. 이때 animated 속
성에 YES를 지정하면 지도를 부드럽게 이동시킬 수 있다.

마지막으로 regionThatFits 메소드를 호출하여 기기의 지도 맵 크기와 실제 맵
크기의 비율을 맞출 수 있도록 조절해준다.

```
    [mapView setRegion:region animated:YES];
    [mapView regionThatFits:region];
}
```

아이폰에서는 모바일 지도 서비스를 제공하기 위해서 Map Kit이라는 이름의 프레임워크를 제공하고 있는데 이 프레임워크에서 제공되는 MKMapView를 사용하면 약간의 코딩으로 바로 현재 위치뿐만 아니라 전 세계의 모든 지도를 출력할 수 있다. 이러한 MapView를 사용하기 위해서는 프로젝트에 MapKit 프레임워크를 추가해야만 한다.

지도 프로그래밍에서 중요한 요소 중 하나는 지오코딩(geocoding)이다. 즉, 찾고자 하는 주소를 입력하면 그 주소에 해당하는 위도와 경도를 돌려주는 기능이다. 이것과 반대되는 기능은 역 지오코딩(reverse geocoding)으로 위도와 경도를 입력하면 주소를 돌려주는 기능이다. 이 장에서 현재 위치 표시와 지오코딩 처리 방법에 대하여 설명하고 마지막 부분에서는 텍스트 필드에 원하는 주소를 입력하면 그 주소에 대한 위치를 검색해주는 작은 지도 검색 예제를 소개하였다.

이미지 파일 처리

아이폰에서 제공되는 여러 기능에서 가장 매력적인 기능 중 하나는 바로 사진이다. 별도로 사진기를 가지고 다닐 필요 없고 언제든지 멋진 장면을 바로 놀랄만한 화소로 찍을 수 있다는 것은 무척 매력적이라고 할 수 있다. 아이폰에서 앨범에 있는 사진 처리를 위한 여러 가지 방법을 제공하고 있다. 앨범에 있는 사진을 가지고 오는 방법은 크게 두 가지가 있는데 UIImagePickerController를 사용하거나, Assets 라이브러리를 사용하는 방법이다.

이 장에서는 이 두 가지 방법 모두를 사용하여 사진 이미지의 앨범을 선택하고 원하는 이미지를 읽고 원하는 크기로 만들 수 있는 여러 가지 기능을 설명하고 있다. 이 장을 통해서 아이폰의 이미지 처리를 할 수 있는 기본적인 기능을 배울 수 있을 것이다.

아이폰의 사진 이미지를 처리할 수 있는 가장 간단한 방법은 UIImagePickerController 클래스를 사용하는 방법이다. 이 클래스는 간단한 약간의 코딩으로 아이폰 앨범을 불러내어 원하는 이미지 사진을 선택할 수 있는 장점이 있다. 단점이 있다면 앨범 이미지를 사용자가 원하는 형태로 변경할 수 없는 간단한 구조만 제공되고 동시에 여러 이미지를 선택할 수 없다는 점이다.

▌그대로 따라 하기

❶ Xcode에서 File-New-Project를 선택한다. 계속해서 왼쪽에서 iOS-Application 을 선택하고 오른쪽에서 Single View Application을 선택한다. 이어서 Next 버튼을 누르고 Product Name에 "ImageSelect"라고 지정한다.

아래쪽에 있는 Language 항목은 "Objective-C", Devices 항목은 "iPhone"으로 설정하고 Next 버튼을 눌러 프로젝트를 생성한다.

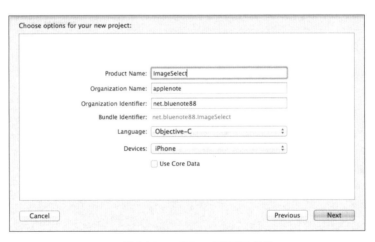

▶ 그림 8.1 ImageSelect 프로젝트 생성

❷ 다시 왼쪽 프로젝트 탐색기의 Main.storyboard 파일을 선택하여 캔버스를 열고 오른쪽 오브젝트 라이브러리로부터 Button과 Image View를 현재 뷰에 위치시킨다(그림 8.2 참조). 버튼에 대한 Attributes 인스펙터를 사용하여 버튼의 Title 속성 값을 "Image Show"로 변경시킨다.

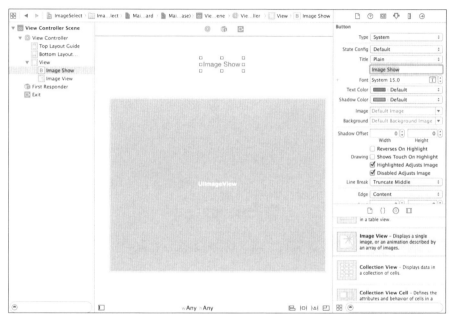

▶ 그림 8.2 Button과 Image View 추가

❸ 이번에는 Image View 컨트롤을 선택한 상태에서 Attributes 인스펙터를 사용하여 View 항목의 Mode를 Aspect Fill로 변경한다.

▶ 그림 8.3 Image View의 Mode 속성 변경

❹ 계속해서 Button 컨트롤을 선택한 상태에서 캔버스 아래 오토 레이아웃 메뉴에서 두 번째 Pin을 선택하고 "제약조건 설정" 창이 나타나면 다음 그림과 같이 북쪽 위치상자에 25를 입력하고 I 빔에 체크한다. 또한, 그 아래 Width와 Height 항목에 체크한 다음 "Add 3 Constraints" 버튼을 클릭한다.

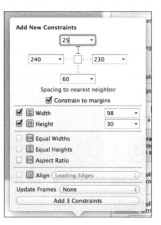

▶ 그림 8.4 Button 컨트롤 제약조건 설정

❺ 이어서 Button 컨트롤을 선택한 상태에서 캔버스 아래 오토 레이아웃 메뉴에서 첫 번째 Align을 선택하고 "배열 제약조건 설정" 창이 나타나면 다음과 같이 "Horizontal Center in Container"를 선택하고 아래쪽 "Add 1 Constraint" 버튼을 클릭한다.

▶ 그림 8.5 Horizontal Center in Container 항목 선택

❻ 이제 도큐먼트 아웃라인 창에서 Image View를 선택한 상태에서 캔버스 아래 오토 레이아웃 메뉴에서 두 번째 Pin을 선택하고 "제약조건 설정" 창이 나타나면 다음 그림과 같이 동, 서, 남, 북 모든 위치상자에 25를 입력하고 각각의 I 빔에 체크한다. 설정이 끝나면 아래쪽 "Add 4 Constraints" 버튼을 클릭한다.

▶ 그림 8.6 Image View 컨트롤의 제약조건 설정

❼ 이제 캔버스 아래 오토 레이아웃 메뉴에서 세 번째인 Issues를 선택하고 "All Views in View Controller"의 "Update Frames" 항목을 선택하면 캔버스의 화면은 다음과 같다.

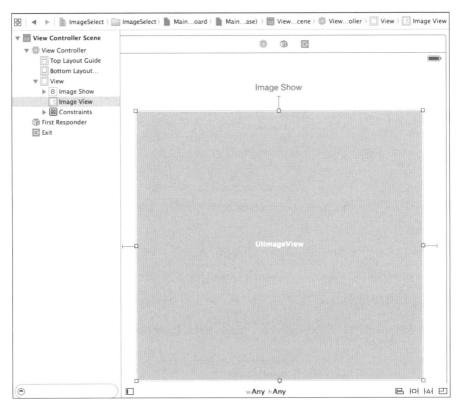

▶ 그림 8.7 오토 레이아웃이 적용된 캔버스 화면

❽ 이제 오른쪽 위의 도움 에디터 버튼을 클릭하여 도움 에디터를 표시한다. 도움 에디터 오른쪽 위 화살표를 선택하여 ViewController.h 파일이 표시되도록 한다. 먼저 Image View 위쪽에 있는 Button을 선택하고 오른쪽 마우스 버튼 을 누른다. Sent Events 아래 Touch Up Inside 항목을 선택한 상태에서 ViewController.h 파일의 @interface 아래쪽으로 떨어뜨린 뒤 Name 항목에

"selectButton"이라고 입력하고 Connect 버튼을 누른다.

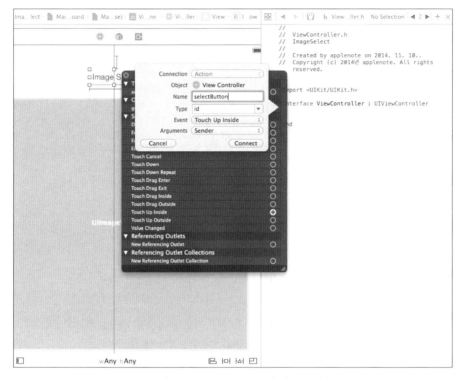

▶ 그림 8.8 Button 컨트롤 연결 메소드 생성

❾ 이어서 그 아래쪽에 있는 Image View를 Ctrl 키와 함께 마우스로 선택하고 @Interface 아래쪽으로 드래그-엔-드롭 처리하면 도움 에디터 연결 패널이 나타난다. 이 연결 패널의 Name 항목에 "imageView"를 입력하고 Connect 버튼을 눌러준다.

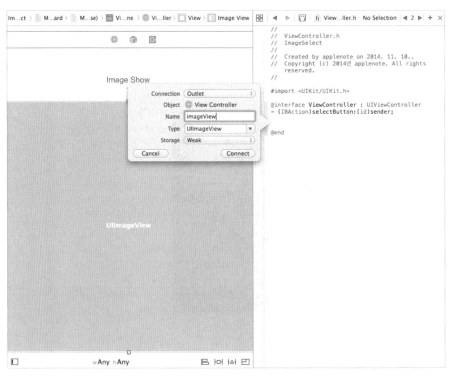

▶ 그림 8.9 Image View 객체 변수 자동 생성

⑩ 다시 오른쪽 위의 표준 에디터 버튼은 눌러 표준 에디터를 선택하고 왼쪽 프로젝트 탐색기의 ViewController.h을 클릭하여 다음과 같이 입력한다.

```
#import <UIKit/UIKit.h>

@interface ViewController : UIViewController
    <UINavigationControllerDelegate, UIImagePickerControllerDelegate>
- (IBAction)selectButton:(id)sender;
@property (weak, nonatomic) IBOutlet UIImageView *imageView;

@end
```

⓫ 이제 다시 프로젝트 탐색기의 ViewController.m을 더블 클릭하여 열고 다음과
같이 입력한다.

```objc
#import "ViewController.h"

@interface ViewController ()
@end

@implementation ViewController
@synthesize imageView;

- (void)viewDidLoad
{
    [super viewDidLoad];
        // Do any additional setup after loading the view, typically from a nib.
}

- (void)didReceiveMemoryWarning
{
    [super didReceiveMemoryWarning];
    // Dispose of any resources that can be recreated.
}

- (IBAction)selectButton:(id)sender
{
        UIImagePickerController *imagePicker =
                [[UIImagePickerController alloc] init];
        imagePicker.delegate = self;
        [self presentViewController:imagePicker animated:YES completion:nil];
}

- (void)imagePickerController:(UIImagePickerController *)picker
        didFinishPickingImage:(UIImage *)selectedImage editingInfo:
        (NSDictionary *)editingInfo
{
        imageView.image = selectedImage;
        [self dismissViewControllerAnimated:YES completion:nil];
}
```

```
- (void)imagePickerControllerDidCancel:(UIImagePickerController *)picker
{
        [self dismissViewControllerAnimated:YES completion:nil];
}

@end
```

⑫ 이제 다시 Run 버튼을 눌러 실행시키면 "Image Show" 버튼이 화면에 표시된
다. 이 버튼을 누르면 현재 기기에 존재하는 앨범을 보여준다. 만일 앨범이 존재
하지 않는다면 Safari를 사용하여 이미지를 찾은 뒤 저장한다. 원하는 앨범을
선택한 뒤에 임의의 이미지를 선택하여 화면에 표시되는지를 확인한다. 다음 그
림 8.10은 선택 가능한 앨범을 보여주는 그림이고 그림 8.11은 앨범에서 선택한
이미지를 보여준다.

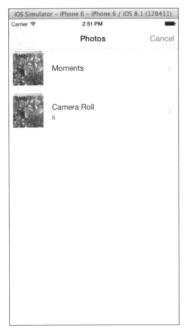

▶ 그림 8.10 선택 가능한 앨범 표시

▶ 그림 8.11 선택한 이미지 표시

앨범 이미지를 처리하기 위해 사용되는 UIImagePickerController 클래스는 다음과 같은 2개의 프로토콜 메소드를 기본으로 제공한다.

첫 번째 didFinishPickingImage 메소드는 앨범에서 제공되는 사진 이미지를 선택했을 때 자동 실행되는 함수이다.

```
- (void)imagePickerController:(UIImagePickerController *)picker
        didFinishPickingImage:(UIImage *)selectedImage editingInfo:
        (NSDictionary *)editingInfo
```

두 번째 imagePickerControllerDidCancel 프로토콜 메소드는 앨범에서 제공되는 사진을 선택하지 않고 취소했을 때 실행되는 함수이다.

```
- (void) imagePickerControllerDidCancel
```

이와 같은 함수를 사용하기 위해서는 @interface의 클래스 이름 다음에 다음과 같이 UIImagePickerControllerDelegate를 반드시 선언해야 한다.

이때 UINavigationControllerDelegate도 함께 선언해야 하는데 이것은 이미지 앨범을 보여주는 모달 뷰 처리를 위해 사용된다. 즉, 한 화면에서 다른 화면으로 이동될 때 사용되는 기능으로 이미지를 선택했을 때 선택된 이미지를 다른 화면에서 보여주기 위해서 꼭 필요한 선언이다.

```
@interface ViewController : UIViewController
        <UINavigationControllerDelegate, UIImagePickerControllerDelegate>{
}
...
```

이제 ViewController를 통하여 그 실행 과정을 하나하나 알아보자. ViewController가 실행되면 "Show Image" 버튼이 나타나는데 이 버튼을 선택하면 다음과 같이

selectButton 메소드가 실행된다.

```
- (IBAction)selectButton:(id)sender
{
        UIImagePickerController *imagePicker = [[UIImagePickerController alloc]
   init];
        imagePicker.delegate = self;
        [self presentViewController:imagePicker animated:YES completion:nil];
}
```

위 코드에서 알 수 있듯이 현재 기기에 있는 앨범 이미지를 선택할 수 있는
UIImagePickerController 클래스를 생성해주고 프로토콜 설정을 한 뒤, present
ViewController 메소드를 호출하여 모달 뷰를 호출해준다. 이때 이 모달 뷰에 현
재 기기에 존재하는 앨범들이 나타난다. 마법처럼 위의 코드 3줄을 사용하여 쉽게
사진 앨범을 불러올 수 있다.

| 참고 | presentViewController 메소드 |

윈도우에서 모달 대화상자 기능과 비슷한 화면을 띄우기 위해 iOS6 이전에는 presentModal
ViewController라는 메소드가 사용되었지만, iOS6부터는 다음과 같이 presentViewController
메소드가 사용된다.

```
(void) presentViewController:(UIViewController *) viewControllerToPresent
   animated:(BOOL) flag completion(void (^)(void))
```

여기서 flag 파라메터에 YES를 지정하면 애니메이션 동작이 실행되고 completion 파라메
터에는 처리가 종료되었을 때 실행되는 메소드를 지정할 수 있다. 없으면 nil로 지정한다.

참고로 이 뷰를 종료시키기 위해서는 다음과 같이 실행시킨다.

```
[self dismissViewControllerAnimated:YES completion:nil];
```

여기서 주의해야 할 부분은 UIImagePickerContoller 객체의 delegate 속성에
self를 지정하는 부분이다.

```
        imagePicker.delegate = self;
        ...
```

즉, 이 델리게이트 기능을 처리하기 위해서는 UIImagePickerControllerDelegate
를 반드시 선언해야 한다. 이렇게 지정함으로써 버튼을 누르게 되면 이미지 앨범
을 보여주는 모달 뷰가 나타나고 그 앨범 뷰 안에 있는 사진을 선택하면 다음
didFinishPickingImage 메소드가 자동으로 실행된다.

```
- (void)imagePickerController:(UIImagePickerController *)picker
        didFinishPickingImage:(UIImage *)selectedImage editingInfo:(NSDictionary
        *)editingInfo
{
    imageView.image = selectedImage;
    [self dismissViewControllerAnimated:YES completion:nil];
}
```

즉, 위 코드에서 알 수 있듯이 앨범에서 선택된 이미지는 파라메터 형태로 UIImage
객체 타입의 selectedImage 변수에 지정되는데 이 값을 그대로 UIImageView 객
체 변수 imageView의 image 속성에 지정하면 원하는 그림을 뷰에 출력할 수 있다.
이미지를 지정한 다음에는 dismissViewControllerAnimated 메소드를 호출하여
현재 열려있는 모달 뷰를 닫아준다

만일 그림을 선택하지 않고 Cancel 버튼을 누르면 다음 imagePickerController
DidCancel 메소드가 실행된다. 이 메소드에서는 dismissViewControllerAnimated
메소드를 호출하여 현재 열려있는 모달 뷰를 닫아준다.

```
- (void) imagePickerControllerDidCancel:(UIImagePickerController *)picker
{
    [self dismissViewControllerAnimated:YES completion:nil];
}
```

AssetsLibrary와 블록 기초

간단한 코드를 사용하고 이미지를 한 번에 한 개 정도만 처리하고자 한다면 위에서 사용한 UIImagePickerController 클래스를 사용하면 쉽게 처리할 수 있다. 그러나 하나가 아닌 여러 이미지를 처리하거나 선택된 이미지에 체크 표시하거나 앨범 형태나 이미지를 다른 형태로 바꾸고자 하는 경우에는 위 UIImagePickerController 클래스 기능을 가지고는 처리하기가 어려워지게 된다. 이럴 때 사용할 수 있는 것이 바로 애셋 라이브러리AssetsLibrary이다.

> **참고** 애셋(asset)과 애셋 라이브러리(AssetsLibrary)
>
> 애셋 라이브러리는 이미지, 비디오 앱 등에서 사용되는 이미지, 비디오를 제어하기 위한 라이브러리이다. 이름에서 알 수 있듯이 애셋(asset)은 이미지, 비디오와 같은 자원을 의미한다. 즉, 이미지, 비디오 등의 자원을 세부적으로 제어하기 위해서는 반드시 이 라이브러리를 사용해야 한다.

AssetsLibray는 다음 그림 8.12와 같은 과정을 통하여 이미지 혹은 비디오 파일을 얻을 수 있다.

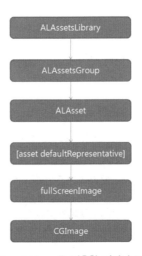

▶ 그림 8.12 AssetsLibray를 이용한 이미지 표시 처리 과정

위 그림에서 알 수 있듯이 먼저 ALAssetsLibrary 클래스를 생성하면 현재 폰에 있는 모든 이미지, 비디오 앨범 정보를 이 ALAssetsLibrary 클래스를 통하여 얻을 수 있다. 또한, 이 클래스의 정보를 ALAssetsGroup 클래스로 로드시키면 각 정보를 별도의 앨범으로 구분시킬 수 있다. 이때 원하는 앨범을 선택하면 그 앨범에 대한 이미지, 비디오 정보를 ALAsset 클래스로 로드시킬 수 있는데 이 클래스의 defaultRepresentative 메소드와 fullScreenImage 메소드를 통하여 CGImage 객체 형태로 얻을 수 있다. 이 CGImage 객체는 바로 UIImageView 형식으로 변경할 수 있으므로 그 이미지를 바로 뷰에 출력할 수 있다.

AssetsLibray를 사용하여 처리할 때 한 가지 어려운 것은 애셋 정보를 처리하기 위해서 블록Block이라는 것을 사용해야 한다는 점이다. 블록은 MAC OSX 10.6부터 Objective-C에 도입한 것으로 인라인inline 형식으로 작성할 수 있는 함수와 비슷하다. 블록은 파이썬과 루비와 같은 다른 언어에서는 클로져closure라고 불리기도 하는데 블록 안의 모든 상태를 그대로 인캡슐화encapuldate시키기 때문에 마치 클래스와 비슷한 기능을 한다. 또한, 블록은 힙 메모리heap memory와 스택을 참조할 수 있는 코드를 제공하기도 한다.

이 절에서는 먼저 블록의 기본 기능을 알아보고 AssetLibrary를 사용하는 데 필요한 블록의 여러 기능을 예제를 통하여 배워 볼 것이다. 우선 블록을 이용한 덧셈부터 시작해보자.

▎그대로 따라 하기

❶ Xcode에서 File-New-Project를 선택한다. 템플릿 선택 대화상자가 나타나면 OS X 아래쪽에 있는 Application을 선택하고 오른쪽 항목에서는 Command Line Tool을 선택한다. 이어서 Next 버튼을 눌러 다음 화면이 나타나면 Product Name 항목에 "BlockHello"라고 입력한다. 또한, 그 아래 Language 항목에 Objective-C가 지정되어 있는지 확인한다. 이상이 없으면 Next 버튼을

누르고 Create 버튼을 눌러 프로젝트를 원하는 위치에 생성한다.

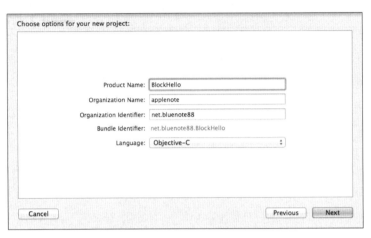

Choose options for your new project:

Product Name: BlockHello

Organization Name: applenote

Organization Identifier: net.bluenote88

Bundle Identifier: net.bluenote88.BlockHello

Language: Objective-C

Cancel   Previous   Next

▶ 그림 8.13 BlockHello 프로젝트 생성

❷ 왼쪽 프로젝트 탐색기에서 main.m 파일을 클릭하고 다음과 같은 코드를 입력한다.

```
#import <Foundation/Foundation.h>

int (^addBlock)(int, int) = ^(int num1, int num2) { return  num1 + num2; };

int main(int argc, const char * argv[])
{

    @autoreleasepool {
        int a = 2;
        int b = 3;
        printf(" addBlock : %d + %d = %d\n", a, b, addBlock(a, b));
    }
    return 0;
}
```

❸ 위 코드를 입력한 뒤 Run 버튼을 눌러 실행시키면 다음과 같은 결과가 나타난다.

```
//
//  main.m
//  BlockHello
//
//  Created by applenote on 2014. 11. 11..
//  Copyright (c) 2014년 applenote. All rights reserved.
//

#import <Foundation/Foundation.h>

int (^addBlock)(int, int) = ^(int num1, int num2) { return  num1 + num2; };

int main(int argc, const char * argv[]) {
    @autoreleasepool {
        // insert code here...
        int a = 2;
        int b = 3;
        printf(" addBlock : %d + %d = %d\n", a, b, addBlock(a, b));
    }
    return 0;
}
```

```
addBlock : 2 + 3 = 5
Program ended with exit code: 0
```

▶ 그림 8.14 BlockHello 결과 화면

▌원리 설명

짐작할 수 있듯이 블록을 사용한 두 숫자의 덧셈이다. 생각보다 그렇게 어렵지 않으니 하나하나 살펴보자. 우선 블록은 다음과 같이 선언할 수 있다.

```
int (^addBlock)(int, int)
```

위 코드에서 addBlock은 사용된 블록의 이름이고 블록 이름 앞에 ^가 붙는다는 것을 주의하자. 또한, 이 블록은 리턴 값이 int이고 두 개의 int 값을 받아들이는 아규먼트 값이 있다는 것을 쉽게 알 수 있다.

실제 아규먼트 선언 부분은 다음과 같다. 여기서는 num1과 num2 두 개의 int 값을 파라메터로 선언한다.

```
^(int num1, int num2)
```

그다음은 실제 처리 부분이다. 다음 코드를 사용하여 아규먼트 값으로 넘어온 num1
과 num2를 더한 값을 돌려준다.

```
{ return  num1 + num2; };
```

그림 8.14 결과와 같이 2와 3이 각각 아규먼트 num1과 num2로 전달되고 이 두
숫자의 합인 5가 출력되는 것을 알 수 있다.

위 예제로 블록이 대강 무엇인지 알았으니 이제 AssetsLibray에서 사용되는 블록
예제로 넘어가 보자.

▌그대로 따라 하기

❶ Xcode에서 File-New-Project를 선택한다. 템플릿 선택 대화상자가 나타나면
OS X 아래쪽에 있는 Application을 선택하고 오른쪽 항목에서는 Command
Line Tool을 선택한다. 이어서 Next 버튼을 눌러 다음 화면이 나타나면
Product Name 항목에 "BlockArray"라고 입력한다. 또한, 그 아래 Language
항목에 Objective-C가 지정되어 있는지 확인한다. 이상이 없으면 Next 버튼을

누르고 Create 버
튼을 눌러 프로젝
트를 원하는 위치
에 생성한다.

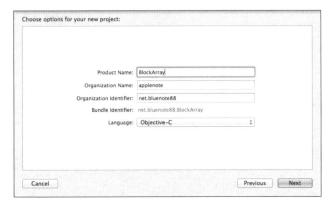

▶ 그림 8.15 BlockArray
　　프로젝트 생성

❷ 왼쪽 프로젝트 탐색기에서 main.m 파일을 클릭하고 다음과 같은 코드를 입력
한다.

```objc
#import <Foundation/Foundation.h>

NSMutableArray *listAnimal;

int main(int argc, const char * argv[])
{

    @autoreleasepool {

        listAnimal = [[NSMutableArray alloc] init];
        [listAnimal addObject:@"tiger"];
        [listAnimal addObject:@"lion"];
        [listAnimal addObject:@"rabbit"];
        [listAnimal addObject:@"monkey"];
        [listAnimal addObject:@"leopard"];

        // General Method
        NSLog(@"General enumeration");

        for (int idx = 0;idx < [listAnimal count]; idx++)
        {
            NSLog(@"Animal Name : %d, %@", idx, [listAnimal objectAtIndex: idx]);
        }

        NSLog(@"\n\nBlock enumeration1");
        [listAnimal enumerateObjectsUsingBlock:^(id obj, NSUInteger idx, BOOL *stop)
         {
             NSLog(@"Animal Name : %lu, %@", idx, obj);
         }];

        NSLog(@"\n\nBlock enumeration2");
        void (^testBlock2)(id, NSUInteger, BOOL *) = ^(id obj, NSUInteger idx, BOOL
    *stop)
        {
            NSLog(@"Animal Name : %lu, %@", idx, obj);
        };
```

```
    [listAnimal enumerateObjectsUsingBlock:testBlock2];

}
    return 0;
}
```

❸ 위 코드를 입력한 뒤 Run 버튼을 눌러 실행시키면 다음과 같은 결과가 나타난다.

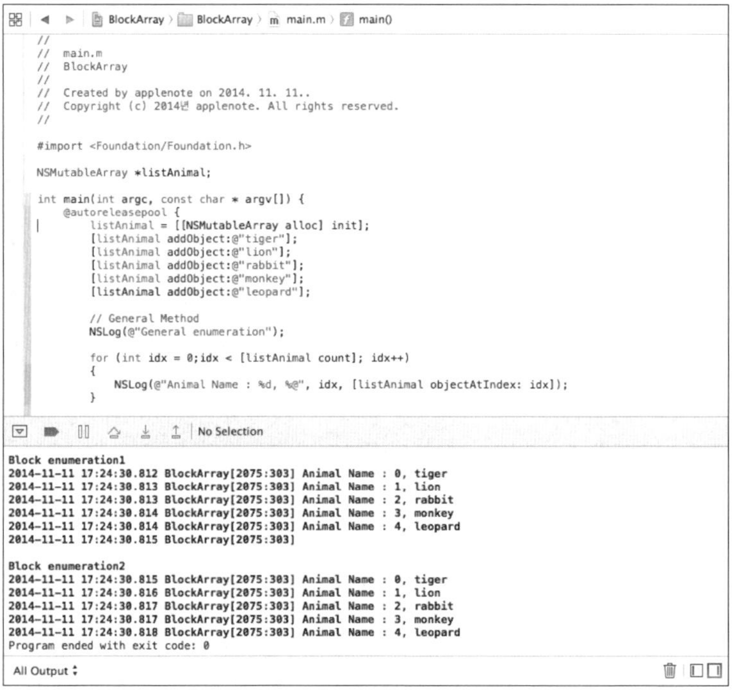

▶ 그림 8.16 BlockArray 결과 화면

▌원리 설명

이제 블록에서 배열을 사용하여 처리하는 방법을 알아보자. 먼저 NSMutable
Array 객체를 사용하여 수정 가능한 배열을 생성한다. NSMutableArray 객체는 어
떤 종류의 객체도 추가할 수 있을 뿐만 아니라 삭제 및 원하는 위치의 항목을 가져올

수 있는 기능까지 제공하는 유용한 객체이다.

```
NSMutableArray *listAnimal;
..
listAnimal = [[NSMutableArray alloc] init];
...
```

생성된 NSMutableArray 객체 변수 listAnimal에 addObject 메소드를 사용하여 동물 이름 5가지를 추가한다.

```
[listAnimal addObject:@"tiger"];
[listAnimal addObject:@"lion"];
[listAnimal addObject:@"rabbit"];
[listAnimal addObject:@"monkey"];
[listAnimal addObject:@"leopard"];
```

동물 이름을 블록을 사용하여 출력하기 전에 먼저 일반적인 열거형enumeration을 사용해서 출력해보자. 일반적인 열거형에서는 각 동물 이름 자료에 대한 인덱스를 별도로 제공하지 않으므로 인덱스 변수 idx를 선언하고 objectAtIndex 메소드를 사용하여 0부터 [listAnimal count] −1 수만큼 반복하여 각 동물 이름을 출력할 수 있다.

```
// General Method
NSLog(@"General enumeration");

for (int idx = 0;idx < [listAnimal count]; idx++)
{
    NSLog(@"Animal Name : %d, %@", idx, [listAnimal objectAtIndex: idx]);
}
```

동일한 기능을 블록 열거형을 사용해서 배열을 출력해보자.

배열과 함께 enumerateObjectsUsingBlock을 사용하면 배열 개수만큼 반복하여 자료를 출력할 수 있다. 이때 파라메터 값으로 obj, idx, stop이 사용되는데 id

타입의 obj는 각 동물 이름을 의미하는 객체이고 idx는 각 동물에 대한 인덱스 값이다. 마지막으로 사용되는 stop 변수는 타입이 BOOL로서 이 값을 true로 지정하면 반복문을 멈추고 중지시킬 수 있다. 실행시키면 첫 번째와 동일한 결과가 출력된다.

```
NSLog(@"\n\nBlock enumeration1");
[listAnimal enumerateObjectsUsingBlock:^(id obj, NSUInteger idx, BOOL *stop)
{
        NSLog(@"Animal Name : %lu, %@", idx, obj);
}];
```

마지막 세 번째 방법을 살펴보자. 이 세 번째 방법은 위 예제 두 번째 방법과 비슷한데, 블록을 선언하고 그 선언된 블록을 별도의 코드로 배열 이름과 함께 enumerateObjectsUsingBlock을 호출하는 방법이다.

먼저 다음과 같이 testBlock2라는 이름으로 블록을 선언한다. 이 선언은 main() 내부에서도 가능할 뿐만 아니라 main() 함수 외부에서도 선언할 수 있다. 두 번째 방법과 마찬가지로 각 동물 이름을 의미하는 obj, 인덱스인 idx, 반복문을 멈추고 중지시킬 수 있는 stop 파라메터를 사용한다.

```
void (^testBlock2)(id, NSUInteger, BOOL *) = ^(id obj, NSUInteger idx, BOOL *stop)
{
        NSLog(@"Animal Name : %lu, %@", idx, obj);
};
```

선언된 블록 testBlock2는 다음과 같이 별도의 코드를 사용하여 enumerate ObjectsUsingBlock 메소드를 사용하여 호출할 수 있다.

```
[listAnimal enumerateObjectsUsingBlock:testBlock2];
```

위 세 예제 모두 동일한 결과를 출력하지만, 블록을 사용하면 아주 간단히 빠른 속도로 원하는 결과를 얻을 수 있는 장점이 있다.

이제 위에서 배운 블록을 AssetsLibrary에 적용하여 진보적인 기능을 사용한 이미지 처리를 해보자. 애셋 라이브러리 이미지 처리는 다음 그림과 같이 3개의 부분으로 구성된다.

▶ 그림 8.17 AssetsLibrary를 이용한 이미지 처리 과정

위 그림 이미지 처리 과정의 첫 번째 부분은 앨범 표시 부분으로 아이폰에서 제공하는 앨범들을 표시하고 선택할 수 있는 기능을 제공한다. 두 번째 부분은 이미지 표시 부분으로 첫 번째에서 선택한 앨범에 있는 이미지들을 보여주는 기능을 한다. 마지막 부분은 이미지 출력 부분으로 두 번째 항목에서 선택된 이미지를 화면 중앙에 출력하는 기능이다. 이제 하나하나씩 구현해보자.

우선 AssetsLibrary를 이용한 이미지를 처리하기 위해 먼저 다음과 같이 프로젝트를 생성해보자. 그다음, 단계별로 첫 번째인 앨범 표시 부분부터 처리한다.

┃ 그대로 따라 하기

❶ Xcode에서 File-New-Project를 선택한다. 계속해서 왼쪽에서 iOS-Application을 선택하고 오른쪽에서 Single View Application을 선택한다. 이어서 Next 버튼을 누르고 Product Name에 "ImageSelectAdvanced"라고 지정한다. 아래쪽에 있는 Language 항목은 "Objective-C", Devices 항목은 "iPhone"으로 설정하고 Next 버튼을 눌러 프로젝트를 생성한다.

▶ 그림 8.18 ImageSelectAdvanced 프로젝트 생성

❷ 프로젝트 탐색기는 기본적으로 프로젝트 속성 중 General 부분을 보여주는데
다섯 번째 탭 Build Phases를 선택한다. 이때 세 번째 줄에 있는 Link Binary
With Libraries(x items) 왼쪽에 있는 삼각형을 클릭하면 삼각형 모양이 아래
쪽으로 향하면서 이 프로젝트에서 사용되는 여러 가지 프레임워크가 나타나는
데 아래쪽에 있는 + 버튼을 눌러 다음 프레임워크를 추가한다(그림 8.19 참조).

```
AssetLibrary.framework
```

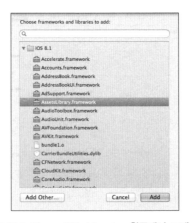

▶ 그림 8.19 Link Binary With Libraries 항목에서 프레임워크 추가

❸ 프로젝트 탐색기에서 Main.storyboard 파일을 선택하고 뷰 위에 Button 하나를 추가시킨다. 버튼의 Title 속성에 "Image Select"라고 지정한다.

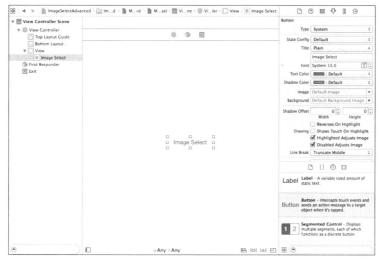

▶ 그림 8.20 Image Select 버튼 추가

❹ Button 컨트롤을 선택한 상태에서 캔버스 아래 오토 레이아웃 메뉴에서 첫 번째 Align을 선택하고 "배열 제약조건 설정" 창이 나타나면 다음과 같이 "Horizontal Center in Container"와 "Vertical Center in Container" 항목에 체크하고 아래쪽 "Add 2 Contstraints" 버튼을 누른다.

▶ 그림 8.21 수평과 수직 중앙에 위치 항목 체크

❺ 이제 캔버스 아래 오토 레이아웃 메뉴에서 세 번째인 Issues를 선택하고 "All Views in View Controller"의 "Update Frames" 항목을 선택하면 캔버스의 화면은 다음과 같다.

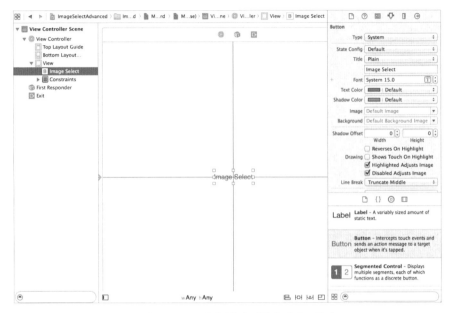

▶ 그림 8.22 오토 레이아웃이 적용된 캔버스 화면

❻ 프로젝트 탐색기의 Main.storyboard를 선택한 상태에서 스토리보드 캔버스에서 ViewController를 선택한다. 그다음, Xcode의 Editor 메뉴—Embed In—Navigation Controller를 선택하여 내비게이션 컨트롤러Navigation Controller를 추가시킨다. 이때 내비게이션 컨트롤러는 자동으로 현재 위치하는 뷰 컨트롤러와 연결된다.

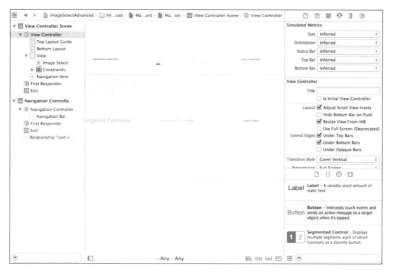

▶ 그림 8.23 내비게이션 컨트롤러(Navigation Controller) 추가

❼ 이제 오른쪽 아래 Object 라이브러리에서 Table View Controller를 선택하고
캔퍼스의 View Controller 오른쪽에 위치시킨다.

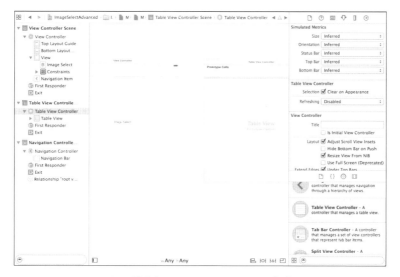

▶ 그림 8.24 Table View Controller 추가

❽ 프로젝트 관리자의 프로젝트 이름(노란색 아이콘)에서 오른쪽 마우스 버튼을 클릭하고 New File 항목을 선택한다. 템플릿 대화상자의 왼쪽에서 iOS-Source를 선택하고 오른쪽에서 Cocoa Touch Class를 선택한 뒤, Next 버튼을 누른다. 새로운 클래스 이름을 AlbumSelectController라고 지정한다. 이때 그 아래쪽 Subclass of 항목에 UITableViewController를 지정한다. 그러나 "Also create XIB file" 체크상자는 체크하지 않도록 한다. 그 아래 Language 항목은 Objective-C를 선택한다. 이상이 없으면 Next 버튼을 눌러 파일을 생성한다.

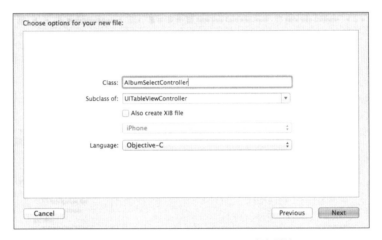

▶ 그림 8.25 AlbumSelectController 파일 생성

❾ 다시 프로젝트 탐색기의 Main.storyboard를 선택한 상태에서 캔버스 Table View Controller를 선택하고 Identity 인스펙터를 선택한다. 가장 위 Custom Class의 Class 항목에 위에서 생성한 AlbumSelectController를 지정한다.

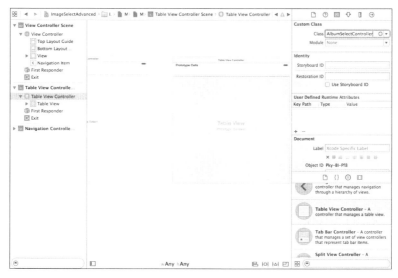

▶ 그림 8.26 Custom Class의 Class 항목에 AlbumSelectController 지정

⑩ 프로젝트 탐색기에서 AlbumSelectController.h 파일을 클릭하고 다음 코드를
입력한다.

```
#import <UIKit/UIKit.h>
#import <AssetsLibrary/AssetsLibrary.h>

@interface AlbumSelectViewController : UITableViewController {
    NSMutableArray *assetGroups;
    ALAssetsLibrary *library;
}
@property (nonatomic, strong) NSMutableArray *assetGroups;

@end
```

⑪ 다시 프로젝트 탐색기에서 AlbumSelectController.m 파일을 클릭하고 다음
코드를 입력한다.

```objc
#import "AlbumSelectViewController.h"

@interface AlbumSelectViewController ()

@end

@implementation AlbumSelectViewController
@synthesize assetGroups;

- (id)initWithStyle:(UITableViewStyle)style
{
    self = [super initWithStyle:style];
    if (self) {
        // Custom initialization
    }
    return self;
}

- (void)viewDidLoad
{
    [super viewDidLoad];

    [self readAlbumGroup];
}

- (void)didReceiveMemoryWarning
{
    [super didReceiveMemoryWarning];
    // Dispose of any resources that can be recreated.
}

#pragma mark - Table view data source

- (CGFloat)tableView:(UITableView *)tableView heightForRowAtIndexPath:
        (NSIndexPath *)indexPath
{
    return 60;
}

- (NSInteger)numberOfSectionsInTableView:(UITableView *)tableView
```

```
{
    return 1;
}


- (NSInteger)tableView:(UITableView *)
        tableView numberOfRowsInSection:(NSInteger)section
{
    return [assetGroups count];
}


- (UITableViewCell *)tableView:(UITableView *)
        tableView cellForRowAtIndexPath:(NSIndexPath *)indexPath
{
    static NSString *CellIdentifier = @"ReusableCellWithIdentifier";
    UITableViewCell *cell = [tableView
        dequeueReusableCellWithIdentifier:CellIdentifier
    forIndexPath:indexPath];
     [cell setAccessoryType:UITableViewCellAccessoryDisclosureIndicator];

    ALAssetsGroup *group =
        (ALAssetsGroup *)[assetGroups objectAtIndex:indexPath.row];
    [group setAssetsFilter:[ALAssetsFilter allAssets]];
    long groupCount = [group numberOfAssets];

    cell.textLabel.text = [NSString stringWithFormat:@"%@ (%ld)",
        [group valueForProperty:ALAssetsGroupPropertyName], groupCount];
    [cell.imageView setImage:[UIImage imageWithCGImage:
        [(ALAssetsGroup *)[assetGroups objectAtIndex:indexPath.row]
    posterImage]]];

    return cell;
}


#pragma mark - General Functions

- (void) readAlbumGroup
{
    self.assetGroups = [[NSMutableArray alloc] init];

    library = [[ALAssetsLibrary alloc] init];
```

```
    void (^assetGroupBlock)(ALAssetsGroup *, BOOL *) = ^(ALAssetsGroup *group,
        BOOL *stop)
    {
        if (group == nil)
        {
            return;
        }

        [self.assetGroups addObject:group];
        [self reloadTableView];
    };

    void (^assetGroupBlockFailure)(NSError *) = ^(NSError *error) {

        UIAlertView * alert = [[UIAlertView alloc]
                                initWithTitle:@"Read Error"
                                message:[NSString stringWithFormat:
                                  @"Album Read Error: %@ - %@",
                                  [error localizedDescription],
                                  [error localizedRecoverySuggestion]]
                                delegate:nil
                                cancelButtonTitle:@"Ok"
                                otherButtonTitles:nil];
        [alert show];
    };

    [library enumerateGroupsWithTypes:ALAssetsGroupAll
                        usingBlock:assetGroupBlock
                      failureBlock:assetGroupBlockFailure];
}

-(void)reloadTableView
{
        [self.tableView reloadData];
        [self.navigationItem setTitle:@"Select an Album"];
}

#pragma mark - Navigation

- (void)prepareForSegue:(UIStoryboardSegue *)segue sender:(id)sender
{
```

```
}
@end
```

⑫ 이제 Main.storyboard를 선택한 상태에서 뷰 화면 위에 있는 Ctrl 키와 함께
ViewController 위에 있는 ImageSelect 버튼을 선택하고 드래그-엔-드롭으
로 AlbumSelectController 위에 떨어뜨린다. 이때 세구에 연결 선택상자가 나
타나는데 액션 세구에의 show 항목을 선택한다.

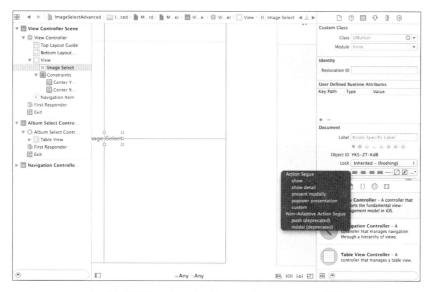

▶그림 8.27 ViewController와 AlbumSelectController 연결

⑬ 마지막으로 Xcode 내부에는 "Prototype table cells must have reuse
identifiers"라는 경고가 발생하는데 이 경고를 처리해보자. 스토리보드 캔버스
왼쪽에 있는 도큐먼트 아웃라인Document outline 창의 Album View Controller
Scene의 Table View Cell 항목을 선택하고 오른쪽 위에 있는 Attributes 인
스펙터를 선택하여 Table View Cell의 Identifier의 이름을 지정해주면 경고

는 바로 사라진다. 여기서는 "ReusableCellWithIdentifier"라는 이름을 지정
한다. 이 이름을 잘 기억해두도록 한다.

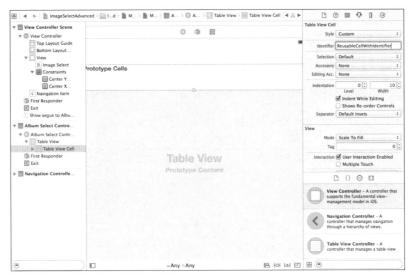

▶그림 8.28 Table View Cell의 Identifier 이름 지정

⑭ 입력이 끝난 뒤 실행시키면 ViewController가 실
행되고 image select 버튼을 클릭하면 그림 8.29
와 같이 Photo에 접근할 것인지를 묻는 대화상자
가 나타난다. 이때 OK 버튼을 눌러주면 전에 작성
한 AlbumSelectContoller와 동일한 화면이 그림
8.30과 같이 나타난다.

▶그림 8.29 Photo에 접근할지 묻는 대화상자

▶그림 8.30 앨범 표시

▌원리 설명

애셋 라이브러리AssetsLibrary를 이용한 이미지 처리는 이전 UIImagePickerController 클래스 사용방법과 달리 사용하기가 복잡하지만 여러 가지 유용한 기능을 제공하는 장점을 가지고 있다.

먼저 ViewController의 "Image Select" 버튼을 눌러 두 번째 화면인 Album SelectContoller로 넘어가는 부분을 살펴보자. 이전 프로젝트에서는 AlbumSelect Controller 클래스와 UINavigationController 클래스를 생성하고 presentView Controller 메소드를 호출하여 내비게이션 기능을 구현하였는데 스토리보드에서 는 이러한 복잡한 코드를 구현할 필요가 없다. 단지 Xcode에서 Navigation Controller를 추가시킨 뒤 다음과 같이 ViewController의 버튼과 AlbumSelect

Controller 사이를 Ctrl 키와 마우스를 사용하여 연결해주면 아무런 코드 필요 없이 버튼을 눌러 다음 화면으로 이동할 수 있다.

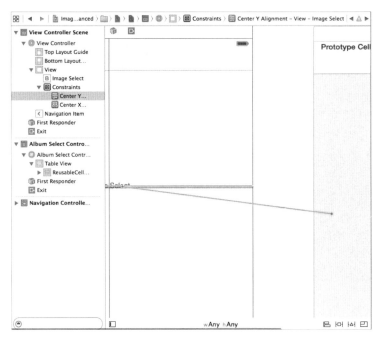

▶그림 8.31 ViewController 버튼과 AlbumSelectController 사이 연결

실제로 아이폰 내부의 앨범을 읽어주는 기능은 두 번째 컨트롤러인 AlbumSelect Controller 객체에서 처리한다.

이 객체에서는 가장 먼저 viewDidLoad 메소드가 실행되고 이 메소드에서 호출되는 것은 readAlbumGroup 메소드이다.

```
- (void)viewDidLoad
{
    [super viewDidLoad];
    [self readAlbumGroup];
}
```

먼저 readAlbumGroup 메소드에서는 앨범을 보관하기 위한 NSMutableArray 타입의 assetGroups을 생성한다.

```
- (void) readAlbumGroup
{
    self.assetGroups = [[NSMutableArray alloc] init];
    ...
```

그다음, 앨범에 있는 사진을 가져오기 위해 ALAssetsLibrary 클래스를 생성해준다.

```
    library = [[ALAssetsLibrary alloc] init];
    ...
```

여기서 8.2절에서 배운 블록을 사용해보자. 여기서는 두 개의 파라메터 타입 값, 즉, 앨범 자료를 표시하는 ALAssetsGroup 타입의 group, 진행 상태를 의미하는 BOOL 타입의 stop을 갖는 assetGroupBlock이라는 이름의 블록을 정의한다. 이 블록 함수는 앨범 수만큼 반복 실행되는데 모든 앨범 정보를 가지고 있는 ALAssetsGroup 객체로부터 앨범을 하나씩 읽어 위에서 선언한 assetGroups에 넣어준다. 이 assetGroups 값을 가지고 테이블 뷰에서 앨범을 출력할 수 있다.

```
void (^assetGroupBlock)(ALAssetsGroup *, BOOL *) = ^(ALAssetsGroup *group,
        BOOL *stop)
    {
        if (group == nil)
        {
            return;
        }

        [self.assetGroups addObject:group];
        [self reloadTableView];
    };
    ...
```

ALAssetsLibrary 클래스에서는 블록 함수가 실패되었을 때 자동으로 실행하는 하나의 블록이 더 필요하다. 즉, 다음 assetGroupBlockFailure 블록은 위 블록이 실행으로 에러가 발생되는 경우 실행되는 함수로 UIAlertView 객체를 사용하여 에러 메시지를 출력해준다.

```
void (^assetGroupBlockFailure)(NSError *) = ^(NSError *error) {

    UIAlertView * alert = [[UIAlertView alloc]
                            initWithTitle:@"Read Error"
                            message:[NSString stringWithFormat:@"Album Read
Error: %@ - %@", [error localizedDescription], [error
localizedRecoverySuggestion]]
                            delegate:nil
                            cancelButtonTitle:@"Ok"
                            otherButtonTitles:nil];
    [alert show];
}
...
```

위에서 설정한 것은 블록에 대한 정의이고 다음 코드를 사용하여 위 블록을 실행시킨다. 다음 코드는 기본적으로 assetGroupBlock 블록을 실행하고 만일 실행 도중 에러가 발생하면 assetGroupBlockFailure 블록을 실행한다.

```
[library enumerateGroupsWithTypes:ALAssetsGroupAll
                usingBlock:assetGroupBlock
                failureBlock:assetGroupBlockFailure];
}
```

위 블록을 호출할 때 enumerateGroupsWithTypes을 사용하는데 이는 원하는 형태의 앨범을 결정하는 기능으로 사용 가능한 타입은 다음 표 8.1과 같다. 여기서는 ALAssetsGroupAll을 지정하여 라이브러리 그룹을 제외한 모든 앨범을 표시할 수 있다.

▶ 표 8.1 enumerateGroupsWithTypes 설명

타입	설명
ALAssetsGroupLibrary	라이브러리 그룹 생성
ALAssetsGroupAlbum	모든 앨범 생성
ALAssetsGroupEvent	카메라 연결 킷 기능을 포함하는 이벤트 생성
ALAssetsGroupFaces	모든 페이스 생성
ALAssetsGroupSavedPhotos	카메라 롤 사진 생성
ALAssetsGroupPhotoStream	포토 스트림 앨범 생성
ALAssetsGroupAll	라이브러리 그룹을 제외한 모든 기능 생성

블록 함수 assetGroupBlock에서는 변수 assetGroup에 앨범 자료를 추가한 뒤에 reloadTableView 메소드를 호출하는데 이 메소드에서는 테이블 뷰의 reloadData 메소드를 호출하여 테이블 자료를 업데이트해준다. 또한, 이 메소드에서는 navigationItem 객체의 setTitle 메소드를 호출하여 "Select an Album"이라는 제목을 붙인다.

```
-(void)reloadTableView
{
        [self.tableView reloadData];
        [self.navigationItem setTitle:@"Select an Album"];
}
```

위에서 사용된 readData 메소드는 사용자 함수처럼 보이지만, 테이블의 내용을 다시 읽어 출력해주는 내부 함수로 테이블 자료를 읽으면서 델리게이트를 사용하여 테이블 관련한 여러 메소드를 자동 실행시킨다. 먼저 numberOfRowsInSection을 실행하여 현재 출력할 테이블의 셀 수를 계산한다. 셀 수는 위에서 이미지 포토 앨범 정보를 assetGroups에 지정했으므로 이 객체의 개수를 돌려주면 된다. 즉, 앨범 수만큼 테이블 셀이 생성된다.

```
- (NSInteger)tableView:(UITableView *) tableView
 numberOfRowsInSection:(NSInteger)section
```

```
{
    return [assetGroups count];
}
```

그다음, 실제로 테이블에 앨범 내용을 출력하는 것은 다음 cellForRowAtIndexPath 메소드이다. 이 메소드는 셀 수만큼 반복하여 실행되는데 파라메터로 사용되는 indexPath를 통하여 테이블의 각각의 셀을 참조할 수 있다. 셀의 위치는 indexPath. row를 통해서 알아낼 수 있다. 예를 들어, 테이블에 5개의 앨범을 표시하고자 한다면 이 indexPath.row는 0부터 시작하여 4까지 반복하면서 이 cellForRowAtIndexPath 메소드를 5회 실행시킨다.

```
- (UITableViewCell *)tableView:(UITableView *)tableView
 cellForRowAtIndexPath:(NSIndexPath *)indexPath
{
    static NSString *CellIdentifier = @"ReusableCellWithIdentifier";
    UITableViewCell *cell = [tableView dequeueReusableCellWithIdentifier:
        CellIdentifier forIndexPath:indexPath];
    ...
```

여기서 주의해야 할 점은 CellIdentifier인 "ReusableCellWithIdentifier" 문자열 값이다. 이 문자열 값은 UITableView 객체의 dequeueReusableCellWithIdentifier 메소드를 사용할 때 파라메터로 사용된다. 이 메소드는 셀을 재사용하기 위해 지정된 것으로 반복되는 셀을 새로 생성하지 않고 이미 생성된 것을 그대로 사용하기 위함이다. 비록 출력할 데이터가 수백 개라 할지라도 셀은 단지 한 개만 생성된다.

이를 위해 반드시 다음과 같이 스토리보드 캔버스 왼쪽에 있는 도큐먼트 아웃라인 창의 Album View Controller Scene의 Table View Cell 항목을 선택하고 오른쪽 위에 있는 Attributes 인스펙터를 선택하여 Table View Cell의 Identifier의 이름을 지정해 주어야 한다.

626

▶그림 8.32 Table View Cell의 Identifier 이름 지정

그다음, 다음과 같이 setAccessoryType 메소드에 파라메터 값으로 UITableView
CellAccessoryDisclosureIndicator를 지정하여 각 테이블 필드 끝에 "〉" 표시를 넣
어 다음 페이지로 이동할 수 있다는 표시를 처리한다.

```
[cell setAccessoryType:UITableViewCellAccessoryDisclosureIndicator];
...
```

이미 설명했듯이 ALAssetsGroup 객체 변수 asssetGroups에는 모든 앨범 정
보가 지정되어 있으므로 objectIndex 메소드와 현재 테이블 인덱스를 의미하는
indexPath.row를 사용하여 각각의 앨범을 읽어올 수 있다.

```
ALAssetsGroup *group =
    (ALAssetsGroup *)[assetGroups objectAtIndex:indexPath.row];
...
```

참고로 위에서 사용한 ALAssetsGroup 객체에서 자주 사용되는 메소드는 다음 표 8.2와 같다.

▶ 표 8.2 ALAssetsGroup 객체의 자주 사용되는 메소드

ALAssetsGroup 객체 대표 메소드	설명
enumerateAssetsUsingBlock	블록을 사용하여 그룹의 모든 애셋을 읽는다.
numberOfAssets	그룹의 이미지 수를 얻는다.
posterImage	그룹의 대표 포스터 이미지를 얻는다.
setAssetsFilter	그룹에 필터를 지정하여 원하는 항목을 얻는다.

또한, ALAssetsFilter 클래스를 사용하면 이미 읽은 그룹으로부터 필요한 애셋 assets만 가지고 오는 필터링 기능을 처리할 수 있다. 이 ALAssetsFilter 클래스에서 사용 가능한 메소드는 다음 표와 같다.

▶ 표 8.3 ALAssetsFilter 클래스 메소드

ALAssetsFilter 클래스 메소드	설명
allAssets	그룹에 있는 모든 애셋 자원을 돌려준다.
allPhotos	그룹에 있는 자원 중 이미지만 돌려준다.
allVideos	그룹에 있는 자원 중 비디오만 돌려준다.

여기서는 ALAssetsGroup 객체의 setAssetsFilter에 파라메터 값으로 ALAssetsFilter 객체와 allAssets를 사용하여 그룹 앨범에 있는 모든 애셋 자원을 가지고 오는 필터링 기능을 처리한다.

```
[group setAssetsFilter:[ALAssetsFilter allAssets]];
...
```

그다음, ALAssetsGroup의 numerOfAssets 메소드를 사용하여 현재 각 앨범에 속한 이미지 수를 얻는다. 또한, valueForProperty 메소드에 ALAssetsGroupProperty Name 상수를 파라메터로 사용하여 현재 각 그룹 앨범 이름 정보를 가지고 와서 출력한다.

```
long groupCount = [group numberOfAssets];
cell.textLabel.text = [NSString stringWithFormat:@"%@ (%ld)",
    [group valueForProperty:ALAssetsGroupPropertyName], groupCount];
...
```

참고로 ALAssetsGroup 객체의 valueForProperty는 앨범에 대한 정보를 돌려주는 메소드로 여기에 사용할 수 있는 파라메터 상수는 다음 표 8.4와 같다.

▶ 표 8.4 valueForProperty 메소드에 사용할 수 있는 상수

valueForProperty 메소드 상수	설명
ALAssetsGroupPropertyName	그룹 이름을 돌려준다.
ALAssetsGroupPropertyType	그룹 타입을 돌려준다.
ALAssetsGroupPropertyNamePersistentID	그룹의 유일한 ID 값을 돌려준다.
ALAssetsGroupPropertyURL	그룹에 대한 URL 정보를 돌려준다.

마지막으로 UITableViewCell 객체의 imageView와 ALAssetsGroup 클래스의 posterImage 메소드를 사용하여 각 앨범 그룹을 대표하는 작은 크기의 포스트 이미지를 출력해준다(표 8.2 참조).

```
    [cell.imageView setImage:[UIImage imageWithCGImage:
    [(ALAssetsGroup *)[assetGroups objectAtIndex:indexPath.row] posterImage]]];
    return cell;
}
```

이전 절에서 앨범 선택하는 방법을 구현해 보았으니 이제 선택된 앨범 안에 있는
이미지를 표시해보자. 위에서 생성한 ImageSelectAdvanced 프로젝트를 그대로 사
용하여 다음 새로운 파일들을 이 프로젝트에 추가한다. 앨범에 있는 이미지를 표시하
기 위해서 AssetView, AssetTableCell, ImageTableViewController 3가지 파일을
생성해야 한다. 먼저 AssetView 파일부터 생성해보자.

▌그대로 따라 하기

❶ 프로젝트 탐색기의 프로젝트 이름(노란색 아이콘)에서 오른쪽 버튼을 누르고
New File... 항목을 선택한다. 템플릿 선택 대화상자가 나타나면 왼쪽에서
iOS-Source, 오른쪽에서 Cocoa Touch Class를 선택한다. 그다음, Next 버
튼을 누르고 클래스 이름 항목에 "AssetView"를 입력한다. 이때 Subclass of
항목은 UIView로 지정하고 Language 항목은 Objective-C를 선택한다. 이상
이 없으면 Next 버튼을 눌러 파일을 생성한다.

▶ 그림 8.33 AssetView 파일 생성

❷ 프로젝트 탐색기에서 AssetView.h를 클릭하고 다음 코드를 입력한다.

```objc
#import <UIKit/UIKit.h>
#import <AssetsLibrary/AssetsLibrary.h>

@interface AssetView : UIView
{
        ALAsset *asset;
        UIImageView *okMarkView;
}

@property (nonatomic, strong) ALAsset *asset;

- (id)initWithAsset:(ALAsset *)_asset withType:(NSString *) assertType;
- (void)toggleImage;
- (BOOL)marked;

@end
```

❸ 다시 프로젝트 탐색기에서 AssetView.m를 클릭하고 다음 코드를 입력한다.

```objc
#import "AssetView.h"

@implementation AssetView
@synthesize asset;

- (id)initWithFrame:(CGRect)frame
{
    self = [super initWithFrame:frame];
    if (self) {
        // Initialization code
    }
    return self;
}

- (id)initWithAsset:(ALAsset *) myasset withType:(NSString *) assertType
{
    if (self = [super initWithFrame:CGRectMake(0, 0, 0, 0)]) {
```

```
                self.asset = myasset;
                CGRect viewFrames = CGRectMake(0, 0, 100, 100);

        UIImageView *assetImageView = [[UIImageView alloc]
                initWithFrame:viewFrames];
        [assetImageView setContentMode:UIViewContentModeScaleToFill];
        [assetImageView setImage:[UIImage imageWithCGImage:
                        [self.asset thumbnail]]];
        [self addSubview:assetImageView];

        okMarkView = [[UIImageView alloc] initWithFrame:viewFrames];
                [okMarkView setImage:[UIImage imageNamed:@"okmark.png"]];
                [okMarkView setHidden:YES];
                [self addSubview:okMarkView];
    }
    return self;
}

- (void)toggleImage
{
        okMarkView.hidden = !okMarkView.hidden;
}

- (BOOL)marked
{
        return !okMarkView.hidden;
}

@end
```

❹ 프로젝트 탐색기에서 가장 위에 있는 ImageSelectAdvanced를 선택한다. 오른
쪽 마우스 버튼을 누르고 New Group 항목을 선택하여 Resources라는 이름으
로 새로운 그룹을 생성한다. okmark.png 파일을 선택하고 이 Resources 폴더
에 복사한다.

▶그림 8.34 okmark.png 파일을 Resources 폴더에 복사

▌원리 설명

AssetView는 다음에 설명할 AssetTableCell 객체에 포함되는 객체로 UIView 객체로부터 계승 받은 객체이다. 다음 코드를 보면 알겠지만, 이 위에 UIImage 객체가 올라가는데 바로 앨범에 있는 이미지 파일이 이 뷰를 통해 표시된다. 즉, 테이블 셀에 이미지를 올리는 데 필요한 객체이다.

이 AssetView 객체는 만들어지면서 initWithAsset 메소드를 호출하는데 이 메소드에서 파라메터로 받은 myasset을 asset에 지정한다.

```
- (id)initWithAsset:(ALAsset *) myasset withType:(NSString *) assertType
{
    if (self = [super initWithFrame:CGRectMake(0, 0, 0, 0)]) {
                self.asset = myasset;
    ...
```

이어서 다음 그림 8.35에서 보여주듯이 100x100 크기의 UIImageView를 생성한다. 뷰의 크기를 생성할 때 CGRectMake를 사용하여 원하는 크기를 생성할 수 있다.

```
CGRect viewFrames = CGRectMake(0, 0, 100, 100);
UIImageView *assetImageView = [[UIImageView alloc]
        initWithFrame:viewFrames];
...
```

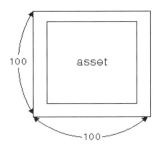

▶그림 8.35 AssetView의 구조

위 그림에서 알 수 있듯이 AssetView 구조는 뷰 위에 애셋으로 만든 UIImage 객체를 추가한 구조를 가진다. 이러한 AssetView는 UITableViewCell 형식의 Asset TableCell 위에 추가되어 테이블에 출력된다.

생성된 UIImage 객체 변수를 사용하여 setContentMode 메소드를 호출하는데 이때 파라미터 값으로 UIViewContentModeScaleToFill을 사용한다. 이 값은 이미지를 뷰 크기에 맞추어 표시할 때 자동으로 가로와 세로 비율을 알맞게 조절해준다.

```
        [assetImageView setContentMode:UIViewContentModeScaleToFill];
        ...
```

마지막으로 이 UIImageView의 setImage 메소드를 사용하여 이미지 뷰에 지정할 수 있다. 이때 사용되는 이미지 파라메터의 타입은 UIImage 타입이다. ALAsset 객체의 thumbnail 메소드는 현재 지정된 애셋 이미지를 조그마한 형태의 이미지로 만들어주는 기능인데 GCImageRef 타입을 돌려준다. 마침 UIImage 객체에서 제공하는 imageWithCGImage 메소드를 사용하면 CGImageRef를 UIImage 객체로 변화시켜주므로 이미지 뷰에 원하는 애셋 이미지를 출력시킬 수 있게 된다.

```
        [assetImageView setImage:[UIImage imageWithCGImage:
                [self.asset thumbnail]]];
        ...
```

마지막으로 addSubVew 메소드를 사용하여 생성된 이미지 뷰를 현재 뷰에 추가시킨다.

```
        [self addSubview:assetImageView];
        ...
```

여기서 처리해야 할 것 중 하나는 여러 이미지 중 선택되었다는 표시와 또 어떤 이미지가 선택되었는지 알아내는 작업이다. 이것의 해결 방법은 선택되었을 때 이미지 위에 OK라는 조그마한 원을 출력하는 것이다. 하지만 AssetView 위에 OK 모양의 작은 이미지만을 별도로 출력하는 작업은 쉽지 않다. 그렇다면 어떻게 처리해야 할까?

이전에 설명했듯이 AssetView는 화면에 출력되는 이미지를 가지는 UIView이다. 이 뷰에는 현재 UIImageView가 추가되어 이미지를 보여주고 있는데 여기에 선택되었다는 표시를 보여주는 뷰(OK 표시 이미지)를 하나 더 추가시키는 것이다. 즉, UIView 위에 두 개의 UIImageView를 올리는 것이다(그림 8.36 참조).

▶그림 8.36 AssetView의 새로운 구조

OK 마크 이미지를 제외한 나머지는 투명으로 지정하면 마치 OK 마크 이미지만이 기존 UIImageView 위에 표시한 것처럼 처리할 수 있다. 포토샵 혹은 GraphicConverter와 같은 이미지 툴을 이용하여 다음 그림과 같이 okmark.png라는 파일을 만들어주고 프로젝트에 등록시킨다.

▶그림 8.37 이미지 선택 표시 이미지 okmark.png

그렇다면 OK 이미지를 표시하고 사라지는 기능은 어떻게 처리할까?

다행히도 UIImageView 객체에는 hidden이라는 속성을 제공하고 이 값을 YES로 지정하면 이미지가 사라지고 NO로 지정하면 이미지가 나타나게 할 수 있다.

먼저, 다음과 같이 okMarkView라는 UIImageView를 하나 생성한다. 그다음, UIImageView 객체의 setImage 메소드를 사용하여 okmark.png 파일이 지정된 UIImage 객체를 설정한다.

```
    okMarkView = [[UIImageView alloc] initWithFrame:viewFrames];
    [okMarkView setImage:[UIImage imageNamed:@"okmark.png"]];
    ...
```

그다음, 이 OK 이미지는 기본적으로 표시되지 않도록 설정하기 위해 setHidden 메소드에 YES를 지정하고 addSubView 메소드로 뷰에 추가한다. 즉, 현재 기본 뷰 위에 사진 이미지가 추가되어 있고 또한, 그 위에 OK 이미지가 추가되어 있는 상태이지만, OK 이미지의 setHidden 메소드로 인하여 OK 이미지는 나타나지 않는다.

```
    [okMarkView setHidden:YES];
    [self addSubview:okMarkView];
  }
  return self;
}
```

그다음, 다음과 같이 OK 이미지 출력 상태를 토글 시킬 수 있는 toggleImage 메소드를 다음과 같이 작성한다. 이 메소드가 호출될 때마다 hidden 속성 값이 YES에서 NO 혹은 NO에서 YES로 변경된다.

```
- (void)toggleImage
{
    okMarkView.hidden = !okMarkView.hidden;
}
```

다음 marked 메소드는 OK 이미지의 hidden 속성 상태를 돌려준다. 이 값이 YES인 경우 OK 이미지는 나타남을 의미하고 NO 값이면 OK 이미지가 사라짐을 의미한다.

```
- (BOOL)marked
{
    return !okMarkView.hidden;
}
```

이제 원하는 앨범 내부의 이미지를 AssetView에 출력해보았으니 이제 이 AssetView
를 테이블 뷰의 셀 부분을 담당하는 UITableViewCell 객체에 추가하는 일만 남았다.
먼저 이 UITableViewCell 객체로부터 계승 받는 AssetTableCell 객체를 생성해보자.

▌그대로 따라 하기

❶ 위와 동일한 방법으로 프로젝트 탐색기의 프로젝트 이름(노란색 아이콘)에서 오
른쪽 버튼을 누르고 New File... 항목을 선택한다. 템플릿 선택 대화상자가 나
타나면 왼쪽에서 iOS-Source, 오른쪽에서 Cocoa Touch Class를 선택한다.
그다음, Next 버튼을 누르고 클래스 이름 항목에 "AssetTableCell"을 입력한
다. 이때 Subclass of 항목은 UITableViewCell로 지정하고 "Also create XIB
file" 체크상자는 체크하지 않는다. 그 아래 Language 항목은 Objective-C를
선택한다. 이상이 없으면 Next 버튼을 눌러 파일을 생성한다.

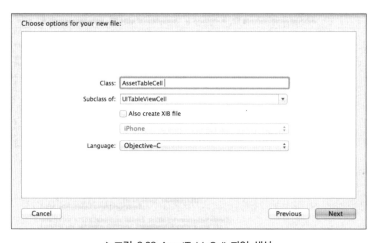

▶그림 8.38 AssetTableCell 파일 생성

❷ 이전 파일과 마찬가지로 프로젝트 탐색기에서 AssetTableCell.h를 선택하고 다
음을 입력한다.

```
#import <UIKit/UIKit.h>

@interface AssetTableCell : UITableViewCell

@property (nonatomic, strong) NSArray *rowAssets;
- (void)setAssets:(NSArray *)_assets withSx:(int) sx;

@end
```

❸ 이번에는 프로젝트 탐색기에서 AssetTableCell.m을 선택해서 다음 코드를 입력한다.

```
#import "AssetTableCell.h"
#import "AssetView.h"

@interface AssetTableCell ()
{
    int startx;
}
@end

@implementation AssetTableCell
@synthesize rowAssets;

- (void)setAssets:(NSArray *)_assets withSx:(int) sx
{
    startx = sx;
    if (![self.rowAssets isEqualToArray:_assets])
    {
        self.rowAssets = _assets;
    }
}

- (void)layoutSubviews
{
        CGRect frame = CGRectMake(startx, 7, 100, 100);

        for(AssetView *assetView in self.rowAssets) {
```

```
            [assetView setFrame:frame];
            [assetView addGestureRecognizer:[[UITapGestureRecognizer
  alloc] initWithTarget:assetView action:@selector(toggleImage)]];
            [self addSubview:assetView];
            frame.origin.x = frame.origin.x + frame.size.width + 7;
        }
    }

@end
```

▌원리 설명

UITableViewCell 객체로부터 계승 받는 AssetTableCell 객체는 위에서 만든 AssetView 객체를 테이블 셀에 표시하는 기능을 담당한다. 일반적인 UITableViewCell 에는 애셋 이미지를 표시할 수 없다. 그러므로 애셋 이미지를 표시하기 위해서는 이처럼 별도의 객체를 생성해야 한다. AssetTableCell 객체는 AssetView 객체를 셀에 추가하여 앨범 안에 포함된 여러 이미지를 표시할 수 있다. 그림 8.39는 AssetTableCell 객체의 구조를 보여준다.

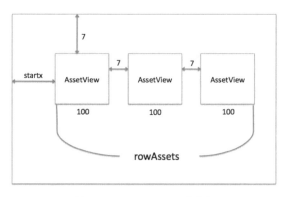

▶그림 8.39 AssetTableCell 객체의 구조

이 뒤에서 작성할 이미지 테이블을 표시하는 ImageTableViewController 클래스

에서 다음 setAssets 메소드를 호출하여 각 테이블 셀에 들어갈 새로운 이미지들 (AssetView의 집합)을 추가할 때 이 메소드를 호출한다. 이 메소드에서는 파라메터 값으로 NSArray 배열 형식의 변수와 시작 위치 sx를 사용하는데, 이 전달되는 값 _assets은 테이블 셀에 표시할 AssetView 배열 변수이다. 즉, 하나의 테이블 셀에 최대 3개의 AssetView가 지정될 수 있다. 또한, 시작 위치 sx는 이 첫 번째 이미지가 표시될 x 좌표 위치로 startx에 지정한다. 여기서 이미지 시작 위치 sx를 받는 이유는 아이폰6/6+로 인하여 너비가 서로 다르기 때문이다.

```
- (void)setAssets:(NSArray *)_assets withSx:(int) sx
{
    startx = sx;
    ...
```

우선 현재 처리하고자 하는 rowAssets이 파라메터로 전달된 새 이미지들과 다른지 체크한다. 참고로, rowAssets은 현재 처리하고자 하는 셀의 AssetView 배열이다. 대부분의 경우, 스크롤되면서 현재 셀 위치에 다른 이미지들이 전달되어 이미지 추가가 일어나는데 스크롤 페이지 첫 부분 혹은 마지막 부분에서는 동일한 이미지가 전달된다. 그러한 경우에는 체크하여 이미지를 변경하지 않는다.

```
    if (![self.rowAssets isEqualToArray:_assets])
    {
    ...
```

이제 파라메터로 받은 테이블 셀 뷰를 현재 테이블 셀 뷰로 대체시킨다.

```
        self.rowAssets = _assets;
    }
}
```

layOutSubviews 메소드는 테이블 뷰의 각 셀이 변경되거나 추가되면 자동으로 호출되어 현재 셀에 새로운 테이블 셀 뷰를 추가하는 메소드이다. 셀의 변경이나 추가는 화면 스크롤이 발생하면서 다음에 작성할 ImageTableViewController 객체의 cellForRowAtIndexPath 메소드가 호출된 다음 처리된다.

이 메소드는 현재 처리 중인 테이블 셀의 AssetView를 가지고 있는 rowAssets을 하나씩 읽으면서 그 크기를 (startx, 7)부터 시작하는 (100, 100) 크기의 뷰로 변경하고 현재 셀에 추가시킨다. 이때 좌표의 중심은 왼쪽 위를 (0, 0)으로 지정한다.

```objc
- (void)layoutSubviews
{
        CGRect frame = CGRectMake(startx, 7, 100, 100);

        for(AssetView *assetView in self.rowAssets) {

                [assetView setFrame:frame];
                [self addSubview:assetView];
                ...
```

다음 셀의 위치는 현재 x 축에서 frame.size.width 즉, AssetView의 너비에 7픽셀을 더한 위치가 된다. 여기서 사용된 7픽셀은 각 셀 사이의 간격이다. 즉, 계속 rowAssets 수만큼 반복하면서 새로운 이미지를 가로 방향으로 assetView를 AssetTableCell에 추가시키는 것이다.

```objc
        frame.origin.x = frame.origin.x + frame.size.width + 7;
    }
}
```

이제 위에서 작성한 이미지를 표시하는 AssetView와 이 이미지 뷰를 표시할 수 있는 테이블 AssetTableCell 객체를 사용하는 ImageTableViewController 클래스를 작성해보자.

▌그대로 따라 하기

❶ 프로젝트 탐색기에서 Main.storyboard를 선택한다. Object 라이브러리로부터 Table View Controller를 선택한 뒤 캔버스의 AlbumSelectViewController 오른쪽 옆에 떨어뜨린다.

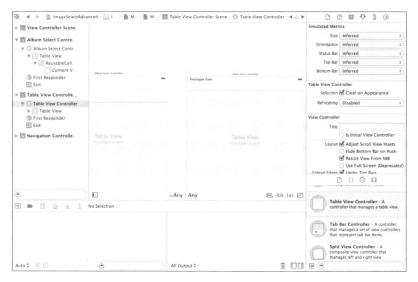

▶그림 8.40 Table View Controller 추가

❷ 프로젝트 관리자의 프로젝트 이름(노란색 아이콘)에서 오른쪽 마우스 버튼을 클릭하고 New File 항목을 선택한다. 템플릿 대화상자의 왼쪽에서 iOS-Source를 선택하고 오른쪽에서 Cocoa Touch Class를 선택한 뒤, Next 버튼을 누른다. 새로운 클래스 이름을 "ImageTableViewController"라고 지정한다. 이때 그 아래쪽 Subclass of 항목에 UITableViewController를 지정한다. 하지만 그 아래 "Also create XIB file" 체크상자는 체크하지 않도록 한다. 그 아래 Language 항목은 Objective-C를 선택한다. 이상이 없으면 Next 버튼을 눌러 파일을 생성한다.

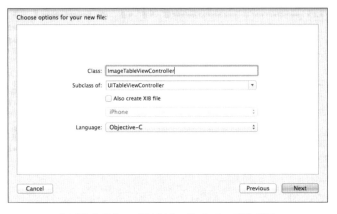

▶그림 8.41 ImageTableViewController 파일 생성

❸ 프로젝트 탐색기에서 Main.storyboard를 선택한 상태에서 새로 생성된 Table
View Controller를 선택하고 오른쪽 위에 있는 Identity 인스펙터를 선택한다.
Custom Class 항목의 Class에 위에서 생성한 ImageTableViewController를
지정하거나 선택한다.

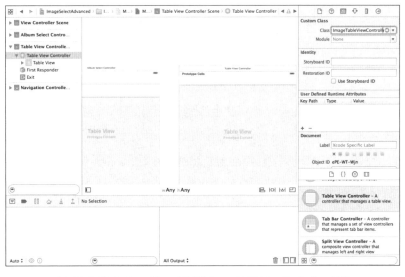

▶그림 8.42 Custom Class 항목에 ImageTableViewController 설정

❹ 이제 캔버스에서 AlbumSelectViewController 위쪽에 있는 Table View Cell 부분(Prototype Cells 아래쪽 부분)을 Ctrl 키와 함께 선택하고 드래그-엔-드롭으로 Image Table View Controller와 연결시킨다. 세구에 연결 선택상자가 나타나면 "Selection Segue" 아래쪽에 있는 "show" 항목을 선택한다.

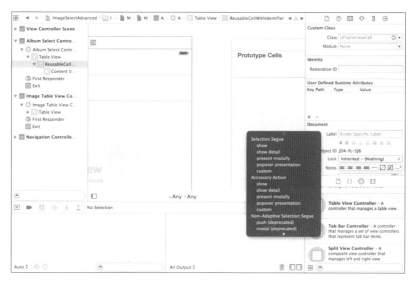

▶그림 8.43 세구에 연결 선택상자에서 "show" 항목 선택

❺ 이번에는 Image Table View Controller 안에 있는 Prototype Cells 아랫부분의 테이블 셀을 선택하고 오른쪽 Identity 인스펙터를 선택한다. Custom Class 항목의 Class 부분에 위에서 생성한 "AssetTableCell"을 지정한다.

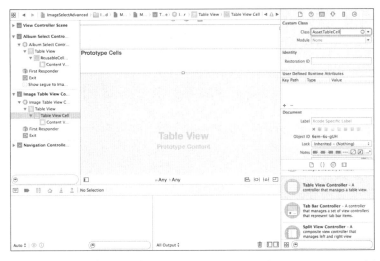

▶그림 8.44 ImageTableViewController의 Table View Cell을 AssetTableCell로 지정

❻ 다시 테이블 셀을 선택한 상태에서 Attributes 인스펙터를 선택한다. Table View Cell 항목의 Identifier에 "Cell"을 지정한다. 이 이름을 잘 기억해두도록 한다. 이 이름은 코딩에서 사용된다.

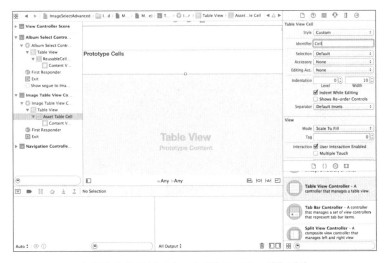

▶그림 8.45 Table View Cell의 Identifier 이름 지정

❼ 계속해서 프로젝트 탐색기에서 Main.storyboard 파일을 선택한 상태에서 캔버스에서 Image Table View Controller를 선택한다. 이어서 프로젝트 탐색기 오른쪽 위에 있는 도움 에디터Assistant Editor를 클릭하여 도움 에디터를 불러낸다. 도움 에디터의 파일이 ImageTableViewController.h 파일임을 확인하고 도큐먼트 아웃라인 창에서 Table View 컨트롤을 선택한다. 이어서 Ctrl 키와 함께 그대로 도움 에디터의 @interface 아래쪽으로 드래그-엔-드롭 처리한다. 이때 도움 에디터 연결 패널이 나타나는데 Name 항목에 tbView라고 입력하고 Connect 버튼을 눌러 연결 코드를 생성한다.

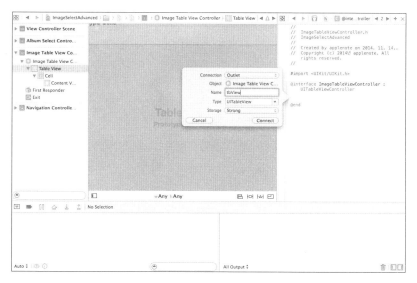

▶그림 8.46 Table View 연결 패널에 Name 항목 입력

❽ 다시 표준 에디터를 선택한다. 프로젝트 탐색기에서 ImageTableViewController.h를 선택하고 다음과 같이 입력한다.

```
#import <UIKit/UIKit.h>
#import <AssetsLibrary/AssetsLibrary.h>
```

```
@interface ImageTableViewController : UITableViewController

- (void)setData:(ALAssetsGroup *)agroup;
@property (nonatomic, strong) NSMutableArray *imgAssets;
@property (nonatomic, strong) NSMutableArray *markAssets;
@property (weak, nonatomic) IBOutlet UITableView *tbView;

@end
```

❾ 그다음, 프로젝트 탐색기에서 ImageTableViewController.m을 선택하고 다음
과 같이 입력한다.

```
#import "ImageTableViewController.h"
#import "AssetTableCell.h"
#import "AssetView.h"

@interface ImageTableViewController ()
{
    ALAssetsGroup *assetGroup;
    int startx;
}

@end

@implementation ImageTableViewController
@synthesize imgAssets;
@synthesize markAssets;
@synthesize tbView;

- (void)setData:(ALAssetsGroup *)agroup
{
    assetGroup = agroup;
}


- (void)viewDidLoad {
    [super viewDidLoad];
```

```
    self.imgAssets = [[NSMutableArray alloc] init];
    [self.navigationItem setTitle:@"Loading..."];


    [self.tbView setSeparatorColor:[UIColor clearColor]];
    [self.tbView setAllowsSelection:NO];
    [self readPhotoImages];


    CGFloat width = [UIScreen mainScreen].bounds.size.width;
    int interval = 7;
    int cellWidth = 100;
    startx = (width - interval * 2 - cellWidth * 3) / 2;
}

- (void) readPhotoImages
{
    [assetGroup enumerateAssetsUsingBlock:^(ALAsset *result,
                                    NSUInteger index, BOOL *stop)
    {
        if(result == nil)
        {
            return;
        }

        NSString *assertType = [result valueForProperty:ALAssetPropertyType];
        AssetView *assetView = [[AssetView alloc] initWithAsset:result
                                                withType: assertType];
        [self.imgAssets addObject:assetView];
    }];

    [self.tbView reloadData];
    [self.navigationItem setTitle:@"Pick Photos"];
}



- (void)didReceiveMemoryWarning {
    [super didReceiveMemoryWarning];
    // Dispose of any resources that can be recreated.
}

#pragma mark - Table view data source
```

```
- (CGFloat)tableView:(UITableView *)tableView heightForRowAtIndexPath:
(NSIndexPath *)indexPath {

    return 107;
}


- (NSInteger)numberOfSectionsInTableView:(UITableView *)tableView {
    // Return the number of sections.
    return 1;
}

- (NSInteger)tableView:(UITableView *)tableView
                numberOfRowsInSection:(NSInteger)section {
    // Return the number of rows in the section.
    return ceil([assetGroup numberOfAssets] / 3.0);
}

- (UITableViewCell *)tableView:(UITableView *)tableView
                cellForRowAtIndexPath:(NSIndexPath *)indexPath
{
    static NSString *CellIdentifier = @"Cell";
    AssetTableCell *cell = [tableView
                dequeueReusableCellWithIdentifier:CellIdentifier];
    [cell setAssets:[self assetsForIndexPath:indexPath] withSx:startx];
    return cell;
}

- (NSArray *)assetsForIndexPath:(NSIndexPath *) indexPath
{
    long index = (indexPath.row * 3);
    long maxIndex = (indexPath.row * 3 + 2);

    if(maxIndex < [self.imgAssets count]) {
        return [NSArray arrayWithObjects:
                [self.imgAssets objectAtIndex:index],
                [self.imgAssets objectAtIndex:index+1],
                [self.imgAssets objectAtIndex:index+2],
                nil];
```

```
    }
    
    else if(maxIndex-1 < [self.imgAssets count]) {
        return [NSArray arrayWithObjects:
                [self.imgAssets objectAtIndex:index],
                [self.imgAssets objectAtIndex:index+1],
                nil];
    }
    else if(maxIndex-2 < [self.imgAssets count]) {
        return [NSArray arrayWithObject:
                [self.imgAssets objectAtIndex:index]];
    }
    return nil;
}

@end
```

⑩ 마지막으로 프로젝트 탐색기에서 AlbumSelectViewController.m 파일을 선택
하고 다음 코드를 입력한다.

```
#import "ImageTableViewController.h"
...

- (void)prepareForSegue:(UIStoryboardSegue *)segue sender:(id)sender
{
    NSIndexPath *currentIndexPath = [self.tableView indexPathForSelectedRow];
    long row = currentIndexPath.row;
    ImageTableViewController *tableController = [segue destinationViewController];
    [tableController setData: [assetGroups objectAtIndex: row]];
}
```

⑪ 모든 입력이 끝났다면 Xcode의 Run 명령을 눌러 실행시켜보자. 앱을 실행시키
면 이전과 마찬가지로 ViewController가 실행되고 "Image Select" 버튼을 클
릭하여 앨범을 표시한다. 이때 표시된 여러 앨범 중 하나를 선택하면 다음 그림
8.47과 같이 그 앨범에 대한 내용 이미지들을 보여준다.

▶그림 8.47 선택된 앨범에 대한 내용이미지

▌원리 설명

앨범을 선택했을 때 그 내부에 있는 이미지를 보여주는 ImageTableViewController 객체에 대하여 설명하기 전에 작성한 AlbumSelectViewController에서 선택한 앨범이 어떻게 이 ImageTableViewController에 전달되는지 그 과정에 대하여 알아보자.

AlbumSelectViewController 객체와 ImageTableViewController 객체는 스토리보드에서 연결되어 있으므로 AlbumSelectViewController에 있는 테이블 셀 즉, 앨범을 선택하면 다음과 같은 prepareForSegue 메소드가 자동으로 실행된다.

```
- (void)prepareForSegue:(UIStoryboardSegue *)segue sender:(id)sender
{
...
```

먼저 UITableView 객체의 indexPathForSelectedRow 메소드를 사용하여 현재 선택된 셀의 인덱스를 알아내고 그 값을 row 변수에 저장한다.

```
NSIndexPath *currentIndexPath = [self.tableView indexPathForSelectedRow];
long row = currentIndexPath.row;
...
```

그다음, segue의 destinationViewController를 호출하여 전달하고자 하는 ImageTable ViewController의 객체를 참조하여 객체 변수 tableController를 생성하고 ImageTableViewController의 setData 메소드에 선택된 애셋 그룹을 직접 전달한다.

```
ImageTableViewController *tableController = [segue destinationViewController];
[tableController setData: [assetGroups objectAtIndex: row]];
}
```

당연한 이야기이지만, ImageTableViewController 객체에는 다음과 같이 setData 메소드가 선언되어 있어야 한다. 전달된 애셋 그룹은 assetGroup이라는 변수에 저장된다. 즉, 선택된 앨범 애셋은 asstGroup에 지정된다.

```
- (void)setData:(ALAssetsGroup *)agroup
{
    assetGroup = agroup;
}
```

이제 자동으로 실행되는 ImageTableViewController 객체의 viewDidLoad 메소드를 살펴보자.

먼저 이미지들을 저장할 수 있는 NSMutableArray 타입의 imgAssets 객체를 생성하고 타이틀 제목을 "Loading..."으로 변경한다.

```
- (void)viewDidLoad
{
    [super viewDidLoad];

    self.imgAssets = [[NSMutableArray alloc] init];
    [self.navigationItem setTitle:@"Loading..."];
    ...
```

여기서 출력되는 이미지는 하나의 셀에 추가되므로 셀과 셀 사이의 줄이 보이지
않게 하는 것이 좋다. 그러므로 setSeparatorColor를 사용하여 무색인 clearColor
로 색을 지정하고 setAllowsSelection 메소드에 NO를 지정하여 셀이 선택되지 않도
록 한다. 이렇게 하면 배경이 깨끗해지므로 이미지 출력이 깔끔해진다.

```
[self.tbView setSeparatorColor:[UIColor clearColor]];
[self.tbView setAllowsSelection:NO];
...
```

그다음, 앨범 이미지를 읽는 readPhotoImages 메소드를 호출한다.

```
[self readPhotoImages];
...
```

마지막으로 이미지가 표시될 시작 x 좌표 위치를 계산해보자. 위에서 언급했듯이
새로운 아이폰으로 인하여 그 너비에 따라 이미지 위치를 결정해야 한다. 우선 다음과
같이 현재 기기의 너비를 구한다.

```
CGFloat width = [UIScreen mainScreen].bounds.size.width;
...
```

위 그림 8.39에서 알 수 있듯이 각 AssertView의 너비는 cellWidth(100)이고 각
AssertView 사이의 간격은 interval(7)이므로 이미지의 시작 위치는 startx는

(width - interval * 2 - cellWidth * 3) / 2가 된다.

```
    int interval = 7;
    int cellWidth = 100;
    startx = (width - interval * 2 - cellWidth * 3) / 2;
}
```

이제 viewDidLoad에서 호출한 readPhotoImage 메소드에 대하여 알아보자. 이 메소드는 enumerateAssetsUsingBlock을 사용하여 넘겨받은 assetGroup에 지정된 ALAsset 객체를 하나씩 읽어 AssetView를 생성한다. 또한, AsseetView 객체를 생성할 때, initWithAsset 메소드를 호출하는데 ALAsset 객체를 파라메터로 넘겨주고 생성된 AssetView 객체는 imgAssets에 저장한다. 즉, imgAssets에 화면에 출력되는 이미지들이 담기게 된다.

```
- (void) readPhotoImages
{
    [self.assetGroup enumerateAssetsUsingBlock:^(ALAsset *result, NSUInteger
    index, BOOL *stop)
    {
        if(result == nil)
        {
            return;
        }

        NSString *assertType = [result valueForProperty:ALAssetPropertyType];
        AssetView *assetView = [[AssetView alloc] initWithAsset:result
                withType: assertType];
        [self.imgAssets addObject:assetView];}];
        ...
```

위 코드에서 valueForProperty 메소드를 사용하였는데 이 메소드에서 현재 읽은 애셋의 타입을 얻을 수 있다. 이 애셋 타입은 AssetView를 생성할 때 같이 파라메터 값으로 전달된다.

모든 앨범 이미지는 imgAssets에 저장되므로 이제 relaodData 메소드를 호출하여 테이블 뷰 내용을 다시 로드시켜 이미지를 업데이트 처리한다. 이때 타이틀을 "Pick Photos"로 변경한다.

```
    [self.tbView reloadData];
    [self.navigationItem setTitle:@"Pick Photos"];
}
```

이제 테이블 이미지가 업데이트되면 UITableViewController에서는 UITableView 프로토콜을 사용하여 테이블 관련한 여러 메소드를 자동으로 실행시킨다. 그중 하나는 테이블 셀의 높이를 변경시키는 heightForRowAtIndexPath 메소드이다. 현재 출력하고자 하는 이미지 뷰의 높이는 100픽셀이고 각 이미지 뷰 사이의 위, 아래 간격이 7픽셀이므로 107픽셀로 지정한다.

```
- (CGFloat)tableView:(UITableView *)tableView heightForRowAtIndexPath:(NSIndexPath *)indexPath
{

        return 107;
}
```

그다음, numberOfSectionsInTableView 메소드가 실행되면 테이블 뷰에서 사용되는 섹션의 크기가 설정된다. 테이블 뷰 섹션은 출력할 자료의 그룹을 의미하는 것으로 여기서는 1개의 그룹만 사용한다.

```
- (NSInteger)numberOfSectionsInTableView:(UITableView *)tableView
{
    return 1;
}
```

다음은 설정된 한 섹션에서 표시되는 이미지 줄 수를 돌려주는 numberOfRowsIn

Section 메소드로 역시 자동으로 호출된다. 아이폰 너비는 320 / 375픽셀이고 출력되는 이미지의 너비가 100픽셀이므로 테이블 한 줄당 약 3개씩 출력할 수 있다. 그러므로 전체 줄 수는 전체 이미지 개수에서 3을 나눈 값이 된다. 전체 이미지 개수는 ALAssets 객체에서 애셋의 수를 제공하는 numberOfAssets 메소드를 사용하여 알아낼 수 있다.

```
- (NSInteger)tableView:(UITableView *)tableView
 numberOfRowsInSection:(NSInteger)section
{
    return ceil([self.assetGroup numberOfAssets] / 3.0);
}
```

테이블 출력에 필요한 여러 가지 값이 지정되었으므로 각 줄을 출력할 때마다 cellForRowAtIndexPath 메소드가 자동으로 호출된다. 이 메소드에서는 일반적으로 사용하는 UITableViewCell 객체를 사용하는 것이 아니라 위에서 생성한 AssetTableCell 객체를 사용한다. 이 객체를 사용하여 1줄당 3개의 AssetView를 추가시킬 수 있다.

이 메소드에서는 먼저 메모리 낭비를 없애기 위해 dequeueReusableCellWith Identifier 메소드를 사용하여 현재 지정된 셀의 형태를 재사용하도록 지정하도록 한다. 또한, 리턴 값으로 AssetTableCell 객체의 포인터를 받으므로 이 변수를 사용하여 AssetTableCell 메소드를 참조할 수 있다. 이전에는 AssetTableCell 객체의 생성 및 초기화가 필요했으나 iOS6부터는 생성할 필요 없이 바로 참조 가능하게 되었다.

```
- (UITableViewCell *)tableView:(UITableView *)tableView
 cellForRowAtIndexPath:(NSIndexPath *)indexPath
{
    static NSString *CellIdentifier = @"Cell";
    AssetTableCell *cell = [tableView
               dequeueReusableCellWithIdentifier:CellIdentifier];
    ...
```

이제 참조된 AssetTableCell의 객체 변수를 이용하여 setAssets를 호출한다.

이 메소드에서 첫 번째 파라메터 값으로 assetsForIndexPath 메소드를 호출하는데 이 메소드를 사용하여 테이블 각 줄마다 해당하는 이미지를 NSArray 객체에 지정하도록 하여 그 값을 테이블 셀에 표시할 수 있다. 이 assetsForIndexPath 메소드역시 파라메터로 indexPath를 사용하는데 이 객체를 사용하여 현재 몇 번째 줄을 출력하는지 그 인덱스 값을 알 수 있다. setAssets 메소드의 두 번째 파라메터 값으로 viewDidLoad 메소드에서 계산한 이미지의 시작 위치인 startx를 사용한다.

```
    [cell setAssets:[self assetsForIndexPath:indexPath] withSx:startx];
    return cell;
}
...
```

assetsForIndexPath 메소드에서는 그림 8.48에서 알 수 있듯이 테이블 뷰에는한 줄에 3개의 AssetView 객체가 들어갈 수 있다. 마지막 줄의 이미지 총 개수에따라 한 개, 두 개 혹은 세 개가 들어갈 수가 있으므로 이러한 3가지 경우를 모두처리해 주어야 한다.

▶그림 8.48 테이블에 저장할 AssetView 개수 지정

658

예를 들어, 테이블 뷰가 위와 같이 3줄로 구성되어있다고 가정할 때, 첫 번째 줄(indexPath.row = 0)과 두 번째 줄(indexPath.row = 1)은 이미지가 모두 채워져 있고 세 번째 줄(indexPath.row = 2)에서 세 개 이미지를 모두 채운 경우, 두 개만 채운 경우, 하나만 채운 경우 등 세 가지 경우가 있을 수 있다.

이 메소드에서 이러한 경우를 구분하기 위해 다음과 같이 각 줄에 대한 시작 인덱스 값 index와 원하는 줄에 들어갈 수 있는 최댓값 인덱스maxIndex를 구한다.

```
- (NSArray *)assetsForIndexPath:(NSIndexPath *) indexPath
{
        int index = (indexPath.row * 3);
        int maxIndex = (indexPath.row * 3 + 2);
        ...
```

첫 번째 그림은 이미지 3개를 모두 채운 경우이다. row 값이 2인 경우, 최댓값은 maxIndex 즉, 8이 된다. 이미지 전체 개수 9보다 작은 경우이므로 배열에 이미지 3개 모두 지정된다.

```
        if(maxIndex < [self.imgAssets count]) {
                return [NSArray arrayWithObjects:
                                [self.imgAssets objectAtIndex:index],
                                [self.imgAssets objectAtIndex:index+1],
                                [self.imgAssets objectAtIndex:index+2],
                                nil];
        }
        ...
```

두 번째 그림은 세 번째 줄에 이미지 2개만 채운 경우이다. row 값이 2일 경우, 최댓값은 maxIndex−1 즉, 7이 된다. maxIndex−1이 이미지 전체 개수 8보다 작은 경우이므로 배열에 이미지 2개가 지정된다.

```
else if(maxIndex-1 < [self.imgAssets count]) {
        return [NSArray arrayWithObjects:
                        [self.imgAssets objectAtIndex:index],
                        [self.imgAssets objectAtIndex:index+1],
                        nil];
}
...
```

세 번째 그림은 이미지 1개만 채운 경우이다. row 값이 2인 경우, 최댓값은 maxIndex-2 즉, 6이 된다. maxIndex-2가 이미지 전체 개수 7보다 값보다 작은 경우이므로 배열에 이미지 1개만 지정한다.

```
else if(maxIndex-2 < [self.imgAssets count]) {
        return [NSArray arrayWithObject:
                    [self.imgAssets objectAtIndex:index]];
}
return nil;
}
```

8-5 선택된 이미지 출력 – 세 번째 단계

지금까지 기기에 있는 여러 앨범 중 하나의 앨범을 선택하고 앨범 내부에 있는 이미지를 출력해보았다. 이제 최종으로 남은 작업은 앨범 내부의 이미지를 여러 개를 선택해보고 선택된 이미지를 다음 페이지에 표시하는 작업이다.

▋그대로 따라 하기

❶ 프로젝트 탐색기에서 Main.storyboard를 선택하고 Object 라이브러리로부터 View Controller 하나를 캔버스의 Image Table View Controller 오른쪽에 떨어뜨린다.

▶ 그림 8.49 ViewController 추가

❷ 프로젝트 관리자의 프로젝트 이름(노란색 아이콘)에서 오른쪽 마우스 버튼을 클릭하고 New File 항목을 선택한다. 템플릿 대화상자의 왼쪽에서 iOS-Source를 선택하고 오른쪽에서 Cocoa Touch Class를 선택한 뒤, Next 버튼을 누른다. 새로운 클래스 이름을 "ImageShowController"라고 지정한다. 이때 그 아래쪽 Subclass of 항목에 UIViewController를 지정한다. 하지만, 그 아래 "Also create XIB file" 체크상자는 체크하지 않도록 한다. 그 아래 Language 항목은 Objective-C를 선택한다. 이상이 없으면 Next 버튼을 눌러 파일을 생성한다.

▶ 그림 8.50 ImageShowController 파일 생성

❸ 캔버스에서 새로 생성된 View Controller를 선택하고 오른쪽 위 Identity 인스펙터를 선택한다. 첫 번째 Custom Class 항목의 Class 상자에 ImageShowController를 지정한다.

▶ 그림 8.51 Custom Class 항목의 Class 상자에 ImageShowController를 지정

662

❹ 다시 Main.storyboard를 선택한 상태에서 Image Table View Controller를 선택하고 Object 라이브러리에서 Navigation Item을 내비게이션 바에 위치시킨다. Attributes 인스펙터의 Title 속성 값은 지운다. 다시 Object 라이브러리에서 Bar Button Item 하나를 내비게이션 아이템 오른쪽에 위치시킨다. Attributes 인스펙터를 사용하여 그 Title 속성을 "Show Image"로 변경한다.

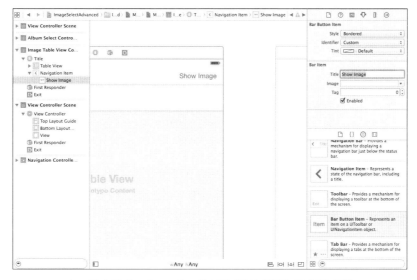

▶ 그림 8.52 Bar Button Item을 내비게이션 아이템 오른쪽에 위치

❺ Ctrl 키와 함께 Bar Button Item을 선택하고 드래그–엔–드롭으로 Image Show Controller와 연결시킨다. 이때 세구에 연결 선택상자가 나타나면 Action Segue 의 Show 항목을 선택한다.

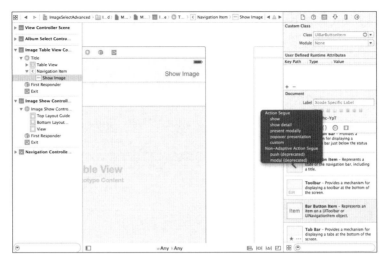

▶ 그림 8.53 세구에 연결 선택상자에서 Show 항목 선택

❻ 그다음, 캔버스에서 Image Show Controller를 선택하고 오른쪽 아래 오브젝트 라이브러리에서 Scroll View 객체를 선택하여 드래그-엔-드롭으로 뷰에 떨어 뜨린다.

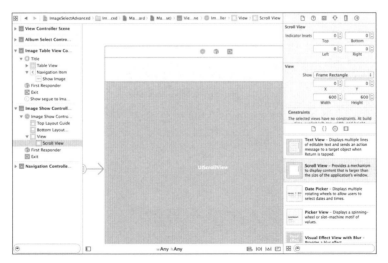

▶ 그림 8.54 Scroll View 컨트롤 추가

❼ 이제 도큐먼트 아웃라인 창에서 Scroll View를 선택한 상태에서 캔버스 아래 오토 레이아웃 메뉴에서 두 번째 Pin을 선택하고 "제약조건 설정" 창이 나타나면 다음 그림과 같이 Constrain to margin 체크상자의 체크를 제거한 뒤, 동, 서, 남, 북 모든 위치상자에 0을 입력하고 각각의 I 빔에 체크한다. 설정이 끝나면 아래쪽 "Add 4 Constraints" 버튼을 클릭한다.

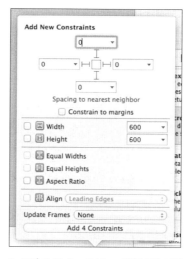

▶ 그림 8.55 Scroll View 제약조건 설정

❽ 이제 캔버스 아래 오토 레이아웃 메뉴에서 세 번째인 Issues를 선택하고 "All Views in View Controller"의 "Update Frames" 항목을 선택한다.

❾ 이어서 Scroll View를 선택한 상태에서 오른쪽 위에 있는 화살표 모양의 Connections 인스펙터를 선택한다. Outlets 항목 아래 delegate를 선택하고 도큐먼트 아웃라인Document outline 창의 Image Show Controller(노란색)와 연결한다.

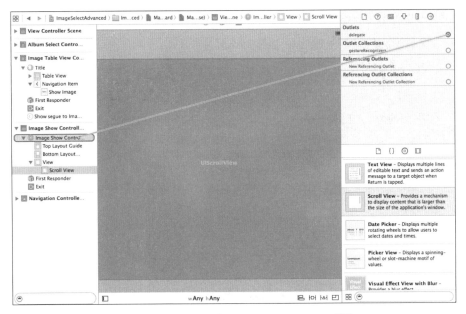

▶ 그림 8.56 delegate와 Image Show Controller 연결

⑩ 오른쪽 위의 도움 에디터 아이콘을 선택하여 도움 에디터를 표시한다. 도움 에디터 오른쪽 위 화살표를 선택하여 ImageShowController.h 파일이 표시되도록 한다. 이어서 Image Show Controller의 Scroll View를 Ctrl 키와 함께 마우스로 선택하고 @Interface 아래쪽으로 드래그-엔-드롭 처리하면 도움 에디터 연결 패널이 나타난다. 이 연결 패널의 Name 항목에 "scrollView"를 입력하고 Connect 버튼을 눌러준다.

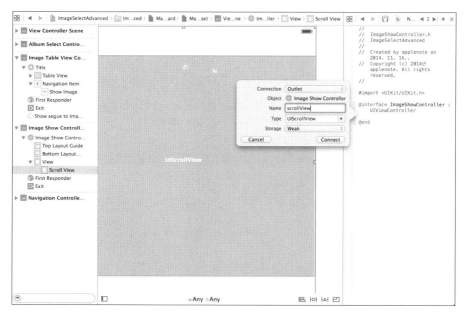

▶ 그림 8.57 Scroll View 객체 변수 자동 생성

⑪ 다시 표준 에디터로 변경한다. 이어서 프로젝트 탐색기에서 ImageTableView
Controller.m 파일을 선택하고 다음을 입력한다.

```
#import "ImageShowController.h"
...

#pragma mark - Navigation

- (void)prepareForSegue:(UIStoryboardSegue *)segue sender:(id)sender
{
    self.markAssets = [[NSMutableArray alloc] init];
        for(AssetView *assetView in self.imgAssets)
    {
            if([assetView marked])
        {
                ALAsset *asset = [assetView asset];
                [self.markAssets addObject:asset];
```

```
                }
        }

    if ([self.markAssets count] > 0)
    {
        ImageShowController *viewController = [segue destinationViewController];
        [viewController setMarkedAssets: self.markAssets];
    }
}
```

⑫ 그다음, 프로젝트 탐색기에서 ImageShowController.h 파일을 클릭하고 다음
코드를 입력한다.

```
#import <UIKit/UIKit.h>

@interface ImageShowController : UIViewController

- (void) setMarkedAssets:(NSMutableArray *) markedAssets;
@property (weak, nonatomic) IBOutlet UIScrollView *scrollView;

@end
```

⑬ 동일한 방법으로 프로젝트 탐색기에서 ImageShowController.m 파일을 클릭
하고 다음 코드를 입력한다.

```
#import <AssetsLibrary/AssetsLibrary.h>
#import "ImageShowController.h"

@interface ImageShowController ()
{
    NSMutableArray *markedAssest;
}
@end

@implementation ImageShowController
```

```
@synthesize scrollView;

- (void) setMarkedAssets:(NSMutableArray *) assets
{
    markedAssest = assets;
}

- (id)initWithNibName:(NSString *)nibNameOrNil bundle:(NSBundle
    *)nibBundleOrNil
{
    self = [super initWithNibName:nibNameOrNil bundle:nibBundleOrNil];
    if (self) {
        // Custom initialization
    }
    return self;
}

- (void)viewDidLoad {
    [super viewDidLoad];

    float screenWidth = [UIScreen mainScreen].bounds.size.width;
    int screenHeight = 0;

    for(ALAsset *asset in markedAssest)
    {
        UIImage *image = [UIImage imageWithCGImage:
                        [[asset defaultRepresentation] fullScreenImage]];
        UIImageView *imageview = [[UIImageView alloc] initWithImage:image];
        [imageview setContentMode:UIViewContentModeScaleAspectFit];

        CGSize size = image.size;
        CGFloat ratio = screenWidth / size.width;
        imageview.frame = CGRectMake(0.0,
                                    screenHeight,
                                    ratio * size.width,
                                    ratio * size.height);

        [scrollView addSubview:imageview];
        screenHeight = screenHeight + ratio * size.height;
    }
    [scrollView setContentSize: CGSizeMake(screenWidth, screenHeight)];
```

```
}

- (void)didReceiveMemoryWarning
{
    [super didReceiveMemoryWarning];
    // Dispose of any resources that can be recreated.
}

@end
```

⓮ 모든 입력이 끝났다면 Xcode의 Run 명령을 눌러 전체적으로 실행시켜보자. 앱
을 실행시키면 이전과 마찬가지로 ViewController가 실행되고 "Image Select"
버튼을 클릭하여 앨범을 표시한다. 이때 표시된 여러 앨범 중 하나를 선택하면
그 안에 포함된 여러 이미지를 보여주는데 이 이미지들을 선택할 때마다 OK
이미지가 추가되고 Show Image 버튼을 누르면 그림 8.58과 같이 선택된 이미
지를 다음 화면에서 보여준다.

▶그림 8.58 선택된 이미지를 화면에 표시

▌원리 설명

세 번째 단계인 선택된 앨범 내부에 있는 이미지 중 원하는 이미지를 클릭하여 선택했을 때 선택된 이미지를 확대하여 보여주는 ImageShowController 객체에 대하여 설명하기 전에 이전에 작성한 ImageTableViewController에서 선택한 이미지들이 어떻게 이 ImageShowController에 전달되었는지 그 과정을 살펴보자.

ImageTableViewController 객체와 ImageShowController 객체는 스토리보드에서 연결되어 있으므로 ImageTableViewController 내비게이션 바 오른쪽에 있는 "Show Image" 버튼을 클릭하면 다음과 같은 prepareForSegue 메소드가 자동으로 실행된다.

```
@implementation ImageTableViewController
...

- (void)prepareForSegue:(UIStoryboardSegue *)segue sender:(id)sender
{
...
```

먼저, 선택된 이미지들을 보관할 NSMutabeArray 객체 변수 markAssets를 생성한다.

```
    self.markAssets = [[NSMutableArray alloc] init];
    ...
```

그다음, for 문장으로 모든 이미지 정보를 가지고 있는 imgAssets 객체의 개수만큼 반복하면서 AssetView 객체의 marked 메소드를 사용하여 OK 마크 표시 뷰가 있는지 확인한다.

```
    for(AssetView *assetView in self.imgAssets)
    {
```

```
    if([assetView marked])
    {
    ...
```

OK 마크 표시가 있다면 그 애셋을 markAssets에 추가한다. AssetView 객체의 asset에는 실제 이미지에 대한 애셋이 지정되어 있으므로 그대로 NSMutableArray 타입인 markAssets에 계속 추가하여 보관한다.

```
        ALAsset *asset = [assetView asset];
        [self.markAssets addObject:asset];
    }
}
```

만일 선택된 개수가 0보다 크다면 그 이미지를 보여주는 ImageTableViewController 의 setMarkedAssets 메소드를 호출하여 선택된 이미지를 넘겨준다. 이때 선택된 이 미지는 NSMutableArray 타입의 배열 형태로 전달된다.

```
    if ([self.markAssets count] > 0)
    {
        ImageShowController *viewController = [segue destinationViewController];
        [viewController setMarkedAssets: self.markAssets];
    }
}
```

이렇게 넘겨진 이미지는 ImageShowController 객체의 setMarkedAssets 메소 드를 통하여 markedAssets 객체 변수에 저장된다.

```
@implementation ImageShowController
@synthesize scrollView;

- (void) setMarkedAssets:(NSMutableArray *) assets
```

```
{
    markedAssest = assets;
}
```

이제 markedAsset 객체 변수에 있는 이미지를 하나씩 읽어 현재 스크롤 뷰 아래
방향으로 하나씩 그려주면 된다. 먼저 UIScreen 객체를 사용하여 현재 기기의 너비
크기를 알아내고 우선 이미지 너비 크기 screenHeight 값을 0으로 지정한다.

```
- (void)viewDidLoad
{
    [super viewDidLoad];

    float screenWidth = [UIScreen mainScreen].bounds.size.width;
    int screenHeight = 0;
    ...
```

그다음, markedAsset에 있는 ALAsset 이미지를 하나씩 읽어 UIImage 객체로
바꾸어준다.

```
    for(ALAsset *asset in markedAssest)
    {
        UIImage *image = [UIImage imageWithCGImage:
                    [[asset defaultRepresentation] fullScreenImage]];
        ...
```

이때 사용된 ALAsset 클래스의 defaultRepresentation 메소드는 현재 애셋을 이
미지로 표시하기 위해서 ALAssetRepresentation 타입으로 돌려주는데 이 ALAsset
Representation 클래스를 이용하여 이미지의 파일 이름, 이미지 메타 데이터, 이미
지 전체 크기의 CGImage, 이미지 해상도 크기의 CGImage 등으로 변경할 수 있다.
표 8.5는 ALAssetRepresentation 클래스의 주요 메소드이다.

ALAssetRepresentation 클래스 메소드	설명
filename	파일 이름을 돌려준다.
fullResolutionImage	애셋 화면 원래 크기 CGImage 타입을 리턴
fullScreenImage	화면을 채운 크기의 CGImage 타입으로 리턴
metadata	이미지 메타 자료의 딕셔너리 형식으로 리턴

여기서는 fullScreenImage 메소드를 사용하여 화면 크기를 채운 CGImage 타입으로 변경한 뒤 다시 UIImage 클래스의 imageWithCGImage 메소드를 사용하여 UIImage 타입으로 변경한다. 이때 setContentMode 메소드에 UIViewContentModeScaleAspectFit을 지정하여 크기가 변경되더라도 가로, 세로 비율을 오리지널 이미지와 동일하게 맞춘다.

```
UIImageView *imageview = [[UIImageView alloc] initWithImage:image];
[imageview setContentMode:UIViewContentModeScaleAspectFit];
...
```

그다음, 출력하고자 하는 이미지 크기를 구한다. 이어서 현재 표시하고자 하는 기기의 너비 길이를 실제 이미지 너비 길이로 나누어 화면 비율을 구하고 그 비율을 각각 이미지 가로, 세로에 곱하여 실제로 표시될 뷰의 이미지 길이를 구해준다. 이렇게 처리하면 이미지 너비 길이는 기기 너비 길이와 같아진다.

```
CGSize size = image.size;
CGFloat ratio = screenWidth / size.width;
imageview.frame = CGRectMake(0.0,
                             screenHeight,
                             ratio * size.width,
                             ratio * size.height);
```

그다음, 생성된 이미지 뷰를 스크롤 뷰에 추가시킨다. 그다음, 현재 이미지 시작

y 좌표에 현재 이미지 높이 크기를 더하여 그다음 이미지 시작 y 값인 screenHeight 를 구해준다. 그다음 이미지는 현재 이미지 아래쪽에 그려지게 된다.

```
    [scrollView addSubview:imageview];
    screenHeight = screenHeight + ratio * size.height;
}
```

동일한 방법으로 반복문을 이용하여 원하는 이미지를 계속 스크롤 뷰 아래쪽에 추가시키고 다음과 같이 setContentSize 메소드를 이용하여 실제로 스크롤되는 이미지의 전체 범위를 지정한다. 스크롤 뷰의 가로 크기는 위에서 얻은 screenWidth 이고 스크롤 뷰의 세로 길이 역시 위에서 누적 계산한 screenHeight가 된다. 이 screenHeight 값이 선택된 이미지들의 전체 높이 크기가 되기 때문이다.

```
    [scrollView setContentSize: CGSizeMake(screenWidth, screenHeight)];
}
```

이번 장에서는 아이폰에서 사진을 처리하는 두 가지 방법 즉, UIImagePickerController를 사용하는 방법과 Assets 라이브러리를 사용하는 방법에 대하여 알아보았다.

첫 번째 방법인 UIImagePickerController 클래스를 사용하는 방법은 다음과 같은 2개의 델리게이트 함수 즉, didFinishPickingImage 함수와 imagePickerControllerDidCancel을 사용하여 처리해보았다. didFinishPickingImage 함수는 앨범에서 제공되는 사진 이미지를 선택했을 때 자동 실행되는 함수이고 imagePickerControllerDidCancel 델리게이트 함수는 앨범에서 제공되는 사진을 선택하지 않고 취소했을 때 실행되는 함수이다.

Assets 라이브러리를 사용하여 이미지를 처리하는 방법은 쉽지 않지만, 사용자가 원하는 모양으로 변경할 수 있는 장점을 제공한다. 이 장에서는 블록에 대한 기초 예제를 설명하였고 이것을 바탕으로 총 3가지 단계를 사용하여 앨범의 이미지를 처리해 보았다. 첫 번째 부분은 앨범 처리 부분으로 앨범을 표시하고 선택할 수 있는 기능을 제공하는 것이고 두 번째는 이미지 선택 부분으로 첫 번째에서 선택한 앨범 내부에 있는 이미지들을 보여주는 기능을 한다. 마지막 부분은 앨범 내부의 이미지를 선택할 때마다 OK 이미지를 추가시키는 방법을 설명하였고 그 선택된 이미지들을 다음 페이지에서 스크롤 바를 사용하여 출력해 보았다.

컬렉션 뷰

이전 8장에서는 UIImagePickerController 클래스와 Assets 라이브러리를 사용하여 이미지 사진을 처리하는 방법에 대하여 알아보았다. 8장에서 처리해보았듯이 사진을 화면에 표시하는 가장 일반적인 방법은 테이블 뷰^{TableView} 클래스를 사용하는 것이다. iOS6부터는 이러한 이미지를 출력하는 테이블 뷰 클래스보다 더 멋진 기능을 제공하는데 그것이 바로 컬렉션 뷰^{Collection View} 기능이다.

테이블 뷰 클래스에서는 단순한 줄 단위의 출력 형태를 제공하여 텍스트 출력은 쉽지만, 이미지와 함께 출력하는 경우에는 코딩이 복잡해지는 단점이 있다. 그러나 컬렉션 뷰에서는 줄 단위뿐만 아니라 그리드 형식, 스택 형식 등의 부가적인 기능을 제공하여 텍스트와 이미지를 함께 처리하는 경우에도 쉽게 원하는 자료를 보여줄 수 있다. 이 장에서는 이러한 컬렉션 뷰를 사용하여 텍스트와 이미지를 처리하는 방법에 대하여 알아볼 것이다.

9-1 컬렉션 뷰 관련 클래스

컬렉션 뷰를 사용하기 위해서는 이것과 관련된 몇 가지 클래스를 알고 있어야만 한다. 먼저 알아두어야 하는 클래스는 UICollectionView 클래스이다. 이 클래스는 원하는 자료를 출력하는 핵심 클래스로 자동차 엔진에 해당한다고 할 수 있다. 자동차 엔진 역시 혼자서는 자동차를 움직일 수 없는 것처럼 UICollectionView 클래스 혼자서 모든 기능을 처리할 수 없다. 뒤에서 설명하겠지만, 이 클래스에서 제공하는 프로토콜 메소드인 UICollectionViewDataSource와 UICollectionViewDelegate를 설정하여 구현해야 하고 원하는 셀의 형태를 디자인할 수 있는 UICollectionViewCell 로부터 계승 받는 클래스를 작성해야 한다. 또한, 셀을 어떤 형태로 구현할지를 결정하는 UICollectionViewLayout 클래스를 구현하는 것도 잊지 말아야 한다. 다행히도 간단한 기능인 경우에는 이러한 클래스를 구현하지 않더라도 디폴트로 제공되는 여러 가지 이벤트 함수를 사용할 수도 있다.

위에서 언급했듯이 UICollectionViewCell 클래스는 컬렉션 뷰의 각 셀에 자료를 출력을 담당하는 클래스이다. 이 클래스의 특이한 것은 직접 클래스를 생성하는 것이 아니라 컬렉션 뷰의 registerClass라는 메소드를 호출하여 등록시키면 자동으로 불린다는 점이다.

이 클래스는 배경 뷰Background View와 내용 뷰Content View 두 가지 뷰로 구성되는데 이름에서 말해주듯이 배경 뷰는 셀의 배경을 처리하는 뷰이고 내용 뷰는 셀 내용을 처리한다. 당연한 이야기이지만, UICollectionViewCell 클래스에 라벨이나 혹은 이미지를 추가하는 경우에는 내용 뷰Content View에 추가시켜야 한다.

또 하나의 중요 클래스는 UICollectionViewFlowLayout 클래스이다. 이 클래스는 셀 형태를 바둑판 형식의 그리드 모양으로 보여 주고자 할 때 여러 가지 값을 지정하는 클래스이다. 예를 들어, 셀의 가로, 세로 크기 혹은 하나의 셀과 다른 셀 사이의 거리, 왼쪽 가장자리 너비, 오른쪽 가장자리 너비, 스크롤 방향 등 거의 모든 셀의 형태를 이 클래스에서 설정한다. 이 클래스를 사용하기 위해서는 다음 절에서 설명하는 UICollectionViewDelegateFlowLayout 지정이 필요하다. 다음 표 9.1은 지금까지 설명한 컬렉션 뷰의 주요 클래스의 기능을 정리하였다.

▶ 표 9.1 컬렉션 뷰 주요 클래스

클래스 이름	설명
UICollectionView	UITableView의 진보된 기능으로써 테이블 형식으로 자료를 출력
UICollectionViewCell	UITableViewCell과 비슷한 기능으로 UICollectionView에 추가되어 이미지, 텍스트 등을 표시
UICollectionViewLayout	UICollectionView의 셀의 위치 및 형식 결정
UICollectionViewFlowLayout	셀 형태를 바둑판 형식으로 보여줄 때 여러 값 설정

9-2 컬렉션 뷰를 이용한 텍스트 출력

이제 실제로 컬렉션 뷰를 이용하여 간단하게 텍스트를 출력해보자. 이번 예제에서는 메인 뷰에 버튼 하나를 만들고 이 버튼을 누르면 컬렉션 뷰가 나타나고 이 컬렉션 뷰에 작은 크기의 셀 6개를 만들어 그 셀 위에 1부터 6까지 텍스트 숫자를 붙여볼 것이다. 전체적인 화면 이동 처리는 내비게이션 컨트롤러를 사용한다.

▌그대로 따라 하기

❶ Xcode에서 File-New-Project를 선택한다. 계속해서 왼쪽에서 iOS-Application을 선택하고 오른쪽에서 Single View Application을 선택한다. 이어서 Next 버튼을 누르고 Product Name에 "CollectionText"라고 지정한다.
아래쪽에 있는 Language 항목은 "Objective-C", Devices 항목은 "iPhone"으로 설정하고 Next 버튼을 눌러 프로젝트를 생성한다.

▶그림 9.1 CollectionText 프로젝트 생성

❷ 프로젝트 탐색기의 Main.storyboard를 선택하고 도큐먼트 아웃라인 창에서
View Controller를 선택한다. 그다음, Xcode의 Editor 메뉴-Embed In-
Navigation Controller를 선택하여 내비게이션 컨트롤러Navigation Controller를 추
가시킨다. 이때 내비게이션 컨트롤러는 자동으로 현재 위치하는 뷰 컨트롤러와
연결된다.

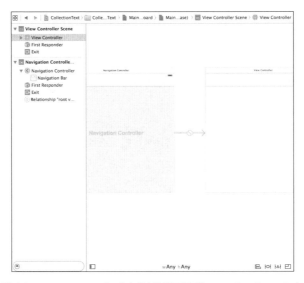

▶그림 9.2 View Controller에 내비게이션 컨트롤러(Navigation Controller) 추가

❸ 이제 캔버스의 오른쪽 아래에 있는 Object 라이브러리에서 Button 하나를 선택하고 View Controller 중앙에 위치시킨다. Attributes 인스펙터를 사용하여 그 Title 속성을 "Collection Example"로 변경한다.

▶그림 9.3 View Controller에 Button 추가

❹ 계속 Button 컨트롤을 선택한 상태에서 캔버스 아래 오토 레이아웃 메뉴에서 첫 번째 Align을 선택하고 "배열 제약조건 설정" 창이 나타나면 다음과 같이 "Horizontal Center in Container"와 "Vertical Center in Container" 항목에 체크하고 아래쪽 "Add 2 Contstraints" 버튼을 누른다.

▶그림 9.4 Button 제약조건으로 수평과 수직 중앙에 위치 항목 체크

❺ 이제 캔버스 아래 오토 레이아웃 메뉴에서 세 번째인 Issues를 선택하고 "All Views in View Controller"의 "Update Frames" 항목을 선택하면 캔버스의 화면은 다음과 같다.

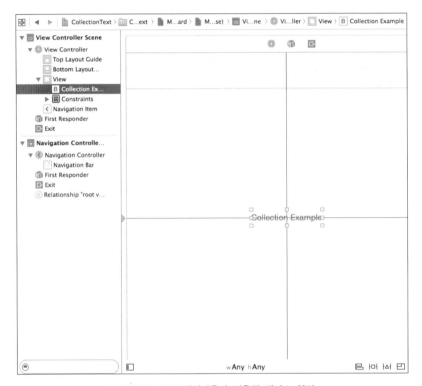

▶그림 9.5 오토 레이아웃이 적용된 캔버스 화면

❻ 다시 오른쪽 아래 있는 Object 라이브러리에서 Collection View Controller 하나를 선택하고 캔버스의 View Controller 오른쪽에 위치시킨다.

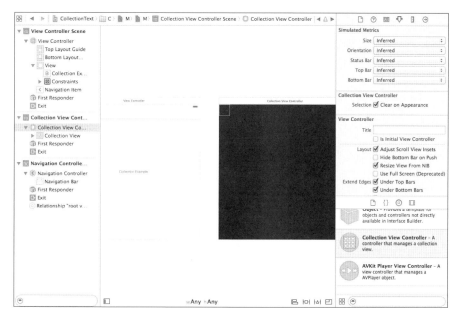

▶그림 9.6 캔버스에 Collection View Controller 추가

❼ 프로젝트 관리자의 프로젝트 이름(노란색 아이콘)에서 오른쪽 마우스 버튼을 클릭하고 New File 항목을 선택한다. 템플릿 대화상자의 왼쪽에서 iOS-Source를 선택하고 오른쪽에서 Cocoa Touch Class를 선택한 뒤, Next 버튼을 누른다. 새로운 클래스 이름을 "CollectionTextController"라고 지정한다. 이때 그 아래쪽 Subclass of 항목에 UICollectionViewController를 지정한다. 그러나 "Also create XIB file" 체크상자는 체크하지 않도록 한다. 그 아래 Language 항목은 Objective-C를 선택한다. 이상이 없으면 Next 버튼을 눌러 파일을 생성한다.

▶그림 9.7 CollectionTextController 파일 생성

❽ 이제 프로젝트 탐색기에서 Main.storyboard 파일을 선택한 상태에서 캔버스의
Collection View Controller를 선택한다. 오른쪽 위 Identity 인스펙터를 선택
하고 Custom Class 항목의 Class에 위에서 생성한 CollectionTextController
를 지정한다.

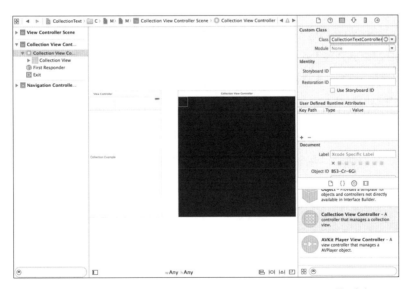

▶그림 9.8 Custom Class 항목의 Class에 CollectionTextController를 지정

❾ 이제 캔버스에서 View Controller 중앙에 있는 "Collection Example" 버튼을 Ctrl 키와 함께 선택하고 드래그-엔-드롭으로 Collection Text Controller에 떨어뜨려 서로 연결시킨다. 세구에 연결 선택상자가 나타나면 "Action Segue" 아래쪽에 있는 show 항목을 선택한다.

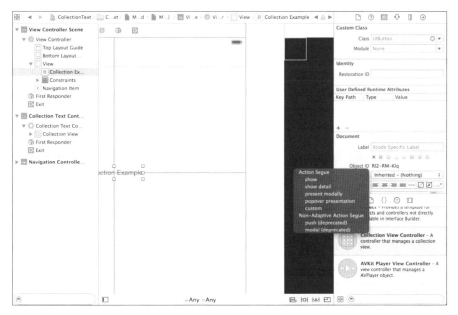

▶그림 9.9 "Action Segue"의 show 항목을 선택

❿ 프로젝트 관리자의 프로젝트 이름(노란색 아이콘)에서 오른쪽 마우스 버튼을 클릭하고 New File 항목을 선택한다. 템플릿 대화상자의 왼쪽에서 iOS-Source를 선택하고 오른쪽에서 Cocoa Touch Class를 선택한 뒤, Next 버튼을 누른다. 새로운 클래스 이름을 "CollectionTextViewCell"이라고 지정한다. 이때 그 아래쪽 Subclass of 항목에 UICollectionViewCell을 지정한다. 그러나 "Also create XIB file" 체크상자는 체크하지 않도록 한다. 그 아래 Language 항목은 Objective-C를 선택한다. 이상이 없으면 Next 버튼을 눌러 파일을 생성한다.

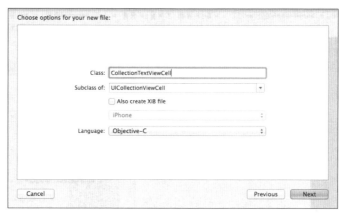

▶그림 9.10 CollectionTextViewCell 파일 생성

⑪ 프로젝트 탐색기에서 Main.storyboard 파일을 선택한다. 캔버스 창 왼쪽
옆에 있는 도큐먼트 아웃라인 창에서 Collection View Cell을 선택하고 오
른쪽 위에서 Identity 인스펙터를 선택한다. Custom Class 항목의 Class에
"CollectionTextViewCell"을 입력한다.

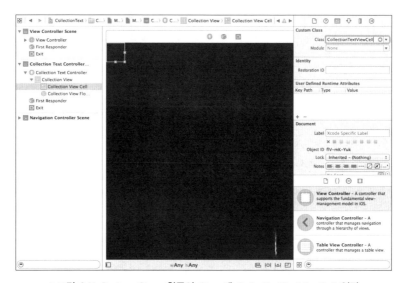

▶그림 9.11 Custom Class 항목의 Class에 CollectionTextViewCell 입력

⑫ 동일한 상태에서 이번에는 오른쪽 위에서 Attributes 인스펙터를 선택한다.
Collection Reusable Cell 항목의 식별자Identifier에 "MyCell"을 입력한다.

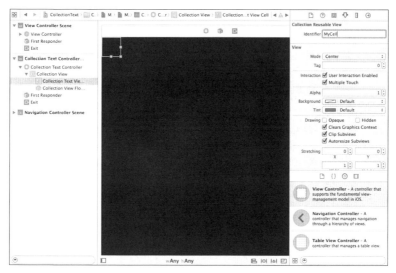

▶그림 9.12 Collection Reusable Cell 항목의 식별자(Identifier)에 "MyCell" 입력

⑬ 다시 표준 에디터로 변경한다. 프로젝트 탐색기에서 CollectionTextViewCell.h
파일을 선택하고 다음 코드를 입력한다.

```
#import <UIKit/UIKit.h>
@interface CollectionTextViewCell : UICollectionViewCell
@property (strong, nonatomic) UILabel *lblNumber;
@end
```

⑭ 이어서 프로젝트 탐색기에서 CollectionTextViewCell.m 파일을 선택하고 다
음 코드를 입력한다.

```
#import "CollectionTextViewCell.h"
```

```
@implementation CollectionTextViewCell
@synthesize lblNumber;

- (id)initWithFrame:(CGRect)frame
{
    self = [super initWithFrame:frame];
    if (self) {
        self.lblNumber = [[UILabel alloc]
            initWithFrame:CGRectMake(0.0, 0.0, frame.size.width,
    frame.size.height)];
        self.lblNumber.textAlignment = NSTextAlignmentCenter;
        self.lblNumber.textColor = [UIColor blackColor];
        self.lblNumber.font = [UIFont boldSystemFontOfSize:36.0];
        self.lblNumber.backgroundColor = [UIColor whiteColor];
        [self.contentView addSubview: self.lblNumber];
    }
    return self;
}
@end
```

⓯ 이제 프로젝트 탐색기에서 CollectionTextController.m을 클릭하고 다음 코드
를 입력한다.

```
#import "CollectionTextController.h"
#import "CollectionTextViewCell.h"

@interface CollectionTextController ()

@end

@implementation CollectionTextController

static NSString * const reuseIdentifier = @"MyCell";

- (void)viewDidLoad {
    [super viewDidLoad];

    [self.collectionView registerClass:[CollectionTextViewCell class]
```

```
                    forCellWithReuseIdentifier:reuseIdentifier];
}


- (void)didReceiveMemoryWarning {
    [super didReceiveMemoryWarning];
    // Dispose of any resources that can be recreated.
}


#pragma mark <UICollectionViewDataSource>

- (NSInteger)numberOfSectionsInCollectionView:(UICollectionView
  *)collectionView
{
    return 2;
}


- (NSInteger)collectionView:(UICollectionView *)collectionView
                numberOfItemsInSection:(NSInteger)section
{
    return 6;
}


- (UICollectionViewCell *)collectionView:(UICollectionView *)collectionView
                cellForItemAtIndexPath:(NSIndexPath *)indexPath
{
    CollectionTextViewCell *cell = [collectionView
dequeueReusableCellWithReuseIdentifier:reuseIdentifier forIndexPath:indexPath];
    cell.lblNumber.text = [NSString stringWithFormat:@"%li",indexPath.item];

    return cell;
}


#pragma mark — UICollectionViewDelegateFlowLayout

- (CGSize)collectionView:(UICollectionView *) collectionView
                layout:(UICollectionViewLayout *)
        collectionViewLayout sizeForItemAtIndexPath:(NSIndexPath *)indexPath
{
    CGSize retval = CGSizeMake(100, 100);
    return retval;
```

```
}

- (UIEdgeInsets)collectionView:(UICollectionView *)collectionView layout:
                (UICollectionViewLayout *)
                collectionViewLayout
   insetForSectionAtIndex:(NSInteger)section
{
    return UIEdgeInsetsMake(50, 40, 50, 40);
}

@end
```

⑯ 입력이 끝난 뒤 실행시키면 ViewController가 실행되고 중앙에 있는 Collection Example 버튼을 클릭하면 0부터 5까지 6개 셀이 그림 9.13과 같이 나타난다.

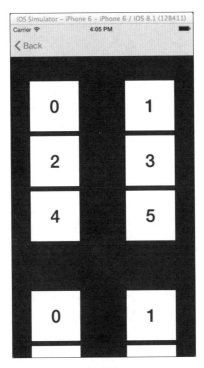

▶ 그림 9.13 6 개의 셀 출력 화면

▌원리 설명

컬렉션 뷰에서 반드시 설정해야 할 프로토콜은 뷰와 관련 항목을 수, 항목 등을 설정해주는 UICollectionViewDataSource와 셀을 선택하거나 삭제하는 UICollection ViewDelegate, 셀의 크기나 위치 등을 지정하는 UICollectionViewFlowLayout Delegate 등이 있다. 이러한 프로토콜 중 UICollectionViewFlowLayoutDelegate는 UICollection ViewDelegate의 서브 프로토콜이므로 UICollectionViewDelegate 프로토콜을 설정하면 UICollectionViewFlowLayoutDelegate는 자동으로 설정된다.

먼저, UICollectionViewDataSource 프로토콜에서 지원하는 메소드는 다음 표 9.2와 같다.

▶ 표 9.2 UICollectionViewDataSource 프로토콜 지원 메소드

UICollectionViewDataSource 메소드	설명
colletionView:numberOfItemsInSection	지정된 섹션에 표시할 셀의 수를 돌려준다.
colletionView:numberOfSectionsColle ctionView	표시할 섹션의 수를 돌려준다. 여기서 섹션이란 그룹으로 표시되는 자료를 말한다.
collectionView:cellForItemAtIndexPath	각 인덱스에 해당하는 셀을 돌려준다. 즉, numberOfItemsInSection에 지정된 셀의 수만큼 반복하면서 셀을 그려주는 작업을 한다.

위에서 설명했듯이 위의 메소드를 사용하여 출력하기 원하는 자료에 대한 섹션의 수, 섹션에 대한 셀의 수를 지정해주고 collectionView:cellForItemAtIndexPath에서 출력하고자 하는 셀을 생성해주면 된다. 이때 주의해야 할 점은 UITableViewCell 클래스 때와 마찬가지로 반드시 재사용 셀에 대한 식별자Identifier 이름을 등록해야만 한다.

두 번째, UICollectionViewDelegate는 출력된 셀을 선택하거나 선택을 취소했을 때 실행되는 메소드를 제공한다. 다음 표 9.3은 UICollectionViewDelegate 주요 메소드이다.

주요 메소드	설명
collectionView:didSelectItemAtIndexPath	화면에 출력된 셀 선택했을 때 실행
collectionView:didDeselectItemAtIndexPath	화면에 출력된 셀 선택 취소했을 때 실행

세 번째, UICollectionViewFlowLayoutDelegate는 출력되는 셀의 모양과 섹션과 섹션 사이의 위치를 지정해주는 프로토콜이다. 다음 표 9.4는 UICollectionViewFlowLayoutDelegate 주요 메소드이다.

▶ 표 9.4 UICollectionViewFlowLayoutDelegate 주요 메소드

주요 메소드	설명
collectionView:layout:sizeForItemAtIndexPath	출력하고자 하는 셀의 크기를 설정
collectionView:layout:insertForSectionAtIndex	출력하고자 하는 섹션 사이의 거리 설정

컬렉션 뷰에 대한 기본적인 정보에 대한 것을 알아보았으니 이제 이것을 바탕으로 CollectionText 프로젝트의 세부 내용을 살펴보자.

CollectionText 프로젝트는 ViewController가 실행되면서 "Collection Example"이라는 이름의 버튼이 중앙에 표시된다. Main.storyboard를 선택하여 이 버튼을 다음과 같이 마우스를 사용하여 Collection Text Controller에 연결할 수 있다. 이렇게 처리함으로써 버튼을 누르면 Collection Text Controller로 이동하게 된다. 이때 연결 선택상자가 나타나면 Action Segue의 show를 선택한다.

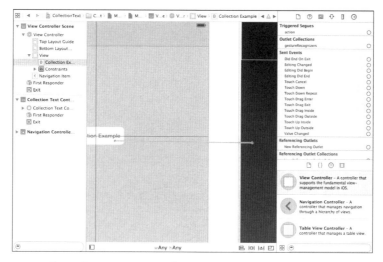

▶ 그림 9.14 "Collection Example" 버튼과 Collection Text Controller와 연결

CollectionTextController가 실행되면 가장 먼저 viewDidLoad 메소드가 실행되
는데 이 메소드에서 다음과 같이 registerClass 메소드를 사용하여 위에서 작성한
CollectionTextViewCell 객체를 등록한다. 이때 이 객체의 Collection Reusable
Cell 항목의 식별자 이름(Identifier)인 "MyCell"을 사용해 등록하도록 한다.

```
static NSString * const reuseIdentifier = @"MyCell";
...
- (void)viewDidLoad
{
    ...
    [self.collectionView registerClass:[CollectionTextViewCell class]
                forCellWithReuseIdentifier:reuseIdentifier];
```

그다음, 설정한 프로토콜 메소드가 자동 실행된다. 이러한 프로토콜 메소드는
Connections 인스펙터에서 Collection Text Controller의 dataSource와 delegate
속성이 소스 코드의 CollectionTextController와 연결되어야 하는데 이 연결은 이
객체가 생성될 때, 다음 그림과 같이 자동으로 설정되므로 개발자가 따로 처리할

필요는 없다.

▶ 그림 9.15 dataSource와 delegate와 Collection Text View 연결

위의 프로토콜들이 지정되었다면 이제 이 프로토콜에서 지정하는 여러 가지 이벤트 메소드가 자동으로 실행된다.

먼저, UICollectionViewDataSource 프로토콜 관련 메소드를 처리해보자.

첫 번째 collectionView:numberOfItemsInSection은 섹션section당 현재 출력하고자 하는 항목의 수를 지정하는 메소드이다. 즉, 0부터 5까지의 숫자를 표시할 것이므로 다음과 같이 6을 지정한다.

```
- (NSInteger)collectionView:(UICollectionView *)collectionView
        numberOfItemsInSection:(NSInteger)section
{
    return 6;
}
```

그다음, numberOfSectionsInCollectionView는 컬렉션 뷰에 출력되는 섹션section의 수를 지정한다. 여기서 2개를 지정하였으므로 2개의 섹션이 출력될 것이다. 여기서 사용되는 섹션이란 자료 출력을 위한 그룹을 말한다. 즉, 여기서 자료는 크게 2개의 그룹으로 출력되고 그룹마다 0부터 5까지 출력된다.

```
- (NSInteger)numberOfSectionsInCollectionView:(UICollectionView *)collectionView
{
    return 2;
}
```

위와 같이 설정되었으므로 이제 (섹션 × 셀) 수만큼 cellForItemAtIndexPath 메소드를 반복 실행한다. 이 메소드에서도 위에서 설정한 Collection Reusable Cell 항목의 식별자Identifier 이름 "MyCell"를 지정하여 컬렉션 텍스트 뷰 셀을 재사용할 수 있도록 지정한다.

```
- (UICollectionViewCell *)collectionView:(UICollectionView *)cv
  cellForItemAtIndexPath:(NSIndexPath *)indexPath {
  CollectionTextViewCell *cell =
  [cv dequeueReusableCellWithReuseIdentifier:@"MyCell"
  forIndexPath:indexPath];
  ...
```

이때 파라미터로 넘어오는 indexPath의 item은 현재 출력하고자 하는 항목의 인덱스 값이 지정되는데 이 인덱스 숫자를 NSString 형식으로 변경해서 위에서 생성한 CollectionTextViewCell 객체의 Label 객체에 출력해준다.

```
    cell.lblNumber.text = [NSString stringWithFormat:@"%d",indexPath.item];
    return cell;
}
```

다음은 UICollectionViewFlowLayoutDelegate 관련 프로토콜 메소드를 처리해보자.

먼저 collectionView:collectionViewLayout:sizeForItemAtIndexPath 메소드는 출력하고자 하는 셀의 크기를 지정할 때 사용된다. CGSizeMake를 사용하여 가로, 세로가 각각 100×100인 크기의 셀의 크기를 지정한다.

```
- (CGSize)collectionView:(UICollectionView *)
        collectionView layout:(UICollectionViewLayout*)collectionViewLayout
        sizeForItemAtIndexPath:(NSIndexPath *)indexPath
{
    CGSize retval = CGSizeMake(100, 100);
    return retval;
}
```

그다음, collectionView:collectionViewLayout:insetForSectionAtIndex 메소드에서 다음과 같이 UIEdgeInsetsMake 함수를 사용하여 섹션 단위로 출력하고자 하는 셀에 대한 가장자리 크기를 지정한다. 이 함수는 top, left, bottom, right 순의 4개의 파라메터 값을 지정하는데 이 값들은 출력하고자 하는 셀 중 가장 왼쪽 위에 있는 셀과 가장 오른쪽 아래에 있는 셀의 가장자리 크기를 지정한다.

```
- (UIEdgeInsets) collectionView:(UICollectionView *)collectionView
  layout:(UICollectionViewLayout *)
  collectionViewLayout insetForSectionAtIndex:(NSInteger)section {
    return UIEdgeInsetsMake(50, 40, 50, 40);
}
```

위 예제의 경우, top의 위치가 50, left 위치가 40이므로 셀은 위쪽 50픽셀, 왼쪽 40픽셀 크기의 가장자리를 가지게 되고 또한, bottom 50, right 40이므로 이 셀은 아래쪽 50픽셀, 오른쪽 40픽셀의 가장자리를 가지게 된다(그림 9.16 참조).

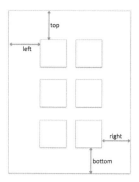

▶ 그림 9.16 UIEdgeInsetsMake 함수의 가장자리 설정

마지막으로 셀의 모양을 구성하는 CollectionTextViewCell 클래스를 살펴보자. 이 클래스는 lblNumber라는 이름의 멤버 변수 하나로 구성된다. 이 멤버 변수는 직접 alloc를 사용하여 생성하기 때문에 @propery 속성에 strong을 지정한다.

```
@interface CollectionTextViewCell : UICollectionViewCell
@property (strong, nonatomic) IBOutlet UILabel *lblNumber;
@end
```

lblNumber 멤버 변수는 CollectionTextController.m 파일의 셀의 출력을 담당하는 cellForItemAtIndexPath 메소드에서 다음과 같이 호출된다. 즉, 위에서 생성한 lblNumber의 text 속성에 현재 인덱스 숫자를 지정하여 셀 내부에 숫자를 표시한 것이다.

```
- (UICollectionViewCell *)collectionView:(UICollectionView *)cv
cellForItemAtIndexPath:(NSIndexPath *)indexPath {
    ...
    cell.lblNumber.text = [NSString stringWithFormat:@"%d",indexPath.item];
    return cell;
}
```

또한, CollectionTextViewCell.m 파일에 다음과 같이 initWithFrame 메소드를 생성한다.

```
- (id)initWithFrame:(CGRect)frame
{
    self = [super initWithFrame:frame];
    if (self) {
        ...
```

이 메소드는 CollectionTextController 객체의 viwDidLoad 메소드에서 Collection TextViewCell을 등록할 때 자동으로 호출된다.

```
CollectionTextController.m

- (void) viewDidLoad
{
...
    [self.collectionView registerClass:[CollectionTextViewCell class]
                forCellWithReuseIdentifier:reuseIdentifier];
```

먼저 lblNumber라는 이름으로 Label 컨트롤을 생성하고 출력 위치Alignment를 중앙, 텍스트색Color을 Black Color, 라벨의 폰트 크기Font를 System 36.0, 배경색background을 White Color 등으로 지정한다.

```
        self.lblNumber = [[UILabel alloc] initWithFrame:
                CGRectMake(0.0, 0.0, frame.size.width, frame.size.height)];
        self.lblNumber.textAlignment = NSTextAlignmentCenter;
        self.lblNumber.textColor = [UIColor blackColor];
        self.lblNumber.font = [UIFont boldSystemFontOfSize:36.0];
        self.lblNumber.backgroundColor = [UIColor whiteColor];
        ...
```

설정이 끝나며 addSubview를 사용하여 contentView에 등록한다.

```
        [self.contentView addSubview: self.lblNumber];
    }
    return self;
}
```

컬렉션 뷰를 이용한 이미지 출력

위에서 컬렉션 뷰를 이용하여 간단한 숫자 텍스트를 출력해보았는데 이제 컬렉션 뷰에 이미지를 출력해보자. 이미지 출력 역시 텍스트 출력 방법과 동일하다. 단지 텍스트를 출력하는 CollectionTextViewCell 대신 이미지를 출력하는 CollectionImageViewCell을 만들어 주면 된다. 또한, 이번 예제에서는 컬렉션 뷰 컨트롤러를 별도로 사용하지 않고 자동으로 생성되는 ViewController에 컬렉션 뷰를 추가하여 컬렉션 뷰 컨트롤러처럼 만들어 볼 것이다. 그리고 내비게이션 기능을 통하여 컬렉션 컨트롤러에 표시된 여러 이미지 중 하나를 선택했을 때 그 이미지를 다음 페이지에 출력할 수 있도록 작성해볼 것이다.

█ 그대로 따라 하기

❶ Xcode에서 File-New-Project를 선택한다. 계속해서 왼쪽에서 iOS-Application을 선택하고 오른쪽에서 Single View Application을 선택한다. 이어서 Next 버튼을 누르고 Product Name에 "CollectionImage"라고 지정한다.

아래쪽에 있는 Language 항목은 "Objective-C", Devices 항목은 "iPhone"으로 설정하고 Next 버튼을 눌러 프로젝트를 생성한다.

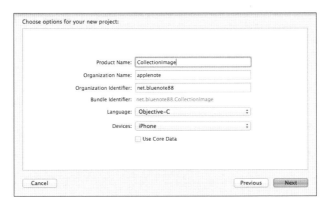

▶ 그림 9.17 CollectionImage 프로젝트 생성

❷ 먼저 화면에 출력할 이미지들을 등록시켜보자. 프로젝트 탐색기 위쪽에 있는 프로젝트 이름 CollectionImage(파란색 아이콘)를 선택하고 New Group을 선택한다. New Group 폴더가 나타나면 Resources라는 이름으로 변경시킨다. 그리고 원하는 이미지 6개를 드래그-엔-드롭으로 이 Resources에 추가해준다.

▶ 그림 9.18 New Group 폴더 생성 및 이미지 파일 복사

❸ 프로젝트 탐색기의 Main.storyboard를 선택한 상태에서 스토리보드 캔버스에서 ViewController를 선택한다. 그다음, Xcode의 Editor 메뉴-Embed In-Navigation Controller를 선택하여 내비게이션 컨트롤러Navigation Controller를 추가시킨다. 이때 내비게이션 컨트롤러는 자동으로 현재 위치하는 뷰 컨트롤러와 연결된다.

▶ 그림 9.19 캔버스에 내비게이션 컨트롤러(Navigation Controller) 추가

❹ 이제 오른쪽 아래 Object 인스펙터에서 Collection View를 선택하고 드래그-엔-드롭으로 View Controller 위에 떨어뜨린다.

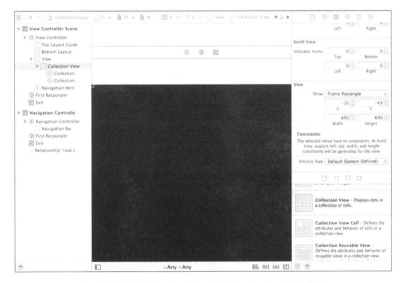

▶ 그림 9.20 Collection View를 View Controller에 추가

❺ 이제 도큐먼트 아웃라인 창에서 Collection View를 선택한 상태에서 캔버스 아래 오토 레이아웃 메뉴에서 두 번째 Pin을 선택하고 "제약조건 설정" 창이 나타나면 다음 그림과 같이 Constrain to margin 체크상자의 체크를 제거한 뒤, 동, 서, 남, 북 모든 위치상자에 0을 입력하고 각각의 I 빔에 체크한다. 설정이 끝나면 아래쪽 "Add 4 Constraints" 버튼을 클릭한다.

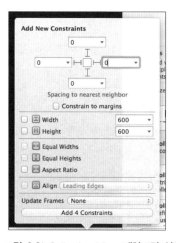

▶ 그림 9.21 Collection View 제약조건 설정

❻ 이제 캔버스 아래 오토 레이아웃 메뉴에서 세 번째인 Issues를 선택하고 "All Views in View Controller"의 "Update Frames" 항목을 선택한다.

❼ 이제 오른쪽 위의 도움 에디터 아이콘을 선택하여 도움 에디터를 표시한다. 도움 에디터 오른쪽 위 화살표를 선택하여 ViewController.h 파일이 표시되도록 한다. 이어서 View Controller의 Collection View 컨트롤을 Ctrl 키와 함께 마우스로 선택하고 @Interface 아래쪽으로 드래그-엔-드롭 처리하면 도움 에디터 연결 패널이 나타난다. 이 연결 패널의 Name 항목에 "collectionView"를 입력하고 Connect 버튼을 눌러준다.

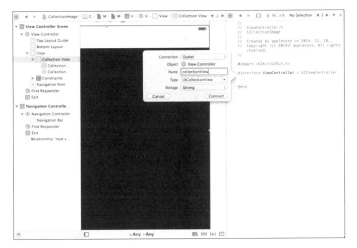

▶ 그림 9.22 UICollectionView 객체 변수 자동 생성

❽ 다시 표준 에디터를 아이콘을 눌러 표준 에디터로 변경한다. 캔버스의 Collection View를 선택한 상태에서 Connections 인스펙터를 선택한다. Outlets 항목 아래에 있는 dataSource와 delegate를 각각 선택하고 도큐먼트 아웃라인 창에 있는 View Controller에 떨어뜨린다.

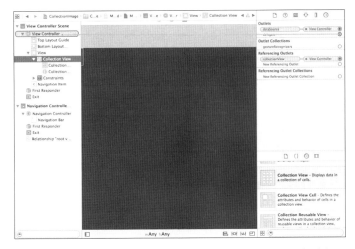

▶ 그림 9.23 dataSource와 delegate를 각각 View Controller와 연결

❾ 위와 동일한 방법으로 프로젝트 탐색기의 프로젝트 이름(노란색 아이콘)에서 오른쪽 버튼을 누르고 New File... 항목을 선택한다. 템플릿 선택 대화상자가 나타나면 왼쪽에서 iOS-Source, 오른쪽에서 Cocoa Touch Class를 선택한다. 그다음, Next 버튼을 누르고 클래스 이름 항목에 "CollectionImageViewCell"을 입력한다. 이때 Subclass of 항목은 UICollectionViewCell로 지정하고 "Also create XIB file" 체크상자는 체크하지 않는다. 그 아래 Language 항목은 Objective-C를 선택한다. 이상이 없으면 Next 버튼을 눌러 파일을 생성한다.

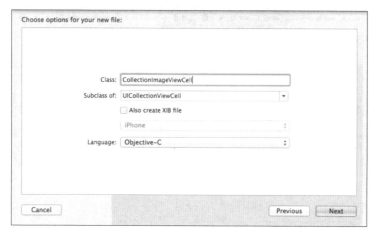

▶ 그림 9.24 CollectionImageViewCell 파일 생성

❿ 다시 Main.storyboard 파일을 선택한 상태에서 캔버스 창 왼쪽 옆에 있는 도큐먼트 아웃라인 창에서 Collection View Cell을 선택하고 오른쪽 위에서 Identity 인스펙터를 선택한다. Custom Class 항목의 Class에 "CollectionImageViewCell"을 입력한다.

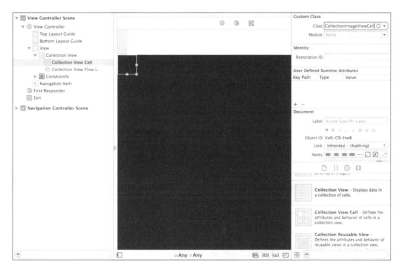

▶ 그림 9.25 Custom Class 항목의 Class에 CollectionTextViewCell 입력

⓫ 계속해서 이번에는 오른쪽 위에서 Attributes 인스펙터를 선택한다. Collection Reusable View 항목의 식별자Identifier에 "MyCell"을 입력한다.

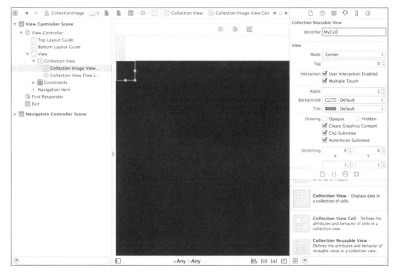

▶ 그림 9.26 Collection Reusable View 항목의 식별자 이름으로 "MyCell" 입력

⓬ 다시 오른쪽 아래 Object 라이브러리에서 View Controller 하나를 선택하고 드래그-엔-드롭으로 캔버스의 첫 번째 View Controller 오른쪽에 위치시킨다.

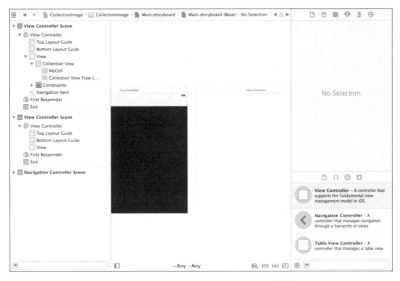

▶ 그림 9.27 두 번째 View Controller 추가

⓭ 프로젝트 탐색기의 프로젝트 이름(노란색 아이콘)에서 오른쪽 버튼을 누르고 New File... 항목을 선택한다. 템플릿 선택 대화상자가 나타나면 왼쪽에서 iOS-Source, 오른쪽에서 Cocoa Touch Class를 선택한다. 그다음, Next 버튼을 누르고 클래스 이름 항목에 "ImageShowController"을 입력한다. 이때 Subclass of 항목은 UIViewController로 지정하고 "Also create XIB file" 체크상자는 체크하지 않는다. 그 아래 Language 항목은 Objective-C를 선택한다. 이상이 없으면 Next 버튼을 눌러 파일을 생성한다.

706

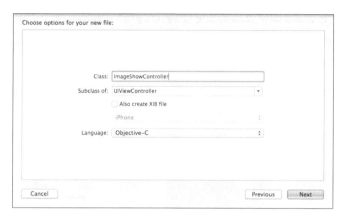

▶ 그림 9.28 ImageShowController 클래스 생성

⓮ 프로젝트 탐색기에서 Main.storyboard를 선택한 상태에서 캔버스에서 두 번
째 ViewController를 선택한다. 오른쪽 위 Identity 인스펙터를 선택하고
Custom Class의 Class 항목에 위에서 생성한 "ImageShowController"를 지
정한다.

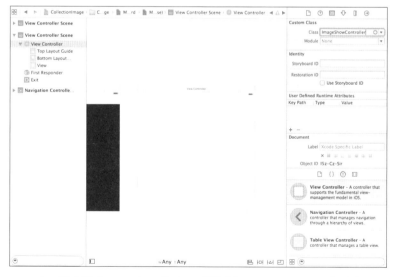

▶ 그림 9.29 Custom Class의 Class 항목에 "ImageShowController" 지정

⓯ Ctrl 키와 함께 캔버스에서 첫 번째 ViewController의 셀(사각형 모양)을 선택하고 드래그–엔–드롭으로 Image Show Controller 위에 떨어뜨려 서로 연결시킨다.

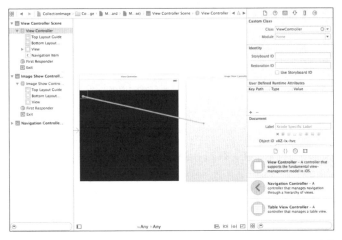

▶ 그림 9.30 Collection Image View Cell과 Image Show Controller 연결

⓰ 이때 세구에 연결 선택상자가 나타나면 "Selection Segue" 아래쪽에 있는 show 항목을 선택한다.

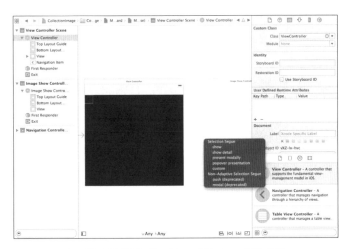

▶ 그림 9.31 "Selection Segue"의 show 항목 선택

⑰ 위에서 생성한 show 세구에 혹은 도큐먼트 아웃라인에서 첫 번째 View Controller 의 "Show segue to Image Controller"를 선택하고 Attributes 인스펙터를 선택한다. 이때 Storyboard Segue 항목 아래 식별자^{identifier} 상자에 MySegue 를 입력한다.

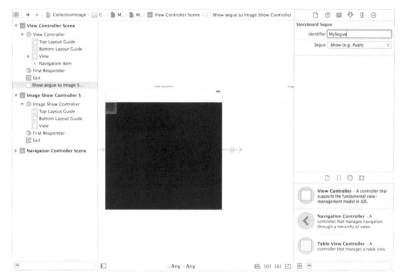

▶ 그림 9.32 Storyboard Segue 항목의 식별자(identifier) 상자에 MySegue 입력

⑱ 이제 프로젝트 탐색기에서 CollectionImageViewCell.h 파일을 선택하고 다음 코드를 입력한다.

```
#import <UIKit/UIKit.h>

@interface CollectionImageViewCell : UICollectionViewCell
@property (nonatomic, strong) UIImageView *imageView;
@end
```

⑲ 이어서 프로젝트 탐색기에서 CollectionImageViewCell.m 파일을 선택하고 다음 코드를 입력한다.

```
#import "CollectionImageViewCell.h"

@implementation CollectionImageViewCell

@synthesize imageView;

- (id)initWithFrame:(CGRect)frame
{
    self = [super initWithFrame:frame];
    if (self) {
        self.imageView = [[UIImageView alloc] initWithFrame:
                    CGRectMake(0.0, 0.0, frame.size.width, frame.size.height)];
        [self.imageView.layer setBorderColor: [[UIColor whiteColor] CGColor]];
        [self.imageView.layer setBorderWidth: 5.0];
        [self.imageView setContentMode:UIViewContentModeScaleAspectFit];
        [self.contentView addSubview: self.imageView];
    }
    return self;
}

@end
```

⑳ 이번에는 프로젝트 탐색기에서 ViewController.m 파일을 선택하고 다음 코드를 입력한다.

```
#import "ViewController.h"
#import "CollectionImageViewCell.h"
#import "ImageShowController.h"

@interface ViewController ()
{
    NSMutableArray *mainImageList;
}
@end

@implementation ViewController

- (void)viewDidLoad {
```

```
    [super viewDidLoad];

    [self.collectionView registerClass:[CollectionImageViewCell class]
                forCellWithReuseIdentifier:@"MyCell"];

    mainImageList = [[NSMutableArray alloc] init];
    [mainImageList addObject:@"flower1.jpeg"];
    [mainImageList addObject:@"flower2.jpeg"];
    [mainImageList addObject:@"flower3.jpeg"];
    [mainImageList addObject:@"flower4.jpeg"];
    [mainImageList addObject:@"flower5.jpeg"];
    [mainImageList addObject:@"flower6.jpeg"];
}

- (void)didReceiveMemoryWarning {
    [super didReceiveMemoryWarning];
    // Dispose of any resources that can be recreated.
}

#pragma mark - UICollectionView Datasource

- (NSInteger)collectionView:(UICollectionView *)view
    numberOfItemsInSection:(NSInteger)section {
    return [mainImageList count];
}

- (NSInteger)numberOfSectionsInCollectionView: (UICollectionView *)collectionView {
    return 1;
}

- (UICollectionViewCell *)collectionView:(UICollectionView *)cv
                cellForItemAtIndexPath:(NSIndexPath *)indexPath
{
    CollectionImageViewCell *cell =
    [cv dequeueReusableCellWithReuseIdentifier:@"MyCell" forIndexPath:indexPath];
    NSString *imageName = [mainImageList objectAtIndex:indexPath.row];
    cell.imageView.image = [UIImage imageNamed: imageName];
    [cell.imageView setContentMode:UIViewContentModeScaleAspectFit];
    return cell;
}
```

```objc
#pragma mark — UICollectionViewDelegateFlowLayout

- (CGSize)collectionView:(UICollectionView *)collectionView layout:
(UICollectionViewLayout *) collectionViewLayout
  sizeForItemAtIndexPath:(NSIndexPath *)indexPath
{
    CGSize retval = CGSizeMake(100, 100);
    return retval;
}

- (UIEdgeInsets)collectionView:(UICollectionView *)collectionView layout:
(UICollectionViewLayout*)collectionViewLayout
        insetForSectionAtIndex:(NSInteger)section {
    return UIEdgeInsetsMake(20, 30, 20, 30);
}

#pragma mark - UICollectionViewDelegate

- (void)collectionView:(UICollectionView *)collectionView
              didSelectItemAtIndexPath:(NSIndexPath *)indexPath
{
    [self performSegueWithIdentifier:@"MySegue" sender:self];
}

- (void)collectionView:(UICollectionView *)collectionView
              didDeselectItemAtIndexPath:(NSIndexPath *)indexPath {
    NSString *imageName = [mainImageList objectAtIndex:indexPath.row];
    NSLog(@"Deselect %@", imageName);
}

- (void)prepareForSegue:(UIStoryboardSegue *)segue sender:(id)sender
{
    NSArray *indexPaths = [self.collectionView indexPathsForSelectedItems];
    NSIndexPath *indexPath = [indexPaths objectAtIndex:0];
    NSString *imageName = [mainImageList objectAtIndex:indexPath.row];
    ImageShowController *destViewController = [segue destinationViewController];
    [destViewController setImageName: imageName];
}

@end
```

㉑ 이제 프로젝트 탐색기에서 ImageShowController.h 파일을 클릭하고 다음 코드를 입력한다.

```
#import <UIKit/UIKit.h>

@interface ImageShowController : UIViewController
- (void) setImageName:(NSString *) image;
@end
```

㉒ 프로젝트 탐색기에서 ImageShowController.m 파일을 입력하고 다음 코드를 입력한다.

```
#import "ImageShowController.h"

@interface ImageShowController ()
{
    NSString *fileName;
}
@end

@implementation ImageShowController

- (void) setImageName:(NSString *) image
{
    fileName = image;
}

- (id)initWithNibName:(NSString *)nibNameOrNil bundle:(NSBundle *)nibBundleOrNil
{
    self = [super initWithNibName:nibNameOrNil bundle:nibBundleOrNil];
    if (self) {
        // Custom initialization
    }
    return self;
}

- (void)viewDidLoad
```

```
{
    [super viewDidLoad];

    CGRect displayFrame = self.view.frame;
    UIImage *img = [UIImage imageNamed: fileName];
    UIImageView *imageView = [[UIImageView alloc] initWithFrame:
                            CGRectMake(0.0, 0.0, displayFrame.size.width,
                            displayFrame.size.height)];
    [imageView setContentMode:UIViewContentModeScaleAspectFit];
    imageView.image = img;
    [self.view addSubview: imageView];
}

- (void)didReceiveMemoryWarning
{
    [super didReceiveMemoryWarning];
    // Dispose of any resources that can be recreated.
}

@end
```

㉓ 입력이 끝난 뒤 실행시키면 ViewController가 실행되고 이전과 다르게 바로 6개의 조그마한 셀로 구성된 이미지가 나타난다. 이 이미지 중 원하는 하나를 선택하면 다음 화면으로 이동하면서 그 이미지가 표시된다.

▶그림 9.33 CollectionImage 프로젝트의 6개의 이미지 셀 출력 화면

714

▶그림 9.34 CollectionImage 프로젝트의 선택된 이미지 출력

▎원리 설명

이미지를 각각의 셀에 출력하는 CollectionImage 프로젝트는 먼저 다음과 같이 이미지 셀을 작성할 수 있는 UICollectionViewCell 객체를 선언한다. 이때 UIImageView 객체를 선언하는데 캔버스에서 생성하는 것이 아니라 직접 코딩으로 생성할 것이므로 strong 타입을 사용한다.

```
@interface CollectionImageViewCell : UICollectionViewCell
@property (nonatomic, strong) UIImageView *imageView;
@end
```

이어서 다음과 같이 initWithFrame 메소드를 선언하는데 이 메소드는 다음에 설명할 ViewController 객체에서 UICollectionView의 RegisterClass 메소드를 호출할 때 자동으로 실행된다.

```
- (id)initWithFrame:(CGRect)frame
{
    self = [super initWithFrame:frame];
    if (self) {
    ...
```

먼저, 다음과 같이 UIImageView 객체를 생성한다.

```
    self.imageView = [[UIImageView alloc] initWithFrame:
                      CGRectMake(0.0, 0.0, frame.size.width, frame.size.height)];
    ...
```

이어서 이미지 뷰의 경계선을 흰색으로 지정하고 경계선 두께를 5픽셀로 지정한다.

```
    [self.imageView.layer setBorderColor: [[UIColor whiteColor] CGColor]];
    [self.imageView.layer setBorderWidth: 5.0];
    ...
```

마지막으로 setContentMode를 사용하여 새로운 이미지의 가로와 세로의 길이가
원래 이미지의 가로와 세로 비율 크기와 다를지라도 알맞게 조절한다.

```
    [self.imageView setContentMode:UIViewContentModeScaleAspectFit];
    ...
```

contentView 메소드를 사용하여 생성된 이미지뷰를 컨텐트뷰에 추가한다.

```
    [self.contentView addSubview: self.imageView];
    }
    return self;
}
```

이제 프로젝트를 실행시키면 여러 이미지를 셀에 보여주는 ViewController를 처리

해보자. 이번 프로젝트에서는 이전 프로젝트와는 달리 UICollectionViewController 를 직접 사용하는 것이 아니라 자동으로 생성되는 ViewController 객체 위에 Object 라이브러리의 컬렉션 뷰Collection View를 추가하여 이미지를 표시하는 방법을 사용하였 다. 이 방법은 UICollectionViewController를 사용하는 것보다 설정할 것이 많이 불편할 수도 있지만, UICollectionViewController의 구성 원리를 알 수 있어 앱 작 성이 여러 도움이 될 수 있다.

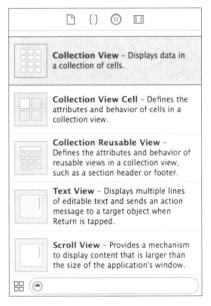

▶ 그림 9.35 Object 라이브러리의 Collection View

이제 ViewContoller의 viewDidLoad 메소드부터 살펴보자. 먼저 registerClass 메소드를 사용하여 위에서 생성한 이미지를 보여주는 CollectionImageViewCell 객 체를 등록시킨다. 이때 컬렉션 뷰의 셀에 지정된 식별자identifier 이름인 MyCell을 여기 서 사용하는 것에 주의하도록 한다.

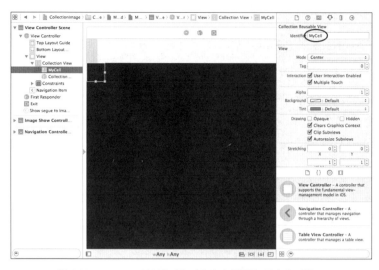

▶ 그림 9.36 Attributes 인스펙트를 이용하여 등록한 식별자 이름 MyCell

```
- (void)viewDidLoad
{
    [super viewDidLoad];

    [self.collectionView registerClass:[CollectionImageViewCell class]
            forCellWithReuseIdentifier:@"MyCell"];
    ...
```

그다음, NSMutbleArray 객체를 생성하고 출력하고자 하는 이미지를 추가하는 작업을 처리한다.

```
    mainImageList = [[NSMutableArray alloc] init];
    [mainImageList addObject:@"flower1.jpeg"];
    [mainImageList addObject:@"flower2.jpeg"];
    [mainImageList addObject:@"flower3.jpeg"];
    [mainImageList addObject:@"flower4.jpeg"];
    [mainImageList addObject:@"flower5.jpeg"];
    [mainImageList addObject:@"flower6.jpeg"];
}
```

그다음, UICollectionViewDataSource 프로토콜을 사용하여 출력하기 원하는 자료에 대한 섹션의 수, 각 섹션의 대한 셀의 수를 지정해주고 셀 자료를 출력하고 UICollection ViewFlowLayoutDelegate 프로토콜을 사용하여 출력되는 셀의 모양과 섹션과 섹션 사이의 위치를 지정해주는 것이 필요하다.

이러한 기능을 처리하기 위해 Collection View 컨트롤의 dataSource와 delegate 를 ViewController와 반드시 연결시켜야 한다.

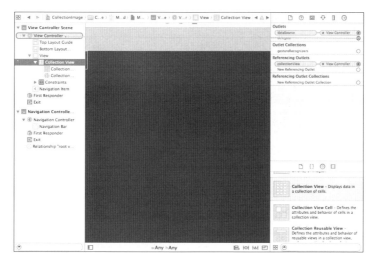

▶ 그림 9.37 dataSource와 delegate를 각각 View Controller와 연결

위와 같이 연결하였다면 다음과 같이 numberOfItemsInSection 메소드를 사용하여 섹션당 출력되는 셀의 수를 지정할 수 있다. 섹션당 출력할 수 있는 수는 바로 이미지 수와 동일하므로 NSMutableArray 객체 변수 mainImageList의 count를 사용하여 배열에 등록된 이미지 수를 그대로 지정한다.

```
- (NSInteger)collectionView:(UICollectionView *)view
    numberOfItemsInSection:(NSInteger)section {
    return [mainImageList count];
}
```

이어서 numberOfSectionsInCollectionView 메소드를 사용하여 섹션 수를 지정한다. 여기서 사용하는 섹션의 수는 하나이므로 1개로 지정한다.

```
- (NSInteger)numberOfSectionsInCollectionView: (UICollectionView *)collectionView {
    return 1;
}
```

위와 같이 지정하였다면 다음과 같이 지정된 컬렉션 아이템 개수만큼 반복 처리되는 collectionView:cellForItemAtIndexPath 메소드가 자동으로 실행된다. 이 메소드에서는 다음과 같이 dequeueReusableCellWithReuseIdentifier 메소드를 호출한다. 이때 위에서 지정한 셀 식별자Identifier 이름 MyCell을 파라메터로 지정하여 CollectionImageViewCell 객체를 생성한다. 이렇게 MyCell을 지정하는 이유는 동일한 셀을 계속해서 생성함으로써 발생되는 셀 출력에 대한 메모리 낭비를 이 메소드를 통하여 줄일 수 있기 때문이다. 즉, 이미 생성된 셀 객체는 다시 사용할 수 있도록 돌려준다.

```
- (UICollectionViewCell *)collectionView:(UICollectionView *)cv
cellForItemAtIndexPath:(NSIndexPath *)indexPath {
    CollectionImageViewCell *cell = [cv
dequeueReusableCellWithReuseIdentifier:@"MyCell" forIndexPath:indexPath];
...
```

그다음, cellForItemAtIndexPath 메소드의 파라메터로 전달되는 NSIndexPath 객체를 이용하여 배열에 지정된 각 셀에 대한 인덱스 번호indexPath.row를 알아내고 이 번호를 통하여 출력할 이미지 이름을 가지고 온다.

```
    NSString *imageName = [mainImageList objectAtIndex:indexPath.row];
    ...
```

이 이미지 이름을 다시 UIImage 객체의 imageNamed 메소드를 호출하여 UIImage

720

형식으로 변경하고 이것을 위에서 생성한 CollectionImageViewCell 클래스의 UIImageView 객체의 image 변수에 최종적으로 지정한다. 또한, UIImageView의 setContentMode에 UIViewContentModeScaleAspectFit를 지정하여 이미지의 가로와 세로 길이가 변경되더라도 그 비율을 유지하여 그림의 모양이 이상해지지 않도록 지정한다. 이렇게 지정된 cell 값이 리턴될 때마다 이미지 하나씩 표시된다.

```
    cell.imageView.image = [UIImage imageNamed: imageName];
    [cell.imageView setContentMode:UIViewContentModeScaleAspectFit];
    return cell;
}
```

이미지 출력은 처리되었으므로 이미지를 어떤 크기로 어떤 위치에 출력할지를 결정하는 일만 남았다. 이미지 위치와 크기는 UICollectionViewDelegateFlowLayout 프로토콜 메소드를 사용하여 처리할 수 있다.

먼저 collectionView:collectionViewLayout:sizeForItemAtIndexPath 메소드를 사용하여 출력하고자 하는 셀의 크기를 지정한다. 여기서는 CGSizeMake를 사용하여 가로, 세로가 각각 100×100인 크기의 셀의 크기를 지정한다.

```
- (CGSize)collectionView:(UICollectionView *)collectionView
 layout:(UICollectionViewLayout*)collectionViewLayout
 sizeForItemAtIndexPath:(NSIndexPath *)indexPath
{
    CGSize retval = CGSizeMake(100, 100);
    return retval;
}
```

그다음, collectionView:collectionViewLayout:insetForSectionAtIndex 메소드에서 다음과 같이 UIEdgeInsetsMake 함수를 사용하여 섹션 단위로 출력하고자 하는 셀에 대한 가장자리 크기를 지정한다. 이 함수는 top, left, bottom, right 순의 4개의 파라메터 값을 지정하는데 가장 왼쪽 위에 있는 이미지는 위에서 20픽셀, 왼쪽에서 30픽셀의 가장자리 크기를 가지고 또한, 가장 아래 오른쪽에 있는 이미지는 아래쪽에서 20픽셀, 오른쪽에서 30픽셀의 가장자리를 가진다.

```
- (UIEdgeInsets)collectionView:
(UICollectionView *)collectionView
  layout:(UICollectionViewLayout*)collectionViewLayout
  insetForSectionAtIndex:(NSInteger)section {
    return UIEdgeInsetsMake(20, 30, 20, 30);
}
```

이제 이렇게 출력된 이미지를 선택했을 때 선택한 이미지를 그다음 화면인 Image ShowController에 보내는 기능을 처리해보자. 스토리보드에서 화면 전환은 다음과 같이 Ctrl 키를 누른 상태에서 ViewController의 Collection View Cell을 선택하고 드래그-엔-드롭으로 ImageShowController에 떨어뜨리면 된다. 이때 세구에 연결 선택상자가 나타나는데 "Selection Segue" 아래쪽에 있는 show 항목을 선택해준다. 이제 원하는 이미지를 선택할 때마다 ImageShowController 객체로 이동하게 된다.

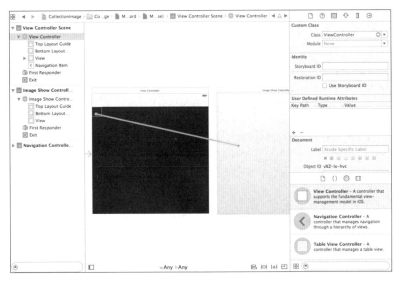

▶ 그림 9.38 ViewController와 ImageShowController 사이 연결

이렇게 연결된 상태에서 이미지를 선택하면 다음 didSelectItemAtIndexPath 메소드가 실행된다. UITableView 객체와 다른 점은 스토리보드에서 객체 연결 시 항상 실행되는 prepareForSegue 메소드가 실행되지 않으므로 다음과 같이 performSegueWithIdentifier 메소드를 호출하여 강제 실행시켜야 한다는 점이다. 이 때 위에서 지정한 스토리보드 세구에 식별자 이름인 MySegue를 파라메터로 지정한다.

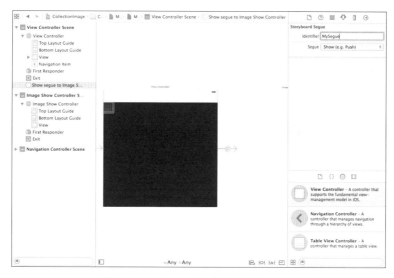

▶ 그림 3.39 스토리보드 세구에 식별자 이름 MySegue

```
- (void)collectionView:(UICollectionView *)collectionView
didSelectItemAtIndexPath:(NSIndexPath *)indexPath
{
    [self performSegueWithIdentifier:@"MySegue" sender:self];
}
```

이제 다음과 같이 prepareForSegue 메소드가 자동으로 실행된다.

먼저 UICollectionView 객체의 indexPathsForSelectedItems 메소드를 사용하여 선택한 항목에 대한 인덱스 정보를 가지고 있는 NSArray 객체를 생성한다. 여러 항목을 선택할 수 있으므로 NSArray 객체 타입을 사용한다.

```
- (void)prepareForSegue:(UIStoryboardSegue *)segue sender:(id)sender
{
    NSArray *indexPaths = [self.collectionView indexPathsForSelectedItems];
    ...
```

indexPathsForSelectedItems 메소드는 하나가 아닌 여러 항목을 선택할 수 있도록 배열 형식으로 지정되는데 이 프로젝트에서는 1개의 선택 항목만 허용할 것이므로 배열 중 첫 번째 항목(objectAtIndex:0)을 사용하여 인덱스 정보를 얻는다.

```
NSIndexPath *indexPath = [indexPaths objectAtIndex:0];
    ...
```

그다음, 이미지 위치를 돌려주는 NSIndexPath 객체의 row 속성을 사용하여 mainImageList로부터 현재 선택된 이미지 이름을 얻을 수 있다.

```
NSString *imageName = [mainImageList objectAtIndex:indexPath.row];
    ...
```

이어서 [segue destinationViewController]를 이용하여 ImageShowController에 대한 객체를 참조한 뒤, 이 객체의 setImageName 메소드를 호출하여 선택된 이미지 이름을 지정한다. 이제 ImageShowController 객체의 setImageName 메소드에 선택된 이미지 이름을 전달하면서 화면은 ImageShowController 객체로 넘어간다.

```
ImageShowController *destViewController = [segue destinationViewController];
    [destViewController setImageName: imageName];
}
```

이미지를 화면 중앙에 출력하는 ImageShowController 객체에서는 다음과 같이 선택된 이미지 이름을 받아들이는 setImageName 메소드를 제공하고 파라메터로 넘어온 이미지 이름을 fileName이라는 변수에 저장한다.

```
- (void) setImageName:(NSString *) image
{
    fileName = image;
}
```

이어서 viewDidLoad 메소드가 실행되는데 먼저 self.view.frame을 사용하여 현재 뷰의 크기를 읽어 displayFrame이라는 CGRect 변수에 지정한다. 이는 출력할 이미지 크기를 뷰 전체 크기로 맞추기 위함이다.

```
- (void)viewDidLoad
{
    [super viewDidLoad];

    CGRect displayFrame = self.view.frame;
    ...
```

그다음, 위에서 얻은 뷰 크기와 동일한 크기의 이미지를 출력하기 위한 UIImageView 클래스를 생성한다. 즉, UIImageView 객체를 생성할 때, 다음과 같이 현재 뷰의 너비와 길이를 (displayFrame.size.width, displayFrame.size.height)로 지정하여 이미지 크기를 최대한으로 뷰 크기에 맞추도록 한다.

```
UIImage *img = [UIImage imageNamed: fileName];
UIImageView *imageView = [[UIImageView alloc] initWithFrame:
                CGRectMake(0.0, 0.0, displayFrame.size.width,
                displayFrame.size.height)];
    ...
```

이때 이미지 뷰의 가로와 세로 비율이 원래 이미지의 가로와 세로 비율과 다른 경우에 이미지 형태가 왜곡되어 보일 수 있는데 이때 setContentMode 메소드에 UIViewContentModeScaleAspectFit 상숫값을 지정하여 이미지의 가로 크기와 세로 크기가 변경되더라도 현재 뷰 크기에서 가로와 세로 비율이 원래 이미지 비율과 맞도록 크기를 조정한다.

```
[imageView setContentMode:UIViewContentModeScaleAspectFit];
...
```

이제 생성된 이미지 img를 UIImageView 객체의 image에 설정하고 addSubView
메소드를 사용하여 이미지 뷰를 추가한다.

```
    imageView.image = img;
    [self.view addSubview: imageView];
}
```

정리

컬렉션 뷰는 테이블 뷰 기능과 비슷하지만, 이것보다 더 유용한 여러 기능을 제공하고
있다. 컬렉션 뷰에 대한 주요 클래스는 다음과 같다. 먼저 알아두어야 하는 클래스는
UICollectionView 클래스이다. 이 클래스는 원하는 자료를 출력하는 핵심 클래스로 자
동차 엔진에 해당한다고 할 수 있다. 컬렉션 뷰를 제대로 사용하기 위해서는 제공되는
프로토콜인 UICollectionViewDataSource와 UICollectionViewDelegate도 설정해야 할
뿐만 아니라 원하는 셀의 형태를 디자인할 수 있는 UICollectionViewCell로부터 계승
받는 클래스를 작성해야 한다. 또한, 셀을 어떤 형태로 구현할지를 결정하는 클래스로
UICollectionViewLayout 클래스가 있다.

또 하나의 중요 클래스는 UICollectionViewFlowLayout 클래스이다. 이 클래스는 셀 형태
를 바둑판 형식의 그리드 모양으로 보여 주고자 할 때 여러 가지 값을 지정하는 클래스이
다. 이 장에서는 이러한 클래스를 사용하여 텍스트를 셀에 출력하는 방법과 이미지를
셀에 출력하는 방법에 대하여 알아보았다.

부록

애플리케이션 배포와 앱 스토어 판매

이 장에서는 작성된 앱을 기기에 등록하는 방법과 앱 스토어에 판매하는 방법에 대하여 알아 볼 것이다. 먼저 작성된 앱을 자신의 기기에 등록하고 앱 스토어에 자신이 만든 앱을 판매하기 위해서는 먼저 애플사에서 제공하는 iOS 개발자 프로그램^{Developer Program}에 가입해야만 한다. 이 부록에서는 iOS 개발자 프로그램 가입 방법 애플리케이션 배포와 앱 스토어 판매 방법까지 자세히 설명한다.

개발자 프로그램(Developer Program) 가입

이 iOS 개발자 프로그램은 무료가 아니라 1년에 99달러이다. 앱 스토어에 앱을 판매하지 않고 시뮬레이터가 아닌 자신의 실제 기기에서 앱을 테스트하고자 할지라도 개발자 프로그램은 어쩔 수 없이 가입해야만 한다.

먼저 개발자 프로그램 가입 방법부터 알아보자. 개발자 프로그램에 가입하기 위해서는 웹 브라우저에 다음 주소를 입력한다.

https://developer.apple.com/programs

▶ 그림 1 개발자 프로그램

위 개발자 프로그램에는 iOS 개발자 프로그램과 Mac 개발자 프로그램 2가지를 제공하는데 아이폰 개발만을 하고자 한다면 "iOS Developer Program"을 선택한다. 이때 다음 그림과 같이 iOS 개발자 프로그램 설명과 함께 가입할 수 있는 Enroll New 버튼이 나타난다.

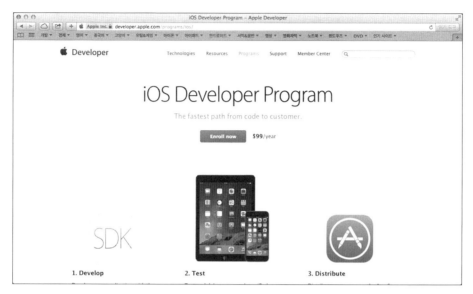

▶ 그림 2 iOS Developer Program

위 그림에서 표시되는 Enroll New 버튼을 눌러 웹 페이지에서 요구하는 데로 주소, 전화번호, E-mail 등을 입력하고 결제를 한다. 이때 주의해야 할 점은 여기서 입력하는 정보와 신용카드에 입력되는 정보가 동일해야만 한다는 것이다. 만일 이 정보가 같지 않으면 결제 처리에 문제가 발생하여 개발자 프로그램 가입 처리가 지연될 수도 있으니 주의해야 한다. 이상 없이 처리하였다면 2~3일 안으로 위에서 입력한 메일 주소로 다음과 같이 액티베이션 코드Activation code와 함께 메일이 도착한다. 이때 이 코드를 클릭해야 비로소 개발자 프로그램에 가입이 완료된다.

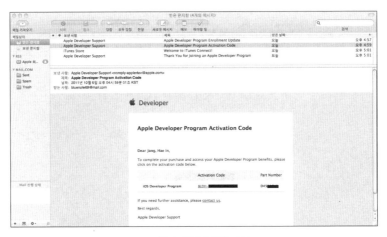

▶ 그림 3 액티베이션 코드

개발자 프로그램에 가입이 되었다면 이제 자신의 기기를 등록하고 자신이 작성한 앱을 기기에 등록시킬 수 있다. 기기 등록 방법은 다음과 같은 순서로 처리한다.

❶ "키 체인 접근" 유틸리티로 인증서 요청(iMac 혹은 맥북에서 처리)

❷ Certificates를 사용하여 인증서 생성 및 다운로드
(iOS 개발자 프로그램 사이트 - Development)

❸ App IDs 생성(iOS 개발자 프로그램 사이트)

❹ 디바이스 등록(iOS 개발자 프로그램 사이트)

❺ Provisioning Profiles 생성 및 다운로드(iOS 개발자 프로그램 사이트 - Development)

❻ 다운된 Profile을 Xcode에 등록

위 순서대로 처리되고 Profile을 Xcode에 등록하면 작성된 앱을 원하는 기기에 등

록할 수 있다.

먼저 "키 체인 접근" 유틸리티를 사용하여 인증서 요청을 한다. iMac 혹은 맥북에서 사과-이동-유틸리티를 선택하면 다음과 같이 유틸리티를 보여준다.

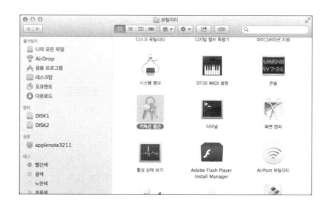

▶ 그림 4 유틸리티 화면

이 유틸리티 중에서 "키 체인 접근"을 실행시키고 "키 체인 접근-인증 지원-인증기관에서 인증서 요청" 항목을 선택한다.

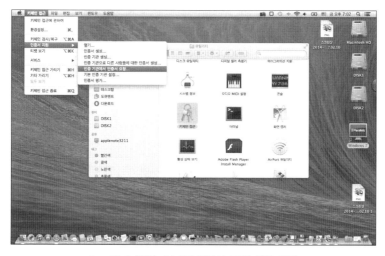

▶ 그림 5 "인증기관에서 인증서 요청" 항목 선택

이때 다음과 같이 인증서 정보 화면이 나타나면 사용자 이메일 주소, 일반 이름(본인 이름)을 입력하고 "디스크에 저장됨" 항목을 선택하고 "본인이 키 쌍 정보 지정" 체크상자에 체크한다.

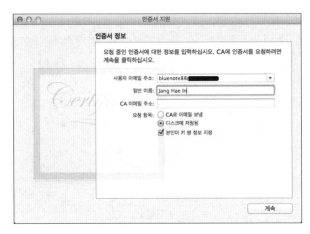

▶ 그림 6 인증서 정보 화면

그다음, 아래쪽 계속 버튼을 눌러 그대로 다음과 같은 디폴트로 지정되는 이름으로 데스크톱에 저장한다.

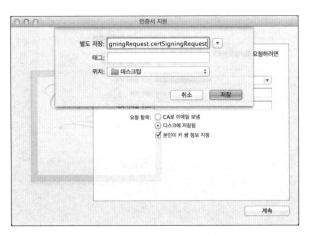

▶ 그림 7 인증서를 데스크톱에 저장

이때 다음과 같이 키 쌍 정보를 보여주는 화면이 나타나는데 디폴트로 지정되는 값을 그대로 사용한다.

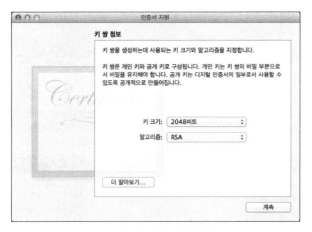

▶ 그림 8 키 쌍 정보 화면

이제 다시 계속 버튼을 누르면 다음과 같이 인증서 요청이 생성되었다는 메시지가 나타난다. 이때 확장자가 .certSigningRequest라는 이름의 파일이 사용자 Desktop 폴더에 저장된다.

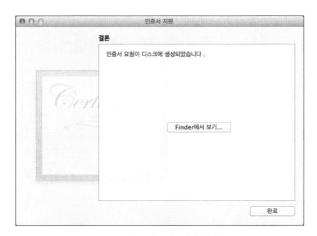

▶ 그림 9 인증서 요청 저장

위에서 설명한 iOS 개발자 프로그램에 가입되었다면, 웹 브라우저를 사용하여 이제 다음 iOS Dev Center 사이트로 이동하고 중앙에 있는 Sign in 버튼을 눌러 개발자 프로그램 ID로 로그인한다.

https://developer.apple.com/devcenter/ios/index.action

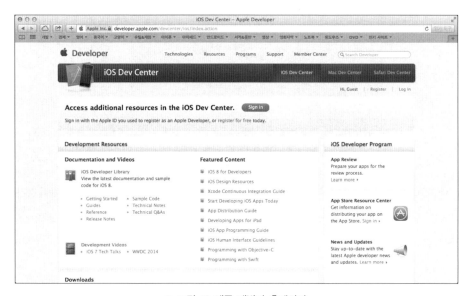

▶ 그림 10 애플 개발자 홈페이지

이제 iOS Dev Center 페이지로 이동되는데 오른쪽에 있는 iOS Developer Program의 Certificates, Identifier & Profiles 항목을 선택한다.

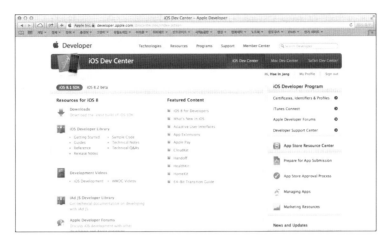

▶ 그림 11 Certificates, Identifier & Profiles 항목 선택

이제 Developer의 Certificates, Identifier & Profiles 페이지로 이동되는데 아이폰 앱과 관련된 부분은 왼쪽 iOS Apps이다. 이 iOS Apps는 다시 Certificates, identifiers, Devices, Provisioning Profiles 4가지 항목으로 나누어진다.

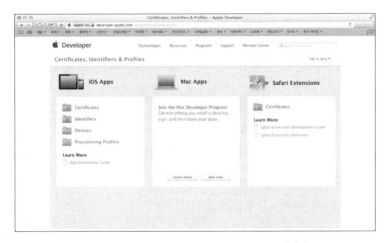

▶ 그림 12 Certificates, Identifier & Profiles 페이지

이제 왼쪽 iOS Apps 아래에 있는 Certificates를 선택하면 오른쪽에 현재 등록되

어있는 인증서들이 나타난다. 만일 새로운 인증서를 추가하고자 한다면 오른쪽 위에
있는 + 버튼을 선택한다.

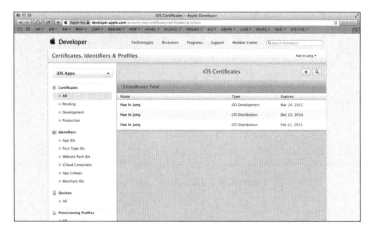

▶ 그림 13 현재 등록된 Certificates

이때 다음과 같이 인증서 타입 선택 화면이 나오는데 여기서는 단지 개발된 앱을
기기에서 실행하고자 하는 것이므로 Development 항목의 iOS App Development
를 선택해주고 아래쪽 Continue 버튼을 누른다.

▶ 그림 14 Development 항목의 iOS App Development 선택

이어서 다음 그림과 같이 CSR^{Certificates Signing Request} 생성 요구 화면이 나타나면 Continue 버튼을 누른다.

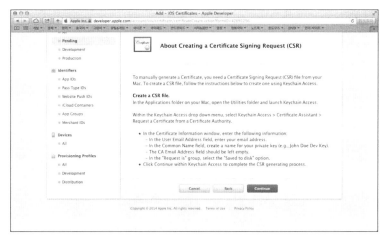

▶ 그림 15 CSR 생성 요구 화면

이제 마지막으로 인증서 생성 화면이 나타나면 Choose File 버튼을 누르고 위에서 생성한 확장자가 .certSigningRequest인 파일을 선택해주고 Generate 버튼을 누른다.

▶ 그림 16 CSR 파일 생성

드디어 인증서가 준비되었다는 화면이 나타난다. 이 화면 중앙에 있는 Download 버튼을 눌러 다운로드 받는다. 이 파일은 사용자 Downloads 폴더에 확장자가 .cer인 파일 이름으로 Downloads 폴더에 다운로드 된다.

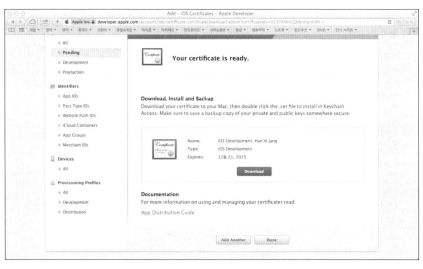

▶ 그림 17 인증서 다운로드

이제 다운로드된 파일을 더블 클릭하고 추가 버튼을 눌러 키 체인에 추가시킨다.

▶ 그림 18 키 체인에 추가

738

이제 그림 12에서 iOS Apps의 두 번째 항목인 Identifiers를 선택해보자. 이때 다음 그림처럼 이미 작성된 App IDs들을 보여준다. 여기서 보여주는 App IDs는 앱 스토어에 판매하는 데 필요한 앱의 고유한 값이다. 즉, 앱의 고유한 이름을 의미한다.

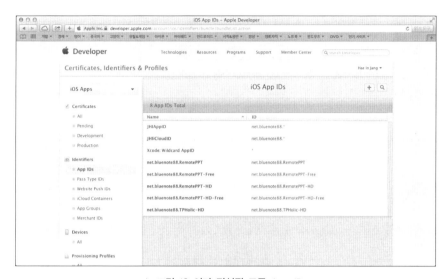

▶ 그림 19 이미 작성된 모든 App IDs

위 그림의 오른쪽에 ID를 보면 net.bluenote88.*와 같이 문자열이 있는데 이것을 바로 번들 ID$^{bundle\ identifier}$라고 한다. 번들 ID는 임의로 고유한 문자열을 지정 가능한데 일반적으로 자신의 도메인 이름의 역순으로 지정하는 것이 좋다. 예를 들어, 자신이 bluenote88.net라는 이름의 도메인 이름을 가지고 있다면 App IDs는 net. bluenote88.*이라고 지정한다. 마지막 부분에 와일드카드 "*" 지정은 자신의 앱 이름을 의미한다. 즉, 어떤 이름이라도 올 수 있다는 의미이다. 만일 "*" 대신에 원하는 앱 이름을 지정해도 좋지만, 그러한 경우에는 새로운 앱을 추가할 때마다 새로운 이름을 별도로 등록해야만 한다.

위와 같이 App ID를 작성하였다면 Xcode에서 프로젝트 작성 시 다음과 같이 위에서 사용된 App IDs를 등록시킬 수 있다.

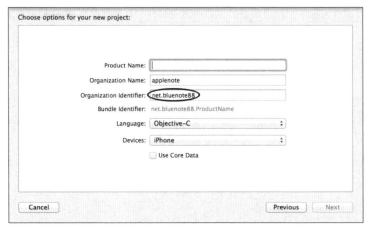

▶ 그림 20 Xcode 프로젝트에서 번들 ID 등록

새로운 App ID를 등록하고자 한다면 그림 19의 오른쪽 위에 있는 + 버튼을 누르면
다음과 같이 새로운 App ID를 작성할 수 있는 화면이 나타난다.

▶ 그림 21 새로운 App ID 작성

App ID Description 항목에 원하는 App ID에 대한 설명을 입력하고 Explicit App ID 혹은 Wildcard App ID 둘 중 하나를 선택해서 App ID를 만들어준다. Explicit App ID는 *와 같은 와일드카드를 사용할 수 없고 번들 ID와 함께 직접 앱 이름을 지정하여 하나의 앱에서 사용할 수 있는 반면 Wildcard App ID는 와일드카드(*) 문자를 사용하여 여러 앱에서도 사용 가능한다. 일반적으로 와일드카드를 사용하는 것이 편리하다. 그 아래쪽 App Service 항목은 앱에 클라우드와 같은 특정한 기능을 추가한 앱을 만들 때 사용되는데 해당 사항이 없다면 Continue 버튼을 눌러 저장한다.

이제 그림 12에서 iOS Apps의 세 번째 항목인 Devices를 선택해보자. 이 항목은 테스트하고자 하는 기기들을 등록하는 기능을 제공한다.

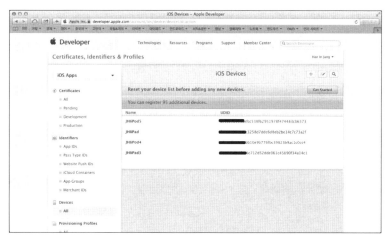

▶ 그림 22 등록된 모든 기기

새로운 기기를 등록시키기 위해서는 위 화면 오른쪽 위에 있는 + 버튼을 누른다. 새로운 기기를 등록시킬 때 새로운 기기의 이름과 UDID^{Unique Device IDentifier}를 등록시킨다.

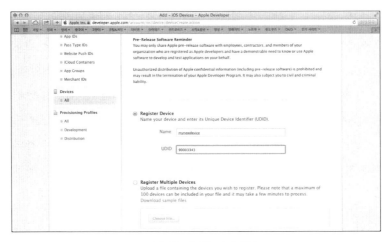

▶ 그림 23 새로운 기기 등록

　기기 이름은 임의의 이름으로 지정하여도 되지만, UDID는 기기의 고유 번호를 지
정해야만 한다. UDID를 알아내기 위해서는 맥북 혹은 맥 컴퓨터에 원하는 기기를
USB로 연결한 상태에서 Xcode의 Window 메뉴 - Devices 항목에서 등록된 기기를
선택하면 그 UDID를 보여준다. 그 값이 나타나면 그 값을 그대로 복사한 뒤 붙여넣기
를 해주면 된다.

▶ 그림 24 Xcode의 Window 메뉴 - Devices 항목

이제 그림 25에서 iOS Apps의 마지막 네 번째 항목인 Provisioning Profiles를 선택해보자. 이 프로파일들은 Xcode를 통하여 기기에 설치된다. 즉, 이 프로파일로 인증된 기기들만이 앱을 실행시킬 수 있다.

▶ 그림 25 Provisioning Profiles

새로운 프로파일을 작성하기 위해서는 오른쪽 위에 있는 + 버튼을 선택한다. 이때 개발Development 혹은 배포Distribute 중 하나를 선택하는 화면이 나타난다. 작성된 앱을 기기에 넣어 테스트하기 위해서는 개발Development의 "iOS App Development"를 선택하고 Continue 버튼을 누른다.

▶ 그림 26 개발 혹은 배포 선택

그다음 화면에서는 위 그림 21에서 생성한 App ID를 선택하고 Continue 버튼을 선택한다.

▶ 그림 27 작성된 App ID 선택

이번에는 첫 번째 항목인 Certificates에서 생성한 인증을 선택하고 Continue 버튼을 누른다.

▶ 그림 28 Certificates에서 생성된 인증 선택

그다음 화면에서는 적용하고자 하는 기기를 선택하고 Continue 버튼을 누른다. 하나 혹은 여러 개를 동시에 선택할 수 있다.

▶ 그림 29 적용하고자 하는 기기 선택

마지막으로 프로파일 이름을 입력하고 Generate 버튼을 선택한 생성한 뒤, 그다음 화면에서 Download 버튼을 눌러 다운로드한다. 여기서는 JHIProfile이라는 이름으로 입력했으므로 이 파일 이름으로 생성된다.

▶ 그림 30 개발용 프로파일 생성

다운로드된 파일은 확장자가 .mobileprofile이므로 JHIProfile.mobileprovision 이라는 이름으로 사용자 계정의 downloads 폴더에 저장된다. 등록은 쉽다. 단지 Finder에서 다운로드된 .mobileprofile 파일을 더블 클릭하면 된다.

이제 이 파일이 Xcode에 등록되었는지 확인해보자. Xcode 메뉴−Preferences −Accounts를 선택한다. 왼쪽 아래쪽에 + 버튼을 누르고 "Add Apple ID"를 선택 한다. 다음과 같이 Apple ID 입력 창이 나타나면 Apple 개발자 프로그램에 가입한 Apple ID와 비밀번호를 입력한다.

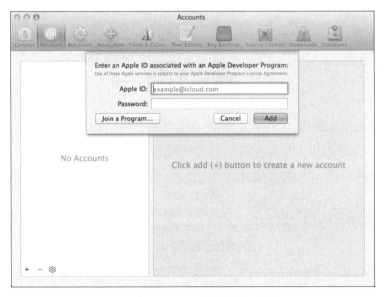

▶ 그림 31 Apple ID와 비밀번호 입력

이제 Apple ID 정보 창이 나타나면 오른쪽 아래 View Detail 버튼을 누른다.

▶ 그림 32 Apple ID 정보 창

이때 다음과 같이 등록된 것을 알 수 있다. 혹시 나타나지 않으면 왼쪽 아래 update 버튼을 누른다.

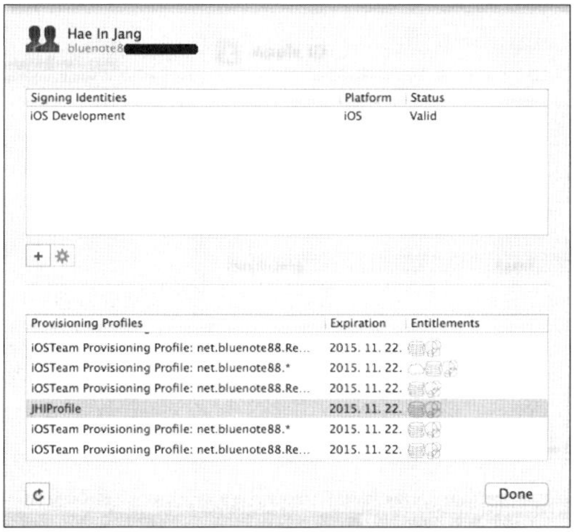

▶ 그림 33 Provisioning Profile 확인 창

이제 Xcode에 있는 코드를 실제 기기에 넣어 테스트해보자. Xcode에서 File-New-Project를 선택하여 프로젝트를 생성할 때 Organization identifier 이름에 위에서 등록한 App ID를 입력한다.

▶ 그림 34 Organization identifier 이름에 App ID 입력

이어서 USB를 이용하여 새로운 기기를 iMac 혹은 맥북에 연결시키면 새로 빌드 처리한다. 왼쪽 위에 표시된 에뮬레이터를 선택하고 가장 위쪽으로 이동해보면 새로운 기기 이름이 나타나는데, 기기 이름을 선택하고 실행버튼을 누르면 연결된 기기에서 실행된다.

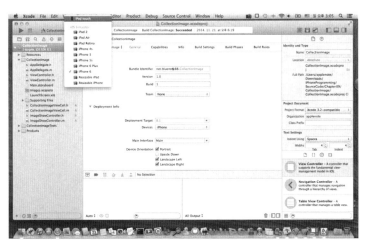

▶ 그림 35 기기 이름 표시

이전 절에서는 작성된 앱을 기기에 넣어 테스트를 해보았는데 이제 앱 스토어에 등록하기 위한 배포 준비를 해보자. 배포는 위에서 처리한 개발과 비슷한 과정을 처리하므로 그렇게 어렵지 않을 것이다.

배포 방법은 다음과 같은 순서로 처리한다.

❶ "키 체인 접근" 유틸리티로 인증서 요청(iMac 혹은 맥북에서 처리)하여 .certSigningReqeust인 파일을 별도로 생성

❷ Certificates를 사용하여 인증서 생성 및 다운로드 (iOS 개발자 프로그램 사이트 – Production)

❸ Provisioning Profiles 생성 및 다운로드(iOS 개발자 프로그램 사이트 – Distribution)

❹ 다운된 Profile을 Xcode에 등록

위 순서대로 처리되고 Profile을 Xcode에 등록하면 배포 준비가 끝난 것이다. 결국, 인증받은 프로파일을 기기에 추가하여 이 프로파일로 인증받은 사용자(기기)만이 앱 스토어에 올릴 수 있다.

먼저 iMac 혹은 맥북의 유틸리티에 있는 "키 체인 접근"을 실행시키고 "키 체인 접근–인증 지원–인증기관에서 인증서 요청" 항목을 선택한다. 앱을 기기에 등록하는 방법에서 사용했던 동일한 방법으로 확장자가 .certSigningReqeust인 파일을 별도로 생성하여 사용자 계정의 Desktop 폴더에 저장한다.

▶ 그림 36 인증기관에서 인증서 요청

다시 웹 브라우저를 사용하여 이제 다음 iOS Dev Center 사이트로 이동하고 중앙에 있는 Sign in 버튼을 눌러 개발자 프로그램 ID로 로그인한다.

https://developer.apple.com/devcenter/ios/index.action

이전과 마찬가지로 오른쪽에 있는 iOS Developer Program의 Certificates, Identifier & Profiles 항목을 선택한 뒤 왼쪽 iOS Apps 아래에 있는 Certificates 를 선택한다. 새로운 배포용 인증서를 추가하기 위하여 오른쪽 위에 있는 + 버튼을 선택한다. 이번에는 Development 아래쪽에 있는 Production의 "App Store and Ad Hoc" 체크상자를 선택한다.

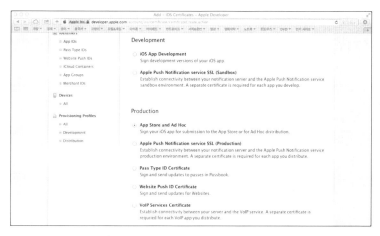

▶ 그림 37 App Store and Ad Hoc 체크상자 선택

이어서 다음 그림과 같이 CSR^Certificates Signing Request 생성 요구 화면이 나타나면 Continue 버튼을 누르고 마지막으로 인증서 생성 화면이 나타나면 Choose File 버튼을 누르고 위에서 생성한 확장자가 .certSigningRequest인 파일을 선택해주고 Generate 버튼을 누른다. 이어서 다음 화면에서 Download 버튼을 눌러 확장자가 .cer인 파일을 Downloads 폴더에 다운로드 한다.

▶ 그림 38 CSR 파일 생성

이제 Certificates, Identifier & Profiles 화면에서 보여주는 iOS Apps의 마지막 네 번째 항목인 Provisioning Profiles의 Distribution을 선택한다. 새로운 프로파일을 작성하기 위해서는 오른쪽 위에 있는 + 버튼을 선택한다.

▶ 그림 39 Provisioning Profiles의 Distribution 선택

이어서 Provisioning Profiles 선택 화면이 나타나는데 여기서는 배포Distribution의 App Store를 선택하고 Continue 버튼을 누른다.

▶ 그림 40 배포(Distribution)의 App Store 선택

계속해서 앱을 기기에서 테스트할 때 처리한 방법과 동일한 방법으로 이미 생성한 App ID를 선택하고 Continue 버튼을 선택한다. 다음 화면에서는 이전에 처리한 Certificates에서 생성한 인증을 선택한다. 마지막으로 프로파일 이름을 입력하고 Generate 버튼을 선택한 뒤, 프로파일을 다운로드 한다.

▶ 그림 41 배포용 프로파일 생성

다운로드된 파일은 확장자가 mobileprovision으로 fileName.mobileprovision 이라는 이름으로 사용자 계정의 downloads 폴더에 저장되는데 Finder에서 이 파일을 더블클릭하여 Xcode에 추가한다. 확인은 이전과 같이 Xcode-Preferences -Accounts에서 View Details 버튼을 눌러 확인할 수 있다. 이때 Done 버튼 왼쪽에 있는 업데이트 버튼을 눌러 프로파일 생성을 업데이트해준다.

▶ 그림 42 배포용 프로파일 확인 및 업데이트

배포용 프로그램을 작성했다 하더라도 아직 앱 스토어에 등록할 수 없다. 몇 가지 해야 할 작업이 아직도 남아있다. 이제 앱 스토어에 등록하기 전에 해야 할 몇 가지 일을 처리 해보자.

남아있는 앱 스토어 등록 과정은 다음과 같다.

❶ iOS Dev Center의 iTunes Connect를 선택한다.

❷ Manage Your Apps를 선택한다.

❸ Add New App 버튼을 선택하여 새로운 앱에 대한 정보를 등록한다.

❹ Ready to Upload Binary 버튼을 눌러 iMac 혹은 맥북에서 작성된 바이너리 코드를 올릴 준비를 한다.

❺ Xcode의 Code Signing 설정을 배포용 프로파일로 설정한다.

❻ 프로젝트에서 Archive 처리를 실행한다.

❼ OragnizeR을 선택하고 Archives 탭을 선택한다.

❽ Validate 버튼을 눌러 인증 처리에 이상이 있는지 최종 확인한다.

❾ 이상이 없으면 Distribute 버튼을 눌러 작성된 바이너리 코드를 앱 스토어에 올린다.

다음 주소를 입력해서 iOS Dev Center로 이동해서 개발자 프로그램 ID로 로그인 한 뒤, 이번에는 오른쪽 두 번째 항목인 iTunes Connect를 선택한다.

https://developer.apple.com/devcenter/ios/index.action

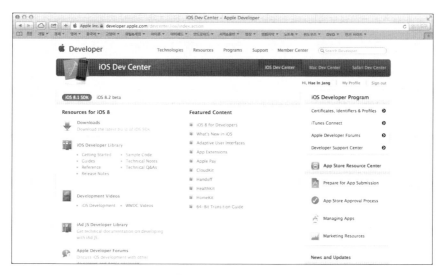

▶ 그림 43 ITunes Connect 선택

이때 한 번 더 개발자 프로그램 ID로 로그인하면 iTunes Connect 화면이 나타나는데 왼쪽 아래에 있는 "나의 Apps"를 선택한다.

▶ 그림 44 나의 Apps 선택

Manage Your Apps 화면이 나타나면 왼쪽 위 + 버튼을 눌러 새로운 앱을 등록한다.

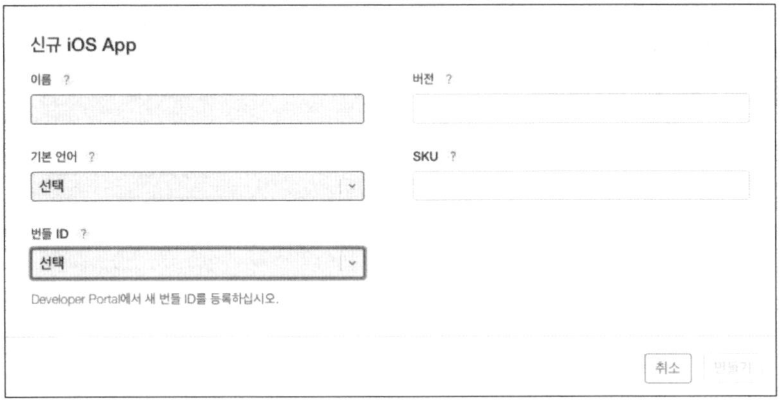

▶ 그림 45 새로운 앱 등록

이제 다음과 같이 새로운 앱 정보를 등록하는 화면이 나타난다. 첫 번째 항목 "이름"에는 원하는 앱 이름을 지정한다. 두 번째 항목 "버전"에는 앱의 버전을 입력한다.

세 번째 항목인 "기본 언어" 항목은 등록 앱에 대해 판매하고자 하는 국가를 결정하는 항목으로 모든 국가에 적용된다. 물론 나중에 별도로 다른 언어로도 지정할 수 있는데 그 지정된 언어의 국가를 제외하고 모든 나라에서 표시되는 언어이므로 신중하게 결정한다. 만일 English로 지정하였다면 모든 국가의 앱 스토어에서 표시되는 기본언어는 영어로 설정된다. 네 번째 SKU는 개발자 자신이 관리하는 앱 번호이다. 임의의 문자나 숫자를 넣어준다.

다섯 번째 "번들 ID"는 중요한 부분으로 iOS Developer Program의 Certificates, Identifier & Profiles 항목에서 지정한 번들 ID를 지정하면 된다. 이때 그 오른쪽에 "번들 ID 접미사" 항목이 나타나는데 이 항목에는 프로젝트의 앱 이름을 지정하면 된다. 주의해야 할 점은 공백은 사용할 수 없으므로 대신 "-" 문자를 사용해야 한다. 예를 들어, 앱 이름을 "RemotePPT HD"로 하고자 하는 경우 "RemotePPT-HD"로 지정해야만 한다. 모두 입력하였다면 만들기 버튼을 눌러 다음 화면으로 이동한다.

756

다음 표 1은 지금까지 설명한 앱 기본 정보에 대한 설명이다.

▶ 표 1 : 앱 기본 정보 입력

입력 정보	설명
이름	앱 이름
버전	앱 버전
기본 언어	전 세계 모든 앱 스토어에 표시되는 언어
SKU	개발자가 관리하는 앱 번호
번들 ID	다른 앱들과 구분될 수 있는 유일한 앱 ID
번들 ID 접미사	Xcode의 프로젝트 이름

그다음 화면은 앱에 대한 판매 날짜와 가격이다. 원하는 날짜와 가격을 지정한다. 원하는 가격 타이어를 지정할 때마다 각 국가의 현재 가격으로 변경해서 보여준다.

이어서 화면은 앱의 버전, 권한, 분류, 앱에 대한 설명, 키워드, 지원 URL 등을 입력한다.

그다음 화면은 앱 스토어에 걸릴 대형 아이콘을 Choose File 버튼을 사용하여 올린다. 이 아이콘은 다음과 같은 형식을 가지고 있어야 한다.

- 크기는 1024x1024이다.
- 72ppi, RGB, 투명하지 않아야 한다.
- 고화질의 JPEG, TIFF, PNG 이미지 파일이어야만 한다.

또한, 아이폰 혹은 아이패드에서 실행되는 현재 앱 화면을 캡처하여 Choose File 버튼을 사용하여 올린다. 총 5장까지 올릴 수 있고 올라간 앱 화면 캡처 파일은 올린 뒤에 순서를 변경할 수 있다.

모든 자료를 입력한 뒤에는 앱 아이콘을 선택하여 입력한 정보를 확인하고 그 화면 오른쪽 위에 있는 "Ready to Upload Bunary" 버튼을 눌러 곧 바이너리 코드를 올릴 것이라고 지정해야만 한다.

이제 다시 Xcode로 돌아와 실제로 앱 스토어에 올려보자.

작성된 앱은 다음과 같이 반드시 앱 아이콘과 스프레시 이미지를 준비해서 Xcode에 등록한다. 앱 아이콘은 기기에 표시되는 앱을 대표하는 아이콘이고 스프레시 이미지는 앱이 실행될 때 잠시 2~3초 보여주는 이미지를 말한다.

먼저 아이폰에 들어가는 아이콘과 스프레시 이미지의 해상도는 다음과 같다.

▶ 표 2 아이폰에 들어가는 아이콘과 스프레시 이미지의 해상도

	아이폰4/4s (@2x)	아이폰5/5s (@2x)	아이폰6 (@2x)	아이폰6+ (@3x)
아이콘	120x120	120x120	120x120	180x180
앱 스토어 아이콘	1024x1024	1024x1024	1024x1024	1024x1024
스프레시 이미지	640x960	640x1136	750x1334(세로) 1334x750(가로)	1242x2208(세로) 2208x1242(가로)

아이패드에 들어가는 아이콘과 스프레시 이미지의 해상도는 다음과 같다.

▶ 표 3 아이패드에 들어가는 아이콘과 스프레시 이미지의 해상도

	아이패드 2 아이패드 미니1(@1x)	아이패드3 이상 아이패드2 이상(@2x)
아이콘	76x76	152x152
앱 스토어 아이콘	1024x1024	1024x1024
스프레시 이미지	768x1024(세로) 1024x768(가로)	1536x2048(세로) 2048x1536(가로)

이제 Xcode를 실행시키고 원하는 프로젝트를 로드시킨다. 프로젝트 탐색기의 왼쪽에서 프로젝트 이름(파란색 아이콘)을 선택하고 그 오른쪽에서 Project 아래 있는 프로젝트 이름을 선택한다.

▶ 그림 46 Project 아래 있는 프로젝트 이름

이때 오른쪽 부분의 Configuration에서는 Debug와 Release 부분이 나타나는데 Release를 선택하고 아래쪽 + 버튼을 눌러 "Duplicate Release Configuration" 을 선택하여 복사한다. 복사하면 "Release Copy"라는 이름이 지정되는데 이 이름을 "Distribution"이라는 이름으로 변경하여 저장한다.

▶ 그림 47 Release Configuration을 Distribution Configuration으로 복사

그다음, 프로젝트 탐색기의 왼쪽에서 프로젝트 이름을 선택한 상태에서 그 오른쪽에서 Targets 아래 있는 프로젝트 이름을 선택한다. 이때 오른쪽에서는 네 번째 탭 Build Settings를 선택한다. 오른쪽 부분을 스크롤하여 Code Signing-Code Signing Identity-Distribution-Any iOS SDK를 선택하고 그 항목의 가장 마지막에 있는 위, 아래 화살표를 선택한다. 이때 이 Xcode에 설치된 모든 프로파일이 나타나는데 이 중에서 "iPhone Distribution: xxx"을 선택한다.

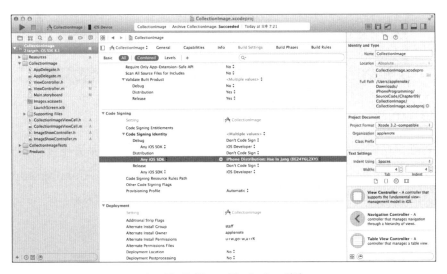

▶ 그림 48 iPhone Distribution 선택

그다음, 프로젝트의 왼쪽 위에 있는 Run 아이콘 버튼 오른쪽에 있는 프로젝트 이름을 누르고 Edit Scheme을 선택한다.

▶ 그림 49 Edit Scheme 선택

Scheme 화면이 나타나면 왼쪽에서 Archive를 선택하고 오른쪽 Build Distribution 항목에서 위에서 만든 Distribution을 선택한다.

▶ 그림 50 Archive 항목에서 Distribution 선택

이제 다시 Xcode의 Product 메뉴에 있는 Archive 항목을 선택해 앱 스토어에 올릴 바이너리 코드를 작성한다.

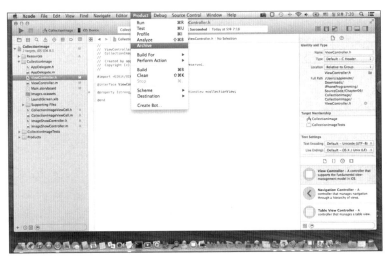

▶ 그림 51 Xcode Product 메뉴의 Archive 항목 선택

이상 없다면 다음과 같이 자동으로 Xcode Window 메뉴의 Organizer 실행되면서
작성된 바이너리 코드를 보여준다.

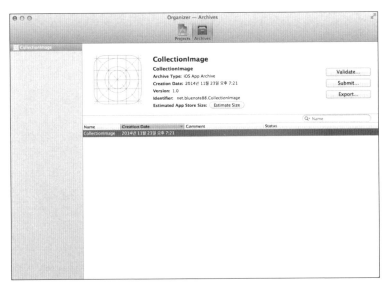

▶ 그림 52 작성된 바이너리 코드

이제 앞 그림의 오른쪽에 있는 Validate 버튼을 누르고 코드 사인 등에 이상이 없는지 체크하고 이상이 없다는 메시지가 나오면 최종적으로 Distribute 버튼을 눌러 앱 스토어에 올린다.

앱 스토어에 올린 코드는 다시 1~2주 정도 심사를 받고 통과하면 앱 스토어에서 실제 판매된다.

찾아보기